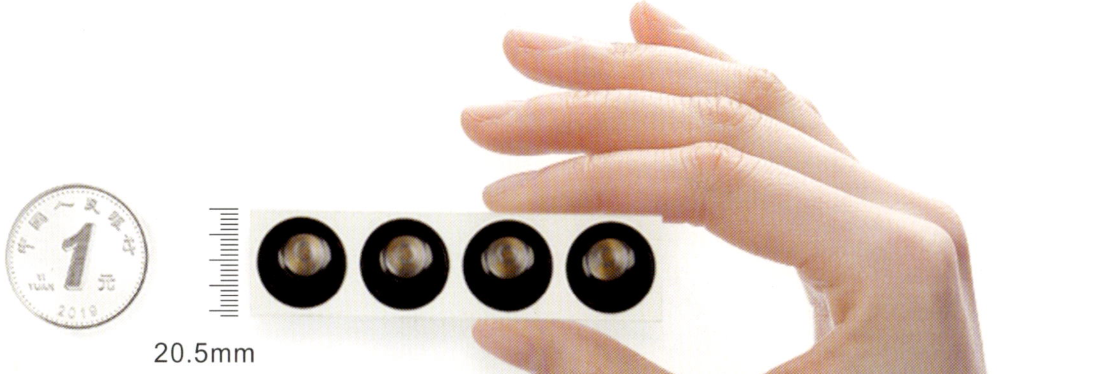

20.5mm

JGS

极致于心 精致以形

室内建筑照明
Indoor building lighting

极致于心，精致以形。迷你设计与建筑空间极致为一体提升空间美学，小体积大能量，完善光学配置实现不同光环境需求，重塑定义光美学。

UGR≤6深防眩光设计，保持空间最大的视觉舒适性。光学配置18°/28°/38°/60°构造空间立体感，全系列灯具有嵌入式安装与明装两种形式，灯具构造2灯/4W，4灯/7W，6灯/10W，8灯/15W，12灯/20W，表面处理亚光白、外白内铭、外白内黑、外白内金、亚光黑、外黑内金、外黑内铭，满足不同照明空间需求。

目录

别墅

VILLA

北京某别墅楼王项目 006
艺术私墅 014
墨衍·安寂：宁波柴宅 020
一米藏·收藏者之家 026
梦回罗马 032
如梦所期 036
宁波九龙湖别墅私宅 044
治愈的家·苏州森林湖别墅私宅 048
海湾私墅 052
东郊花园私人别墅 056
开展的卷轴 060
康帝庄园 064
容器·江山万里别墅 068
苏州张宅 072

娱乐休闲

ENTERTAINMENT

WS SPACE 无集 076
蓝山 Cafe&bar 082
虎头山咖啡墅 086
LS SPA 090
上下茶事 094
Meland Club 深圳壹方城旗舰店 098
翠贝卡西餐吧 104
韦德伍斯健身会所 108

办公

OFFICE

RX·润轩纺织 112
空白计划 116
巨子生物 120
鄂钢操业集控中心 126
矩阵空间 130
ECCO 西北总部办公室 134
上海松川远亿机械设备有限公司 140
共生办公空间 144
焦先生的书房 148
FKD 办公室 152

商业展示

BUSINESS DISPLAY

空间启示录 156
全屋定制体验店 165
希洛门窗展厅 166
一尚门苏州中心店 170
上海 Smelix 仕觅男装高定店 174
J+ 生活艺术馆 180
BIBILEE 深业上城快闪店 186
上海好利来概念店 190
失物招领杭州天目里生活提案店 194
ANBONG HOME 艺术涂料展厅 200
古城改造记忆 · 万科南头古城展览 204
窑知未来 · 被动房体验馆 208
白 ZS Lab 214
方木中古 220
摩根智能家居体验中心 224
狮王国际陶瓷展厅 228
HBI 亚洲运营中心（总部） 234

住宅

RESIDENCE

窝 · 居 238
天誉半岛私宅设计 244
北京私人住宅 250
名古屋的顶层公寓 254
理想生活之城市花园 258
庐州 · 翠园 262
折线 266
沈阳远洋公馆 270

样板房

SAMPLE HOUSES

江阴融创 · 敔山桃源 274
南京越城天地 280
绿城桃源小镇 286
海天公馆 292
鲁能集团 · 北京格拉斯小镇样板房 296
星河地产 · 南沙联排别墅 300
星河广州南沙丹堤别墅 304

CONTENTS

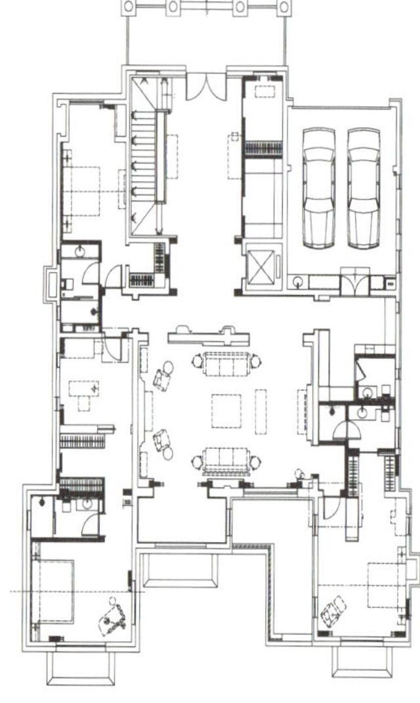

1F 平面图

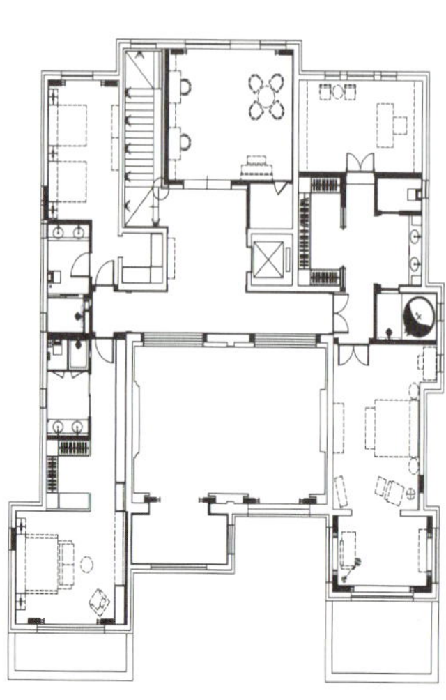

2F 平面图

北京某别墅楼王项目

设计单位：文武空间设计事务所
设　　计：文武、陈晓北
照明设计：想天照明
面　　积：2,000 平方米
坐落地点：北京
完工时间：2021 年 8 月

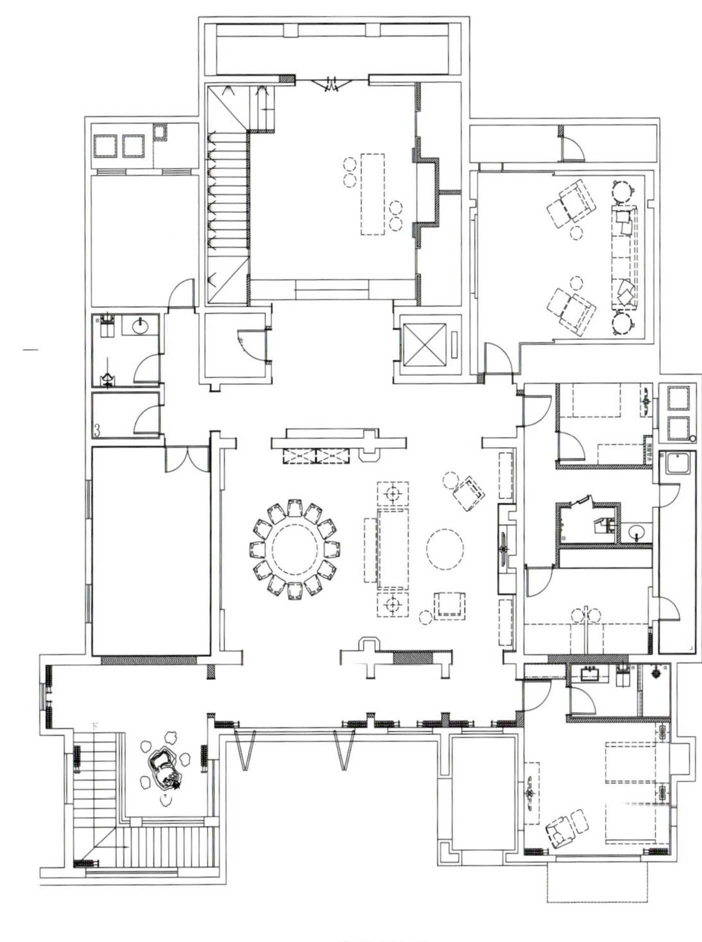

花园层平面图

1 | 2 1. 格律和意境的统一
2. 装饰与陈设

新中式空间中的“礼乐”

“乐者，天地之和也；礼者，天地之序也。和，故百物皆化；序，故群物皆别。”礼是天之经、地之义，是天地间最重要的秩序和仪则；乐是天地间的美妙声音，是道德的彰显，礼序乾坤，乐和天地，气魄何等宏大！所以，“大乐与天地同和，大礼与天地同节。”中国传统建筑空间的美是文化美的体现，是礼与乐的和谐统一。礼是秩序、是格律；乐是情感、是诗意。唯有形式从容，气韵生动才具审美之境，所以建筑空间的构成是秩序和情感的化身，是格律和意境的统一。

勒·柯布西耶说：“轴线使建筑有了秩序，建立秩序是开始工作的起点，建筑物被固定在若干条轴线上，轴线是指向目的地的行动指南，在建筑中轴线必须具有一定的目的。”本案设计师以中轴线为基础的建筑序列布局方式，从门厅到客厅的公共区域，设计师形成空间中关于“礼”的仪式感。从门厅到客厅的过渡采用中国传统大宅中层层递进的关系，门厅的对镜墙同时起到影壁的作用，整个公共区域营造出大气、稳重、雅致的氛围。没有过多的视觉噪声，也没有过分的清淡，恰到好处，雅俗共赏。

设计师联合想天照明对空间内外的灯光进行细致把控，相辅相成。在花园层的一层楼梯间打造出可变化的多功能区域，同时用软膜的光仿照自然日光，踏步左右的中式庭院落地灯与原木造型的长凳营造出内庭的氛围。设计与灯光的联合，使过渡空间多了些情趣。晚上有高朋来时，打开暗藏门，内嵌式全镜面玻璃柜，结合可变的蓝调灯光，瞬间营造有格调的酒吧氛围。公共空间整体风格和形式的统一，让整个四层空间形成一体，在不同的功能区域有了符合可变换调整的场景氛围，张弛有度。另外，除公共区外所有的私密空间均被赋予独立的空间个性，也许这就是所谓的“共生”。

一层有男孩房，在整体灰色调的空间内插入白色大理石装饰的卫生间，结合蓝色点缀，凸显活力与个性。二楼次卧供一对年轻的夫妻使用，香槟色的衣柜上设置红酒杯架，空间内包含精致的吧台、壁炉、陈设、家具，打造大都市内的浪漫与自我。主人空间是一个四合一的套间，内部拥有纯中式的书房、干湿分离的卫生间、敞开式的双人洗手台，卧室与阳台相连，传递高贵稳重且具有现代开放式的时尚氛围。

有威严但不失浪漫，不刻板，不守旧。整体项目设计一气呵成，方案从概念到施工到落地，设计师亲力亲为，与想天照明在空间灯光氛围营造中强强联合，最终实现这座高端别墅楼王一比一的完美落地。

1 | 2 | 3

1. 礼的仪式感
2. 稳重、雅致的氛围
3. 空间序列布局

1. 可变换调整的场景氛围
2. 空间与灯光之美
3. 泳池局部区域
4. 光与肌理
5. 独立的空间个性

1. 都市的浪漫与自我
2. 主居室细节
3. 东方之美与境
4. 高贵稳重的现代居所
5. 灰调空间的蓝色点缀

艺术私墅

设计单位：郑树芬室内设计（深圳）有限公司
设　　计：郑树芬、杜恒、徐圣凯、丁静
面　　积：2000 平方米
坐落地点：广东深圳
完工时间：2021 年 3 月
摄　　影：张骑麟

顶级私宅的定制化设计，要符合客户家庭每一个成员的需求和喜好，设计创造不应局限在某种风格，且功能不应在脱离美感的基础上得以实现。设计团队开创“雅奢主张”，深谙上流圈层对物质与精神的品位追求，设计理念主张奢侈以雅为度，“雅”所传递的空间精神是一种无法替代的文化气质、不可复制的居住品位以及主人家族实力的见证。项目从空间、功能、材质、细节，都呈现了超越其他传统豪宅的奢华，而且在整体氛围上以艺术代入的趣味性，和当代年轻人喜欢的轻松、自由的生活方式来完成的一个“90后”年轻人理想的家。

或许豪宅对于很多人而言是财富与身份的象征，而家在设计师看来是治愈一切的所在，是温暖，是安心，是平静。设计师认为通过设计去传达自己对生活的观察，要在共情客户的基础上坚持自己的设计理念，站在设计的角度表达自己的真善美，在相互信任和尊重中呈现出空间更大的价值。豪宅之于顶级圈层不仅是居所，而是生活意义、财富无法衡量的美感、主人的品位状态和层次。豪宅的价值不仅是外在的财富体现，更是一个可以传承、可以收藏的“艺术品”。艺术品是创作者对生活的极致理解，是设计师携同专业对居住艺术的深刻洞察和表现，亦为主人财富家族的全方位圈层社交的永恒潮流。

1 | 2/3

1. 以流动的姿态将光景引入室内
2. 享海风拂面，看日升月沉
3. 心灵奔赴于自然

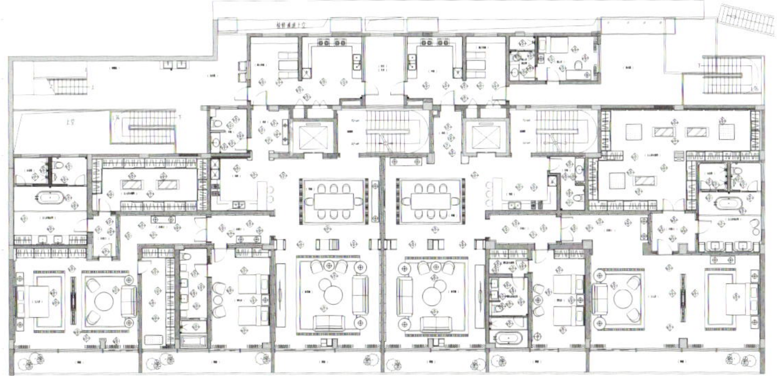

1F 平面图

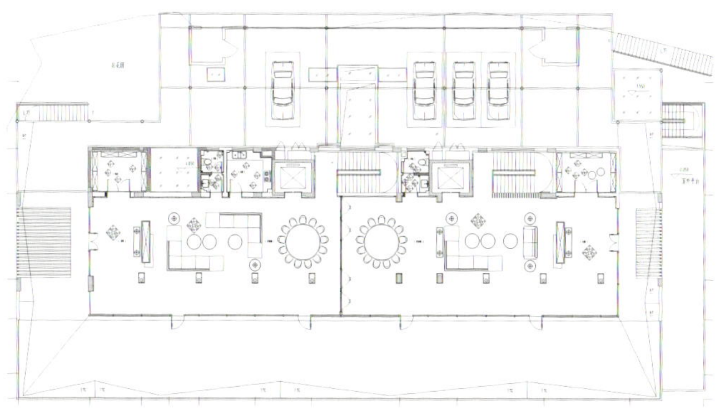

2F 平面图

1. 空间线条和比例的纯粹性
2. 繁华的诗意家园
3. 还原生活的本质
4. 少而精致的陈设

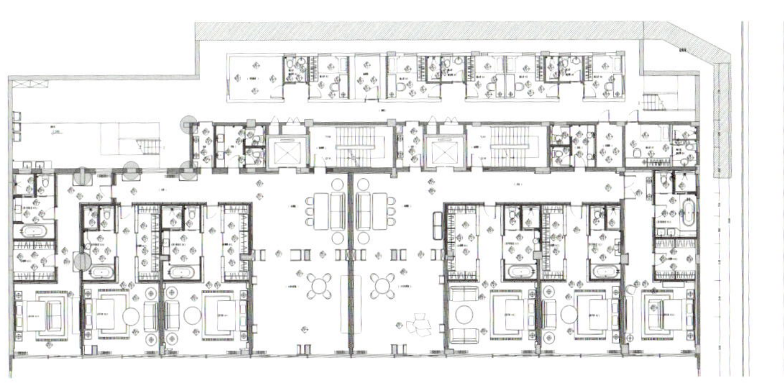

B1 平面图

B2 平面图

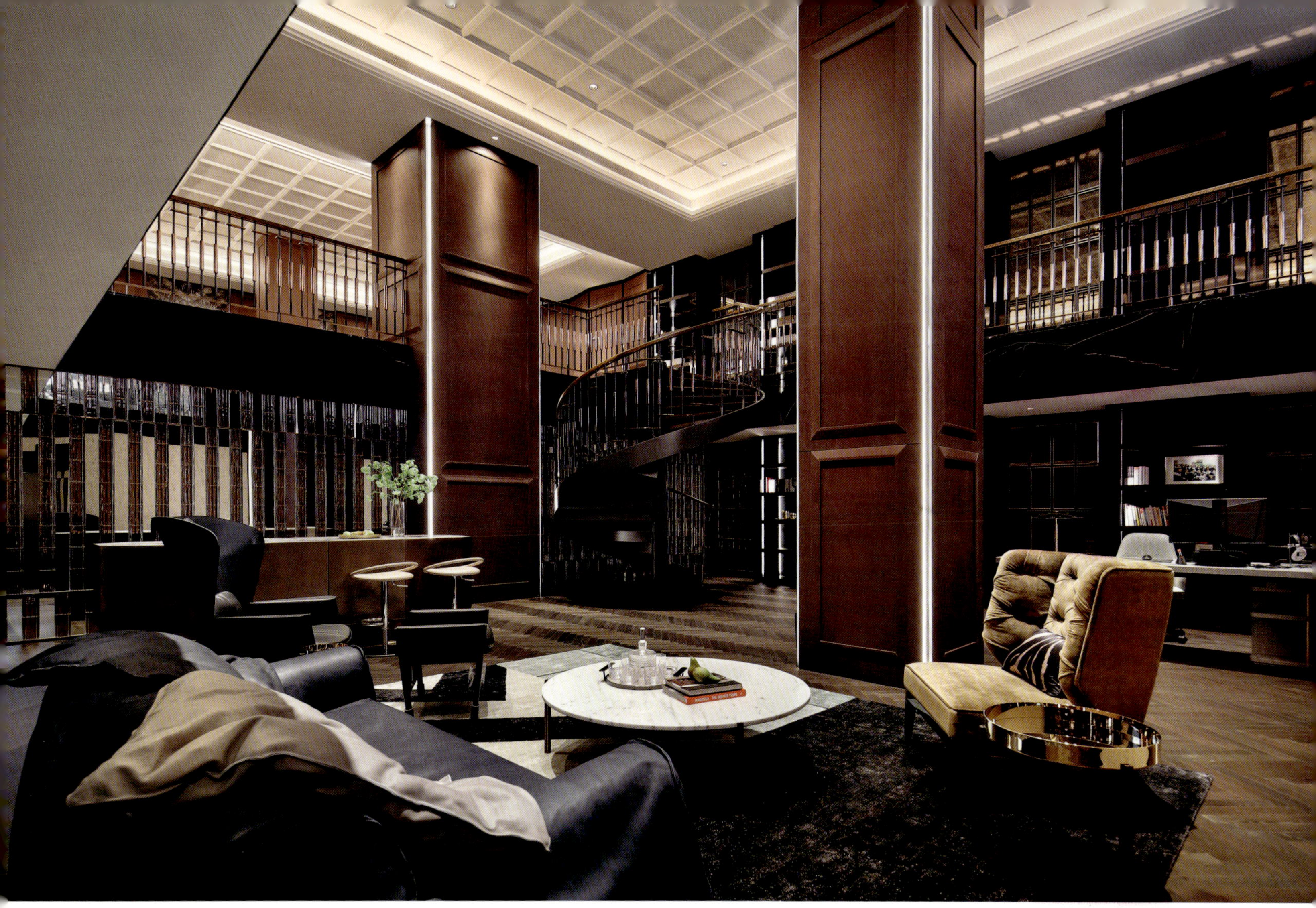

| 1 | 4 |
| 2 | 3 | 5 | 6 |

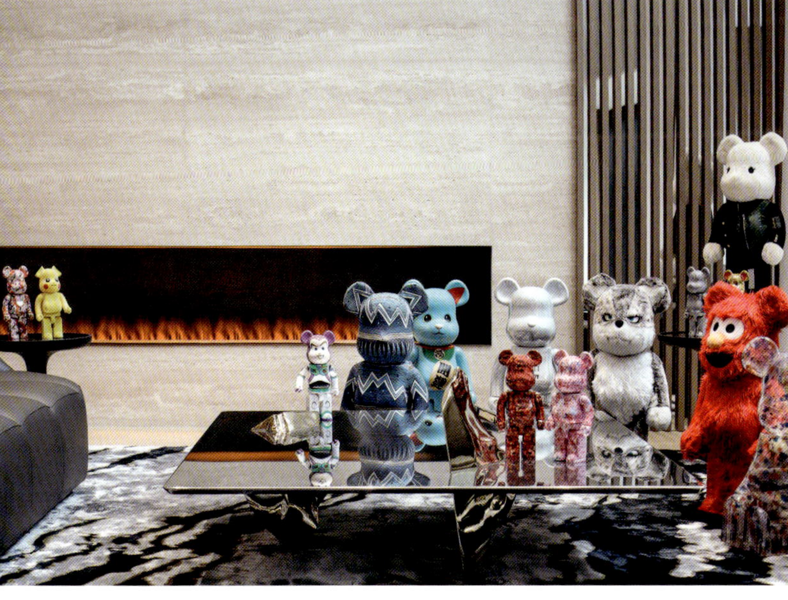

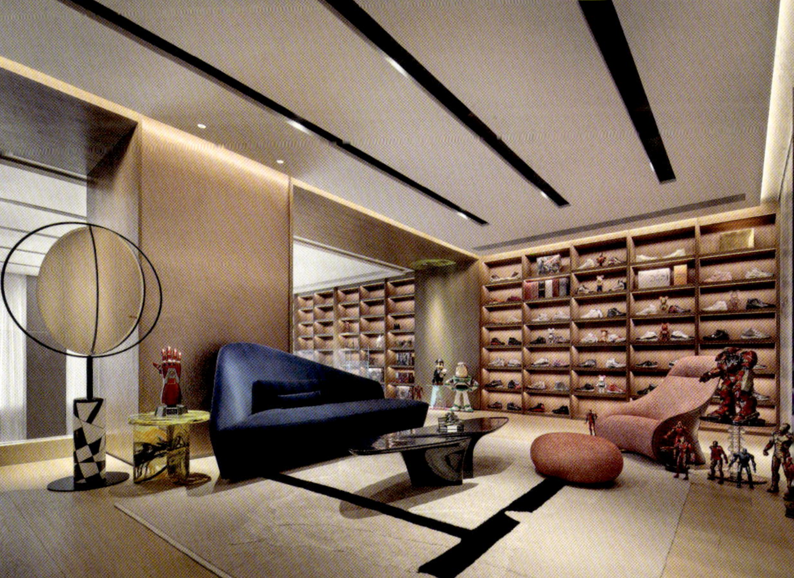

1. 内心的纯粹衍生进空间
2. 空间的高雅气质
3. 微妙的戏剧感
4. 传承及收藏的艺术品
5. 永恒的艺术精神追求
6. 承载个性、安放兴趣的灵魂乐园

墨衍·安寂：宁波柴宅

设计单位：近境制作
设　　计：唐忠汉
软装设计：远域生活
面　　积：620 平方米
主要材料：意大利 REX 锐思瓷砖、德国劳斯橱柜、安哥拉珍珠平光面、深松柏酸洗面、灰橡染色木皮、本色不锈钢、磐多磨涂料、毛石墙面、麻料扪布
坐落地点：浙江宁波
完工时间：2020 年 9 月

1. 纯净安宁的空间意象

月日者百代之过客，来往之年亦旅人也：有浮其生涯于舟上，或执其马鞭以迎老者，而浮生若梦，心安为家？——松尾芭蕉《奥之细道》

地下空间以“寂”为美学思考——“Wabi-Sabi”（侘寂：无常的、不完美的、不完整的）：一个空间、一件事物，给人的内心带来“宁静的忧扰”和“精神的向往”的感觉，设计师认为这可以称作“侘寂”。地下空间是神秘而静谧的独立空间，以山石、泉景天花、光之酒廊、户外植皮，塑造空间的自然景致。空间天地壁面以纯粹的艺术涂料留白，形成纯净安宁的空间意象，在时光的刻度中，阳光下的水影疏落，稍纵即逝的光影流转，空间有缝隙，时间在流转。品酒、品茗、休息、，或坐或卧、或阅读或小憩，回归内心的空间，将所有的梦想及记忆，真实地呈现在生活的场景之中。设计师利用“时空之间、设计之境、内心之向”，来阐述心灵的归所。

一层空间由一个自由平面展开，下嵌区客厅和梯间的轴线贯穿主要空间，客厅对坐沙发的配置决定了整个调性，是深沉、静雅的意境。一向面对超强序列感的书房，穿梭在安排好的轴线中，搭配可以调节变化的玻璃轴门，使视觉入口排列切分，让轴线与时空切换。光影的变化，让墙与门的空间元素，融为一体，相互兼合。面向艺术餐厅，弧形不锈钢天花吊顶，结合卵石漂浮般的餐桌，人们仿佛置身艺术陈列馆般的梦境空间。组合空间垂置的装置吊柜，切分不同的视角，移步异景。空间的“蒙太奇”穿梭之中，连贯又断续的景致，置身于朦胧的艺术境地。

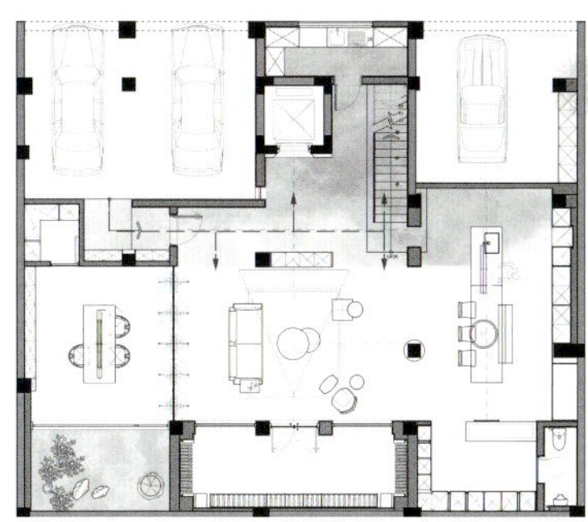

B1 平面图

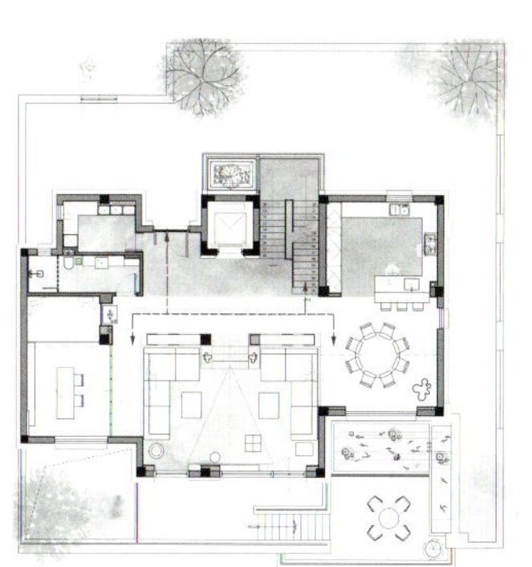

1F 平面图

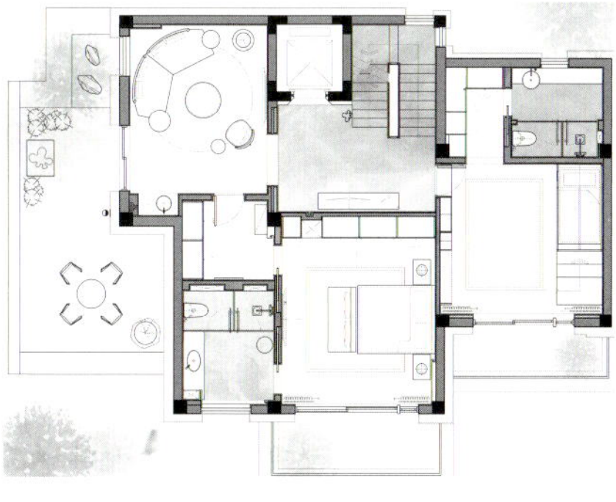

2F 平面图

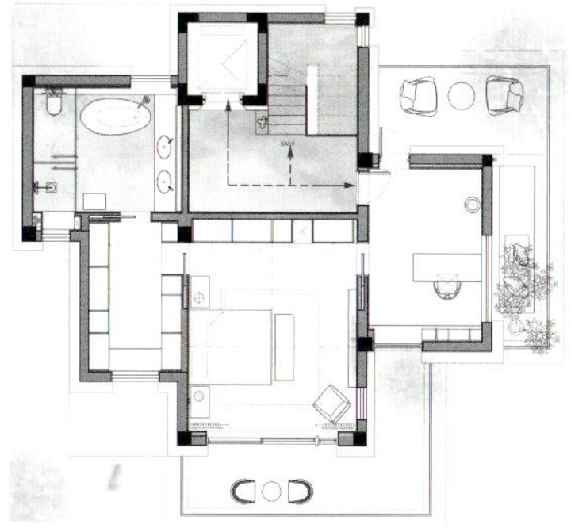

3F 平面图

1. 下嵌区客厅
2. 神秘静谧的独立空间
3. 可调节变化的玻璃轴门

1. 书房与茶室
2. 光之酒廊
3. 阳光下的光影疏落
4. 社交酒廊天井

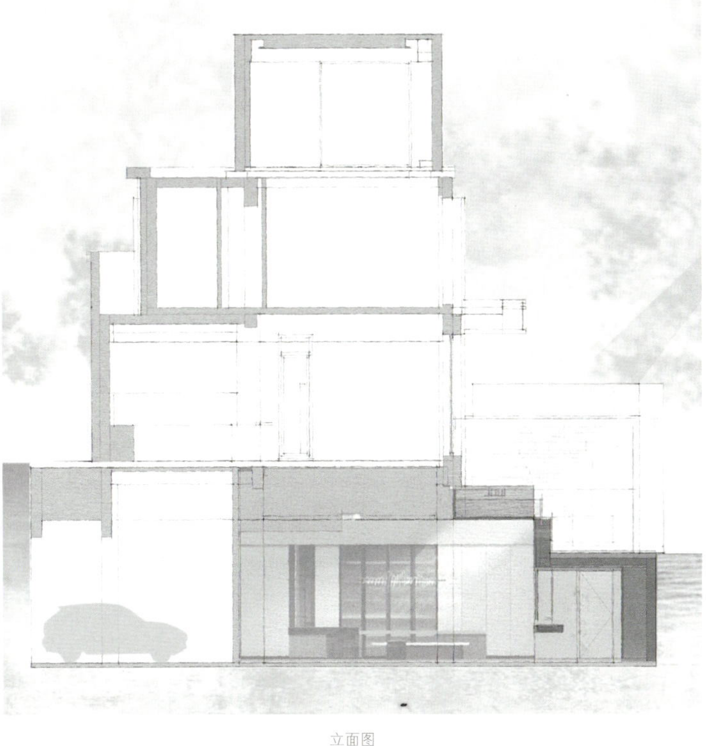

立面图

一米藏·收藏者之家

设计单位：Wutopia Lab、三益中国
主持建筑：俞挺
项目建筑：李宗泽、穆芝霖
室内设计：潘大力
深化设计：上海三益建筑设计有限公司
项目经理：张昊
照明顾问：张宸露
家居顾问：王芳
面　　积：建筑 139 平方米、庭院 105 平方米
主要材料：火山岩、太湖石、穿孔铝板、玻璃、钢板、硅藻泥、木材、白色水泥
坐落地点：上海
完工时间：2020 年 7 月
摄　　影：CreatAR Images

一米藏是小博物馆、图书馆、展厅，可以做会所，也是家，更是业主送给自己妻女的礼物。业主虽然本身是建筑师，但依然逃脱不了摇摆不定。从最初的会所或者微型美术馆，到自宅，再到最后展示藏品、社交会友和居住兼顾的一米藏，这个变化的过程是其生活和定位变化的过程。所以设计师一开始就为项目设定了一个基本框架不变，而可以灵活调整局部的建筑学剧本，用一道连续的界面把建筑分成两部分：界面前的生活空间和界面后的服务空间。

在连续的界面以南是兼顾展厅和图书馆的起居室、餐厅、主卧室，以及独立在院子里的茶室，院子内分为花园和舞台。连续界面之后是厨房、厕所、设备空间等，夹层空间用来作为服务人员休息空间、储藏空间以及男主人家庭起居空间。被设计成图书馆般的起居室，具有仪式感，四壁无一物，但窗外即景。两侧黑色书架展示业主的收藏品并限定了起居室的方向感。搭升降梯可以从起居室到夹层，连接了竖向的交通。夹层的主要空间属于男主人，这个有些暗的私人居处通过窗口联系着门厅、卧室和起居室，这种合理窥探的设置来自设计师念念不忘的索恩博士博物馆的体验。而女主人空间是界面背后展示藏品的的闺蜜室，它是一个有着闪闪发亮的星系的蓝色宇宙，每颗星都是用透明亚克力球定制的展品架，这是阿那亚儿童餐厅中泡泡装置的缩微版。

以黑色火山岩铺装作为基色衬托绿树和白色房子，以太湖石作为花坛的堆石，配合如龙蛇的紫藤和长势喜人的紫荆，因地制宜就地取材地打造一个微型的黑色当代中式花园。设计师以庭院紫藤花为范本设计了穿孔铝板的花纹，配上灯光仿佛烟火瀑布。为了不让落水管打断屋檐连续的黑线，水管呈现之字状让黑线穿过。专门设计了漩涡纹排水口，才配得上周边如云雾的太湖石。在曲折有致、攀附到墙顶的楝树的中段加了一个支撑，灵感来自时常出现在达利绘画中的拐杖。而茶室立面是用肌理变化来表达设计师某天风过心头吹出涟漪的愉悦感觉。茶室转角不能有柱子，连续的玻璃窗在角部要开放，这样屋面要悬挑 4 米。上夹层的楼梯要轻薄，不要有踢面，要从仅仅 120 毫米厚的墙体上悬挑。设备尽量隐蔽，所要的空间压缩到极致。玻璃窗要大，不能有多余的分割，才能容得下最好的景色。这个设计中充满了非标准的设计，离不开业主、深化设计团队的支持。

庭院里的帷幕由下而上收放，这样在没有帷幕的时候就不会因为悬空的窗帘盒而打破空间连续性。当帷幕徐徐升起时，庭院分成了舞台和花园两个部分，树影落在帷幕之上，在半透明的帷幕背后景物和人若隐若现。

1. 绿树和白色房子
2. 一米藏俯瞰场景
3. 细部：树池

1. 图书馆般的起居室
2. 起居室
3. 细部：扶手
4. 达利绘画中的拐杖

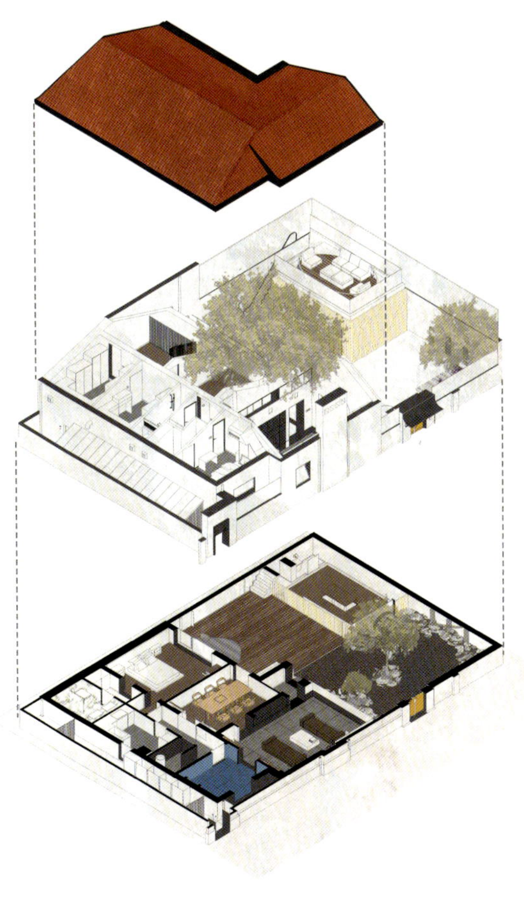

轴测图

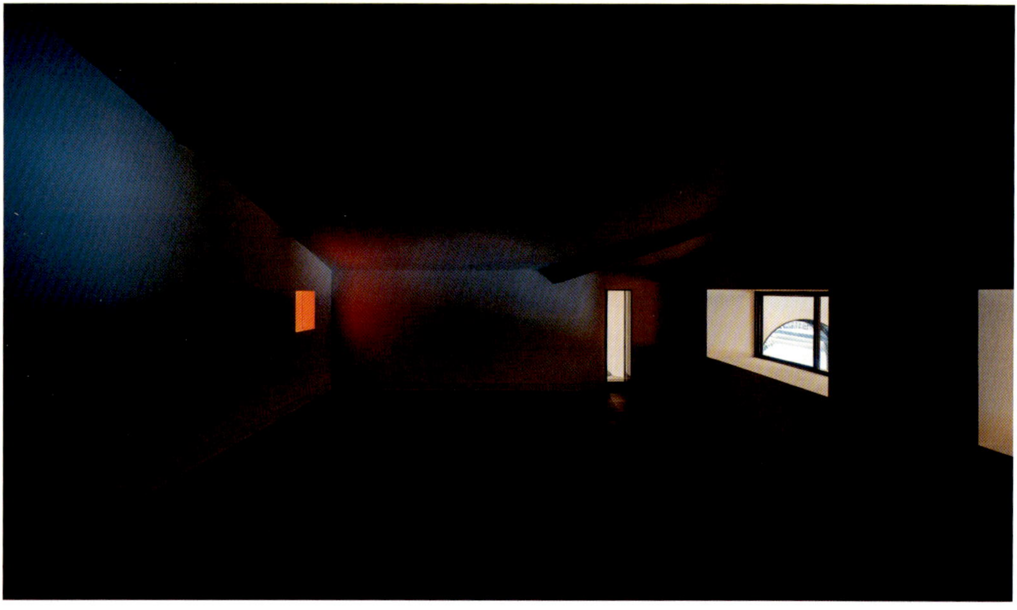

1. 展示藏品的闺蜜室
2. 戏剧性的红色玻璃
3. 合理窥探的设置
4. 风过心头吹出涟漪的愉悦
5. 男主人的专属夹层

梦回罗马

设计单位：北京青廷装饰设计有限公司
设　　计：俞树禹
面　　积：900 平方米
主要材料：乳胶漆、实木地板、天然理石
坐落地点：北京
完工时间：2020 年
摄　　影：李胜阳

本案为北京私人别墅项目，整体以呈现家庭空间的艺术感为设计导引，打破传统型空间划分理念，更注重空间感官呈现，带给业主别致感受。风格以简约而富有灵动变化的曲线感带动整体空间，游走于现代与新古典主义之间的形态艺术。整体布局更注重于开放空间的使用和呈现，大量开放空间的使用更有利于人在空间活动以及交流。设计师取消了传统一层大厅的布局，而是使用带有变化的楼梯来联动生活空间与公共空间的层叠关系，同时拉近人与人、人与空间的距离，让整体空间更能释放出空间的强大气场。

1 | 2
1. 生活空间与公共空间的层叠
2. 古典气息的梦幻

1. 酷黑元素构成的开敞餐厅
2. 非常规办公环境
3. 外表淡然内里深沉的居住者形象

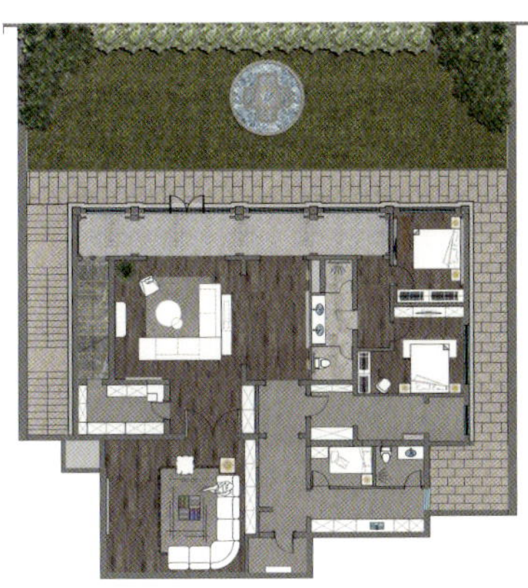

B1 平面图

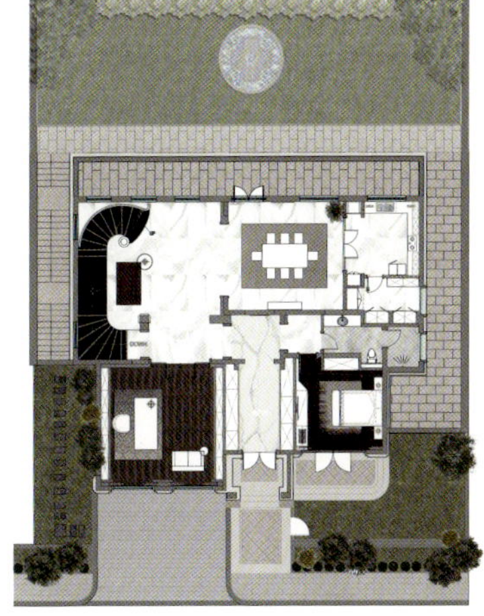

1F 平面图

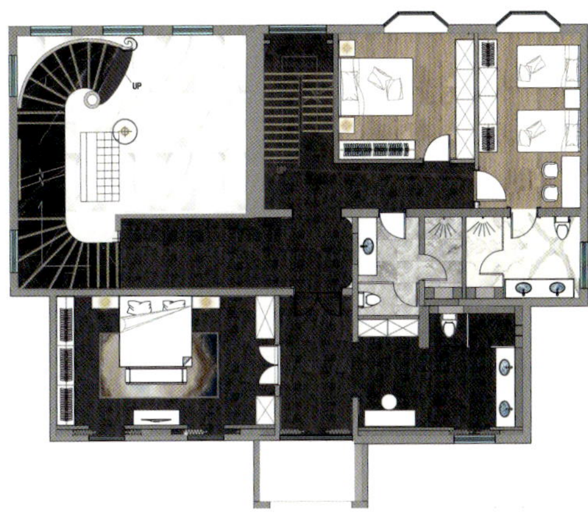

2F 平面图

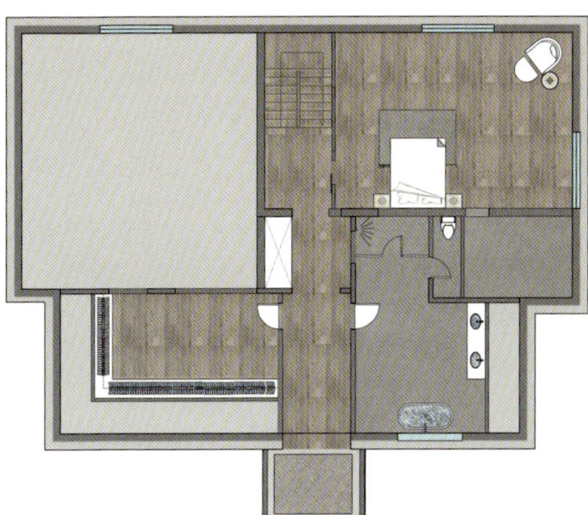

3F 平面图

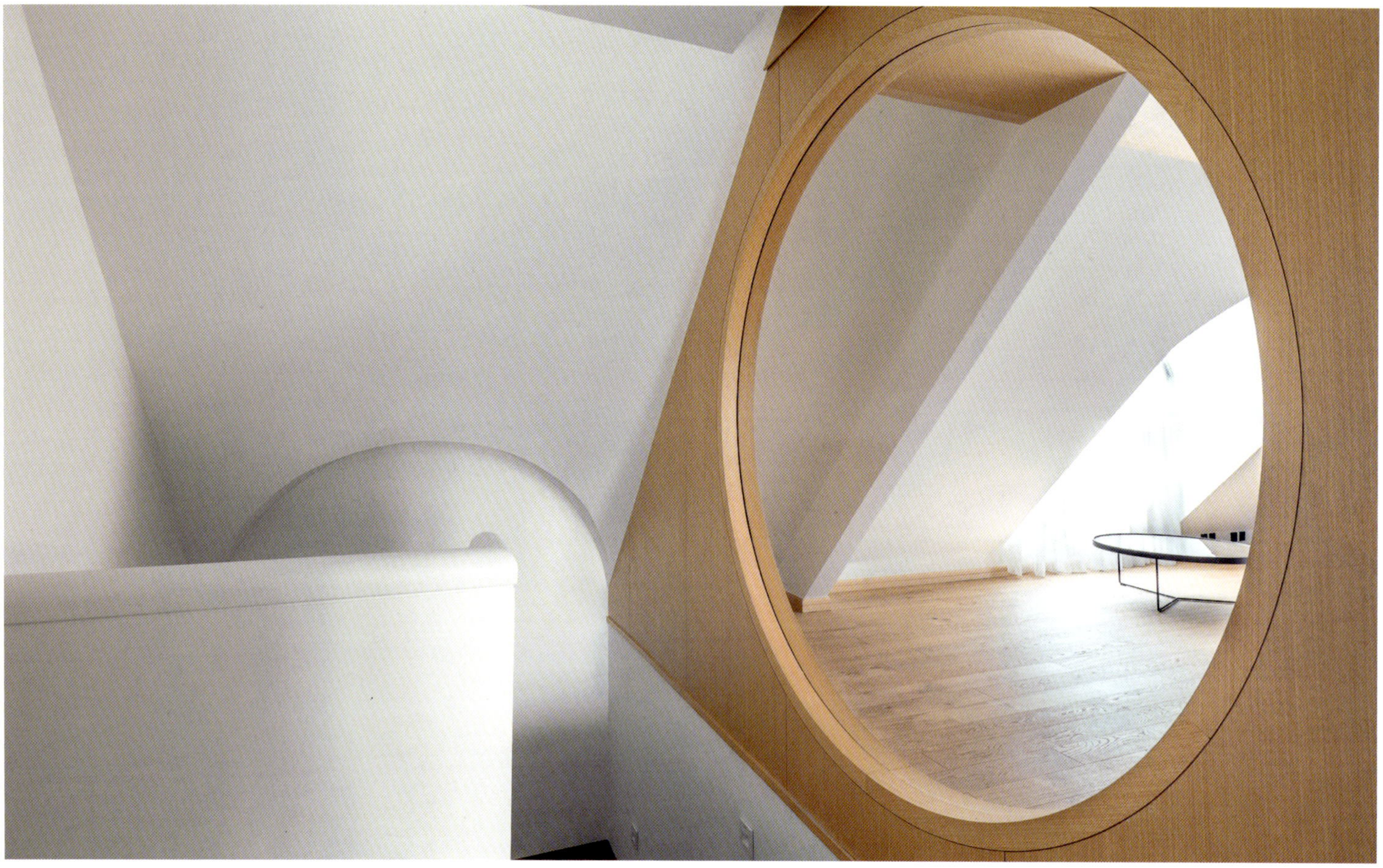

1 | 3 | 4
2 | 5

1. 自由与艺术
2. 禅房静修空间
3. 简约灵动的曲线变化
4. 自由流动的设计
5. 自然生长的木色从地面延伸

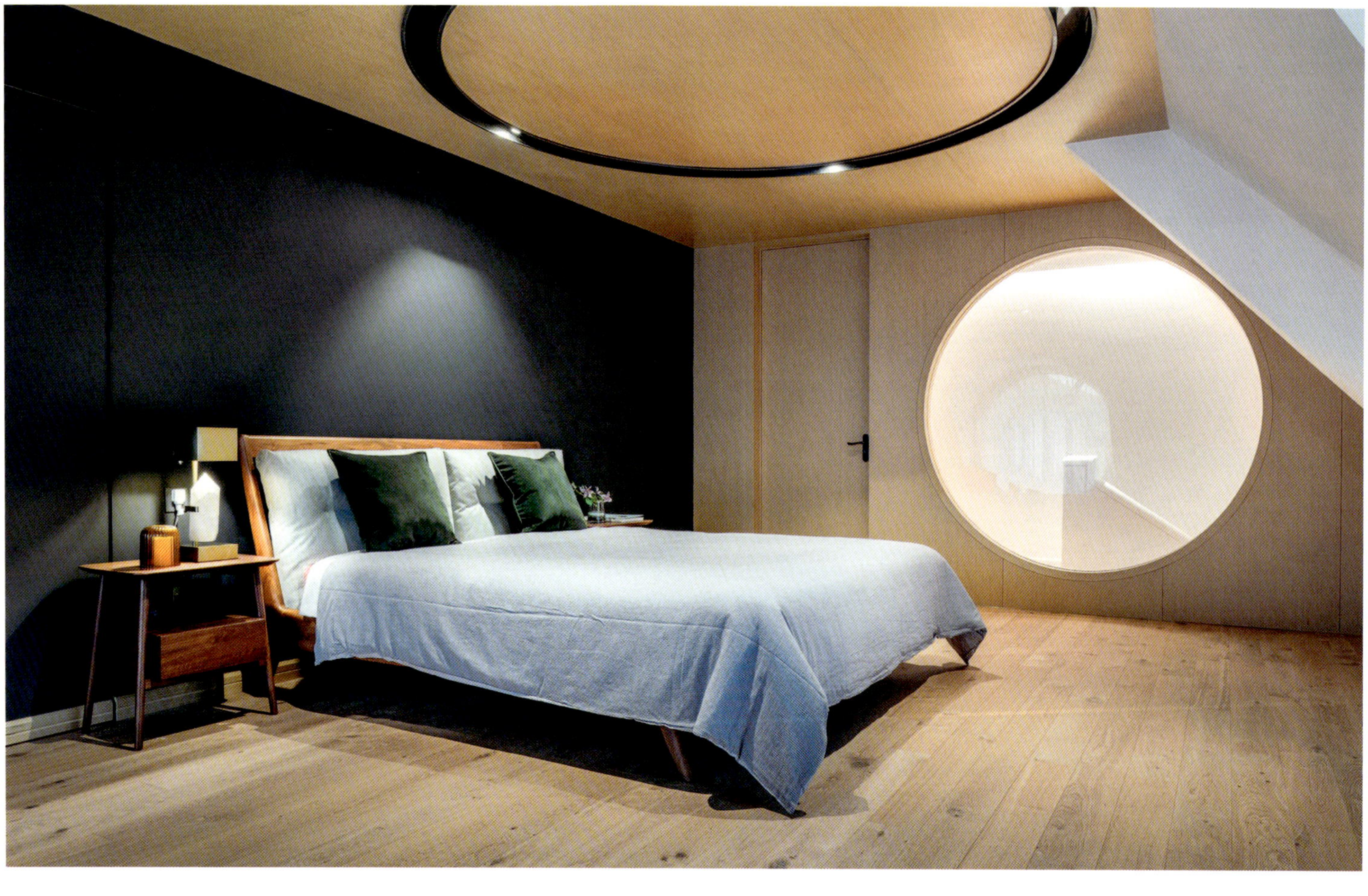

如梦所期

设计单位：中国柒筑空间设计有限公司
设　　计：黄齐正、黄小影
面　　积：415 平方米
主要材料：多层实木地板、木饰面、艺术漆、大理石、岩板
坐落地点：浙江温州
完工时间：2020 年 7 月

家，是一束温暖的阳光，可以融化心上的冰雪寒霜；家，是一阵清风，可以拂去烦恼和忧伤；家，是一湾清澈的溪水，能够洗涤繁杂的世事，让人回归安静的精神家园；家，是一辈子的爱和承诺，为爱人遮风挡雨，也为她呈现极致的爱和包容。

都市中鲜活的灵魂，延续“高颜值、高性能、高科技、高价值以及高度环保”的五高实力，已然成为“90 后”的标准体验。本案中高级灰将精致和纯粹再次做了些突破和尝试，在这样的美学空间里添加一股力量，是新一代年轻人对精神需求的一种渴望和表达，是自由随性并且张扬不失体面的个性主张。

“90 后”业主有着自己独特的爱好和生活方式，比如对美的定义不再是完美，比如各种版本公仔的收藏，比如不局限于品味名贵的美酒，比如对宠物的溺爱会源自一段有意思的故事……设计师把这个有故事的家视为爱情的港湾，把美和情感、寄托和包容、体验和延续性都融入其间。

极简主义空间界面转折需要有连贯性，空间连贯性强调一致性，而且材质尽可能不要太多，纯粹更有张力。地下两层大面积使用环保实用的艺术涂料，用线性收口条角线替代踢脚线，保持纯粹精致，兼顾细节的同时更加能兼顾空间，大气并且细腻。一楼公共区域充分体现年轻业主的独特品位，不需要在客厅装上电视机，在背景墙下方放置微光蜡烛，浪漫且有情调。个性的家具更提升空间品位，在丰富而细腻的灯光环境下是舒适、柔和、温暖的体验，让有个性的空间不失温馨浪漫。

1	3
2	4

1. 细腻柔和的家居氛围
2. 打破传统模式，留下自然纹理
3. 自由随性的张力
4. 娇润的圆桌增添家庭温馨感

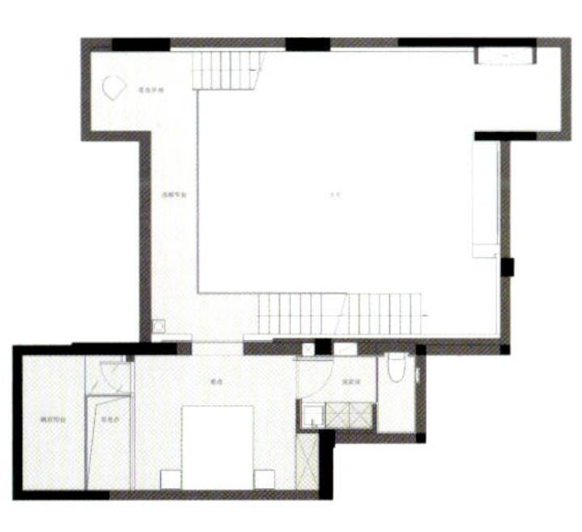

B1 平面图

B2 平面图

1F 平面图

2F 平面图

1 | 3 | 4
2 | 5

1. 色彩的延续与转折
2. 黑与白，方圆之间
3. 陈设细节
4. 艺术品的收藏
5. 光与艺术的写意空间

1 | 2 | 3/4

1. 高雅简奢的视觉享受
2. 细腻的水磨石在微光中飘浮
3. 转角处的保姆房
4. 柔和的灯光让人安静沉醉

宁波九龙湖别墅私宅

设计单位：茧界设计
设　　计：冷晨辉
参与设计：彭礼根、贾亭亭、高丽娟、刘晓龙、毕玉翔、戴小建
面　　积：1500 平方米
主要材料：石材、木饰面、艺术漆
坐落地点：浙江宁波
完工时间：2020 年 12 月
摄　　影：金该视觉

逐光而居，向阳而生

“光”记录着生活，是温暖空间的媒介，空间的一切，因为光折射出无数精彩。白色，是温暖的、包容的，是低调的、内敛的，是不张扬的、默默接受一切的、充满无限可能的颜色，是让光与影、空与实达到融合的最佳媒介。项目设计旨在以简约、质朴的形式与取材，大面积以白色、米色为主色调，以黑、绿、原木或金属来点缀空间。

设计师刻意保留界面上的留白，让投射进来的自然光，有了更多舒展空间，将它捕捉，与装饰光相呼应，融为一体，空间便多了几分灵魂。在家具与器物的选择上，用弧度取代棱角，光与影相互映衬，气氛都变得纯粹起来，置身于此的人，卸去繁杂和忙乱带来的紧张、僵硬，回归自然的松弛与舒展。例如水吧区选取了大理石，线条简约利落，强化视觉的同时，让石头的冷静中和了木材的温和以及绒面家具的奢华。再如以舒缓情绪的暖绿色，中和白色、米色的纯粹。就这样，在尺度间蕴藏着微妙的平衡，让装饰与建筑本身相互成就。

在茶室疏落有致的空间里，力求做到每个支点、弧度，都能恰到好处地与光影的魅力交织交融。茶柜高低不一错落有致，带来的不仅是视觉上的经典、耐看，还可勾勒出一个纯粹的感受：不为世俗所累，不为生活所扰，简单而自在。卧室空间大面积运用白色、灰白、米色、原木色等搭配，在柔软织物与灯光的晕染下，强调了空灵、安静、虚实相生的效果。在心境与视觉上，助主人安心休息不被外物打扰。整体空间重点选择质朴、自然的木材家具，于白色、米色色调里，偶有的绿植和黑色的木桌给予点缀，仿佛感受到森林里的暖意、青草的芳香、鸟儿细碎的低鸣，几乎是每个都市人向往大自然的内心独白。

有人喜欢繁花似锦的热烈，有人喜欢清茶幽竹的素净，喜好没有对错，只有在不同的环境里，通过设计的营造，来表达怎样的心境。本案设计师运用极简设计，在满足功能主义的基础上，注重与光、与环境的共生与融合；在克制与取舍、尊重与礼让之下，期望遇见光、遇见温暖、遇见美好、遇见无限可能……

1	3
2	4

1. 光是温暖空间的媒介
2. 舒缓的绿色中和空间纯粹色调
3. 尺度间蕴藏着微妙的平衡
4. 清茶幽竹的素净

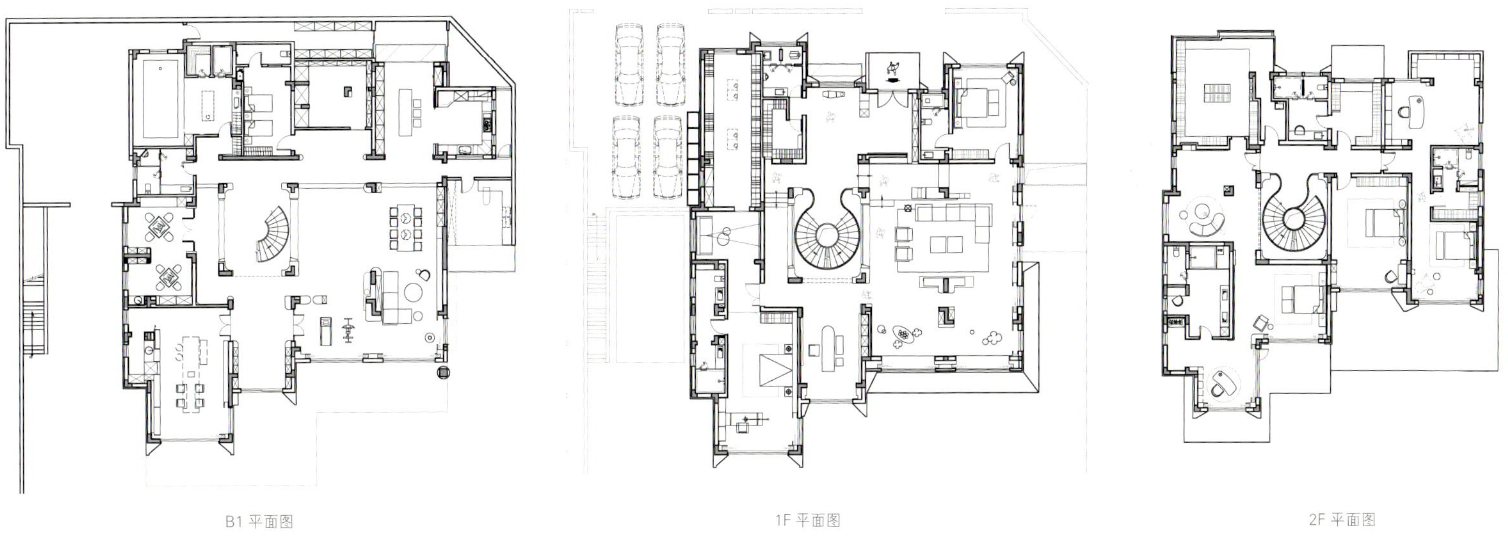

B1 平面图

1F 平面图

2F 平面图

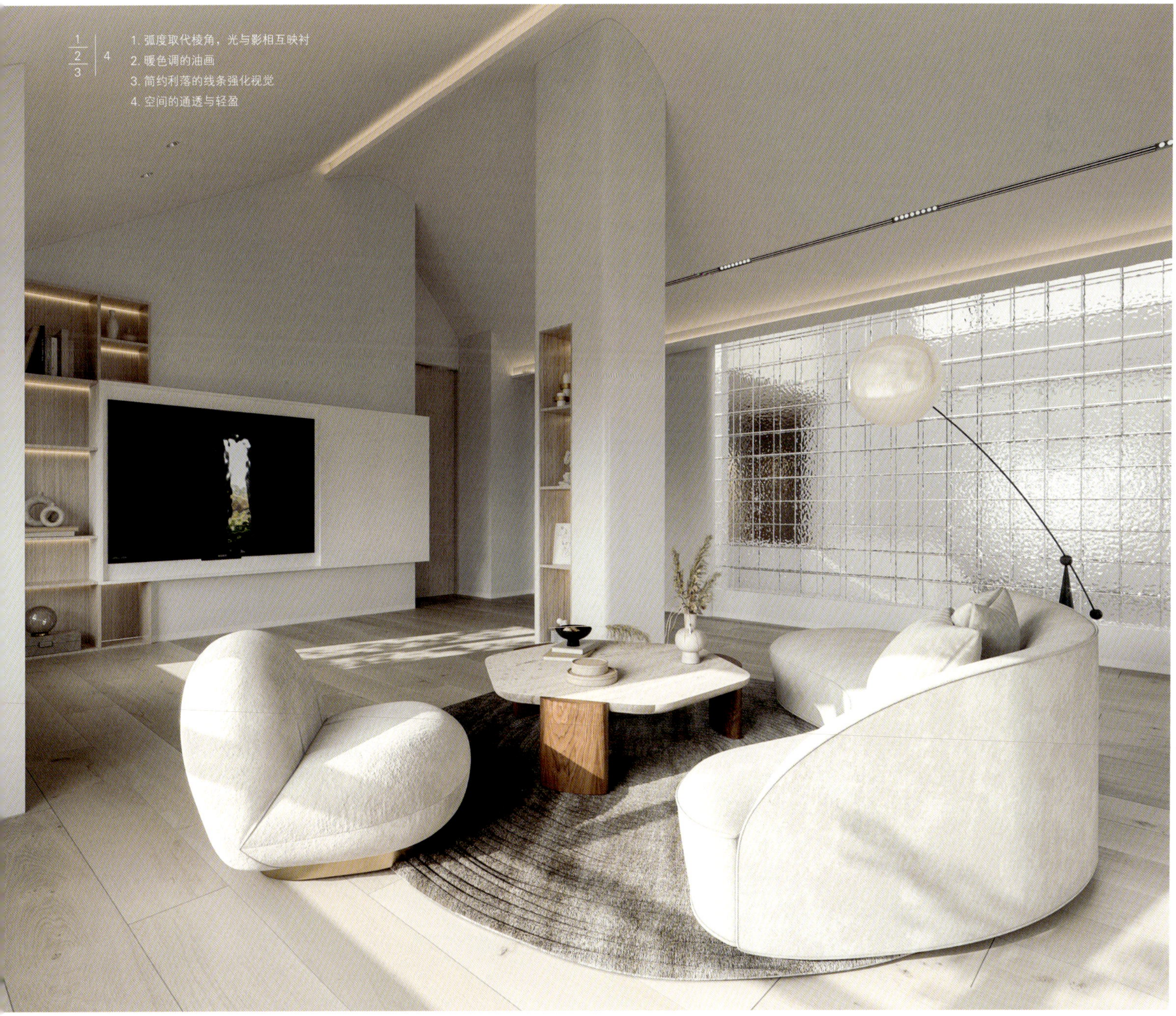

1/2/3 | 4

1. 弧度取代棱角，光与影相互映衬
2. 暖色调的油画
3. 简约利落的线条强化视觉
4. 空间的通透与轻盈

治愈的家·苏州森林湖别墅私宅

1 | 2 / 3 | 4

1. 纯粹安静、不张扬的开场
2. 空间的一体两面
3. 用色低哑却透露不凡品位
4. 材料的质感凸显空间的层次

设计单位：苏州贝瑞空间设计事务所
设　　计：展小宁
面　　积：500 平方米
主要材料：瓷砖、岩板、系统门窗、木地板、石材、氧化铜板
完工时间：2020 年 11 月
摄　　影：覃昭

打开空间，让光照亮生活

对于家来说，光的存在，包含了一种生命的温度，有"烟火气"，能在空间中自然地散发出来，直抵人的心灵深处。光的介入，让空间有了时间的维度。设计师的理念与业主崇尚的简单生活一拍即合，故基于业主的生活习惯与喜好，进一步梳理、提炼未来家的模样。项目共分为三层，利用地块高差，形成了双首层的建筑条件，一层定位为家庭的起居空间，打通客厅与餐厅；二层规划为家人的居住空间，由主卧和两个次卧组成；地下一层则主要作为承载家人朋友放松娱乐的美好时光的存在。

设计拆掉阻碍室内采光的墙体，让风与光自由地流通，用大面积的落地玻璃，塑造空间的流畅度与通透感，并在此基础上将一层和负一层皆变成一个连接户外的交互式公共空间。一层空间由户外砖与鹅卵石铺就过道，明朗的空间逐渐敞开了它的全貌。客厅餐厅完全打通，简单而有质感的材质连贯运用，使得整体空间纯粹、安静、不张扬，具有微妙的视觉感知力。设计师没有用墙体绝对地分隔空间，而是以地面的材质作为指引，巧妙地区分出玄关、前厅、客厅、餐厅。平缓的台阶向下，与隔而不断的墙体，共同包裹出客厅的区域，在这个区域中，家具的选择将"自由流动"的理念贯穿始终，低矮的沙发组合，顺从沙发线条的茶几，打破了空间横平竖直既定规则，创造出新的层次。客厅取整面的黄铜，经由火枪炙烤、手工的酸蚀，打造出丰富的肌理，让留白的墙体形成了浓淡交错的景致，在不同的光照条件下，表面的肌理变化将谱就不同的篇章。

理想的居住形态，不是粘贴风格的标签，而是打开五感，审视内心。因此，整个项目的家居选款基于业主对生活的精细追寻和性情爱好，将日常家居的趣味、审美与调性，呈现于这个干净温润的空间之中。在负一层的围炉区，墙面嵌入一条与一楼同材质的铜板，回应空间的线索，地板用两种不同的木材，拼出空间的层次，同色系的沙发柔软地安于一隅，互为依仗。设计师放弃了所谓的空间中心对称的设计范式，而是任由光线和材质的互相作用，一点一点滋养着空间的形成。功能与审美兼具、动静清晰，构筑这个空间的一体两面，这既是业主对生活本身的追寻，也是生活品质的自然流露。负一层的入户，是室内外衔接的区域，在这里，选择用自然劈裂面的岩石作为墙面的装饰，粗犷质朴的材质赋予了空间的厚重感，与锈面岩板、顶面黑色木纹波浪板，共同形成了一种有趣的空间氛围，在室内营造了一种室外的自然感。

二层是业主与家人休憩的空间。设计师认为，作为家人休憩的空间，家具应该是低存在感的，家里面最重要的其实是人的角色，而不是物品。因此，在二层的家具选形中，形制和设计没有过分突出，反而在材质上发力，通过材料的质感呈现空间的层次。开阔的主卧、大面积面向庭院的开窗、去除装饰的灰色墙面，秉持着空间的调性。床品延续材质的调性，未经削切的厚牛皮经过搓揉打磨，用色低哑却透露出不凡的品位，床头柜亦然。临窗的书桌与休闲椅，勾勒出落地玻璃窗前阳光倾洒时的慵懒状态。

设计是一项精密的工程，不单体现在处置形态上的一些问题，更重要的是其功能和用度，而在家宅之中，最终为空间注入生活气味的是作为主角的人。

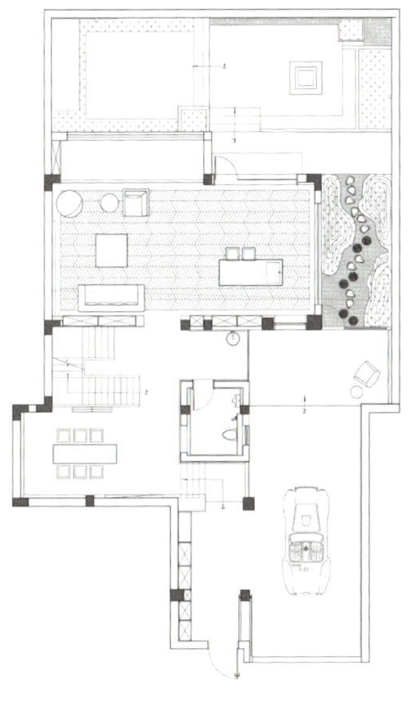

B1 平面图

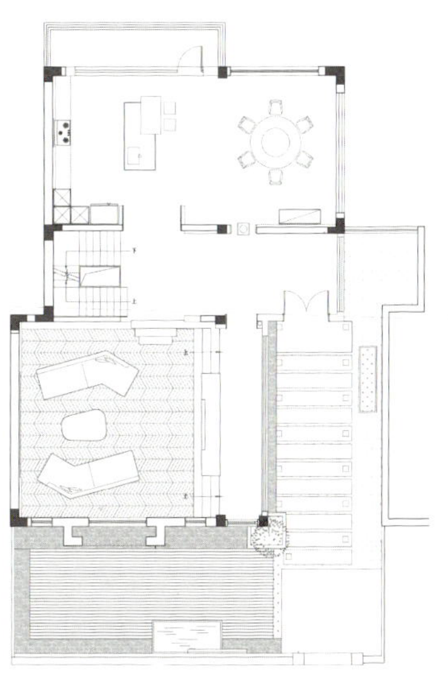

1F 平面图

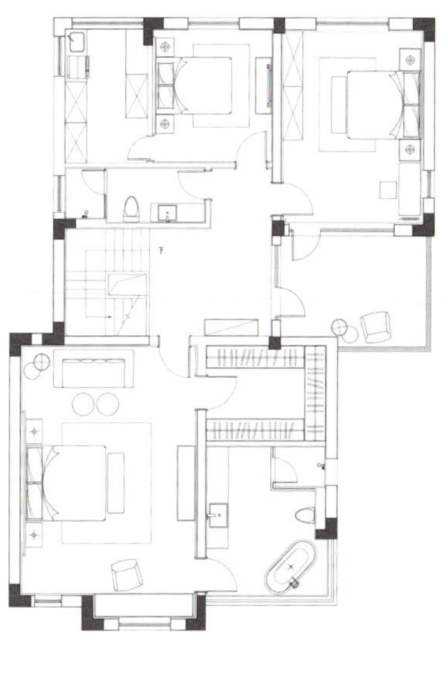

2F 平面图

1 | 3
2 | 4

1. 向下的台阶与隔而不断的墙体
2. 微妙的视觉感知
3. 留白的墙体拥有浓淡交错的景致
4. 公共空间的流畅与通透

1 | 3
2 | 4

1. 天花上的铜镜设计
2. 柔软的织物带来一天最安静的时光
3. 空间局部
4. 多光源黄铜灯具如天马行空

海湾私墅

设计单位：十分之一设计事业有限公司
设　　计：任萃
软装设计：杭州萃石设计有限公司
面　　积：4000 平方米
坐落地点：广东深圳
完工时间：2021 年 1 月
摄　　影：潘杰

海湾私墅坐落在悬崖边上，设计师从土建到室内再到软装，历时 5 年之久，匠心打造。业主投身服装产业 40 余年，生活就是兴趣与事业的延伸，所以室内与软装的设计与风格是业主对高定服装的表达，是经典与时尚的体现。建筑主入口从地面一层直至地下五层，由上至下与海面渐渐贴近。180 度落地海景窗，留给每一间居室中的人观看潮汐变化的机会，眼前是大自然最珍贵的画作。

1
2 | 3

1. 随心舒适的场所转换
2. 人生的奢阔尺度
3. 艺术感的光晕染空间

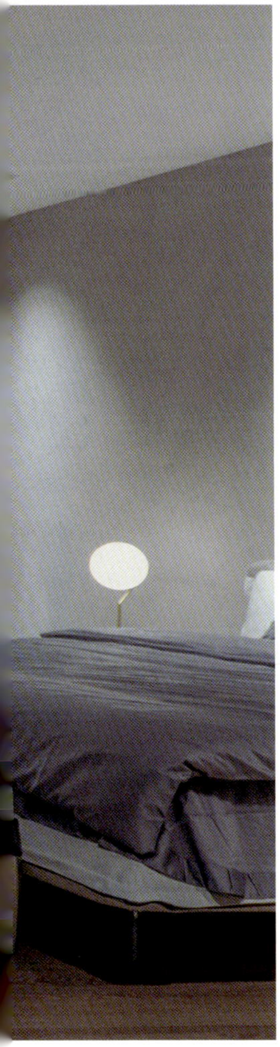

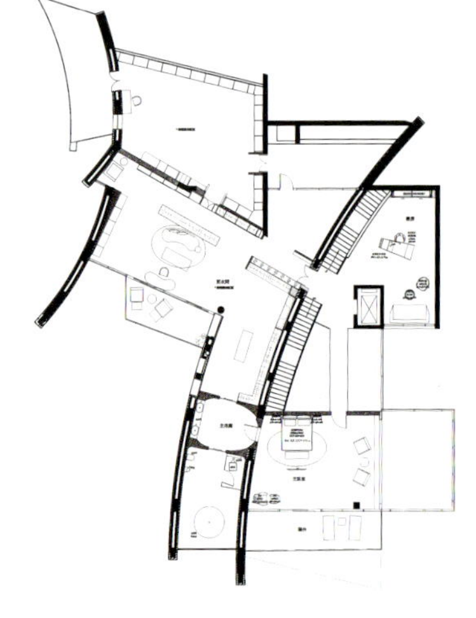

B1 平面图

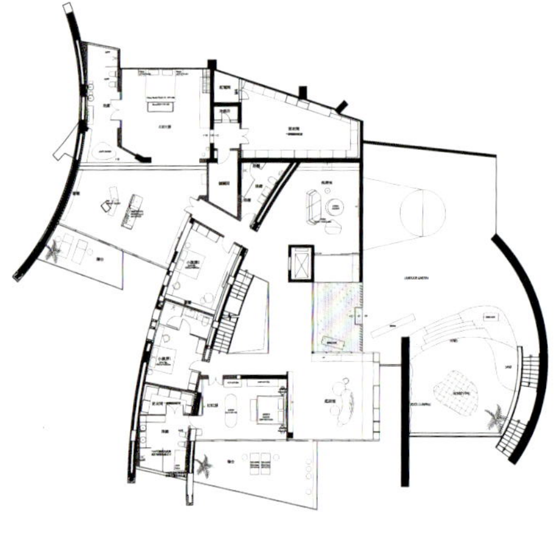

B2 平面图

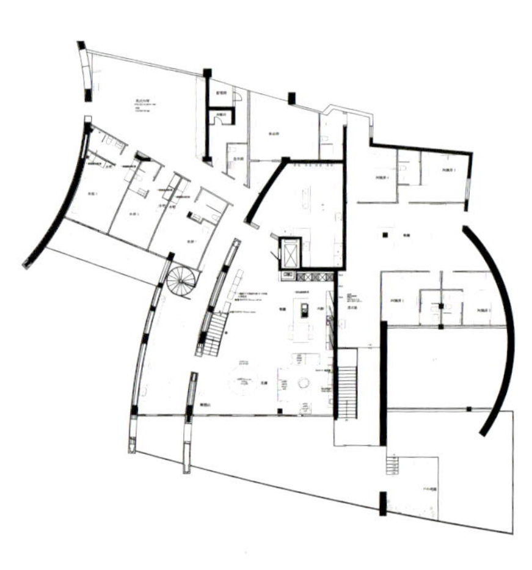

B3 平面图

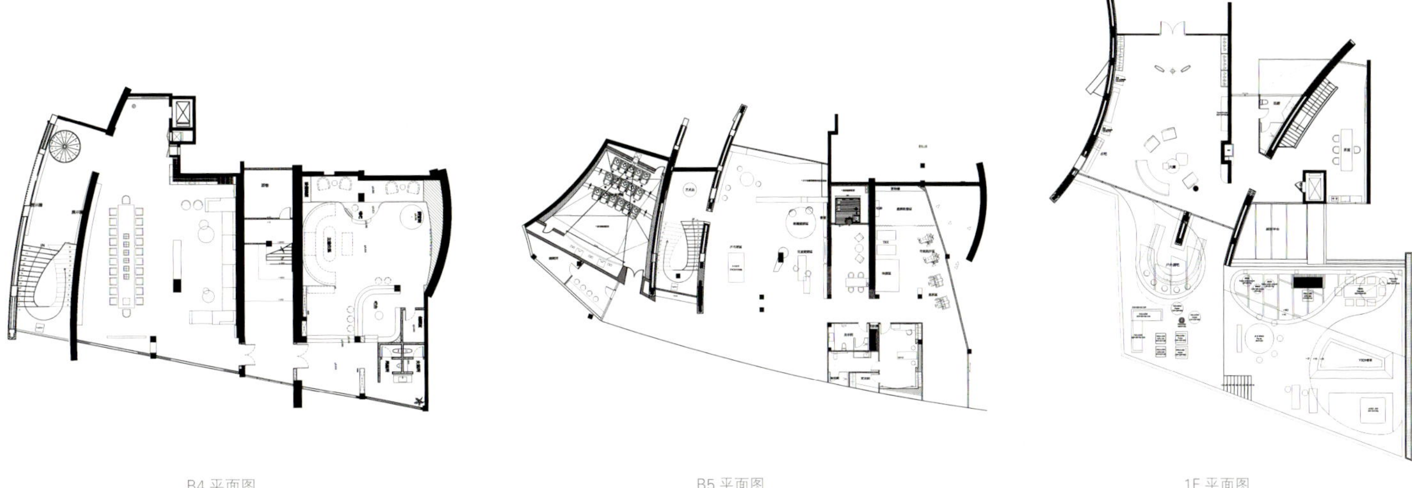

B4 平面图　　B5 平面图　　1F 平面图

1. 理想的生活与工作舞台
2. 经典与时尚的综合
3. 曲直结合的美感营造
4. 透过落地海景窗可观看天空与潮汐的变化

东郊花园私人别墅

设计单位：上海亦鉴建筑设计
设　　计：刘宏
参与设计：张宝峰、韩绍亮
面　　积：780 平方米
坐落地点：上海
完工时间：2020 年
摄　　影：恩万建筑摄影

1. 黑白灰的极简设计呈现非凡气质
2. 壁炉细节
3. 纯粹的艺术光感传达美好情境
4. 温润而安然的理想生活形态

黑白相映，安静优雅

少即是多，设计师反对一切审美方面的虚夸及形式主义。有时，建筑要回归原始的状态，并不需要华丽的装饰，保留内外空间的通透流畅，是私宅设计的重中之重。本案是一个三层的私人别墅，设计师从业主的气质出发，在空间的架构中打破常规，在处理手法上主张“流动空间”和“全面空间”的极简概念。空间设计的细部处理经过慎重的推敲，简洁细致，突出材质和工艺的审美品质，回应居住者对生活质感的追求。

建筑的情调伴随着光和影而发生，人生亦然。空间将光作为第一设计要素，赋予更多的时空变化，最大限度地汲取自然的精华。客厅与餐厅强调空间连续性，追求设计的极简与极奢，也满足了生活日常的整洁需求。电视背景的超大柜体结构，既强化了空间的秩序，又提升了空间的气质，更增加了收纳的实用空间。宽敞舒适的客厅设计，搭配意大利简约家具，黑白灰的极简呈现出非凡的气质，纯粹的艺术光感隐约中传达出美好的情境，静然优雅中富有变化，似有若无的韵律给人以无限遐想。

在动与静之间，建立一种可变化的分割边界，让静时宁静，动时明快。而作为客厅主体延伸的开放式西厨与主餐厅，延续了空间的开放性与延续性，打破空间之间的分隔，在开合之间实现自由转换。客餐厅是横厅布局，其空间与室外的光、景紧密联结，让室内自然采光最大化。西厨餐厅、客厅的连贯性打破了传统定义，这里展现的是开放与自由，传递着阔达的现代精神，崇尚先锋，向往美好。设计师以淡泊致远为尚，温润的肌理、丰富的光感，塑造着灵动、隽永的生活领悟，处处散发着美的气息。

在门厅处利用柜体建立分割与窥视的关系、隔而不断的关系，使空间产生出一种奇妙的对话关系。空间以内敛的手法，从顶面到墙面，将复杂的功能向简单的界面收纳，这些功能隐于整洁流畅的线条，成就了严谨的空间精密度，门厅柜体即是可储存收纳的基本功能柜，又是精密与美的品质展现。黑与白作为书房空间的主色调，纯净中潜藏无限生机，正是东方美学强调的平衡意境。水墨意象穿映其间，木材质碰撞对话，轻重冷暖之间，悉心提炼别具一格的人文底蕴。

西侧的天窗洒下来一束自然光源，地面结合天花打造室内景观枯山水，引入光景，拉近空间与自然的关系。在这里，光线散落于空间中，包裹出一个敏感的空间，一种微小、独特的分子随着光线散落在空间之中，房屋的情绪被细致地调动起来。茶室设计以简洁的线条与澄净的材质，亲切平和地呈现温润而安然的理想生活形态。材质的运用极其考究，贯穿连续的本土特性，加之统一的“弱对比”色调，将亲近自然的精神融于雅致和谐的整体氛围，赋予归家从容安定的感受。这对幸福美满的年轻小夫妻，孕育了两个小孩，一个爱绘画，一个爱音乐。阁楼空间作为“星空艺术画廊”处理，展示了小朋友近几年的绘画作品。

为人之美，在于简约；处世之美，在于利落；胸怀之美，在于广阔；聚散之美，在于淡泊；内在之美，在于愉悦。岁月静好，寄居于明媚的阳光下，让人有种源于广博自然的平凡、温存与恬静。

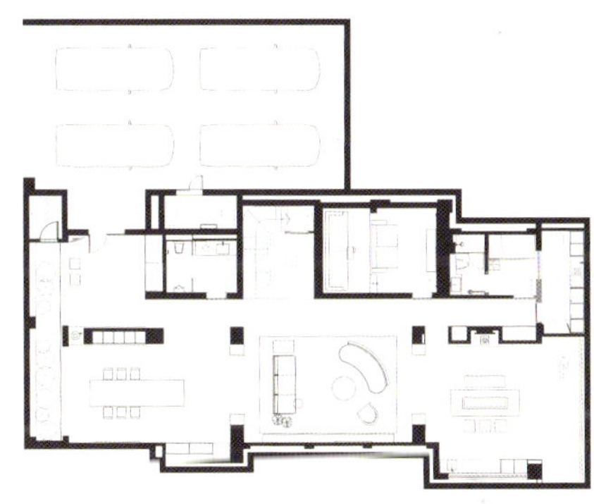

B1 平面图

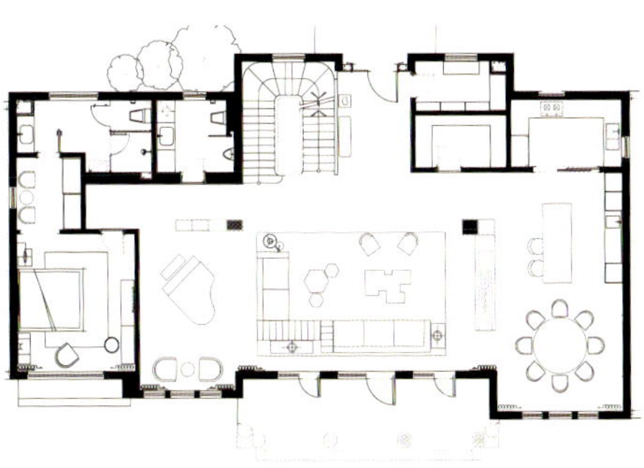

1F 平面图

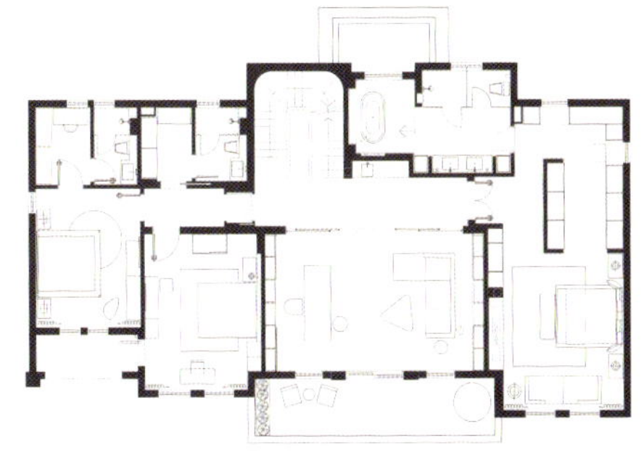

2F 平面图

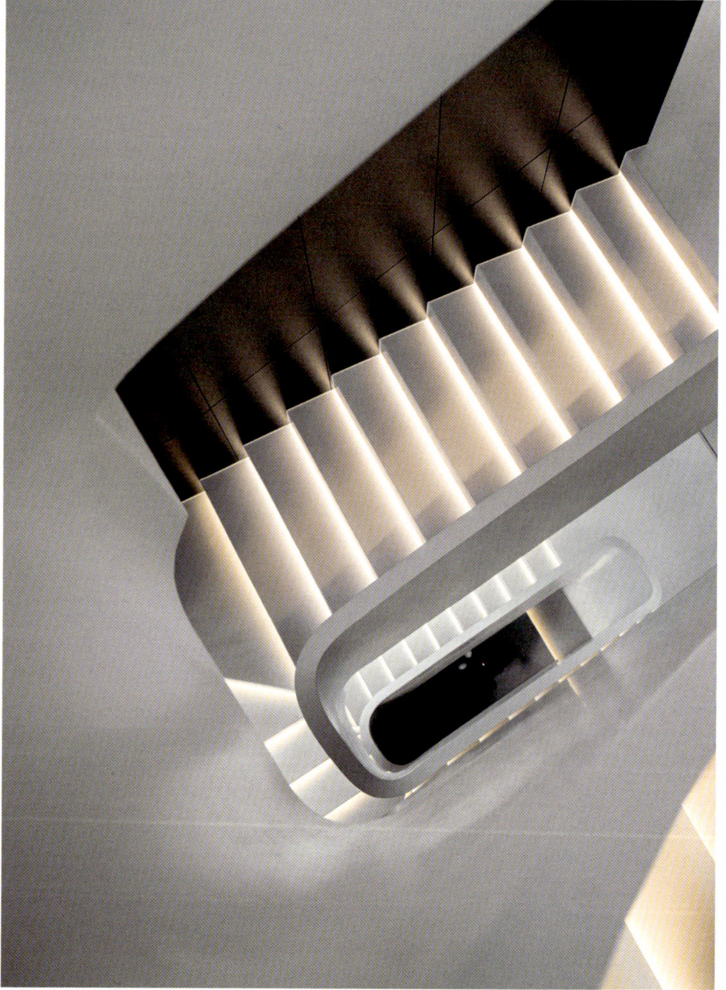

1	4	5
2	3	6

1. 寄居于明媚的阳光下
2. 星空艺术画廊
3. 少即是多
4. 水墨意象穿映其间
5. 开放与自由
6. 似有若无的韵律

开展的卷轴

设计单位：城市室内装修设计有限公司
设　　计：陈连武
参与设计：张逸欣、沈利方（芳菲设计）
面　　积：600 平方米
主要材料：大理石、涂料、玻璃、金属、瓷砖、实木
坐落地点：浙江绍兴
完工时间：2021 年 4 月
摄　　影：刘鹰

1. 厅堂窗明几净如一幅泼墨山水画
2. 空间的隐约关系
3. 人上人图腾的玻璃障围合出一方包厢

这个家中的每个空间，都有着它相对应的地景，叙述着每日的家常点滴，像一幅逐步开展的卷轴，随着周围景物的递变，看到了家庭成员们在不同空间的互动关系……

叙事，从入口的一盏皎白如月的立灯开始，温柔的月晕时刻等候着屋主的归来。接续是一面水墨晕染的夹纱隔屏，缓步揭开了属于家的场景。临环城河边的厅堂窗明几净，好似一幅泼墨山水画，走在回纹地毯上，每一踏步都是富贵绵延。向里望去，人上人图腾的玻璃障，围合出一方包厢，隐约透出另一层光景，是举杯尽欢的晃影，也是团聚话家常的余温。厢内冷蓝光晕与金灿的花灯，在四面山水的底纸上，暖暖散发出隐室中独有的光芒。而厢外有茶席紧邻河畔，与老家咫尺相望，方便汲泉烹茶敬款至亲好友。

随着梯墙上的珍珠光泽引领，到了二层的起居空间，也似开展了另一卷画轴。不同于一楼的连续画面，此卷被分割为四块的框景，相异其趣，或沉眠、或览卷、或抚琴、或游艺……一房一室一窗一景，总能有专属的场域与对应的景致，明亮的色调带出轻松的居家氛围，也让二层的风光更显轻盈自在。

拾梯再上犹如卷轴舒展至底，只见主卧阁楼，仰望有金黄穹顶笼罩，俯瞰有青绿山水环绕，居高临下亭然而立，行笔至此见床头有积墨挥洒，地面有草书快意，犹如在空间落款，为新家的卷轴盖下完美的钤印……

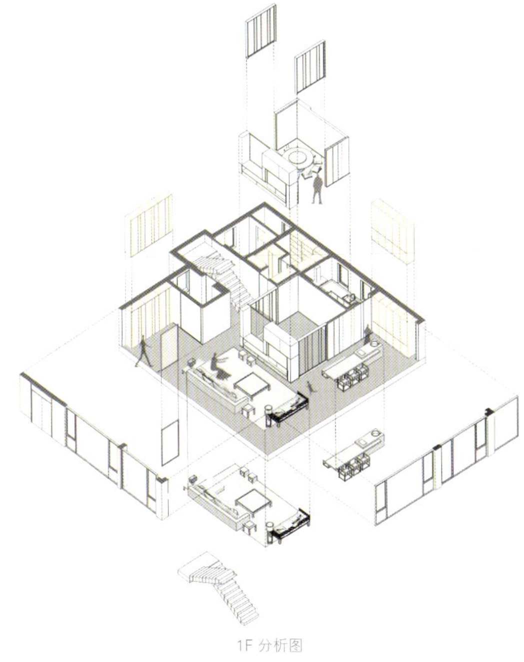

1F 分析图

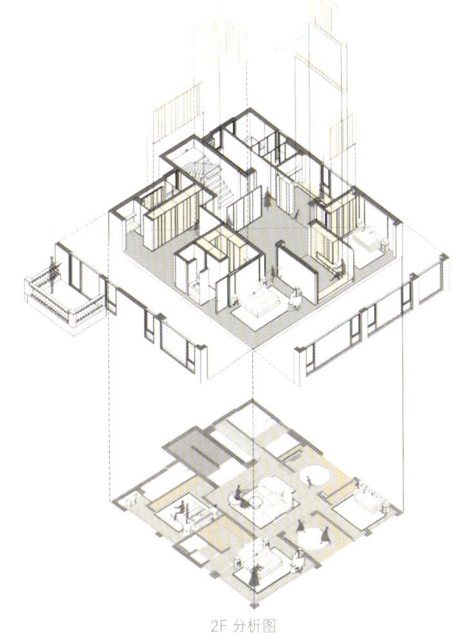

2F 分析图

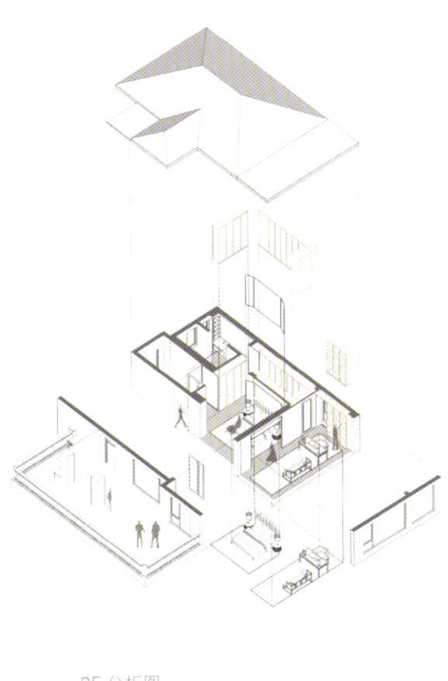

3F 分析图

1 | 3
2 | 4

1. 一房一室一窗一景
2. 连续的画面
3. 于空间中积墨挥洒、草书快意
4. 俯瞰有青绿山水环绕

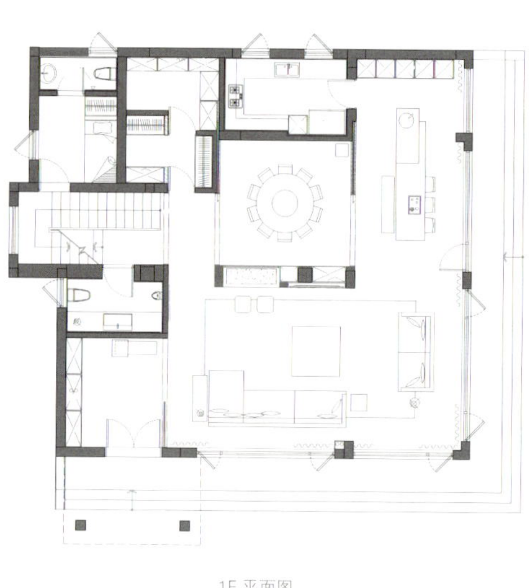

1F 平面图

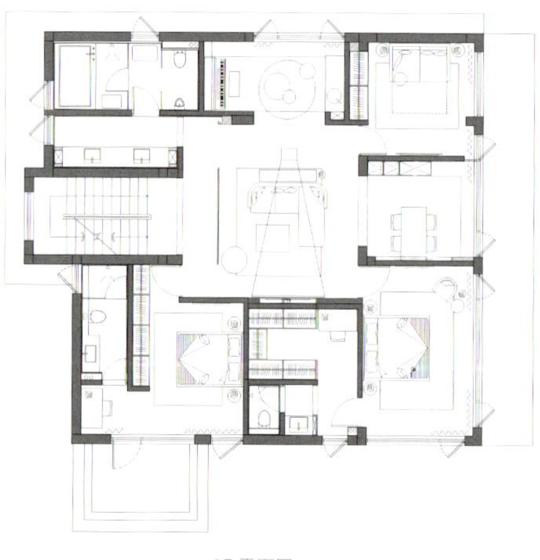

2F 平面图

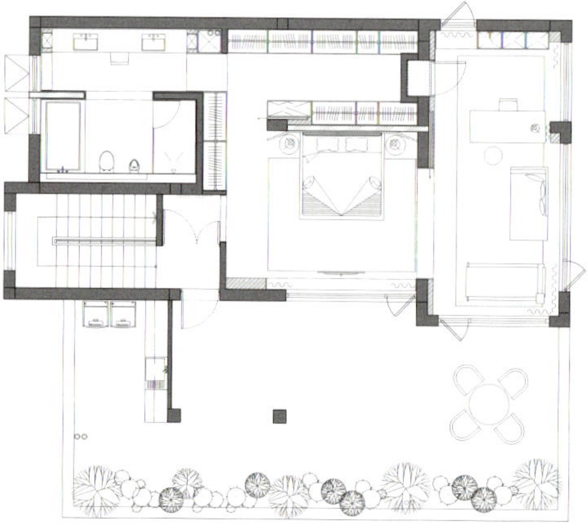

3F 平面图

舒适逻辑

对于一个住宅空间而言，“舒适”应该成为最重要的元素。空间终究连接的是人，而家又把人的情感连在一起。设计师不希望设计一个奢华的家，所以努力在寻找家的舒适逻辑——晴天，阳光洒进室内，光影斑驳交舞；雨天，窗外满是绿意，韵自成诗。

设计自客厅开始，在视觉结构上埋下伏笔，每一层的视觉主调分明且不同。体块的穿插以及材质的混搭，充分发掘移动的视角，彰显不同的空间层次，借助空间本身的优势，展现出深邃交错的空间美感。庭院、地台、餐厅、西厨、中厨五块空间连成一线，柔和的白到高级的黑，既过渡了色彩，又隐喻着白天到黑夜，衔接了灰空间的寓意。楼梯使空间优雅地完成了纵向衔接与延伸，拥有了点睛之笔。特地留置出的“空”房间，纯净无瑕的墙面和一桌两椅，勾勒出一间供人品茗的茶室，承载着无限的可能。茶室的位置被安排在猫舍后面，静与动被巧妙对比，喝茶、看书、逗猫，生活无比惬意。

一楼的设计围绕庭院展开，公共部分加了两个灰空间连接庭院，搭建出家与自然的桥梁，将和煦的阳光与草木的清香引入室内。餐厅的窗户由原来的一字窗调整为多边形窗，犹如“摄影机”，记录着窗外好花常在，好月常明。客厅的折叠门可以完全打开，沙发的摆放也指向庭院，室内立面简化设计，以突出室外的自然，打通与户外的连接面。

二楼公共区由艺术空间和家庭图书馆以及主人套房构成。艺术空间里的三角钢琴、雕塑、艺术画、旋转楼梯等组成了一个有品质的空间。家庭图书馆用旋转门跟艺术空间分隔，又互有连接，形成亲密又私密的空间关系。满墙的书柜、镂空的凹洞造型，以及生动的几何形态的大书桌，让毗邻休闲阳台的书房，变成令一家人最放松的地方。浅色地板到深色书桌的色彩渐变，为空间增添淡妆浓抹总相宜的层次感。主人套房在设计上通过重新功能分布，采用循环动线，三分离独立的马桶间，以及入墙的移门系统，实现了家政与主人两条动线的互不干扰。

三楼为阁楼空间，许多不规则的梁成为空间设计的难点，为了不破坏原有结构特意加建了新的墙体，和原来的墙形成穿插关系来改变动线和布局，同时隐藏设备与灯光使设计的难点变成了设计的亮点。地下室沿采光天井向南进行延展功能的划分，整个空间采用统一材质，利用采光天井的光线来进行设计的表达。设计师在空间中强调光影的构成，克制的设计与舒适的理念，创造性地表达出一个手工活动室。自然清新、灵致雅静的活动室，突破了惯性的思维，放大了沉潜的定力。

设计以润物细无声的逻辑，进行构图和色彩组成，每间卧室，都有着极为强烈的特色风格。柔软如天边的云，婆娑出一室的惬意与自由。

B1 平面图

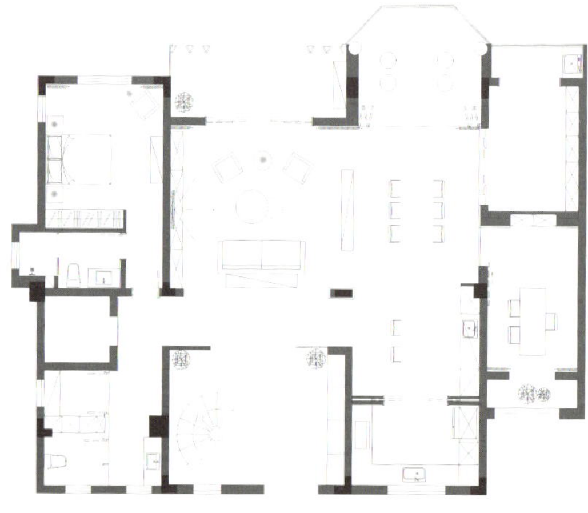
1F 平面图

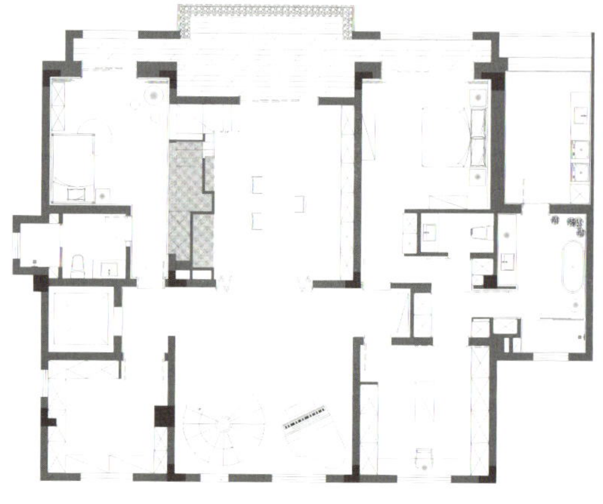
2F 平面图

1. 体块的穿插与材质的混搭
2. 勾勒别有洞天的感觉
3. 生动的几何形态大书桌

1 4 5
2 3 6

1. 亲密又私密的空间关系
2. 光是最为自然的装饰
3. 界面肌理对比
4. 纯净的白色在阳光之下倍显柔和
5. 阁楼空间
6. 不规则的顶面结构

3F 平面图

1. 时光与情感的容器
2. 深色木皮与白色的基调调和
3. 空间一半则源自存在与精神
4. 灯光下的人间烟火

容器·江山万里别墅

设计单位：宁波汉格内建筑设计有限公司
设　　计：卓稣萍
参与设计：王旭辉、徐群莹、任思玥、李星星、覃小莉
面　　积：563 平方米
主要材料：白沙米黄大理石、黑古铜不锈钢、米白色皮革护墙板、林芝橡木
完工时间：2020 年 11 月
撰　　文：叶建荣
摄　　影：金像视觉

容器

江山万里别墅项目设计的诞生和灵感，源于业主与这套房子的相遇。美好的湿地公园，蔚蓝的天际线，宁静中带着一丝古典意味的房子……设计师希望通过自然的材质、严谨的工艺、精致的家具以及高雅的艺术收藏，打造一个自然与人文呼应、空间和环境融合、拥有隽永气质的舒适空间，使其成为时光与情感的容器。

以这份初心作为设计的原点，设计师用一个美好的花园作为设计开篇，将花草、树木、流水和阳光引入这里，让建筑和空间中的人体会自然的美好。遵循建筑的脉络，提炼石材、金属等元素，构建内部空间的肌理，以此适应南方湿热变化的气候，追求空间塑造的恒久性。同时，选用原木、棉麻和皮料等亲肤的材料作为家具的表面材质，为内部空间注入温度，提高人在空间中的舒适度。

在一楼的会客厅中，温润的阳光洒落在天然木纹的地板上，绿植舒展，轻纱摇曳，窗外的风景自然地映入眼帘，宽大的沙发带着意式的优雅与舒适，壁炉边的一对休闲椅沐浴在明媚的阳光下，品位流露在不经意间。迈上一步台阶，发现一张圆桌、几把绿椅，半开放的厨房与餐厅之间仿佛没有距离。自楼梯上下更有生活的情韵，步履流转，沿阶上下，触摸着古铜的扶手，大理石的自然肌理浸润着岁月。来到负一楼，一幅韩中人的《自然·城市》引导我们步入这个充满现代感的休闲会客空间。通透挑高的空间，宽敞舒展的体块，以及通过天窗洒下的自然光线，表述着这个空间的当代气质。而自然的深色木皮与白色的基础调融合，硬朗的线条与柔和的家具搭配，又让这里透露出一种简约而诗意的氛围。一楼和负一楼的设计，包括客厅、餐厅、休闲空间乃至卫生间，都呈现出一种秩序的美，并以此包容生活所需的仪式感。从二楼往上，是相对温馨一些的寝区和茶室书房。寝区有三个卧室，暖白色与灰色的主体搭配，加上原木的地板和一些明艳色系的单椅与灯具，用色温馨中带些明快。一个双床的客卧朝南，拥有大大的落地窗和一个漂亮的阳台，可以看到花园美好的景致和远处优雅的建筑。在阳台布置一组休闲椅，就着一杯咖啡享受明媚的早晨或者悠远的斜阳。另外一个次卧用色稍微沉稳一些，深色的原木橱柜与浅黄色的壁纸搭配，一种宁静的温暖弥漫在空间之中。主卧是一间套房，用色时尚而雅致。安放于地毯之上的卧床和沙发别具仪式感，天鹅绒表面带来细腻的感知，艺术化的茶几和陈设提升了空间的格调。三楼的茶书房是一个让人安静下来享受美好的地方。在茶席上对坐品茗，在沙发上捧书阅读，又或者走到室外的阳台，晒着太阳，欣赏蓝天、白云、花园、湿地和城市的天际线。

人们居家的理想，就是希望感知一份美好和幸福，容纳和感染自己的情感。当空间里有一处能够把你的内心和你所爱的人、所喜的物串联起来，那么这里自然成为安放你眷恋和喜悦的容器。

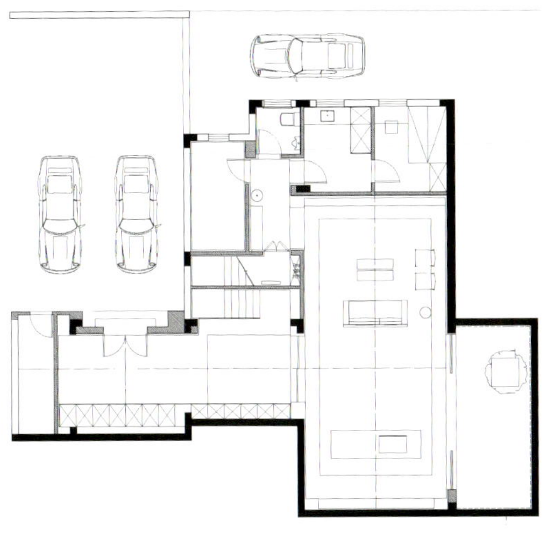

B1 平面图

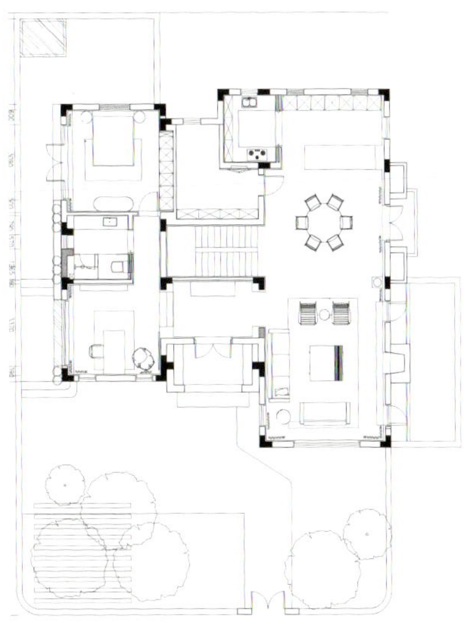

1F 平面图

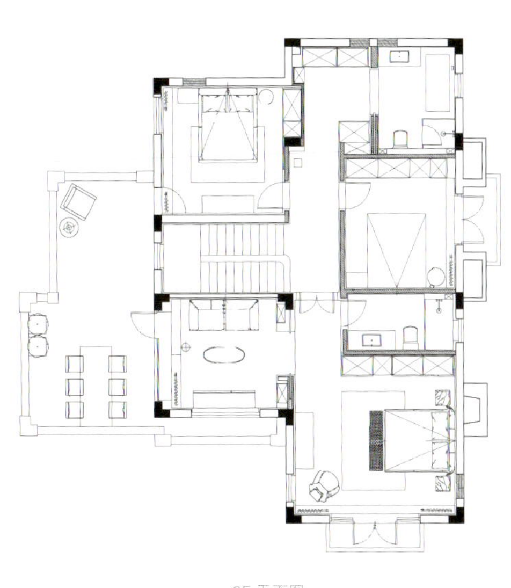

2F 平面图

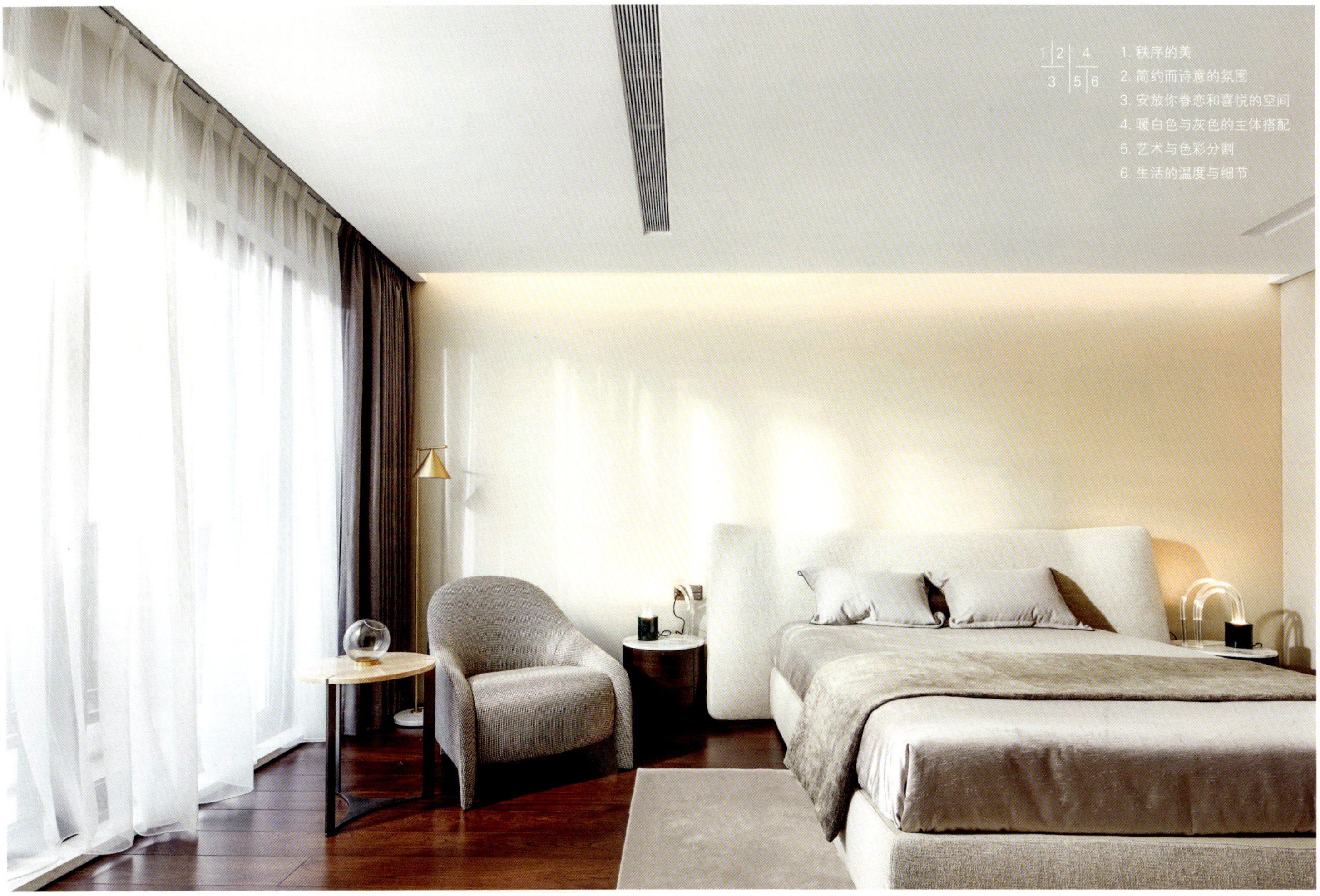

1 | 2 | 4
3 | 5 | 6

1. 秩序的美
2. 简约而诗意的氛围
3. 安放你眷恋和喜悦的空间
4. 暖白色与灰色的主体搭配
5. 艺术与色彩分割
6. 生活的温度与细节

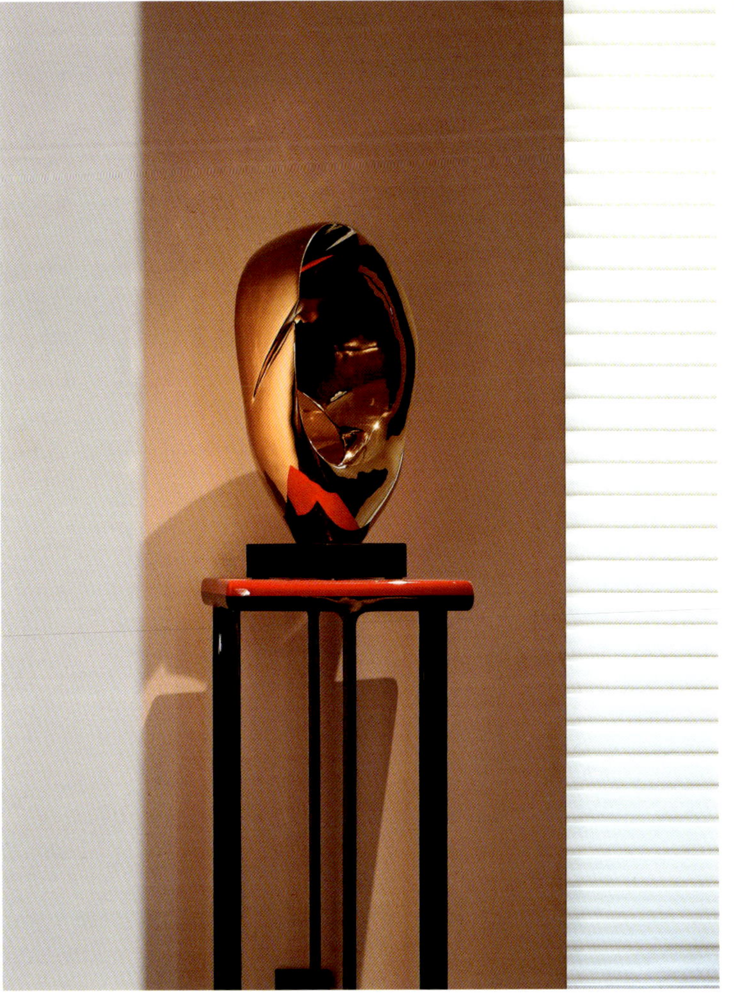

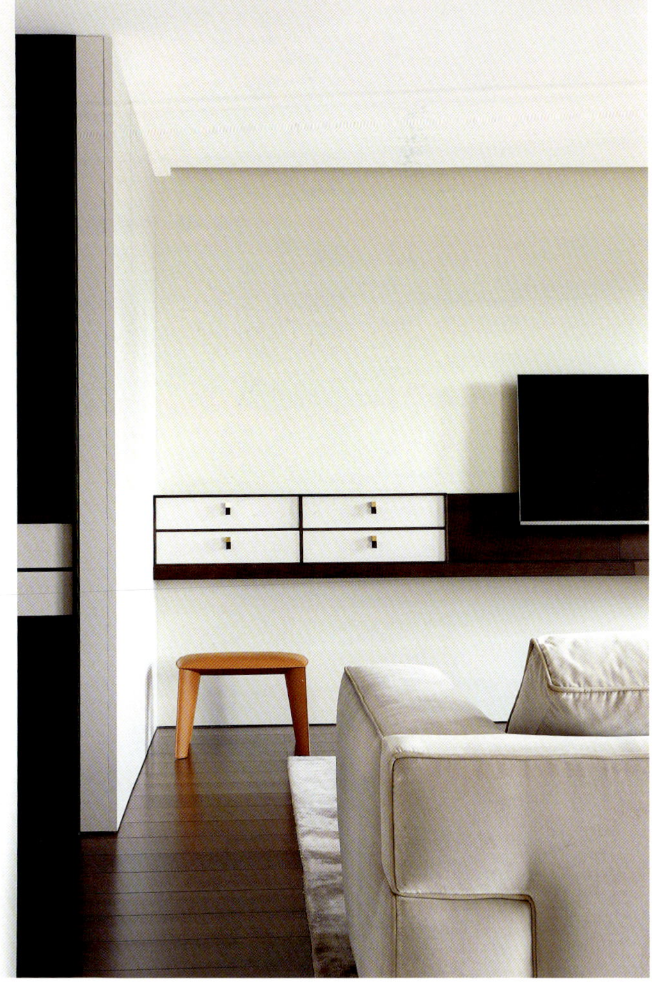

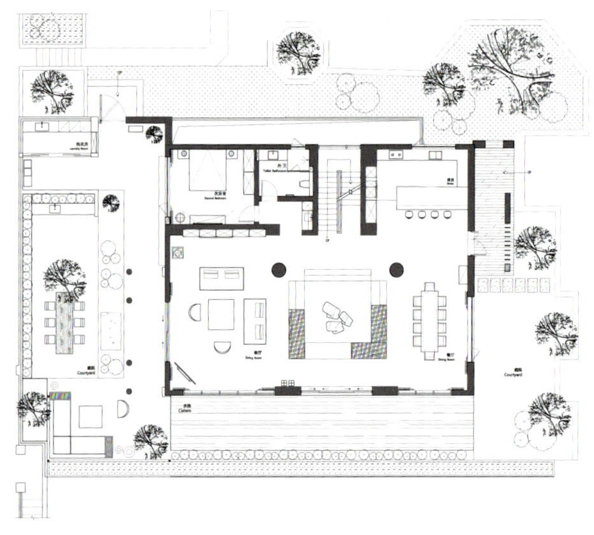

1F 平面图

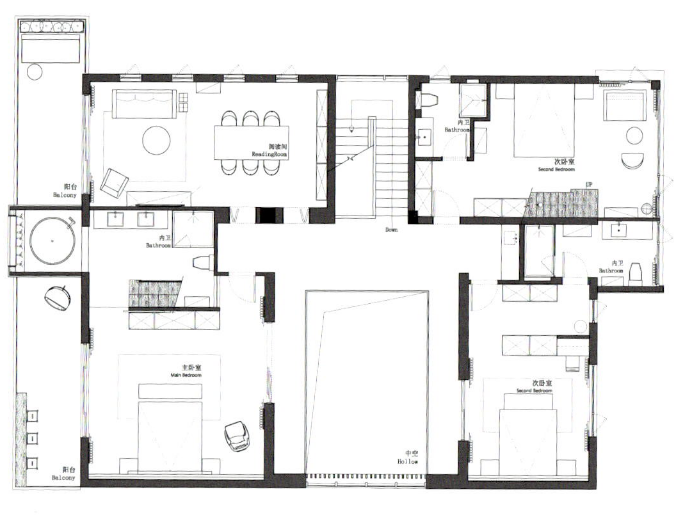

2F 平面图

1. 现代极简主义中流露出写意之美
2. 一层三餐四季
3. 静谧休憩空间
4. 自由气息贯穿卧室内外
5. 空间视觉无限度拓展

WS SPACE 无集

设计单位：W.Design 无间设计
设　　计：吴滨
参与设计：朱天亮、洪奕敏、施佳颖
软装设计：WS 世尊软装
面　　积：600 平方米
坐落地点：上海

设计传达空间之美，而空间之美即建筑的真正意义。W.Design 无间设计在不停探索设计美学和生活方式的驱策中，吴滨先生将旗下 WS SPACE 无集进行实验性改造。将原有的咖啡店和家具店之间的隔墙全部拆除，餐厅与生活美学区渗透融合，营造一个更具开放性的空间。置入吴滨先生专程去北欧淘得的百年设计经典作品，让新、旧设计形成一轮时空对话。

第一重半户外的秘密花园，大量植物围合出的空间界限不为石墙所限。白日沉浸于第二重室内高挑空间享受阳光的礼赞，夜晚至第三重可开可合的隐秘氛围中感受夜的深邃。如此开放到逐渐收窄的空间节奏，三重不同维度的空间规划，将空间的特质立体描摹。剥去多余的装饰结构，原本的立柱结构显现于外。硬朗的混凝土，水洗石材质加上垂坠的亚麻隔帘，拙朴的肌理有着高度反衬的互补感觉。餐厅水吧台呈洞穴造型，黑色石造穹窿分裂而出，飞扶壁到达顶部之前回环出叠叠层次，巧妙用作酒吧的陈列柜。6.6 米的超长几何体水泥肌理吧台和圆弧洞穴借当代建筑的哲思达成一种视觉冲击与平衡。在吧台后场原本封闭的区域开辟出参差的地台结构和一片珍贵的采光面，阳光穿过镂空铜网，鲜活变幻。餐厅核心区域高耸的墙体与火炉呈咬合构成，透明的火炉结构形成视觉的焦点，围炉把酒，至乐其中。生活美学器物、微缩森林与餐厅空间互渗，生命情绪的表现交融组合成一个“境界”。

艺术的光韵覆盖整个场域。20 世纪的经典灯具初代原版松果灯 PH 陈列展出，灯表面的白铜质地经过百年的氧化包浆，泛出褐色自然肌理的美感。无论从何种角度仰视，刺眼光源都无从寻迹，更能透过叶片互相折射使光源柔和而均衡地散布于空间。橱窗中精巧构造的雕塑，通过巧妙的平衡传递出和美的力学气质。

不张扬，不卑不亢，关照生活的初衷，建筑本位和单体层面都回归生活，造就以人、以生活为中心的场景。日对此景，乃令人不敢不乐。

1 | 2
1. 高低参差的地台结构
2. 显露在外的立柱

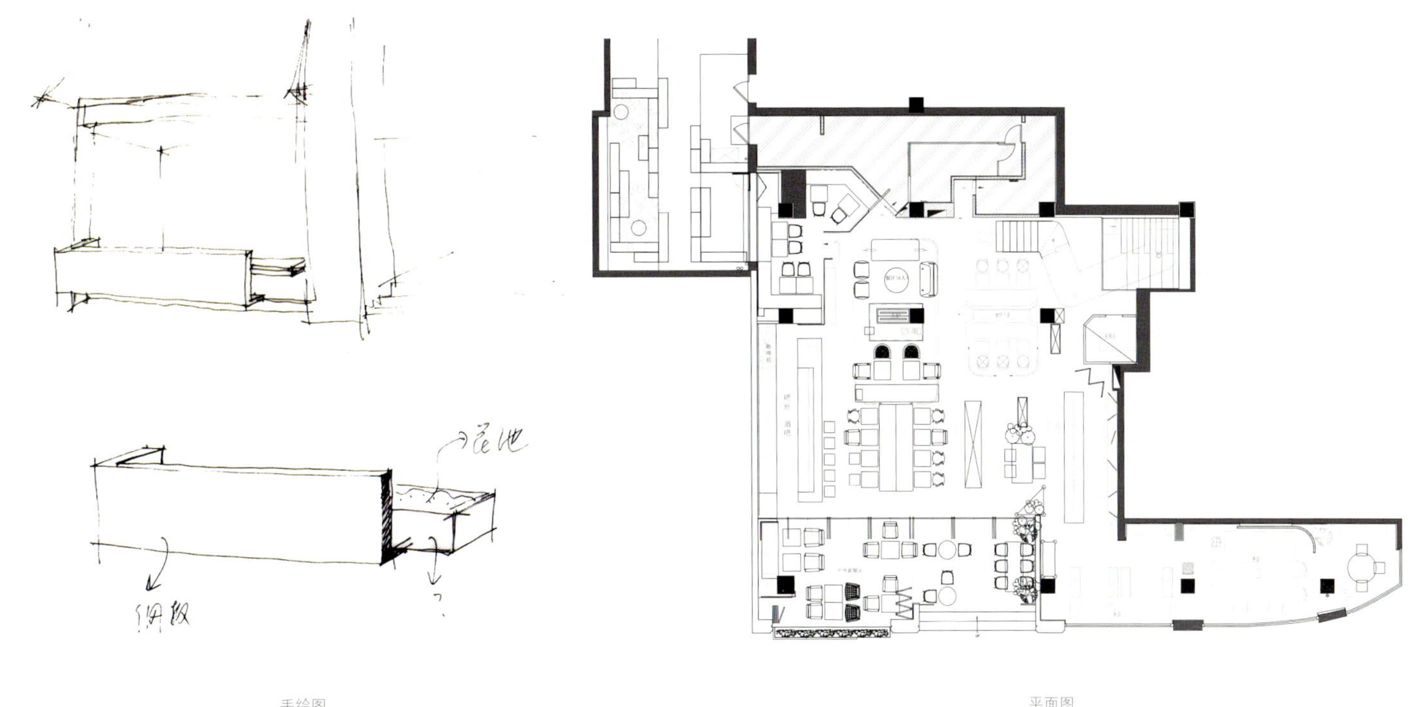

手绘图

平面图

1. 开放性的空间
2. 吧台区充满力量的黑色穹窿
3. 垂坠的亚麻隔帘

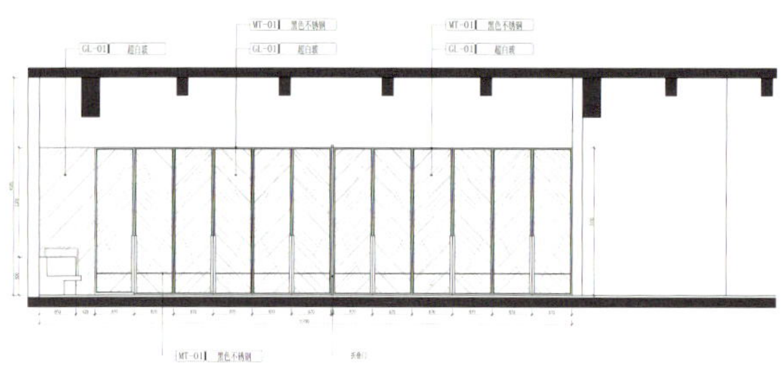

立面图 1

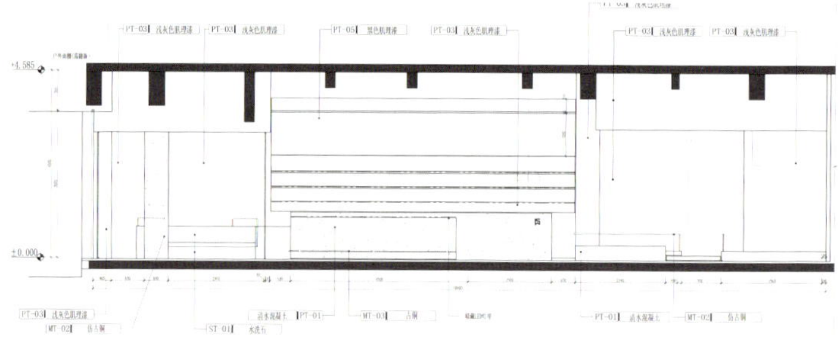

立面图 2

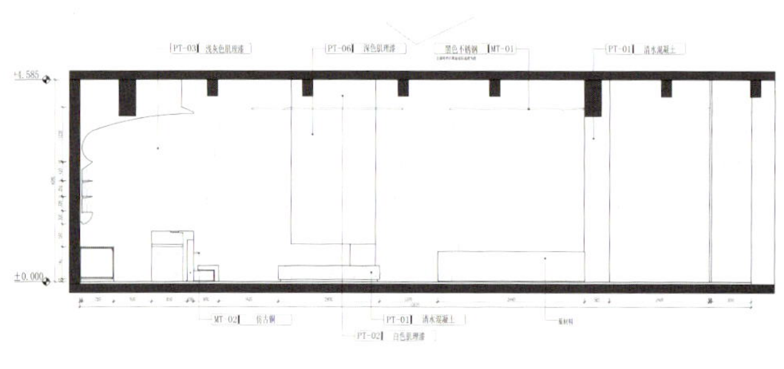

立面图 3

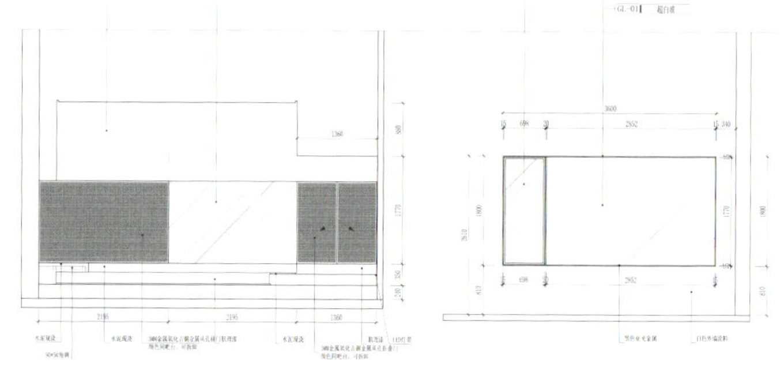

立面图 4

1. 半户外的阳光花园
2. 简素的白色空间
3. 隐秘楼梯
4. 透明的火炉结构
5. 温柔的生活美学区

蓝山 Cafe&bar

设计单位：设谷空间设计有限公司
设　　计：谢银秋、龚海明
参与设计：黄丽君、倪亚楠、季瑜斐、孙芳、徐岩岩
面　　积：450 平方米
主要材料：肌理漆、微水泥、木饰面、铁板
坐落地点：浙江杭州
完工时间：2020 年 11 月
摄　　影：瀚默视觉 | 叶松

1 | 2

1. 光无处不在
2. 空间设计成为情绪的表达

这次的手法挺出离世俗的，设计一个试验场装进超现实的精神世界，把前往喝杯咖啡的人统统卷进去不断发酵，而这居然是一个老牌咖啡店——蓝山 Cafe&bar。灵感来自邪典电影大师佐杜洛夫斯基，曾誓要拍出科幻小说史上的必读经典之作《沙丘》，以表达对人类未来的清醒思考与无限创想。小说《沙丘》出自美国科幻巨匠弗兰克·赫伯特之手，勾画了一个名为“沙丘”的星球，在苍茫深幽的物理空间内，眼见并非一切，人如何在宗教、哲学、权力和欲望间摇摆。而影片的流产成了他一生最大的遗憾，徒留一部名为《佐杜洛夫斯基的沙丘》的令人拍案叫绝的纪录片。

这个遗憾，也让设谷主创谢银秋对此执着又痴迷，他想在这片城市的钢铁泥墙中注入对未来的畅想，用设计美学将现实世界带入另一维度，未来与宏大的太空视角，向艺术迷幻的精神“沙丘”过渡。构建一个纯粹的精神空间场，场中是《沙丘》的狂想世界，也是色系和元素糅合成不同的能量场，让此中人暂时从现实世界抽离，在观察、触摸、啜饮中，慢慢沉浸过渡到另一维度的精神世界。作为一个充满激情的创作者，谢银秋大胆交出了既坚硬又细腻的私密感受，任人进入、阅读、交换、体验。

雕塑艺术家卡拉万为以色列内盖夫设计过纪念碑，茫茫一片荒漠，就连纪念碑也是荒漠的颜色，但是雕塑的形态割裂了苍茫无垠，产生了空间形态的变数，也触发了所见之人的情绪之海。这就是创作者想要展现的多元层次，光无处不在，有时如空气易被忽略，有时柔软，有时充满力量感。

原本空间只是一个普通容器，输入的也是最基础的常量——圆形、方形、三角形，以及最虚无缥缈的情绪想法，于是空间成为它的表达。用三角形“刺破”天花，所以边界此后去向哪里？圆形被从中割裂，深不见底的红色在蔓延，从眼睛渗透到情绪。方形是座椅、廊柱吗？是屏障，还是丰碑？如果头脑继续开放，又会引向什么？创作者给了空间场最初的定义，剩余由你来体验表达。

最后，如果有被震撼到，不如就此，来一杯咖啡体验。

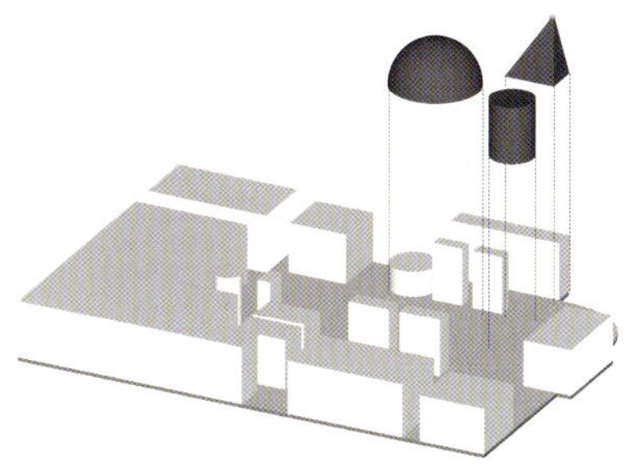

分析图

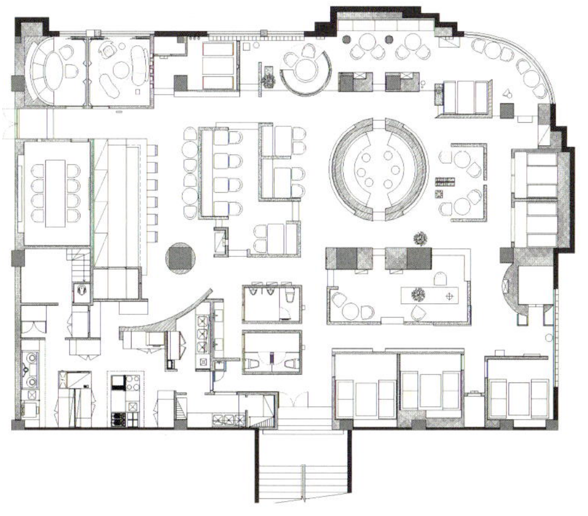

平面图

1 | 2	4
3	5

1. 充满变化的空间形态
2. 咖啡馆一角
3. 红色在蔓延
4. 三角形“刺破”了天花
5. 多元层次的空间

虎头山咖啡墅

设计单位：杭州慢珊瑚文旅规划设计有限公司
设　　计：徐晶磊、周毅、胡佳、齐俊师、蔡加晖
面　　积：540 平方米
坐落地点：浙江温州乐清市
摄　　影：瀚默视觉 | 叶松

项目位于浙江乐清市下山头村铁定溜溜乐园，在可以观览整个园区的虎头山顶坐落着一家朴素又安静的咖啡馆。在这里可以包裹一块毛毯，手捧一杯现磨咖啡，远眺着雁荡山的日起日落，感受着大自然的壮丽柔美。

设计初衷是希望在简洁安静的环境中融入自然之美，登顶的客人总在山顶驻足眺望，这是大自然无形的吸引力。走进馆内，大面积的落地窗给客人最大的观景感受，在吧台点上一杯香醇地道的手磨咖啡，选择自己喜欢的位置，或倚着靠窗吧台，或窝在舒适布艺沙发上，抑或待在室外平台上，开始一整天的消闲时光。

水泥漆保持了空间简素的调性，浅色实木地板给人带来些许温度。角落放置的老木头、老门板、绿植给空间增添了一丝生机野趣，转角处的抽象画无意间又使人陷入另一种情绪。弧形楼梯环绕造景，延伸至二楼户外平台，顶部的圆形玻璃天窗使“池”“月”“天”融为一体，在建筑曲线的引导中感受空间的意境。

整个咖啡馆没有过多的装饰，更多的是咖啡与自然给予人们的精神交融。空间氛围朴直、静溢、自然，好似在老旧的物体外表下，显露出一种充满岁月感的美，它让人们忘却自我，直至无我境界，只剩下平静。

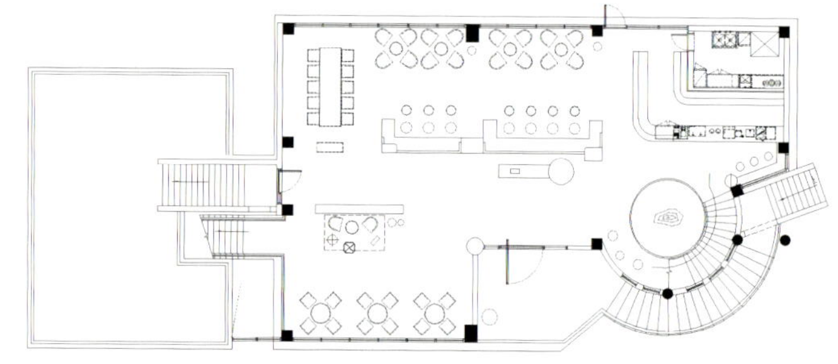

1F 平面图

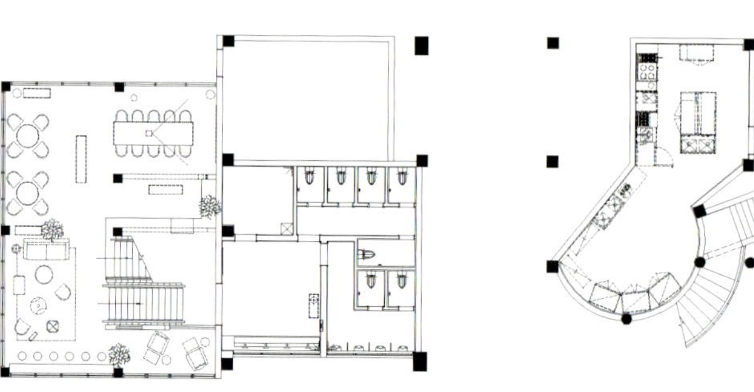

B1 平面图

1 | 2

1. 弧形楼梯延伸到二楼平台
2. 透过大面积落地窗可欣赏自然之美

1	3 | 4
2	5

1. 朴素安静的气氛
2. 古朴的家具富有岁月的美感
3. 空间的透视
4. 自然美景融入室内
5. 吧台区

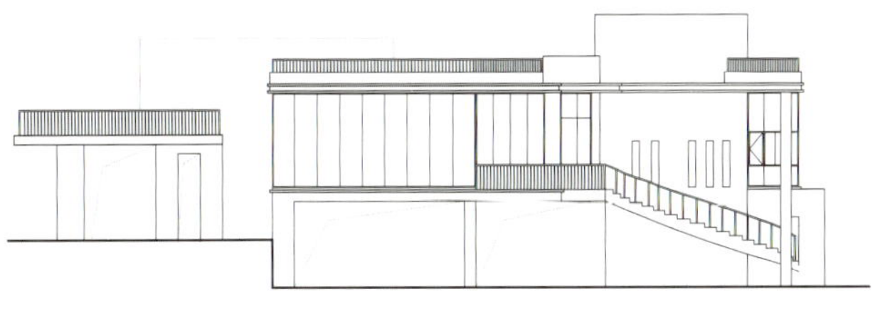

立面图 1

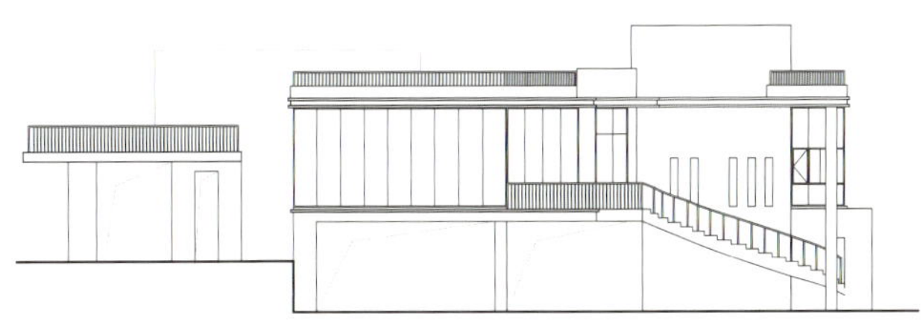

立面图 2

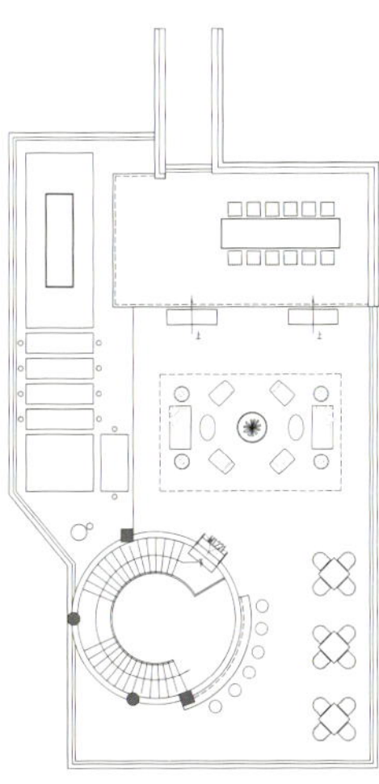

户外平台平面图

LS SPA

设计单位：内建筑设计事务所
视觉设计：瀚清堂
花艺设计：植觉
面　　积：3200 平方米
主要材料：天然石材、精磨石、锻造金属切割、天然皮革、马来漆
坐落地点：浙江杭州
摄　　影：潘杰

感知是描述身体识别外部环境信号的术语，大家都在谈视觉，而视觉似乎总是直接冲撞而来的，触觉变得被动，是不安全感消失后默默接受的过程。建筑语言也是如此，表皮是一种器官，保护内部免受损伤并提供结构，肌肉藏匿于褶皱之下，参与轻钢龙骨的连带关系。

时间的年轮如指纹传递的密码，当图像消失时时空或可以纯化，音乐或水声是万籁俱寂之后的点滴。倒入液体，随意赋形，转入另一个时空。实体在黑暗之中闪烁着细弱的信号，可寻的网络，是笃定且不慌不忙的。当其他空间都消隐而去，有意识的触觉感知任由意识最大化地使用纹理，信息的所在地栖于石缝之间，空气的颗粒携带着气味的温度，流动着岁月的光盘刻录机。

神经将数据传送至大脑，收集所有来自触觉感知的数据，极速消化梳理接收的数据。在混浊中合成感知的空间，感知是人类的基本技能，也是每个个体的独特天赋，催生出想象的羽翼。于是视觉之外，无数个交融相叠却又独立存在的不着痕迹的留白，如野山风里可亲近的青苔流淌飞溅。

愚公搬来的石头在水滴穿石的物理作用下产生滋养的微量元素，造境是功能之上的承载，也是可递进的叙事方式，更是内部性和主体性存在与消亡的融合点。

急雨洗亮了空气，灰蓝色的天空淡出了一片橘粉色的墨，向广袤无垠处晕染；云彩染满了夜的颜色，将已丧失温度与光亮的太阳包裹起来，如同坠入开水中的蛋黄，被蛋清一丝丝如梦似幻地裹起来，做成一个甘甜的梦。余晖将海面也染得橙黄，随着轻柔的海风舞动着，从天边挣脱开白昼束缚的壳，奔向夜的自由。溯洄从之，道阻且右；溯游从之，宛在水中沚。

1. 局部空间
2. 整体和局部的灯光照明

1. 休闲区
2. 泳池
3. 抽象的造景
4. 吧台区

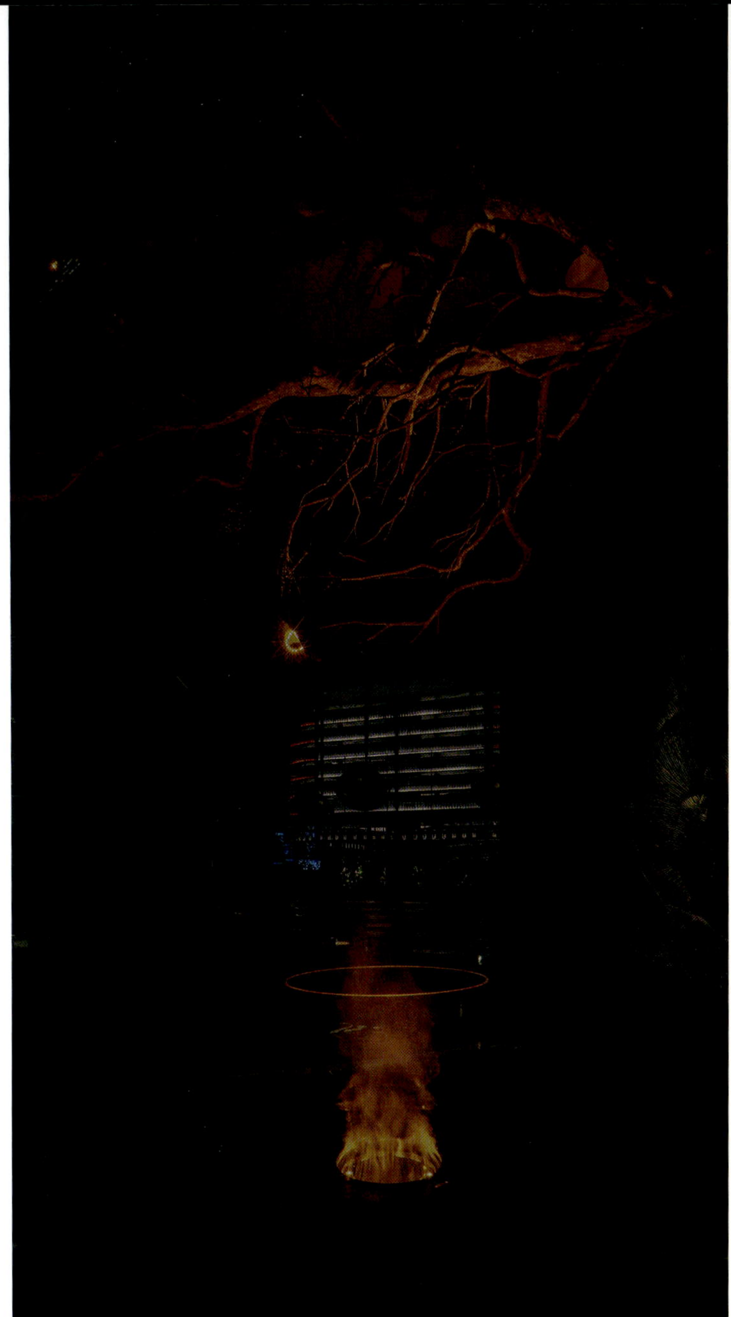

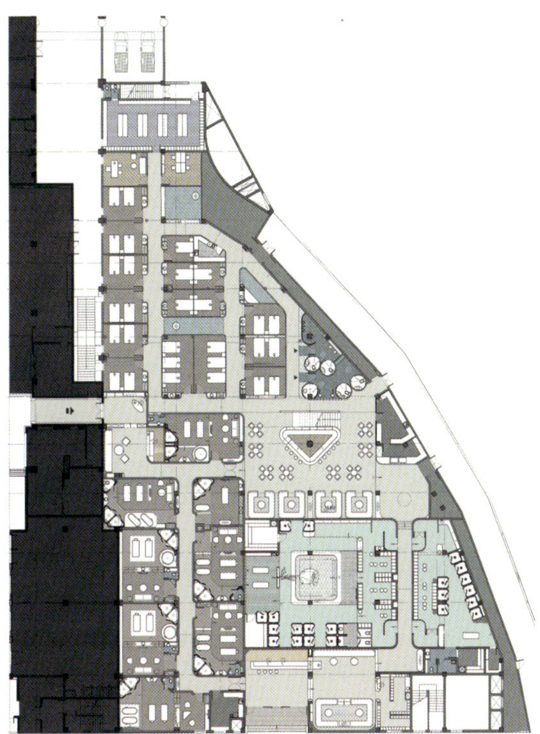

1F 平面图

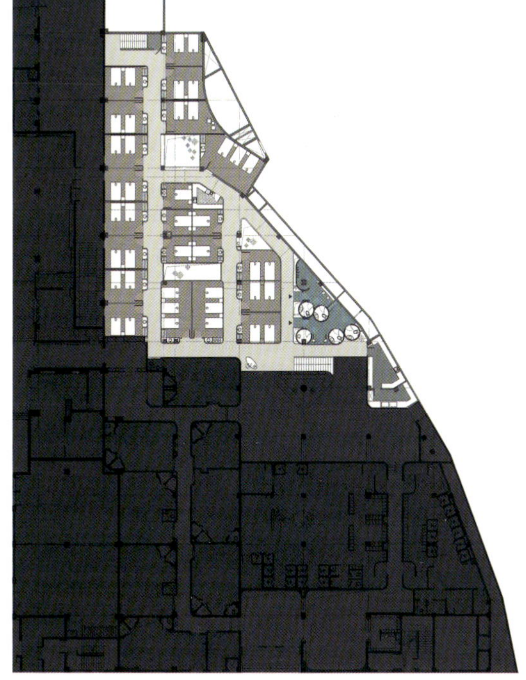

夹层平面图

上下茶事

设计单位：常橙文化创意（宁波奉化）有限公司
DAMU Design 大木建筑事务所
设　　计：蒋友柏
参与设计：林海、颜绥伦
面　　积：200 平方米
主要材料：水纹波浪不锈钢板、金属、竹编及木饰面、大理石材、烤漆不锈钢
坐落地点：四川成都
完工时间：2020 年 10 月
摄　　影：上下贸易（上海）有限公司

平面图

“上下”是由设计师蒋琼耳与法国爱马仕集团携手创立的东方雅致生活品牌，首次推出的茶饮店面以茶文化为定位，以品牌元素的构成为路线，以扩增感官的体验为核心，结合茶饮、零售、休闲、科技、商品。让店不只是店，而是一个习惯造访的消费景点。茶是一味传统，代表着一抹自在，以静心为出发点，借由营造虚实空间体验转换，使“上下”成为经典与现代美的诗意联结，是这次设计的课题。

整体设计以场景作为动线思考，把厚重转移到虚拟的世界中。国画中的元素被转换成现代节奏的舞曲，褪去传统茶室的厚重和古意，带来自由充满科技感的内核。水纹波浪不锈钢板大面积包覆的空间，折射了所有色彩与活动，身处在波光粼粼的空间，却有着归真的情感。

空间入口设于二层平台，入目便是阶梯上源于“上下”logo 的延伸设计熊猫悠悠，黑白大理石拼接而成的三只熊猫图样，是空间与茶客的第一个惊喜互动点。缓步上楼，水纹波浪不锈钢天花与柱体折射出隐约的 LED 屏光影，暗示着楼上是一个不同的世界。

上到三层，迎面的品牌主视觉墙与商品陈列区，仿佛置身于水影流动的超现实世界，能明显捕捉到充满玩趣的灵魂，空间产生不真实的扭曲感。古庙中时隐时现的“上下”元素让神秘之美与未来感再次产生激烈碰撞。

屏幕后的水吧，圆形的金属竹编吊灯照着方形的水吧，象征着天圆地方。水吧的立面，熊猫悠悠以霓虹灯的形体为空间带来一丝笑意，也平衡了中式的严肃。水吧旁的 L 形大屏幕内侧设置了人与熊猫的互动，当人靠近屏幕时，原本藏在竹林深处的大熊猫会缓缓走向屏幕，用萌憨姿态与茶客打招呼。

“上下”坚持搭建一座“承上而启下”的桥梁。“承上”，在场景中布满着博物馆级别的系列家具；“启下”，聚焦于年轻潮流的客流群体，特别留下一整面墙面让新锐艺术家创作演绎。这让茶不再只是厚重，不再只是传承，而是一种可以轻松体验的传统文化。

1. 入口处的熊猫悠悠
2. 波光粼粼的空间
3. 商品陈列区
4. 茶室充满科技感

1	3
2	4

1. 悠悠形体的霓虹灯
2. 圆形的金属竹编吊灯
3. 水纹波浪不锈钢板包裹着空间
4. LED 内的熊猫和顾客形成互动

Meland Club 深圳壹方城旗舰店

设计单位：唯想国际
设　　计：李想
参与设计：李亚萍、杨琼、杨慧艳、侯燕君
面　　积：6000 平方米
坐落地点：广东深圳
完工时间：2020 年 10 月
摄　　影：榫卯建筑摄影 | 邵峰

设计师以一种全新突破式内建构手段，利用几何图形与不同材质的丰富质感烘托，打造了一座以“四季”为概念的怪诞奇艺花园。

来到主中庭观赏平台，繁盛的春天便在眼前绚烂绽放。花球、蝴蝶、瓢虫，春的元素汇集在解构主义设计中，重组为意想不到的庞大自然景观。在整个乐园的中央枢纽中，醒目的指示牌融入了拥有将近 10 米层高的主中庭，不同尺度的指示牌穿插其间，为顾客提供最为便利的游玩索引。

设计师在 2 号中庭巧借层高搭起了旋转滑梯、爬索等刺激性娱乐设施，丰富了迷宫的交通入口并提升了体验趣味性。而 3 层平台以最短路径照顾到幼龄消费者的使用，也通过对年龄层与不同喜好的主动分流，避免了动静玩乐区间的相互干扰。

每一处细节皆有实际功能意义，包括植物“伪装”的储物收纳柜，货架、花朵化的休憩座椅，植物球茎中藏纳的照明与音响设备等，设计的功能价值和美学价值在此果合绽放。一改春与夏的自由生长，餐厅采用减法设计，以清爽温暖的空间氛围打造秋的精致殿堂。

在乐园范围内还新增了供青年消费者娱乐的电玩空间，以赛博朋克宫殿为主题打造了一个复古迷幻的超新锐娱乐殿堂。优雅的暗紫赛博朋克殿堂与炫酷的电玩风在星际传奇空间中迸发出强烈的反差，形色各异的霓虹灯形成视觉联动，幽默临摹的霓虹式名画为喜爱文艺的年轻人创造完美的互动点。

在连贯的设计手法下，每个功能区既能呈现各自独特性，又在四季更迭中互相呼应，场域界限被弱化，视觉延伸更加协调。功能的组合嫁接、尺度的拿捏细碎，让整体性美学内蕴藏功能性，杂而不乱的画面呈现严谨的轴线关系与精确的形体层次，让热烈的空间景观有了呼吸感。创新式的空间构成逻辑，削弱了个体在空间内过渡的位移感，紧密咬合的空间关系让人只觉在饱满的整体空间内自由探索。

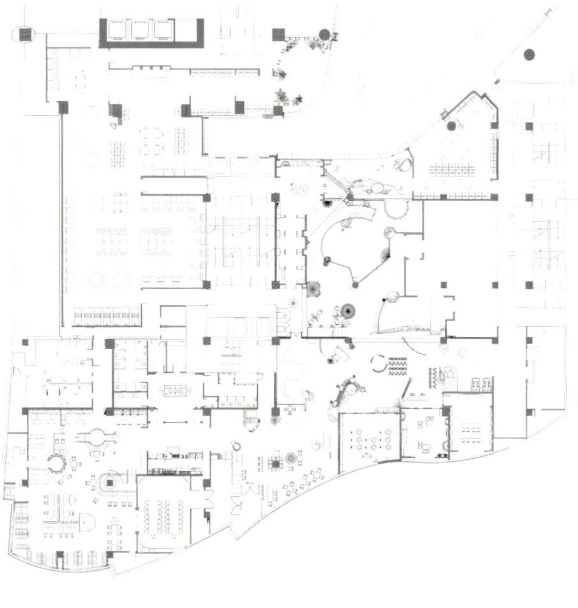

平面图

1. 高大的主中庭
2. 解构主义的设计元素
3. 艺术教室
4. 清新卫生间

1. 餐厅杂而不乱的画面
2. 花朵式的休憩座椅
3. 梦幻粉色系

灭火器箱
火警119

1 | 2 / 3

1. 酷炫电玩风
2. 星际传奇空间
3. 复古迷幻的娱乐殿堂

1. 独特的建筑顶部
2. 吧台区
3. 威士忌吧大厅

翠贝卡西餐吧

设计单位：南京重构至无建筑装饰工程有限公司
设　　计：赵云海
参与设计：师爱鹏、解钢、梁家荣
软装设计：陈然
面　　积：800 平方米
主要材料：木饰面、布艺、铁艺、3D 打印模型、铜艺
坐落地点：江苏南京
完工时间：2021 年 5 月
摄　　影：高文倩

每一个建筑都有其独特的结构与美感，翠贝卡西餐吧建筑的顶部结构非常独特，具有强烈的时代感与力量感。设计师摒弃了直接吊顶的做法，将空调与管道隐藏在周边柱形设计或一些小型结构中，完全保留下这个独具特色的顶，为建筑本身让步，确保建筑原有的美感。如何利用美感和功能的双重平衡，呈现一场人与空间的亲密共振，是设计中最花心思的。翠贝卡西餐吧本身的建筑有一些玻璃透光设计，部分天光可直接照射进来，晚间则利用大型蜡烛吊灯，营造出蜡烛的光线感，给人温暖、古老的照明感。基于翠贝卡西餐吧的商业需求，模拟三两好友相聚闲谈的场景，在大空间里用光制造区域感，打造出相对比较私密的沟通环境。

对于威士忌吧而言，吧台是最重要的部分，但大部分国人并不喜欢坐高吧椅，所以借鉴了日本的板前位做法，抬高外场吧台，降低调酒吧台内部，保证调酒师可以在顾客入坐的情况下，也能与其保持平视。最考究的是英伦半岛区，皮毛装饰选用英国人最喜欢的绒面马毛，墙面、橱柜的线框采用欧洲早期的巴洛克花纹雕刻，突出格调感。

翠贝卡西餐吧空间布局整体由环形组成，以舞台为中心，偏向有层次感的古典剧院风格。通过绚丽的光影交错和有层次的空间穿梭，将视觉焦点锁定，动静结合，舒适高雅。色调搭配不能太年轻化，最终要回归古典，最终采用了黑、红、绿三色的搭配。洗手间内除了大量镜面去延展空间外，大面积采用强烈红色抓取目光，营造出华丽感，回归纯正英式威士忌吧的高雅格调。

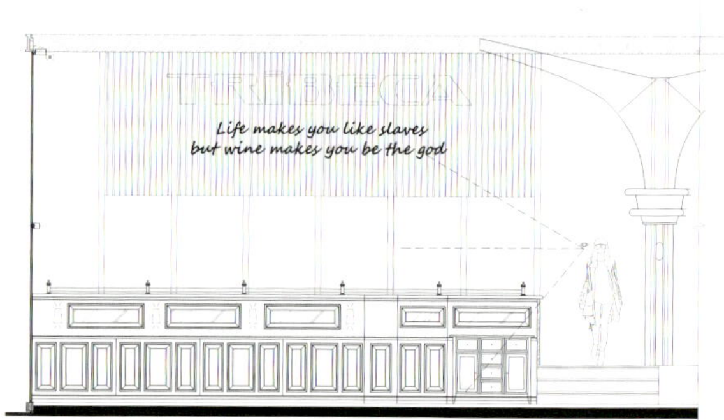

落地窗改造示意图

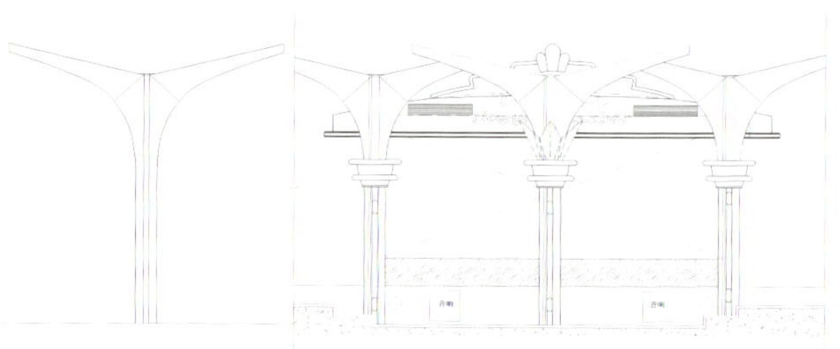

原始柱形与改造后柱形示意图

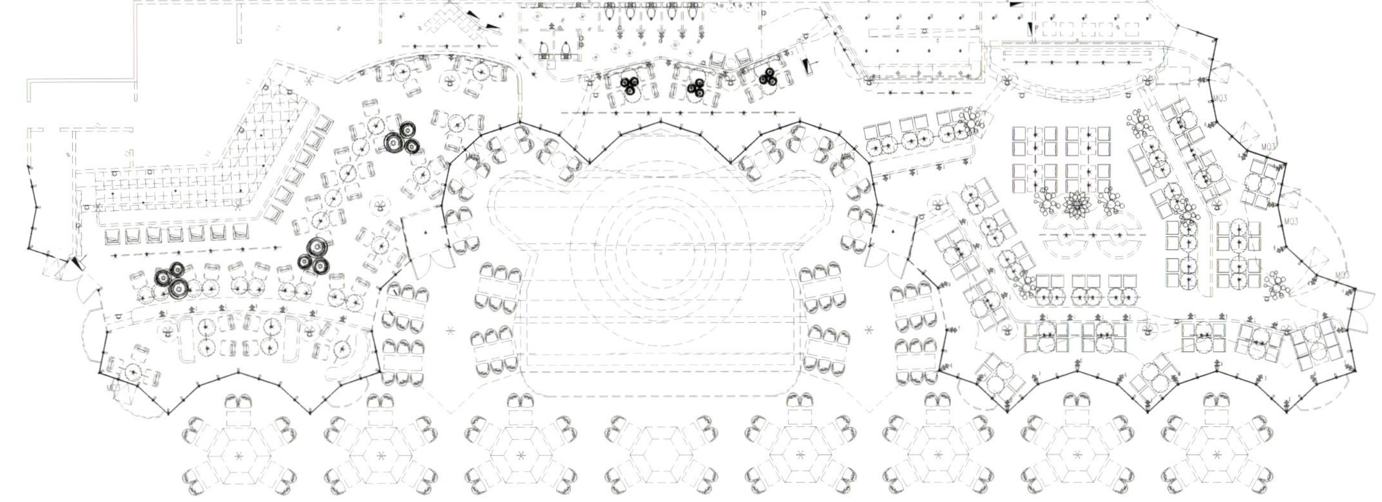

平面图

1. 空间布局由环形组成
2. 威士忌吧酒柜
3. 红色营造出华丽感
4. 走廊
5. 酒柱

1. 《圣经》中的人物排列在橱窗内
2. 简约的健身空间

韦德伍斯健身会所

设计单位：外层空间设计
设　　计：杨基
参与设计：杨埜、周心岸
面　　积：1800 平方米
主要材料：大白、玻璃、铝合金、白钢、人造水磨石、石膏、塑木地板
坐落地点：四川成都
完工时间：2020 年 7 月
摄　　影：赵凯

该项目是韦德伍斯健身会所在成都的分店，设计本着以人为本的思潮，当代的亚当与夏娃们不可替代地成为健身会所的核心主题，成为故事的主角，正努力塑造着自己。

拥有俊男美女的健身会所无疑是当代文明社会的一个浓缩点，作品的设计灵感来自《圣经》中的经典故事，也来自当代的亚当与夏娃们对伊甸园的反思。人类社会从野蛮原始阶段一步步走到了现代文明阶段，人类从无意识地从事完全为了生存的体力劳动到有意识地锻炼塑造自己的形体，男女之间也从原始懵懂的情欲逐渐发展成了今天有序的、有法律与道德保护的男女社会关系。

在材料选用上，全部为环保材料，有大白、玻璃、铝合金、白钢、人造水磨石、石膏、塑木地板等。借助《圣经》中的典故，把部分的人与物符号化点缀在环境内，使简约的空间变得不简单。在不浪费空间的情况下，适当地装点一些艺术装置，使简洁的空间拥有了美术馆般的艺术感，让会员们在健身的同时能更好地感悟人生。

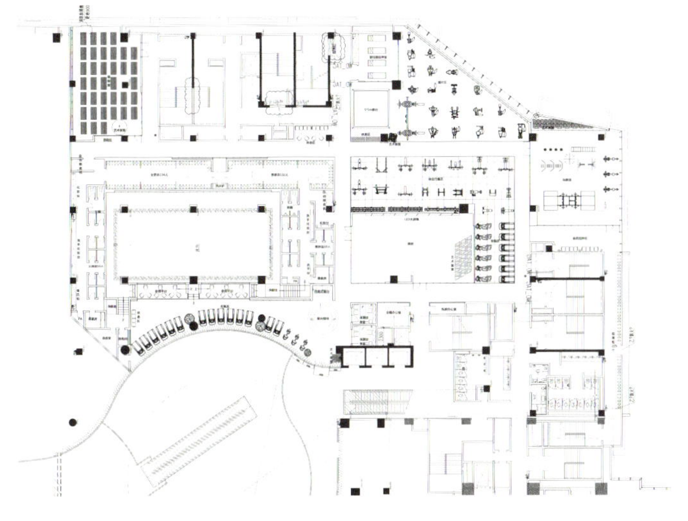

平面图

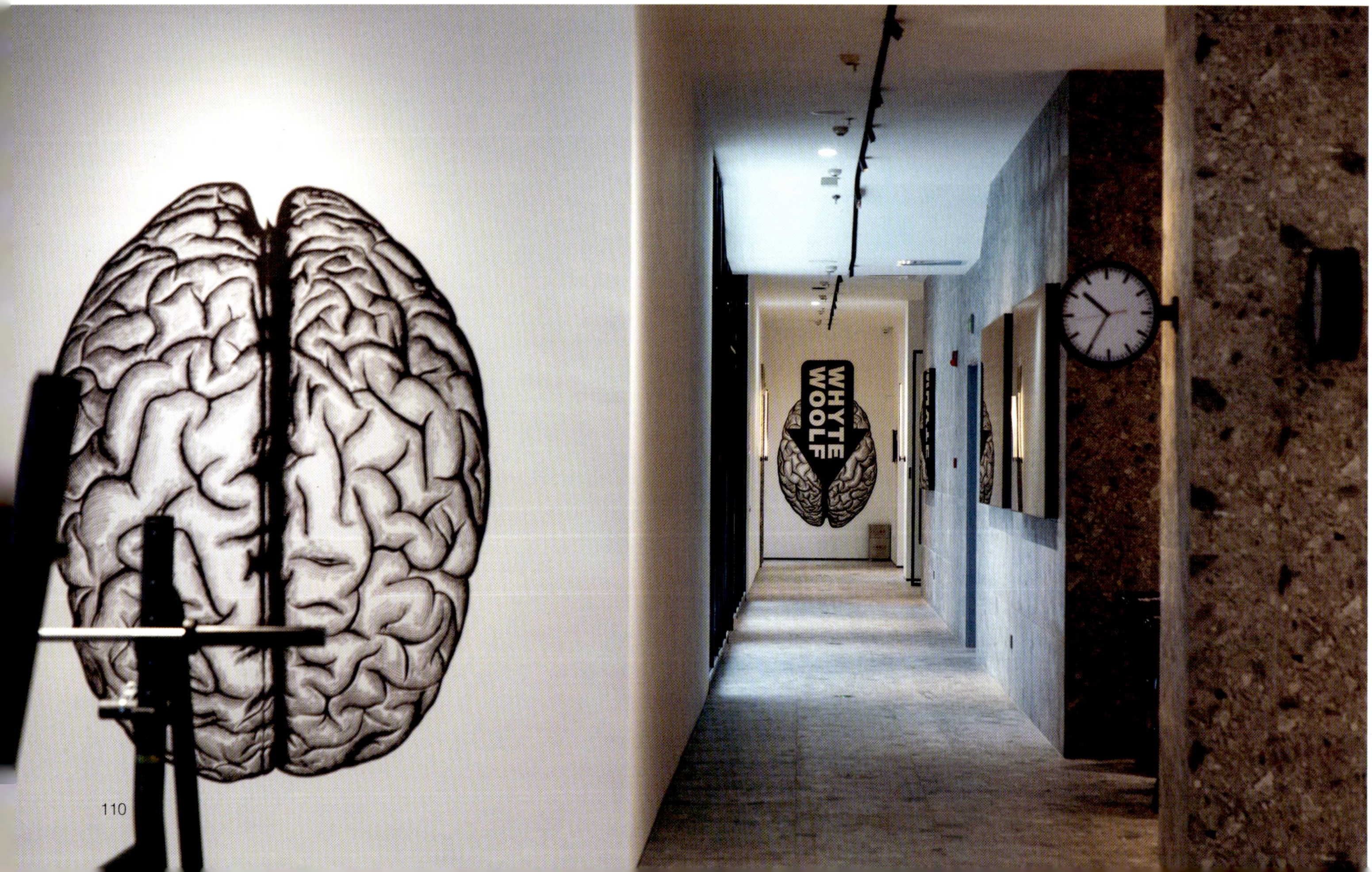

1. 局部空间
2. 过道区
3. 艺术化的符号点缀在空间
4. 游泳健身区

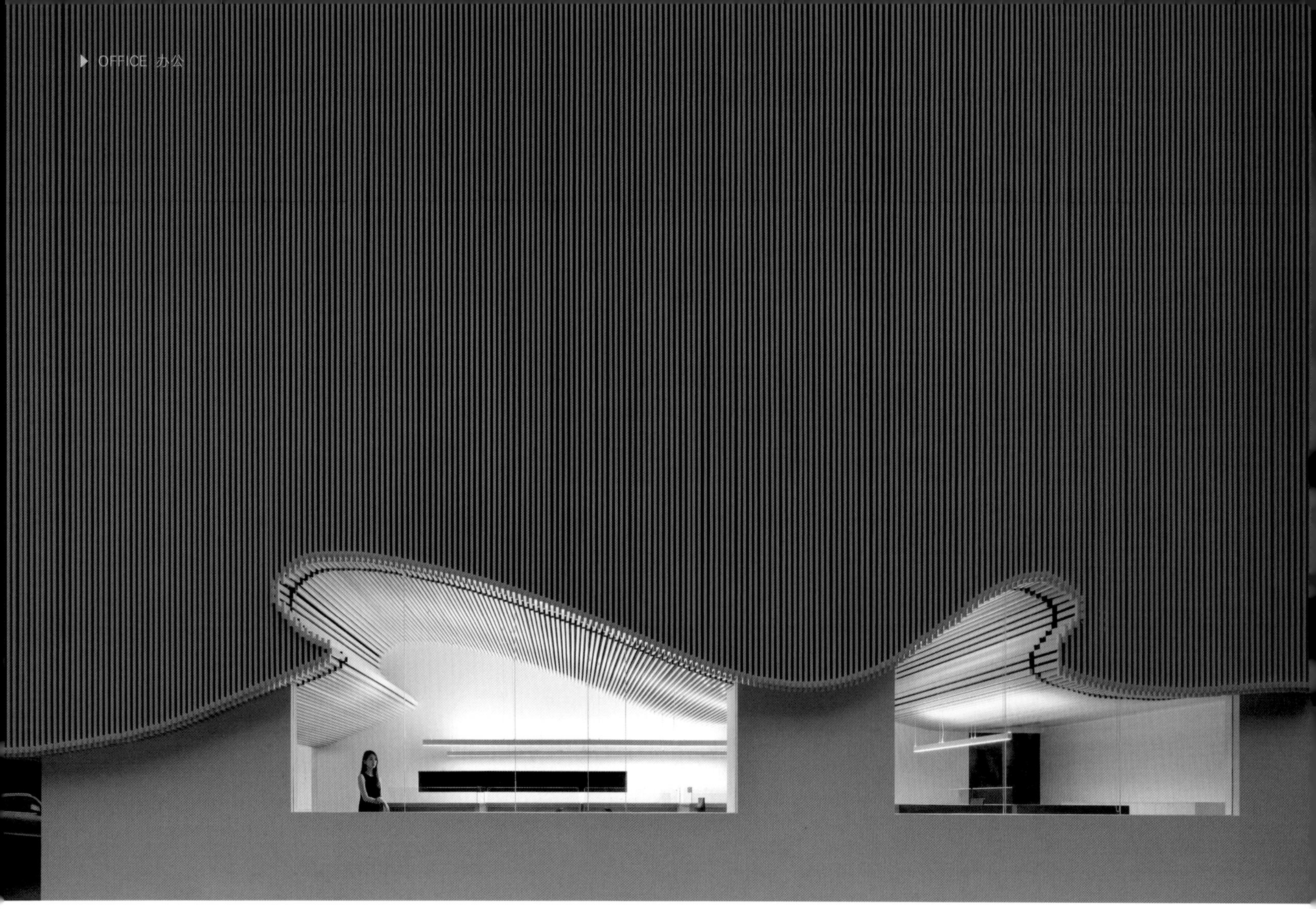

RX・润轩纺织

设计单位：瑞坤国际—正方良行设计工作室
设　　计：徐庆良
面　　积：250 平方米
主要材料：铝通管、水泥砖
坐落地点：广东佛山
摄　　影：欧阳云

棉花—纱线—布，纯净的本白贯穿其中，性质及形态都展现着自然的气息。汲取本白的纯粹，运用建筑感的设计手法将布的发展过程，从外立面延伸到室内。归于起始，含蓄地表现品牌包罗的多彩万象，让品牌内涵更耐人寻味。布的曲韵在室内转化成峰峦的律动，人造天井让空间与自然的关系重新链接，塑造怡人舒适的办公空间。

由棉到线，布匹背后是亘古流传至今的纺织文化，设计师用空间设计语言解读，表达企业关注自然、注重原材料的品质。技术的发展深刻改变着社会生活方式，即时就能拥有现成产品，让人越来越看不见支撑表象背后的灵魂，使产品功能价值之外的情感价值丢失。项目位于全国有名的纺织名镇佛山张槎，大大小小的布行更是遍布小镇。该项目是润轩纺织的办公空间，希望通过提升空间形象，在众多的竞争者中凸显品牌的质感。
两层空间的第一层是润轩的办公空间，整幢建筑的外立面可为业主所用，但需要满足物业方的两个前提：一是外立面的构建只能在原本瓷砖立面的基础上；二是要保证建筑二层窗户的通风。建筑底部起伏的曲线感，含蓄地表达了布的特性：柔曲和可创造性。从外立面到室内仅有白色，透过巨大的玻璃窗，单一的白色因空间感而充满层次，像刚采摘下的棉花般纯净。

建筑正立面的曲线与品牌 logo 高度重合是点睛之笔，初见即会让人下意识将两者进行对比，就此形成对品牌的记忆点。白色铝通管从外立面顶端拉至一层的天花，笔直的线条犹如织布机上一排排整齐细密的纱线，调节不同的收尾长度在同一平面形成曲线，并与室内的曲度一致。如果说对于棉与纱线的展现是直白的，那对于布的意象表达就是委婉的，通过建筑感的设计将布的曲韵在室内外一体化和立体化。

摒去色彩，只留纯白，使得建筑形体成为感官注意的聚焦点。连绵而立体的天花带来不可忽视的空间建筑感，于细节处，天花与墙、柱的交接，和光线共同塑造出黑白灰的明暗变化。白色的极简办公家具与地板天花相融，少许绿植和黑椅点缀其中，明晰的功能分区使空间在本白的自由中也秩序井然。

铝通结构延伸进室内，构成起伏的立体天花，如山峦，似浪波，给人以强烈的自然气息和曲动的活力感。一根根铝通“纱线”从空间上方拔直而过，仿若置身于巨大织布机的纱线之下，立体的“纱线”与光相碰，黑白相间，从任一角度取框，都能定格出质感的画景。

室内进门左排依次是接待室和两间独立办公室，最主要的问题是没有采光和不通风。设计师在这三间房的侧边间隔出一个通道，用软膜天花和人造光打造成一个能透进自然光的“天井”，解决了采光问题。 通道连接三间房，打开接待室的后门，风可以直接从通道进入另外两间独立办公室。

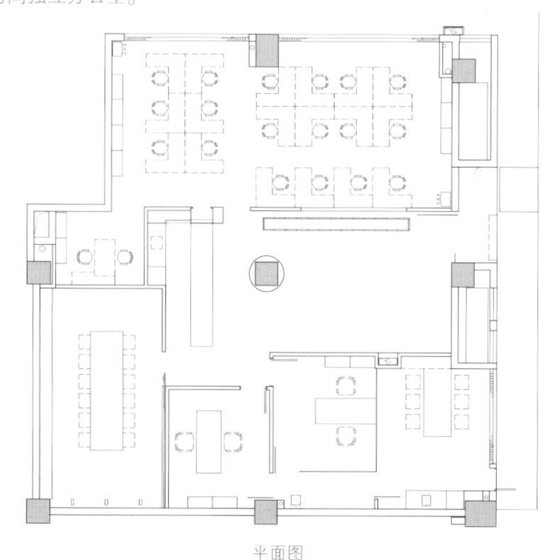

平面图

1 | 2

1. 建筑外立面
2. 建筑底部起伏的曲线感

1	4
2 | 3	5

1. 白色的铝通管
2. 笔直的线条如织布机上的纱线
3. 建筑形体是空间焦点
4. 办公室
5. 空间黑白灰的明暗变化

空白计划

设计单位：8C 设计
设　　计：彭洋
参与设计：尹在云
面　　积：800 平方米
坐落地点：湖南长沙
完工时间：2020 年 8 月
摄　　影：郭新新

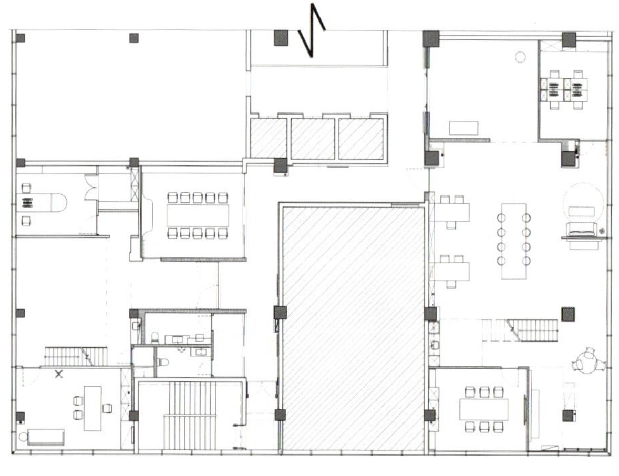

1F 平面图

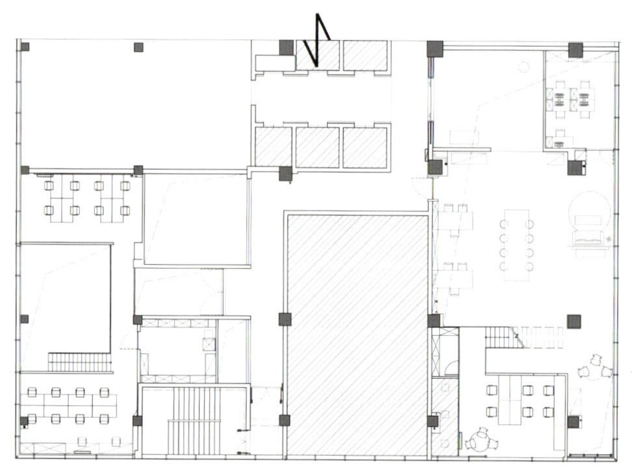

夹层平面图

这个白色极简的办公空间位于湖南长沙，室内空间由 8C 设计完成，空间执着于对原始材料的探索和对简约几何结构的表达。这种极简的美剥去了所谓肉眼可见的“设计”，却同时也帮助空间真实地去表达“设计”。

空间包含了设计公司的工作区域和施工公司的展厅，穿过一面玻璃自动移门便是展厅门厅，顶部灯光投射到墙地面上形成光影，迎接进入空间的人。展厅的空间画廊式留空是为了不定期的大型会议或交流活动而设的。

在日光和灯光的协作下，从空间不同的角度都能反衬出展厅无瑕的白，仿若画布一般任由光、影、线自然变化。黑色木长桌台位于展厅中央，桌子前端支撑的基底用白色带纹理的岩板制成，另一侧则是用不规则的木块堆砌而成的稳固底座。展厅右侧的墙面是一排黑色展架，与黑色长桌相呼应，置满了不同材质、样式和纹理的材料样品。

连接展厅和工作区域的是一条灯光走廊，墙面上装饰着精心挑选的白色岩板，每一块都有着不同的肌理。另一边则是两条炭化的黑木墩子，途经于此可稍作休息整理。

为了从视野上得到更开阔、更延伸的空间，工作区域运用了大量的透明玻璃元素，也使空间动线清晰通透。办公空间也是通体白色，散落在主厅的 Cassina Simon Muro 红绿造型沙发墩拥有明快的颜色和舒适的材质，Formakami 吊灯更凸显层高的优势，拓展出来的夹层划分出一隅安静的办公空间。

1 | 2/3

1. 极简的大厅
2. 黑色木长桌台一侧用木块堆砌成底座
3. 黑白空间

1 | 3 | 4
2 | 5 | 6

1. 水吧台
2. 入户门厅
3. 明快的红绿色沙发墩
4. 展厅一角
5. 楼梯在地面反射的光影
6. 墙面装饰的白色岩板

巨子生物

设计单位：西安易墨室内设计有限责任公司
设　　计：王垚
面　　积：12,463 平方米
主要材料：金属黄铜、瓷砖、铝材、木地板、木饰面
坐落地点：陕西西安
摄　　影：任东

1. 悬空的眺望台
2. 报告厅楼顶

巨子生物项目坐落于西安市高新区，项目总面积 12,463 平方米，包括 6 层办公空间，坐北朝南的建筑自西而东分布。建筑内腔是回字形空间，采用游园式空间设计。空间一、二层为创客云商办公区，三、四层是巨子生物办公区，五、六层是实验室。

东西南分别有 3 个入口大厅，东西两侧分别为办公主入口大厅，南大厅为参观入口大厅；中间是挑空大厅。中庭的底部采用水景设计，在水池中设计了一个报告厅，报告厅悬浮于水面之上。整个南区上下起伏，可登山、攀越，有桥梁、起坡、水景，在空间维度上形成起伏变化。起伏的空间与水景之间形成一种关联，为办公人员营造出轻松、自由的空间感受。在整体空间中设计师试图营造出安静的力量，营造出有山水田园情趣的办公环境。设计师考虑到巨子生物基因技术的办公性质，把人与自然、人与环境的构想紧密地结合，提出了设计框架。

一层分为 3 个部分：第一部分是东西两侧的大厅，第二部分是中心水池的报告大厅，第三部分是创客云商办公区和入口。东西入口大厅以灰色为基调营造出相对硬朗的空间感受，进门入口处的电梯两侧采用铜条格栅式的造型营造出半透明的空间层次，里面是镜面水景。整个大厅采用了园林的透景、半透、借景的设计思路，形成一种半透明的、弱光线的大厅环境。电梯厅后是 4 层楼高的挑空大厅，中央是一个镜面水池，水池中漂浮着报告厅，从南侧墙面分别伸出 6 个悬空的眺望台，和报告厅顶楼的户外活动空间形成对望的互动关系，让其余空间形成内外连接。

三层为巨子生物的产品展示空间，设置了洽谈区、接待区、荣誉展示区、产品陈列区和会议室。朝东区域全部为办公区，四层也同样设计，同时东西两侧设置了大型会议室和小型会议室，朝南阳光充沛的区域为员工及领导办公区。整个三、四层的办公区在色彩上选择了明艳、现代、轻盈的色彩，整体形式和创意契合了巨子生物前沿、现代的科技型企业的形象。

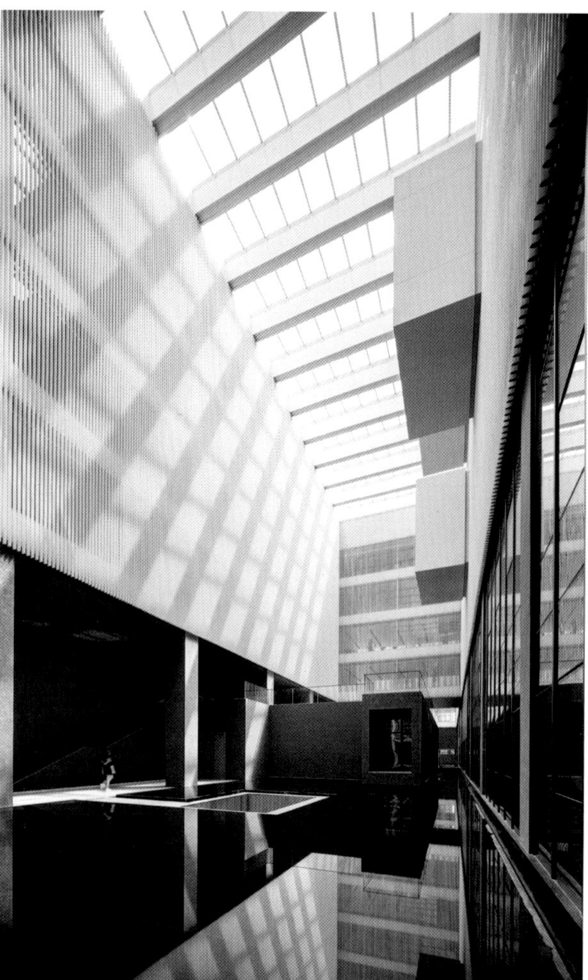

1 | 2 | 4
3 | 5

1. 园林式的透景和借景
2. 半透明的大厅
3. 中庭底部的水景
4. 电梯厅的铜条格栅式造型
5. 创客云商办公区

手绘图 1　　手绘图 2　　手绘图 3

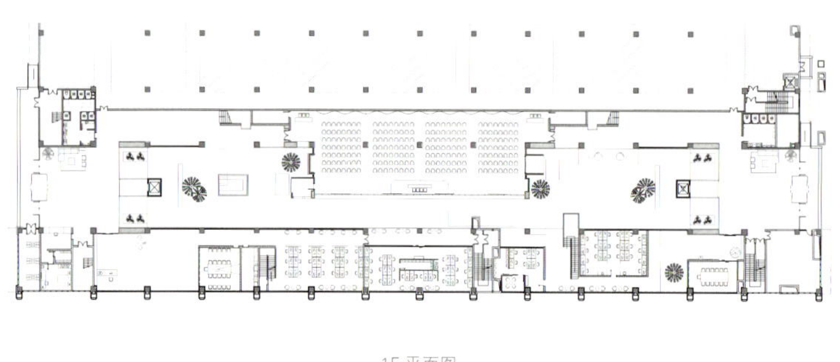

1F 平面图

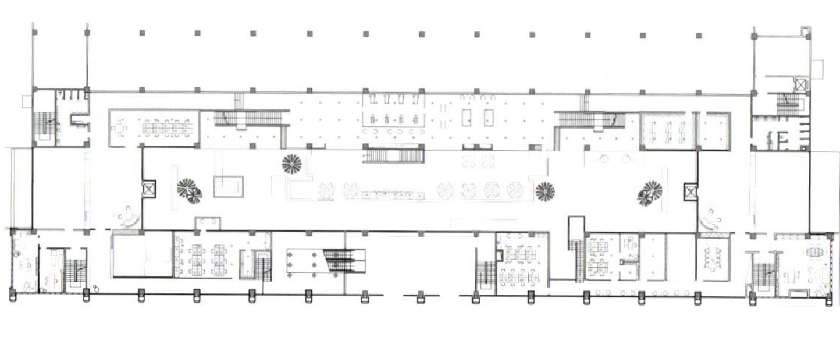

2F 平面图

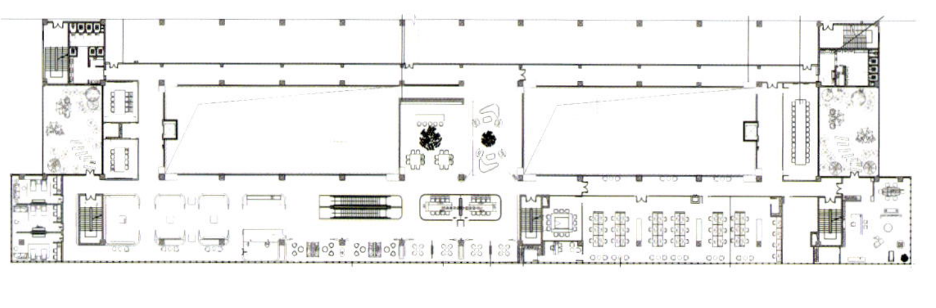

3F 平面图

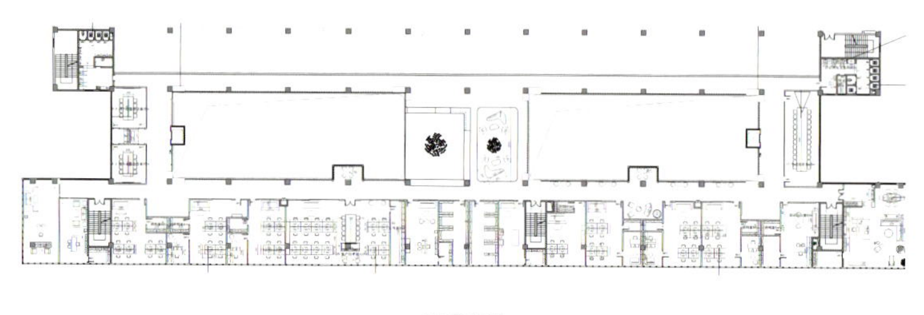

4F 平面图

1. 三楼走廊
2. 办公区域
3. 展示区明艳轻盈的色彩

鄂钢操业集控中心

设计单位：西安九方公设建筑设计咨询有限公司
设　　计：刘赛文
参与设计：赵亚茹
面　　积：3950 平方米
主要材料：清水混凝土修复剂
坐落地点：湖北鄂州
摄　　影：野猫

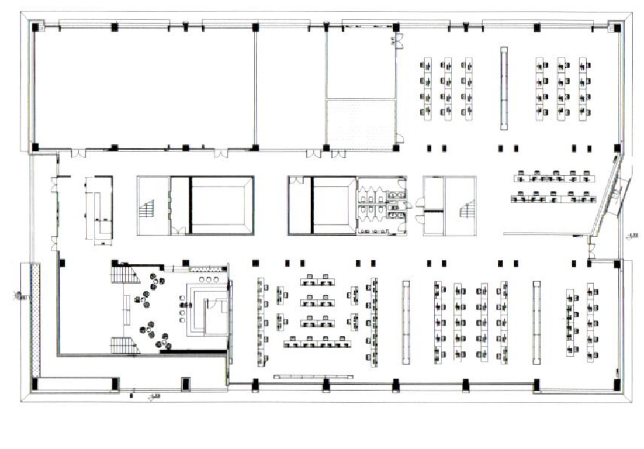
1F 平面图

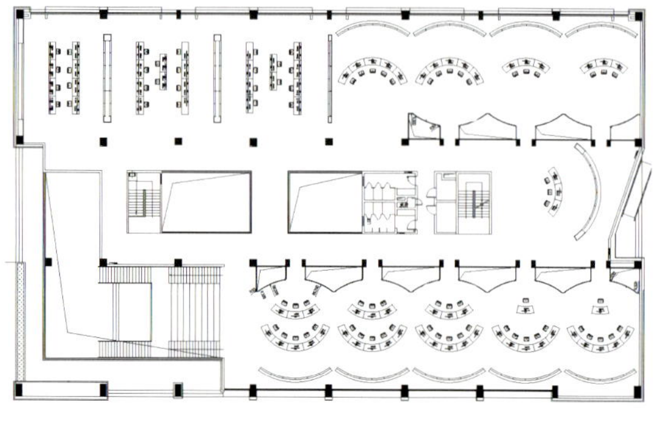
2F 平面图

这是由宝武集团鄂州钢铁有限公司投资并协同宝信软件研发建成的世界首个钢铁行业集控中心。设计师在接到这个建筑设计项目的时候就确定了避免二次装修，以实现一贯主张的绿色环保的设计理念。

为了避免由于减少了二次装修有可能造成的空间呆板，在建筑设计时将内廊 700 毫米 ×700 毫米的柱子拆分成 350 毫米 ×700 毫米的小柱子，这样小柱子上的梁与建筑外墙的柱子在顶部连接成 V 字形，丰富了空间造型，很好地体现了结构美。光线对看大屏的操作人员的干扰是目前集控中心的普遍问题，为了解决这个困扰，在大屏与操作台之间的吊顶上没有设置光源，而是在梁的底部暗藏了 T5 灯管。通过白色矿棉板的反射避免了眩光对操作人员视线的干扰，矿棉板的使用对降低室内噪声起到了一定作用。

设计师力图打造一个轻松有趣的办公环境，因此将原有在封闭的办公空间内交接班的传统方式，改为在开放的大阶梯这个相对轻松的开放空间来交接班的新方式，并在大阶梯下面设置了咖啡区。

墙柱面采用的清水混凝土，既避免二次装修带来的成本增加，又减少了二次装修所致的污染。地面则采用传统水磨石地面与抗静电地板相结合的方式，追求现代审美与工业精神的融合。

1 | 2/3

1. 梁底部暗藏光源
2. 入口接待处
3. 墙柱面采用清水混凝土

1 | 3 | 4
2 | 5

1. 二层集控大厅
2. 交接班区
3. 透空的围栏
4. 一层走廊局部
5. 休闲区明快的色彩

矩阵空间

设计单位：隐上设计
设　　计：黄士华
参与设计：丁艺文
面　　积：330 平方米
主要材料：水磨石、金属、铝板、木饰面、吸音棉
坐落地点：上海
完工时间：2021 年 1 月
摄　　影：云眠摄影工作室

一家年轻的游戏公司，为了制作出充满挑战乐趣与拥有艺术价值的游戏而诞生，设计师为他们打造了一个崭新的办公环境。整体空间由公共区域与办公区域两部分组成，入口处应用了随机生成的折边铝板饰面。当人们通过弯曲的铝板装饰入口时，思路被带入超现实的矩阵空间之中，人们放下情绪，进入一整天的工作状态。

在办公区域设置了一排健身云梯，希望在工位上坐得过久的员工们可以花些时间在这里拉伸并活动一下，甚至在空闲时间直接通过吊环去到工位上。

公共区域突出营造一个开放轻松的氛围，消除办公空间带来的紧张感。在顶部设计了一块中空玻璃吊顶，用内置天井形式来消除空间本身层高略低带来的压抑感，透映出整理干净的管线结构，增加空间层次。可开放的会议室空间，让本身略显局促的公共区域更加开阔，拥有更多功能性。灰绿色的餐区吊顶，配合淡淡的米黄色墙面，让餐区更加轻盈休闲，放慢工作时的节奏。

在整体办公空间中，设置了大量收纳空间提升空间的秩序感，可以更好地收纳办公用品、零食、手办等。而专门设置的发呆空间让在此工作的人都能随时去放空一下，灵感枯竭的时候来望望窗外的世界。

这里是游戏设计师的工作、生活空间，这里充满挑战与乐趣。

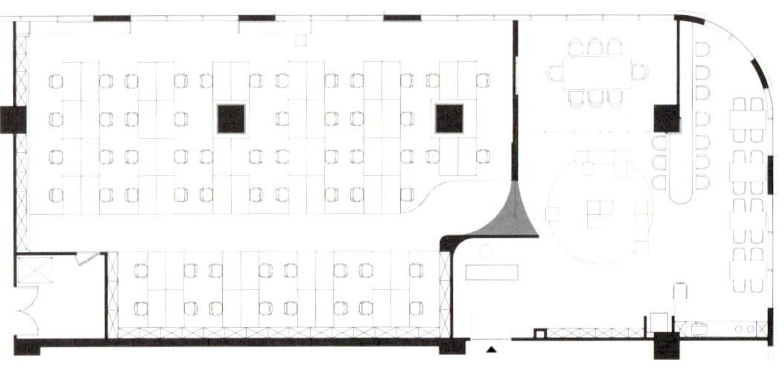

平面图

1 | 2 / 3

1. 入口处的折边铝板饰面
2. 超现实的矩阵空间
3. 设置了一排健身的吊环

ECCO 西北总部办公室

设计单位：红山设计
设　　计：党明、李丹笛
参与设计：汤鑫、解旭、钱晓倩、奥秦歌、王青、闫振、王海川、吴虹烨
软装设计：奕木设计
面　　积：1344 平方米
坐落地点：陕西西安
完工时间：2020 年 3 月
摄　　影：十摄影工作室 | 谭啸

1. 墙面内置皮砖样式的礼品盒
2. ECCO 西北总部办公室的品牌标识墙以白色和暗光呈现

红山设计为丹麦品牌ECCO位于西安的办公空间，创造出与品牌理念相融合的动态场景，让自然的气质、律动的节奏和持久积极的生活状态凝聚其中。ECCO的品牌标识墙以纯粹的白色与暗光呈现，独立放置于空间一侧。设计师提炼西安斑驳古老的有形文化遗产城墙，同时辅以ECCO精神内含的“皮革创新”，为接待区打造一面混合不同颜色的皮砖墙，以不同颜色的皮砖对应皮料制作的不同阶段，同时和西安城墙的历史变迁相联系。

用波澜起伏的墙面律动来吸引访客的目光，墙面内置皮砖样式的礼品盒，可以让客人取出并拿走，弥补无法带回西安城墙砖的遗憾。材料拼贴的运用以差异的平面色块和质感碰撞融合形成立体的多元空间，突破传统空间整体性色彩带来的单一，呈现颠覆性的感观视效，为人与空间的日常互动增添乐趣。

接待区旁侧预留相对隐秘的休息区，简洁的架构下连通整体又彰显个性。悬挂的皮制艺术品以陕西皮影为设计灵感，同时融入ECCO皮料辅助完成。接待区以开放式格局容纳等候区，不同角度和距离之间形成多层次的视觉画面。墙上悬挂的照片取材自丹麦ECCO工厂旁的麦田，为空间增添了自然元素。体块穿插之下的空间生成许多叠加部分，通过材料拼贴自然带动空间节奏并营造反差场景。

会议室墙面装饰的一块块皮影艺术装置由非物质文化遗产传承人亲自打造，蚀刻的铝制艺术品展现了品牌内含的自然与环保理念。划分会议室外部空间用于打造茶歇区，以亮黄色凸显功能区域，顶部天花的半封闭设计给予露天歇息的氛围。横向悬空木制桌面内置钢结构，钢结构在增强稳定性的同时隐藏于墙面之中，用于分隔不同行径路线。

贵宾休息区内以传统制鞋用具楦头为灵感，专属的艺术作品不仅聚集视线焦点，更激发来访者想要深入了解制鞋工艺的好奇心。设计师借景展现西安本土文化，在窗边可以远眺古时用于迎接宾客的永宁门，让客人感受尊贵的待客之道。

创造自由且舒适的开放办公区，多元化的办公空间和色彩组合为员工创作提供源源不断的活力因子，内部分隔的办公室通过透明的玻璃门与外部形成互动，从设计上降低空间的活跃度，以更沉稳的氛围匹配应用场景。

自然律动，是ECCO品牌设计的灵感源泉，给予设计不断创新的动力，ECCO用打破常规的设计创造舒适的体验。自然的内涵与品牌的理念被设计师以创新的手法重新解构，成为ECCO办公空间富有生命力的价值沉淀。

1 2 | 3

1. 悬空的木制桌面内置钢结构
2. 墙面上是一块块皮影艺术品
3. 皮制艺术品融入了 ECCO 皮料

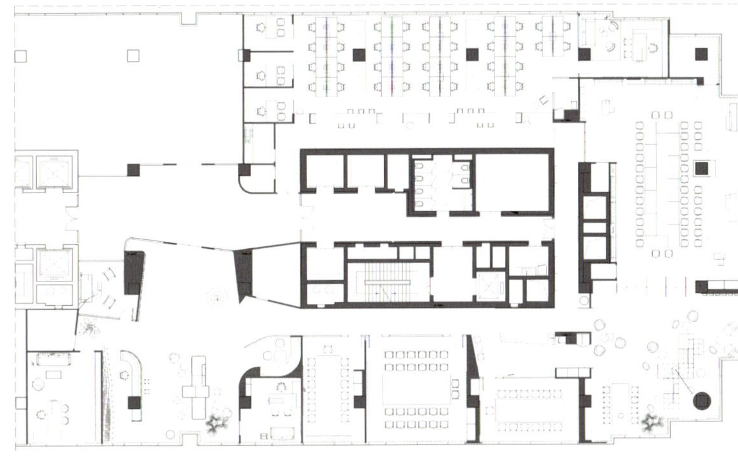

平面图

共生办公空间

设计单位：泰州大地装饰
设　　计：王杰
面　　积：360 平方米
主要材料：水磨石、青砖、铁板、老榆木
坐落地点：江苏泰州
摄　　影：徐义稳

在都市繁华间觅一方静地，希望这是一个与我们共生的空间。通过设计的打磨，这里呈现出新的表情，粗糙与精细、明亮与昏暗、新与旧，在矛盾与冲突中不断实现自我的突破。外立面用钢筋焊接结构，防锈做旧不生锈，与青红砖块结合，刻意打磨出工业感的肌理。设计师意图打造一个放松自由、包容舒适的办公空间，这是设计师回归本真、节能环保、天然去雕饰的设计理念。

空间中一面墙皆为透光玻璃材质，复古的玻璃砖透光不透影，让整个空间宽敞、开阔、明亮，得以极致享受自然天光。会客区的背景墙与外立面的青红砖墙相呼应，内嵌的壁炉、水磨石地面以及原木色地毯，不同材质的组合推进了空间的层次感。本地知名画家的巨幅油画与对面青砖墙形成对比，中西合璧的视觉冲击。白色沙发的陈列，更是明确了静谧舒适的视觉主基调。借由柱子的结构顺势隔开空间，并在右边设计了书柜，在传达对于空间美观性主张的同时，更是丰富了功能性。款型各异的木质茶几温润有序，和而不同。一抹生机盎然的绿植点缀了空间，于平静之中彰显着向上而生的张力。室内鱼池，森雾轻舞，观音蕨下，鱼翔浅底。设计师将心爱的机车放入其中，释放更多压力，感受工作间隙带来的乐趣。

步入二楼，即是办公区域。在空间与材质上尽可能地去装饰化，回归空间与材料本身的特质。尽量少使用墙体来分隔空间，取而代之的是玻璃砖墙，一道通透的隔墙营造出有趣的光影互动，阳光倾射，树影婆娑，四季交替，营造出别样的氛围。办公区域采用温暖舒适的木头材料做家具，配合阳光让工作氛围温暖舒适，绿植提供更多的生机。办公室拥有开阔视野与格局，空间的深色调代表沉稳与内敛，整体视觉与一楼保持一致，优雅宁静。

南阳台以退为进，落地窗内撤，让出空间做室外露天花台，种上造型参差、颜色各异的花草。北边临街阳台外扩延伸，做成半封闭空间，种上绿植，放上小茶几。在紧张的工作之余，设计师在此小坐聊天，看看路上行色匆匆的人群，找寻设计灵感。

寻一处空间，在这里工作即是生活，生活即是工作，感受身边点点滴滴，方能更好地成就设计，构建人与空间的共同生长。临街店铺没有店招，二十多年的打拼让设计师早已名动泰州，如今秘而不宣的共生办公空间已落成。设计目标就是做细分市场，精准定位，期待在对的时候遇见对的你。

1 | 2 / 3 / 4

1. 会客区不同材质的空间组合
2. 透光玻璃材质的一面墙
3. 柱子结构区分出空间
4. 办公区一角

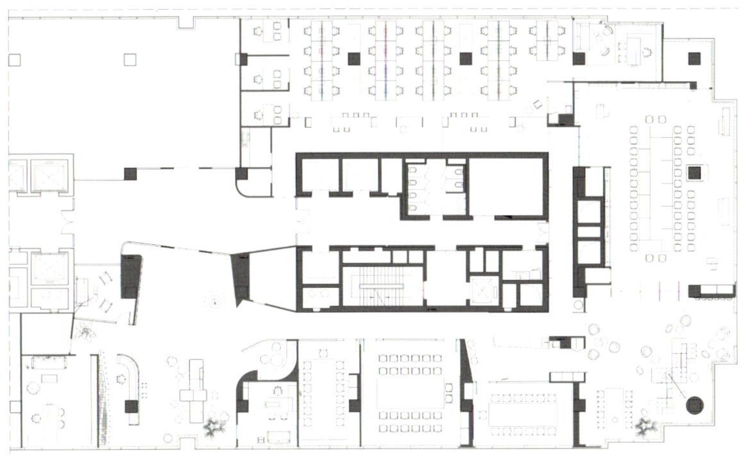

平面图

1. 贵宾休息区
2. 传统制鞋用具鞋楦做背景墙
3. 色调沉稳的办公区
4. 休息区充满美学的气息

上海松川远亿机械设备有限公司

设计单位：萧氏设计
设　　计：萧爱彬
参与设计：何侦辉、蔡娅娟、肖文晨、王敏捷、丁雪
面　　积：1420 平方米
主要材料：大理石、石材、烤漆木饰面、玻璃、白色铝板氟碳漆、拉丝古铜不锈钢、镜面黑钛不锈钢
坐落地点：上海
完工时间：2020 年 5 月
摄　　影：邓春

松川机械是一家做包装机械的工厂， 2020 年疫情发生，工厂业务迅速扩展至全球市场，全球 60% 的口罩都是用这家公司制造的机器来包装的。络绎不绝的客户来到工厂洽谈，看到一个国际化水准的上海总部，信任和尊敬倍增。萧氏设计有幸为这么一家为疫情做出贡献的企业做设计，与松川机械的相互的信任使项目精彩呈现。

工厂接待中心的设计委托使设计师决定利用工厂的废料来做形象，机械零件冲孔留下的无序和自由的纹样图案非常有趣，叠加后变得丰富多彩，这种环保再生的独特性给空间装饰带来意想不到的效果。

机械在人们的概念中是冷冰冰的，设计师要做的就是让工厂温暖起来。接待空间是一个改造工程，有效利用废钢板做楼梯扶手，二次转折让楼梯柔中带刚。水吧是第二空间的核心，正是这个核心位置消解了大厅中央碍眼的柱子。入口的第一空间中接待总台的背景彰显松川独有的气质，有效利用废料做出的特别背景强化了工厂的美感。展示空间的树形展台，也是利用废钢板焊接成树形来做支撑，台面做成了柔美的云。弱化金属的坚硬感，不管是身处展示空间，还是往大厅看去，空间的穿插和透视感使步移景异。所有工厂废料的应用都恰到好处，控制成本，环保节能，变废为宝。

没有感性的艺术品介入会略显呆板，每一个案子都应该拥有独立的个性和表情。雕塑《松之树》寓意松川的茁壮成长，按五行之说，工厂具备金和火，而缺少水和木，雕塑取材榉木，构造以“井”为单元，象征井水是源泉，生生不息，源远流长。五行阴阳是中国人独有的对自然和生命的价值观。

1. 建筑外景
2. 接待台背景彰显松川气质
3. 空间的透视感

1F 平面图

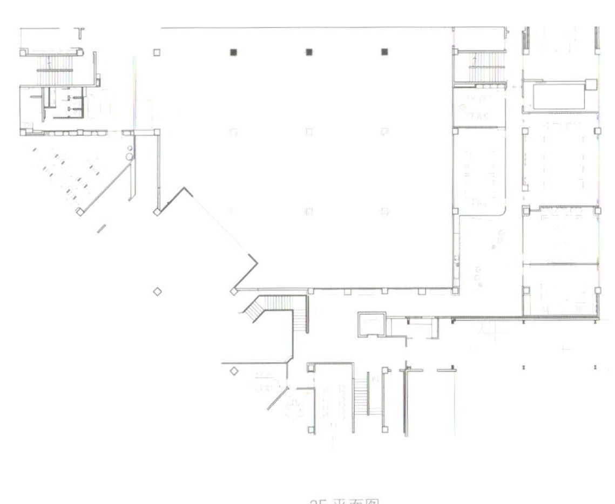

2F 平面图

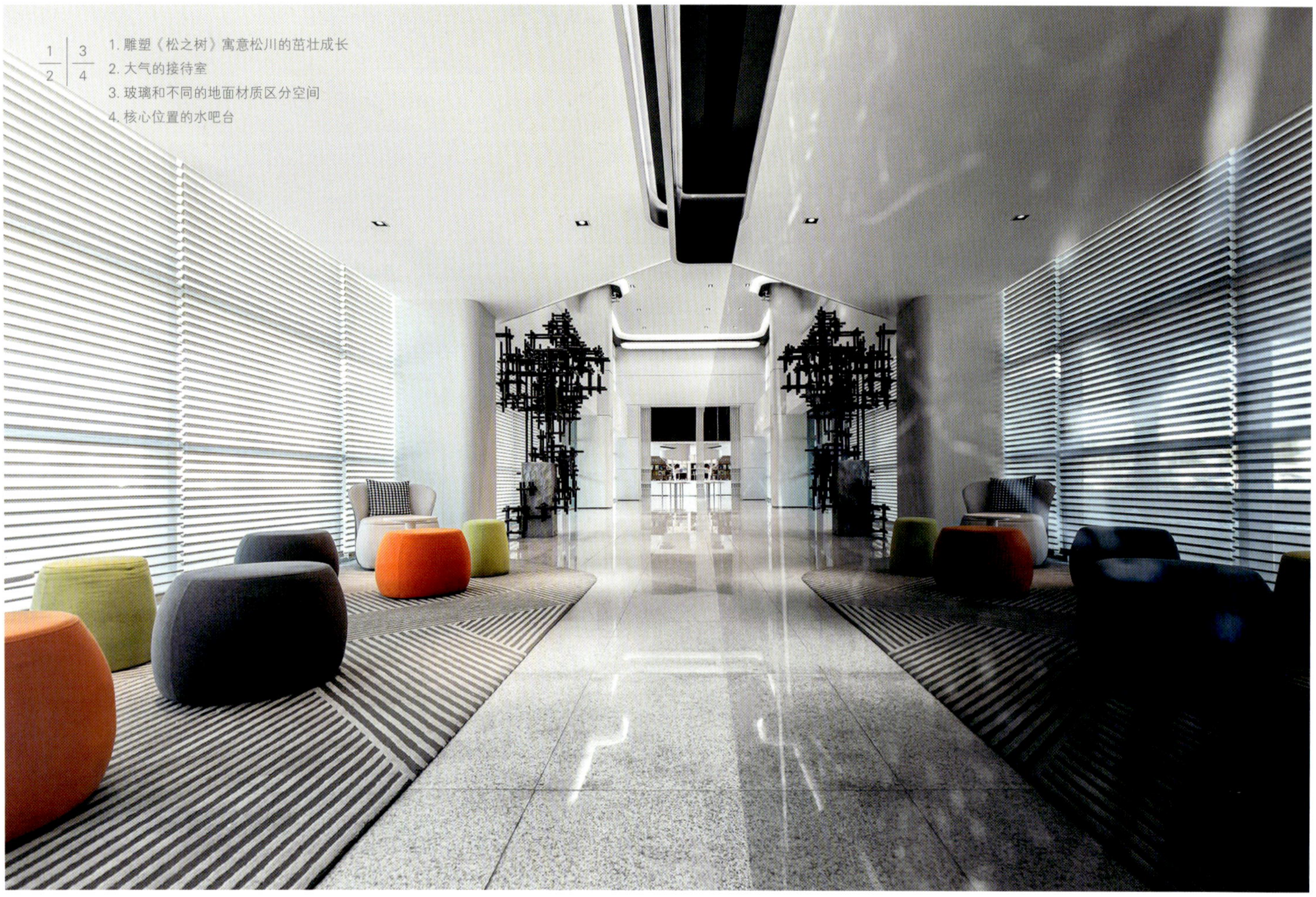

1 | 3
2 | 4

1. 雕塑《松之树》寓意松川的茁壮成长
2. 大气的接待室
3. 玻璃和不同的地面材质区分空间
4. 核心位置的水吧台

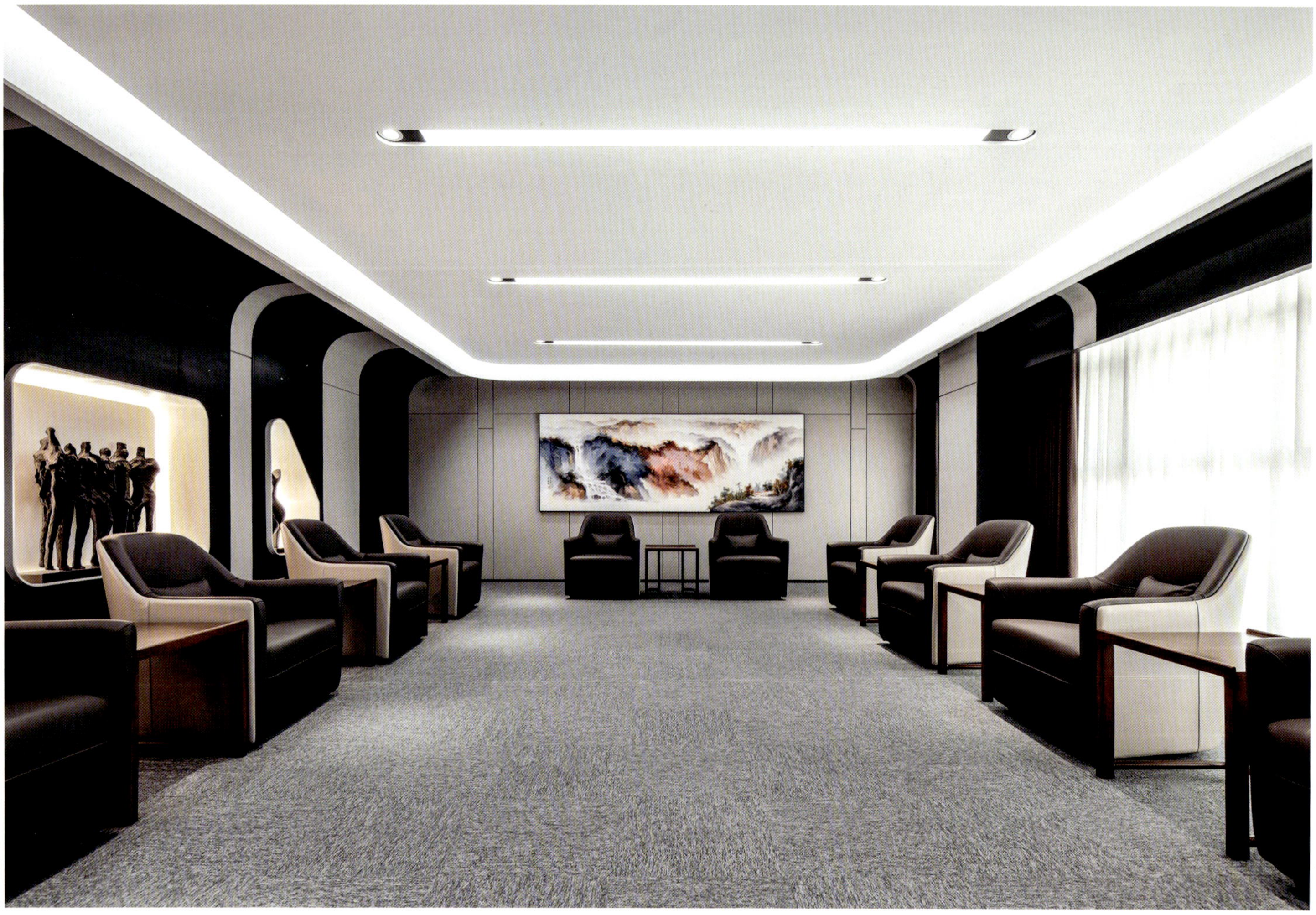

共生办公空间

设计单位：泰州大地装饰
设　　计：王杰
面　　积：360 平方米
主要材料：水磨石、青砖、铁板、老榆木
坐落地点：江苏泰州
摄　　影：徐义稳

在都市繁华间觅一方静地，希望这是一个与我们共生的空间。通过设计的打磨，这里呈现出新的表情，粗糙与精细、明亮与昏暗、新与旧，在矛盾与冲突中不断实现自我的突破。外立面用钢筋焊接结构，防锈做旧不生锈，与青红砖块结合，刻意打磨出工业感的肌理。设计师意图打造一个放松自由、包容舒适的办公空间，这是设计师回归本真、节能环保、天然去雕饰的设计理念。

空间中一面墙皆为透光玻璃材质，复古的玻璃砖透光不透影，让整个空间宽敞、开阔、明亮，得以极致享受自然天光。会客区的背景墙与外立面的青红砖墙相呼应，内嵌的壁炉、水磨石地面以及原木色地毯，不同材质的组合推进了空间的层次感。本地知名画家的巨幅油画与对面青砖墙形成对比，中西合璧的视觉冲击。白色沙发的陈列，更是明确了静谧舒适的视觉主基调。借由柱子的结构顺势隔开空间，并在右边设计了书柜，在传达对于空间美观性主张的同时，更是丰富了功能性。款型各异的木质茶几温润有序，和而不同。一抹生机盎然的绿植点缀了空间，于平静之中彰显着向上而生的张力。室内鱼池，森雾轻舞，观音蕨下，鱼翔浅底。设计师将心爱的机车放入其中，释放更多压力，感受工作间隙带来的乐趣。

步入二楼，即是办公区域。在空间与材质上尽可能地去装饰化，回归空间与材料本身的特质。尽量少使用墙体来分隔空间，取而代之的是玻璃砖墙，一道通透的隔墙营造出有趣的光影互动，阳光倾射，树影婆娑，四季交替，营造出别样的氛围。办公区域采用温暖舒适的木头材料做家具，配合阳光让工作氛围温暖舒适，绿植提供更多的生机。办公室拥有开阔视野与格局，空间的深色调代表沉稳与内敛，整体视觉与一楼保持一致，优雅宁静。

南阳台以退为进，落地窗内撤，让出空间做室外露天花台，种上造型参差、颜色各异的花草。北边临街阳台外扩延伸，做成半封闭空间，种上绿植，放上小茶几。在紧张的工作之余，设计师在此小坐聊天，看看路上行色匆匆的人群，找寻设计灵感。

寻一处空间，在这里工作即是生活，生活即是工作，感受身边点点滴滴，方能更好地成就设计，构建人与空间的共同生长。临街店铺没有店招，二十多年的打拼让设计师早已名动泰州，如今秘而不宣的共生办公空间已落成。设计目标就是做细分市场，精准定位，期待在对的时候遇见对的你。

1 | 2 / 3 / 4

1. 会客区不同材质的空间组合
2. 透光玻璃材质的一面墙
3. 柱子结构区分出空间
4. 办公区一角

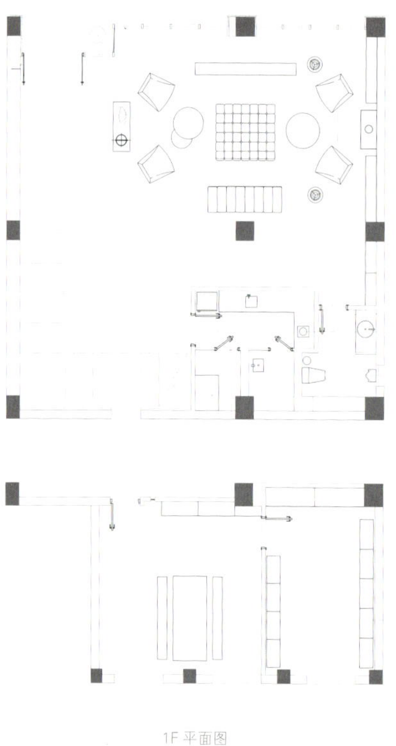

1F 平面图

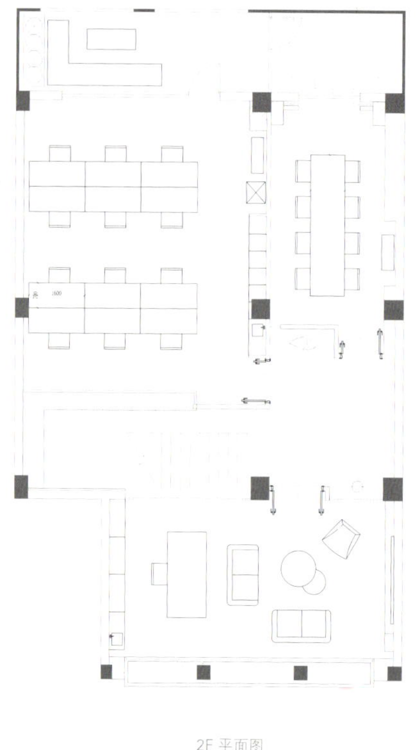

2F 平面图

1 | 2

1. 楼梯细节
2. 沉稳的建筑外立面

焦先生的书房

设计单位：焦艳丰设计团队
设　　计：焦艳丰
照明设计：想天照明
面　　积：214 平方米
坐落地点：重庆
完工时间：2021 年 6 月
摄　　影：林枫

尽可能地思考建筑本身，自由地思考设计，用更开阔、疏朗、灵活的角度来体察空间，运用设计，以超越空间的固有意义，提炼更多元的价值与表达。焦先生的书房以不同的结构与角度形成密度不同的区域，用以完成空间进入者与使用者的不同诉求。

设计师试图改变创作空间的常规构成，模糊自我意图，让进入空间的人们在通过空间的功能性了解设计意图的同时，让空间拥有更多无法被一眼看透的意义，不同的建筑概念在此空间同时发生，更多的设计符号同时被表达，空间的进入者与使用者有不同的心境与时段，因此都能自行解读。

设计师希望整个空间结构干净洗练，不留商业痕迹，在整体空间中只提供给客人一对一的专属服务，即书房在特定时间段内只专属一位设计师与一位客人。空间只属于客人本人与艺术设计这件事，它将更纯粹。

整个空间有着独特的解构主义风格美学，空间在此消解、重建，它是不确定的、模糊的、无规则的。受解构主义哲学及解构主义大师卡洛・斯卡帕（Carlo Scarpa）的影响，创作者让设计远离形式和一般规则的束缚，在空间形成与结构表达上以非线性的方式打破、分解常规空间设计，强调破碎与叠合下的新空间。

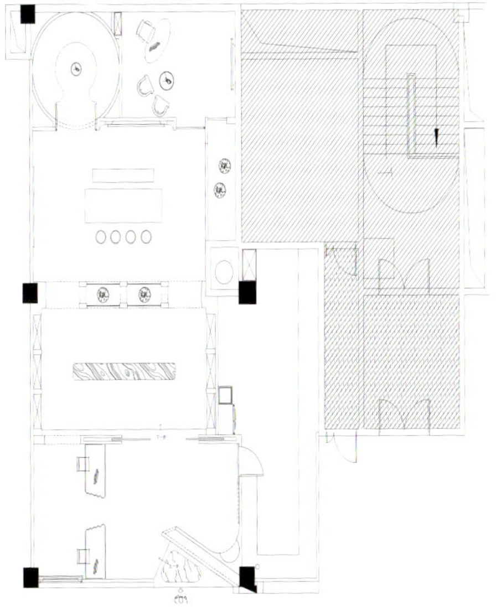

平面图

1 | 2
1. 空间入口处
2. 接待台

1 | 3|4
2 | 5

1. 不同的结构与角度形成不同区域
2. 步步推进的空间层次
3. 明亮的书房
4. 会客区
5. 书房独特的顶面造型

FKD 办公室

设计单位：北京文氏设计机构
设　　计：文武
照明设计：想天照明
面　　积：320 平方米
坐落地点：北京
完工时间：2021 年 3 月

“万物以感觉始：肉体、物体、情趣为自我构成一个最初的空间。”——罗兰·巴尔特

设计师想打造出一个以接待功能为主的装饰公司，同时在空间架构上引用了中国传统的园林结构语言，以及现代建筑语言。建筑两层总面积 320 平方米，带前院花园，一层接待区，二层办公区。当所有的功能和要求都确定后，设计回归到以往的知觉经验，在现有建筑空间里，设计师利用现代建筑语言表达出具有中国传统建筑虚实相生、内外交融的辩证思想；利用建筑空间本身的结构关系去营造出艺术的氛围和张力，而不是装饰。

院子以笔断意连的同一材质的墙体，由室外一直穿插到室内空间，把影壁和移步异景的中国传统园林思维用现代建筑语言表达出来。前台和过道端景在材质和尺度上做了一个延伸，前台区通过插入一段墙体，与室外交融一体，并巧妙地把楼梯做了分隔，与前台的接待台彼此区域独立却紧密相连。

建筑模数“方”和黄金分割，使空间在尺度比例上形成古典意识美。会议室悬挑，两种材质形体互相插入极有现代建筑语言感。在一个独立的空间里设计师创造了建筑中的建筑，插入带壁炉的书房，空间变得丰富、有层次，并有温情感。靠近院子的门改造成折叠玻璃门，当把门折叠后，室内与室外融为一体。玻璃后过道区的绿植墙，让整个会议空间仿佛置身于院子中间，一切都开始变模糊，变得无界，似乎从不同的角度变得有无限的可能。

1. 前台区插入的墙体和楼梯做了分隔
2. 接待台细部
3. 笔断意连的同一材质墙体

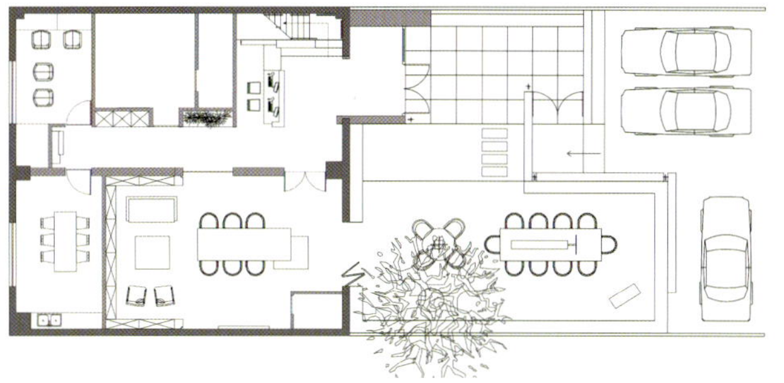

1F 平面图

2F 平面图

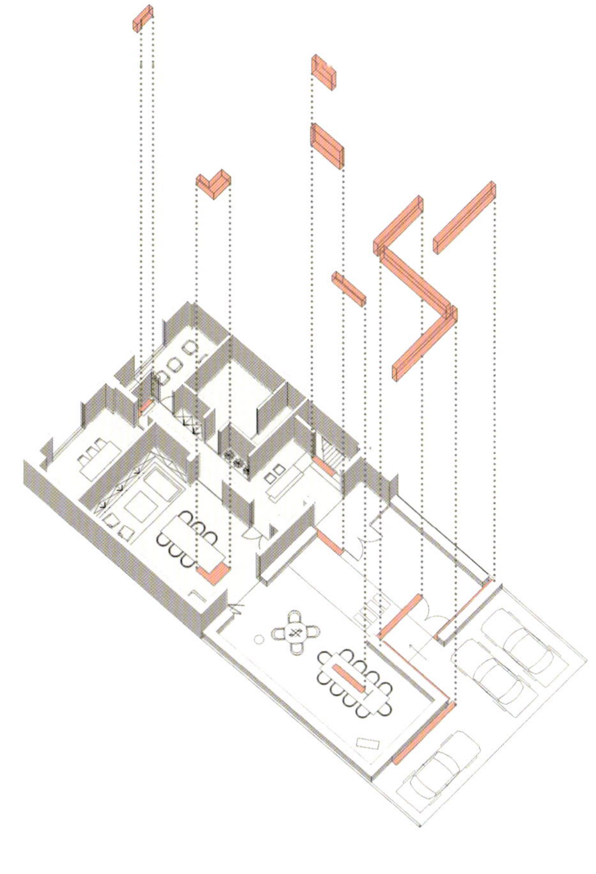

分析图

1 | 3
2 | 4

1. 书房使空间更有层次
2. 院门打开后室内外融为一体
3. 长桌由两种材质型体互相插入
4. 从客厅望向院落

空间启示录

设计单位：三谷设计（广州）有限公司
设　　计：谷腾
参与设计：陈锐桦、李健强、马健文、李健、陆雅仪
面　　积：1,152 平方米
主要材料：LED 屏幕、雾化面钢板、镜化面钢板
坐落地点：广东广州
摄　　影：谭啸、谷腾

对于这个时代，无论人们是否理解，它都已经存在。设计师的工作是一项积极介入到空间中的行动，它一方面针对空间的现状、特征和问题展开设计工作，另一方面在时间的磨砺和沉淀中，建构设计的时空关系、社会价值和未来意义。空间和时间是设计中必须直面的两个向度，设计既要面对场所，又要针对于这个时代的现实。设计从来就不只是一种手法或者纯技术的表达，它是对当下这个时代和置身之地的认知和判断，是一个时代思想的形状。

谷腾作为展馆的总设计师，基于对时代中国的品牌解读，提出了“启示录”的空间概念，并提炼了“空间”“物质”和“能量”三个关键词，进而对这个概念进行设计上的回应。时代中国并不缺一个常规的、标准化的展馆，对于一家低调而富有创新精神的企业集团而言，“展示意味着什么”比“展示什么”更重要，退一步去思考设计和空间的有限性，比彰显设计的无所不能要更为理性和更具人文意义。因为真正有效的展示不是宣导，而是基于感受所生发出来的“共时”与“共情”。

以往的空间设计大多都是静态的，是设想与计划成一种“不变”的结果，这种设计逻辑从古至今几乎没有本质上的变化，只是随着文明和科技的发展，所运用的材料和技术在不断地革新，以塑造与当下匹配的空间效果。

在时代展馆中颠覆了空间和陈设品之间的物理关系，让整个空间可以灵活折叠，人在其中流动，空间随着人的流动而相应移动，人的流动轨迹是空间折叠的核心逻辑和主导者，而不是惯常的既定空间，人只是被动的观看者、信息接收者、一个被宣导的角色。把设计隐藏起来，不留痕迹。时代展馆虽然呈现出超现实主义的气息，但大音希声，大象无形，人们走进空间，被其中的能量所感染而形成记忆，甚至影响人的梦境。

作为时代中国控股有限公司成立 20 周年的空间作品，时代展馆不仅为企业构建了一个叙述空间，空间自身也成为一个能量激发的媒介。正如空间宣传片中的舞者与空间的交融，展示出空间的轻盈与漂浮，而当画面转入到灰暗面时，反差时空的作用力，让空间散发出历史与人文的思辨性。这已经不是一个叙说企业自身故事的场所，它成为时代精神集结的媒介，是时代文化当中，清澈而明亮的所在，它甚至可以塑造人们对于一个时代的记忆，对社会的使命及生命的思索。

1 | 2　1、2. 展馆具有漂浮感和轻盈感

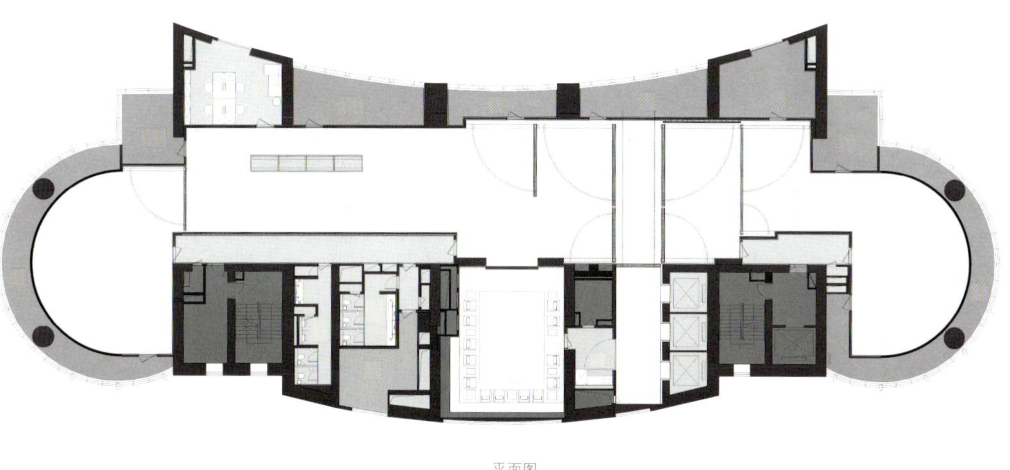

平面图

1. 空间似乎在流动
2、3、4. 舞者与空间的交融

全屋定制体验店

设计单位：上海费弗空间设计有限公司
设　　计：费崎峰
参与设计：刘晓鸣
软装设计：薛景春
面　　积：120 平方米
主要材料：微水泥、木饰面
坐落地点：上海
完工时间：2020 年 7 月

全屋定制在家装市面上已经遍地开花，我们想做一家更为整体的全屋定制体验店，突出的是空间体验，其次是产品体验，再到产品内部的功能部件的体验。产品需要去适应空间，而不是空间来配合产品，落地到家里也是一样，产品是服务于人，在理清楚空间、产品和人的关系后，我们的逻辑思维开始理顺。.

空间其实不大，入口故意压低，通过转折创造主要动线，在游览过程中去感受不一样的产品体验。含蓄的体块从内部延伸出来．两盏竹灯显得颇为安静，转折之处又是另一道风景，一步一景的概念惯穿整个空间。厨房区的定制软膜灯箱墙面，让操作台在逆光下更显质感。过道与橱柜区之间通过旋转门的形式，让空间在开合之间转变。客厅区沙发区背景的植物墙充满生机，与过道间用格栅的形式来做区隔，形成光影感。吊顶做了撕裂造型，让看似简单的顶面能有一些内容。

办公区的办公桌用板材定制，将色板以一种阵列的形式呈现。选材区顶面三个射灯分别使用暖中高三种色温，便于客户在不同灯光色温下进行板材的选择，以达到最理想的显色性。衣帽间是独立的水泥灰盒体，顶地面使用微水泥的材质，柜体表面材质进行不同的表面处理，并将很多功能都置于柜体内。

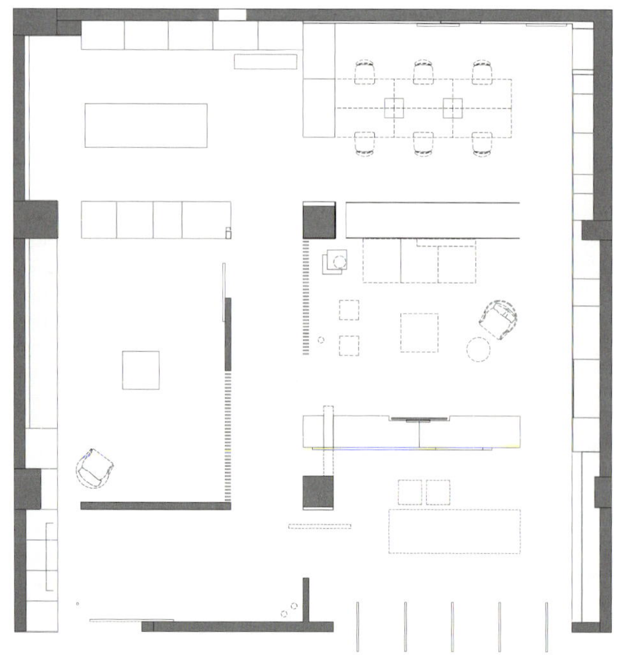

平面图

1 | 2 / 3

1. 格栅门区隔各空间
2. 厨房区的定制软膜灯箱墙面
3. 吊顶的造型变化

1 | 4
2|3 | 5

1. 植物背景墙充满生机
2. 过道
3. 红色椅子点缀灰色空间
4. 入口处故意压低
5. 产品展示区

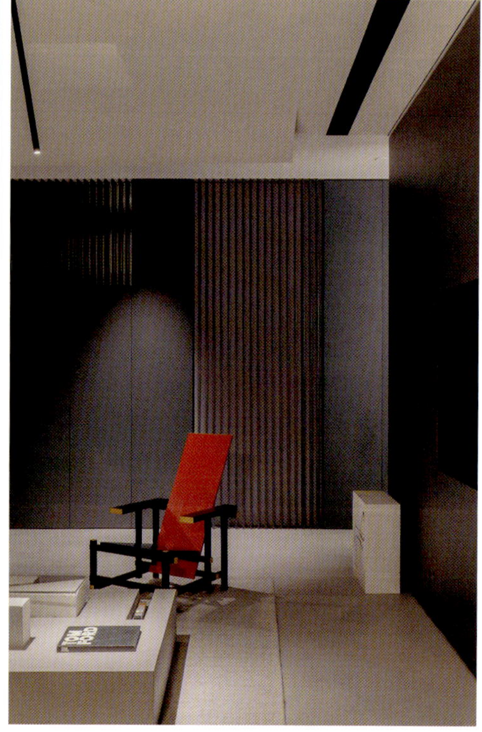

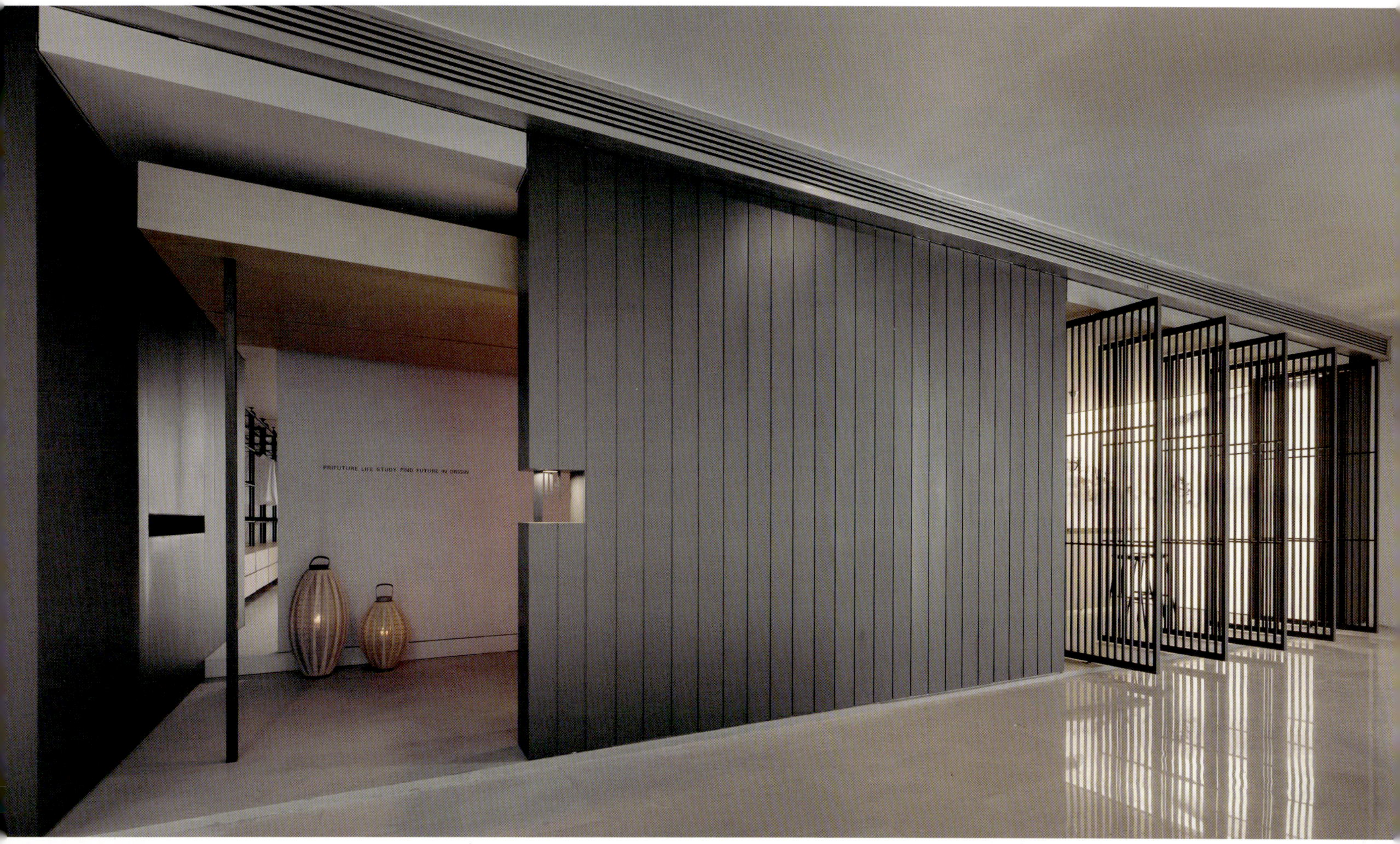
PRIFUTURE LIFE STUDY FIND FUTURE IN ORIGIN

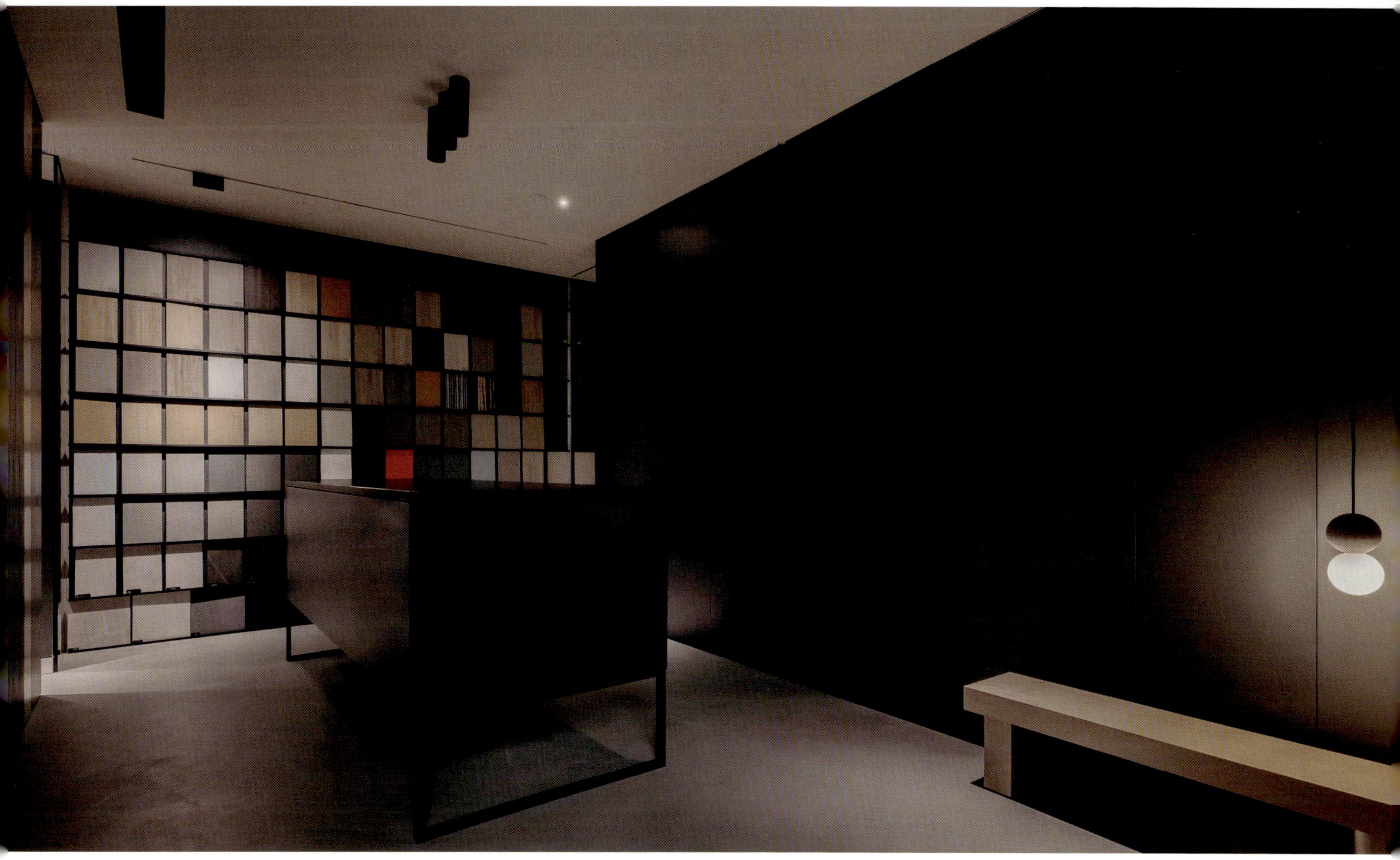

希洛门窗展厅

设计单位：ADF 后象设计师事务所
设　　计：刘飞、路明
面　　积：130 平方米
坐落地点：湖北武汉
摄　　影：吴辉

打造新的有情绪体验的系统门窗展厅，灵感源于孩童时代经历的点点回忆片段：休息日被鸣笛惊醒，深秋、凛冬来临，破败的木窗、透进室内刺骨的寒风呼啸。叶落、秋至、劲风疾。每个人生命中总有些许不美好的记忆，拼搏的我们更希望家人再没有噪声、寒风、暴雨的困扰。

通过展厅一系列的情景体验：风的装置造型，门窗构件飘扬在空中，倔强地从暴雨中穿行，落叶踩在脚下不停地碎裂，压抑的层高，隔绝噪声的体验空间。我们通过模拟这些负面场景并将之可控化，通过希洛门窗自身的产品技术优势，在体验中来完美解决客户的困扰与担忧。

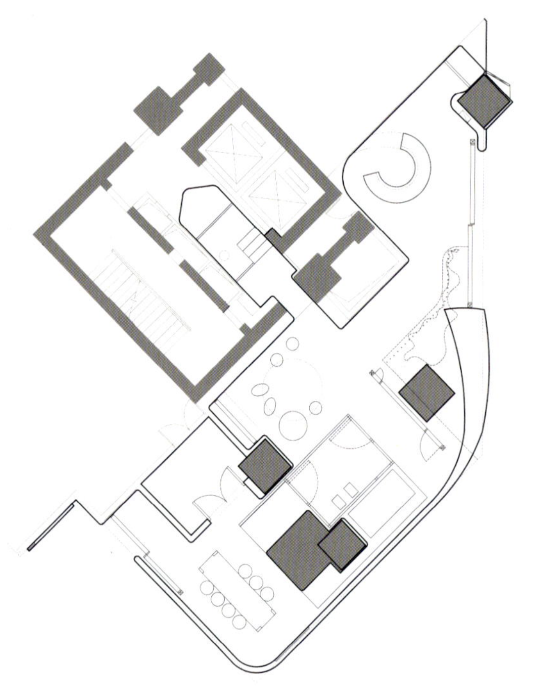

平面图

1. 展厅入口
2. 黑白灰为主色调
3. 灯光细节

1 | 3
2 | 4 | 5

1. 空间富有情绪体验
2. 模拟的负面场景更使人向往温暖安全的家
3. 破碎的落叶
4. 过道
5. 门窗构件

一尚门苏州中心店

1. 身上堆满服饰零件的人偶是视觉焦点
2. 飞舞的设计手稿
3. 金属质感的墙面细节

设计单位：CHAO 巢羽设计事务所
设　　计：梁飞、王星
参与设计：易杭飞 、罗天钟
面　　积：160 平方米
主要材料：铝塑板、肌理漆、金属网、不锈钢、水磨石
坐落地点：江苏苏州
完工时间：2021 年 2 月

空间是产品展示的载体，每一件服饰作品的呈现都倾注了设计师的心血，发掘每一件产品背后的故事，变成了我们本能的反应。

装置开启了空间体验，在入口处的艺术装置中，我们将卷尺、针线、剪刀、纸样等做衣服的道具融入其中，重塑工作室场景。身上堆满零件的人偶，堆满废弃的设计图纸，头顶漫天飞舞的设计手稿，正是服装设计师尝试打破层层壁垒，努力通往时尚之门的剪影，是他们在经历了思维的撞击融合后，建构自我风格的全过程。

一尚门苏州中心店以简约自然为主打风格，汇集了国内外优质的原创设计师品牌，有知性优雅的、潮流时尚的、国际流行的多种风格。为了更好的呈现产品，“灰”便成了空间的特有属性，手工处理的艺术漆面与金属质感的墙面材料是传统手工与时尚潮流的碰撞，在工匠与时尚中寻找平衡。

道具是产品呈现的载体之一，专属性的道具设计是场景主题表达的重要方式。为了让设计师工作室的场景故事得以强化，对应空间的场景主题，我们将产品线所需的道具和展面进行新的梳理和表达。装有废弃手稿纸团的展架和店招主题灯箱，可展示品牌的设计师吊牌，可调节的衣架，放置手稿的工作台，制作服饰所需的工具和零件，以及墙角的半成品手稿充满整个空间，讲述场景故事。

店招背景由 88 片铝板转印搜集的服装设计手稿组合排列而成，既是场景的开始，也是主题的延续。

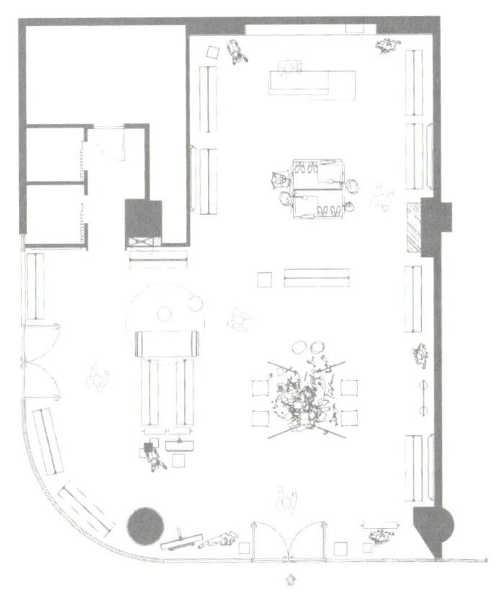

平面图

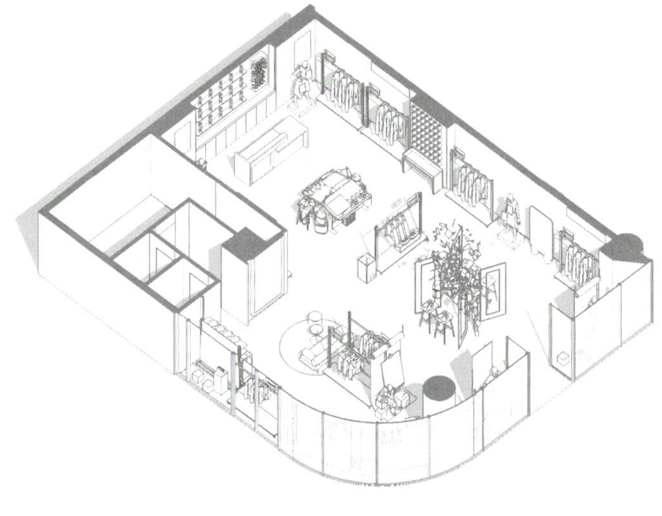

空间分析图

『環環相扣』的設計流程/及『以人為本』的設計應用。
呈現『源於生活』的設計靈感/『嚴謹細緻』的設計理念
『原創設計』是一尚門尊崇的核心價值觀，在一尚

1. 各种服装道具表达了空间主题
2. 衣架是可调节的
3. 产品展示台
4. 设计师工作的场景

上海 Smelix 仕觅男装高定店

设计单位：壹舍设计
设　　计：方磊
参与设计：蒙程鹏、党永永、胥磊
软装设计：李文婷、孙雨辰
面　　积：320 平方米
坐落地点：上海
完工时间：2020 年 9 月
摄　　影：张静

上海原法租界建国西路与嘉善路交汇处，梧桐掩映，洋房林立，Smelix 仕觅男装高定店正坐落于这片时尚街道。设计师提取面料的“丝”与“绸”，构筑全新的“丝绸之路”主题，对现代主义、装饰构成、材质肌理、空间色彩等进行因地制宜的演绎，造就了区别于传统商业空间的表现形式。

基于建筑极具个性的外立面及斜顶样貌，配以雕刻金属板的拱形门廊与利落大块面，古典与现代的矛盾美学应运而生。室内开敞的展陈区内大体量的格架横贯墙面，在线性灯带的渲染下极具视觉张力。自带岁月痕迹的灰砖、粗犷细腻并存的马来漆、温润的木饰，沉淀出安静质朴的情境。这里有着新旧材质的对话与碰撞，亦与原法租界的历史与地域特征遥相呼应。

在楼梯处将园林景观手法借鉴迁入，试图刻画出山峦层叠之状，拿捏处理层级关系并使之与产品展示相结合，在这一隅构造焦点模特区域。楼梯间通过解构手法，以洞口与金属灯饰的体块穿插造景，简练有力，循此前往即将踏上“丝绸之路”。

T 台与由此而上的盒子体量，是访客抵达二楼的第一视线落点，在开放的格局中，能近距离品味高级定制的风姿。中央陈列的设置可分隔两端产品，塑造自由灵动的穿越关系，在光影的变化中充满秩序感，又给予进一步的视觉延展。

因势保留原始建筑斜切顶面和穹形窗口，一系列倾斜体块围绕光和镂空结构建立起关联。室内随着光线的流动展现不同的姿态，当阳光洒落，仿佛凝成实质的 T 台追光灯，神奇而震撼。沙漠与骆驼的剪影随即而出，两侧提取古城墙形态，结合窗体原始结构进行整合。借以金属板的韵律排布，勾勒沙石交错的起伏形态，在不动声色间仿若游走于丝绸之路。

关注客户感受，以客为尊无疑也是设计的重中之重。以跳色带动空间氛围，一层暖色调的橙黄还留有余温，楼上休闲区则是不拘一格的混搭，在灰色肌理漆的映衬下营造放松的洽谈氛围。水吧台则随体块穿插一体而出，满足基础需求之余，也是收银台功能的整合与再升级。红色斜顶与金色盒子的搭配，则让历史与舞台元素彰显得更浓烈。VIP 室采用悬空式展现，仿佛驼峰的外化，又像辉煌的宫殿，这也是丝绸之路主题的进一步完善。

服装传达的情绪不仅仅停留在织物上，还需与置身的空间密切关联，与建筑浑然相融。

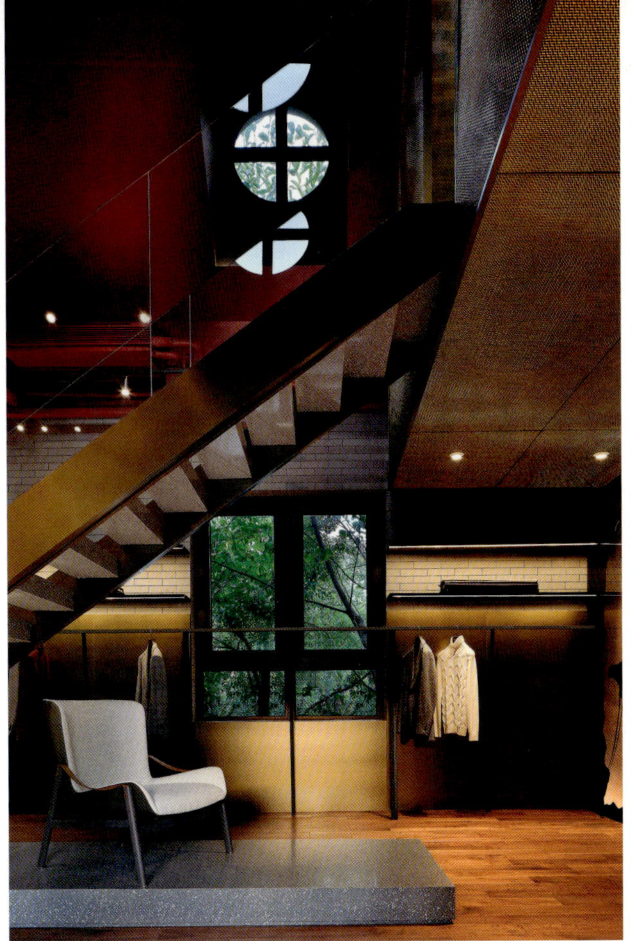

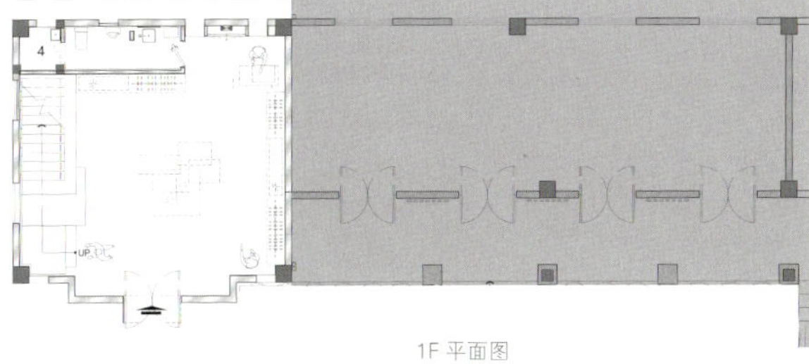

1F 平面图

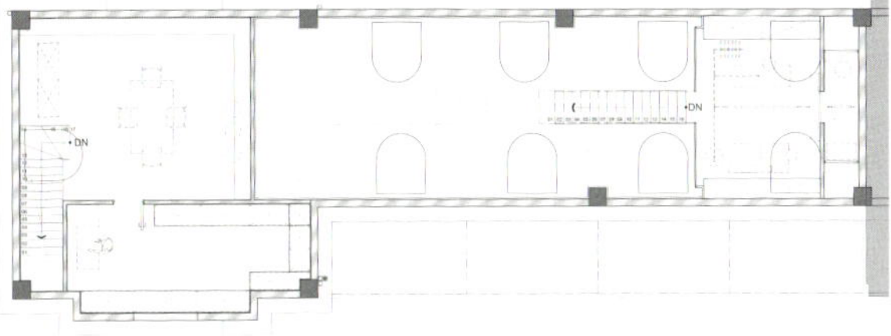

2F 夹层平面图

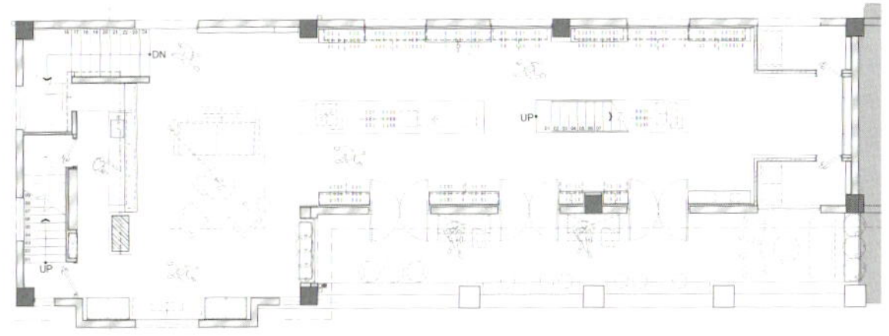

2F 平面图

1 | 3
2 | 4

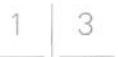

1. 开敞的空间
2. 新旧材质在此对话
3. 保留原始建筑的斜切顶面
4. 大体量格架横贯墙面

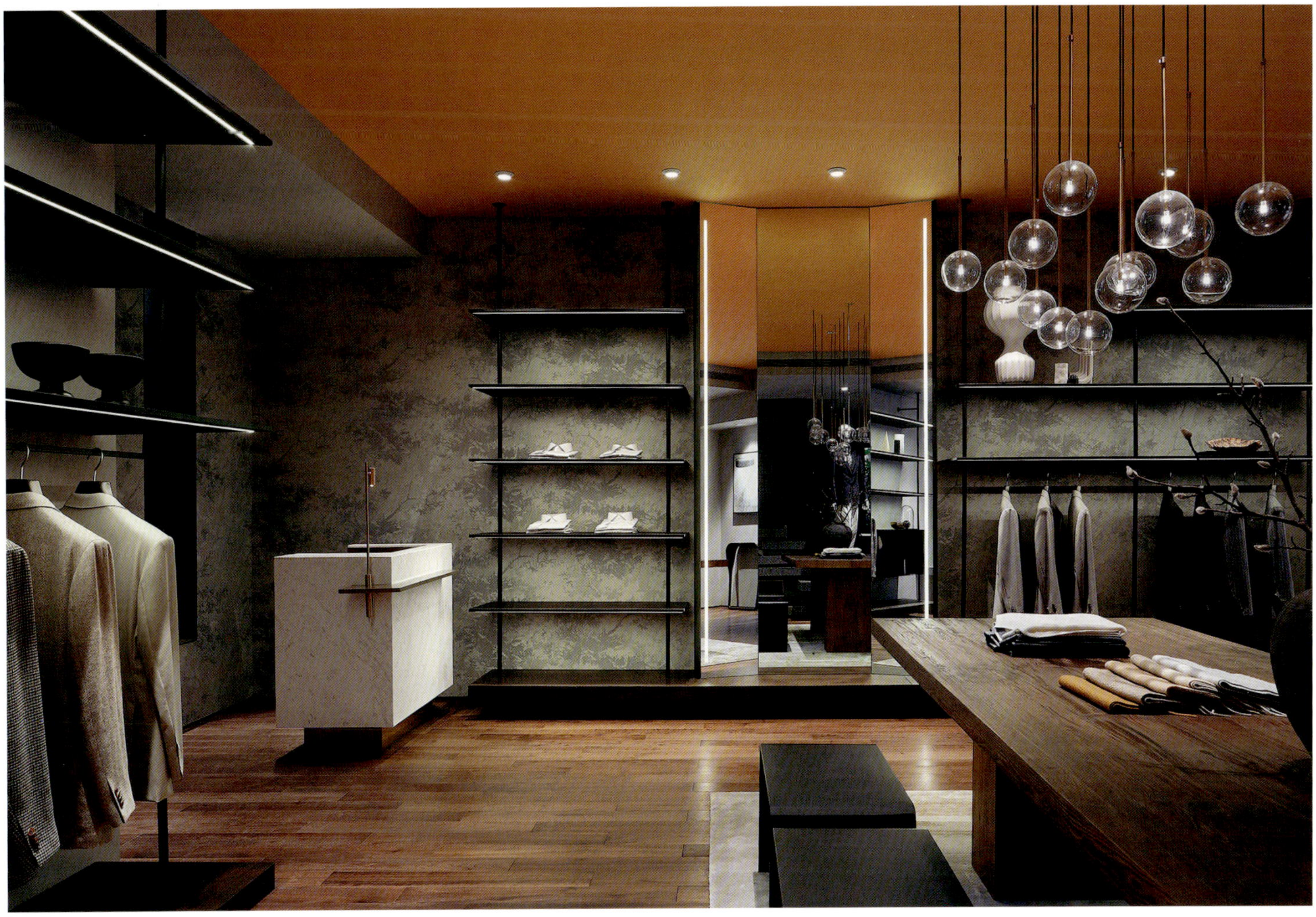

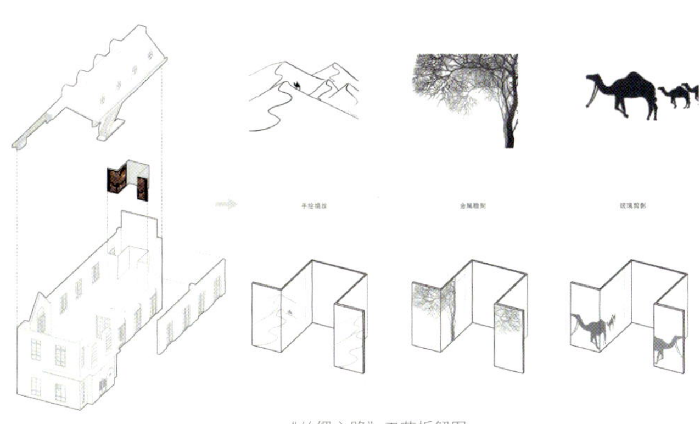

“丝绸之路”工艺拆解图

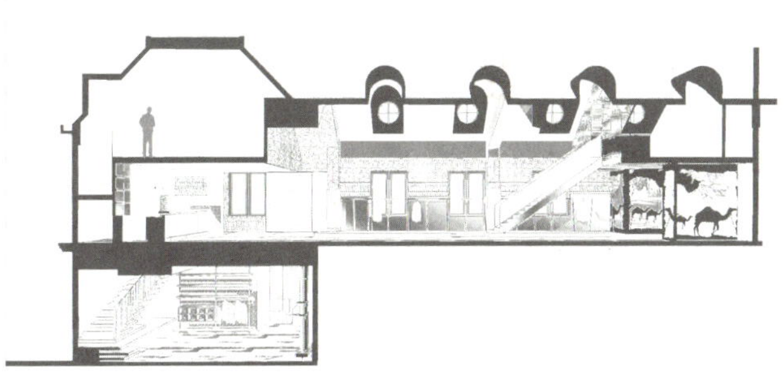

剖面图

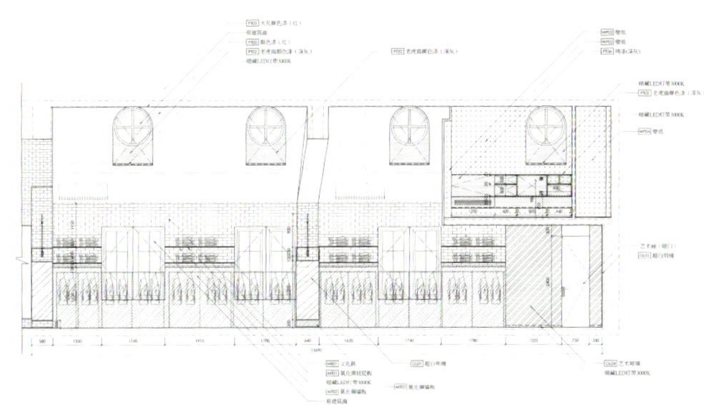

分析图

1	3
2	4

1. 在楼梯处构筑模特区域
2. 放松的休闲区
3. 骆驼剪影仿佛来到丝绸之路
4. 东方韵味的诠释

1 | 2 | 3/4

1. 沉浸式的消费场景
2. 穹型的窗口
3. 随着光线流动呈现不同场景
4. 金色带来至上的尊贵感

J+ 生活艺术馆

设计单位：纬图（广州）设计有限公司
设　　计：赵睿
参与设计：席行千、李龙君、黄志彬、刘方圆、瞿群英、林灼鑫、张伊、何静韵、伍启雕
面　　积：2000 平方米
主要材料：耐候钢板、水泥、原木、质感漆
坐落地点：江苏苏州
摄　　影：伍启雕、吴辉、张恒

本案希望塑造出一个强而有力的建筑构架，由外而内形成建筑雕塑与功能的混沌融合，它是力量的艺术，是自然和情感的综合体。项目坐落于苏州，建筑整体改造面积约为 2000 平方米，是一个多功能综合体，分为产品展示区、办公区、会所体验接待洽谈区。改造前的店面是普通的单一功能性展厅，塑造一个全新的店面形象和构架一个出类拔萃的生活艺术馆是首要任务。

外墙改造延续原有建筑结构的力量与节奏感，选用耐候钢板自然形成的锈纹和无缝拼接的工艺，铸造成一个独特的建筑雕塑体，从室外延伸到室内构架成整体空间。尽量拆除原有室外墙体裸露出建筑骨架，增强构造穿插和引入自然光线，使室内更为开放从而加强展示效果，采用开放式平面布局，使人在空间中走动时更为流畅舒服。以苏州庭院假山石为内容营造出传统山水意境，太过具象的绘画容易抢夺产品的展示效果，所以选择较为抽象的表达形式，给阅者带来无尽的遐想。

层层叠叠的构造穿插和原有裸露结构的结合，形成了丰富、自由、俏皮的空间层次。主通道旋梯部分的球体装置成为空间的点睛之处，悬挂在半空中的球体，让空间旋律更为丰富，意念延展无尽。建筑构架延伸到室内后与其他的松散形体黏结在一起，形成近似半成品的剪纸雕塑空间，能从不同位置或漏透缝隙中看到不一样的产品展示区域，起到有效控制空间整体性的作用，便于以后分散区域中产品更换和完善。利用构架和剪纸塑造出来的空间总感觉缺乏一些内容，似乎显得过分理性，继而沿用锈板材质设计出一个自由交叉的线性装置，使空间的构成更具有灵动性。

空间中凌乱的线条装置取自竹的编织元素，如草书的飘逸笔触，又或是秋野中的一堆干稻草，自然而亲切，而不同的体块穿插在各种角度自然会形成变化多样的立体构成。

1 | 2

1. 独特的建筑雕塑体
2. 层层叠叠的构造穿插

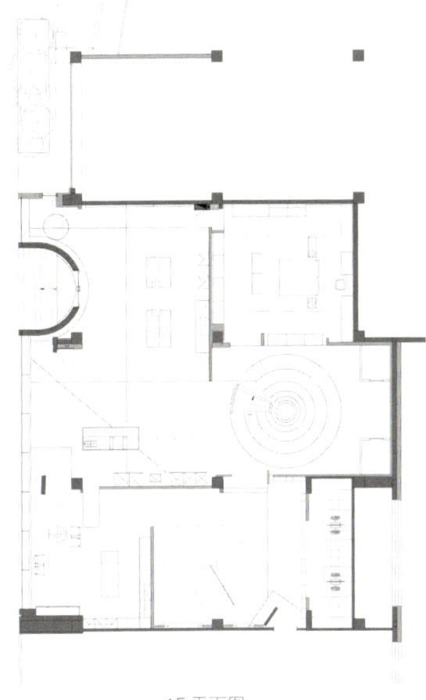

1F 平面图

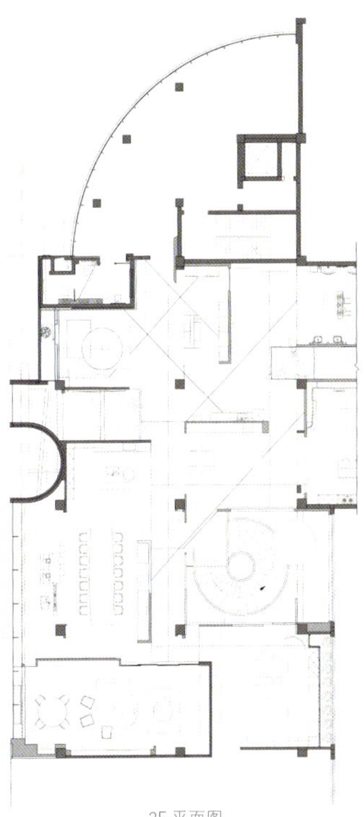

2F 平面图

1 | 2 | 3 | 4

1. 各种形体黏结在一起
2. 丰富的律动感
3. 开放式的平面布局
4. 变化多样的立体构成

立面图

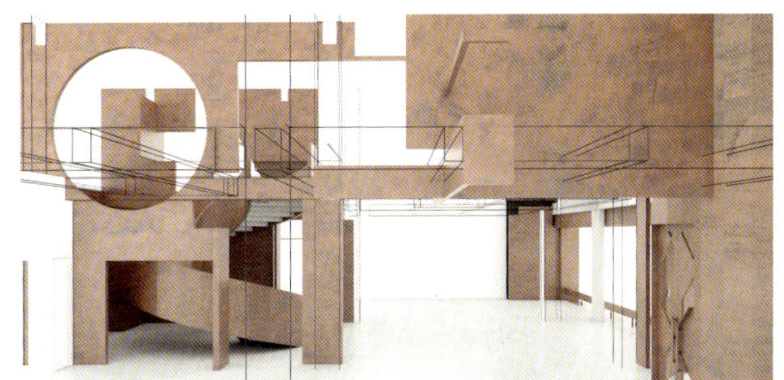

分析图 1

分析图 2

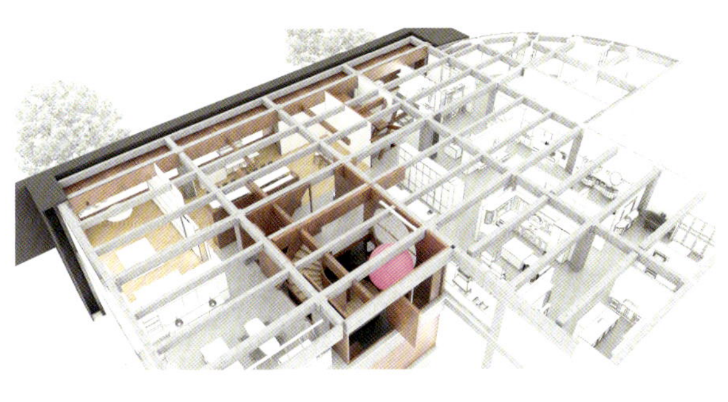

分析图 3

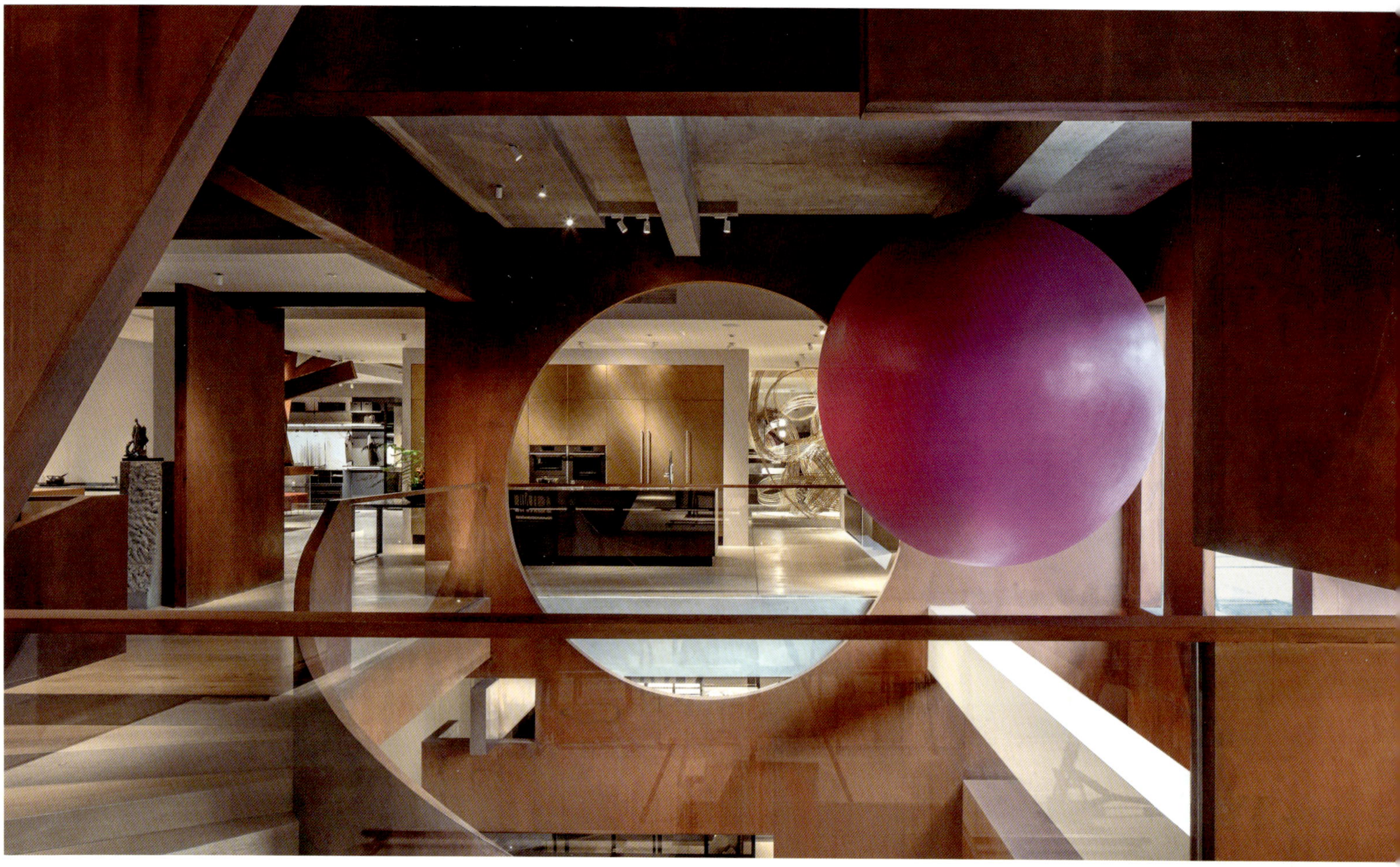

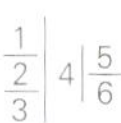

1. 悬挂的球体装置是点睛之处
2. 曲线柔化了空间
3. 竹的编织元素如草书般飘逸
4. 自由交叉的线性装置
5. 抽象绘画带来无尽遐想
6. 楼梯细部

BIBILEE 深业上城快闪店

设计单位：MOC DESIGN OFFICE
设　　计：吴岫微、梁宁森
面　　积：110 平方米
主要材料：PVC 地板、原色不锈钢、定向刨花板
坐落地点：广东深圳
完工时间：2020 年 4 月
摄　　影：聂晓聪

项目位于深圳深业上城 3 层街区，独立设计师品牌 BIBILEE 接手该位置后，在一个月内被改造为品牌的快闪店，以为期 5 个月的快闪模式开启了品牌线下体验的探索，而 MOC DESIGN OFFICE 设计的极简空间赋予其新的生命。

服装与建筑，貌似无可比之处，但从二者均为人类的社会属性来看，实则却联系密切。服装艺术通过面料、款式和工艺来表达出个体之间的差异，而建筑则对应的是材质、造型和节点。品牌以压褶工艺为核心展开，创作风格鲜明，空间设计上也以此为出发点，从材质选择到肌理形态均契合褶皱的元素，塑造空间与品牌的高度一致性。

由于商店的临时性质，在设计中尽可能的减少装饰，力求以最小的改动达到最大的效果。结合场地条件与工期要求，设计师抛弃传统服装商业空间对展陈设计的过度追求，保留了混凝土柱和部分混凝土墙壁原有的材质肌理，天花仅做了喷白处理。刷白的定向刨花板将空间底部和墙面围合，结合冷冽的不锈钢搭建出了中部展台，天花的线性灯带则强调了一种秩序感，空间中没有冗余的外在装饰，显示出克制的实验美感。空间中没有固定的陈列架，取而代之的是陈列室里最常见的金属陈列架，架子上包裹的锡纸低调传达出品牌的核心工艺。品牌色克莱因蓝作为空间点缀，点亮空间的同时也有效提高了客人的进店率。

空间以碎木压制的定向刨花板和厨房中常见的锡纸为主材，刨花板涂刷了一层薄薄的白色乳胶漆，使其在乳白色的覆盖下仍能透出原本的肌理，与服装的面料互相呼应。锡纸被揉皱后又铺展开，人为制造出随机的肌理，而材质本身的金属质感回应了服装面料的工艺和光泽感。这些材料加强了人们对于品牌核心面料的感受，成为品牌印象的一部分。

1 | 2 | 3/4

1. 极简空间
2. 品牌以压褶工艺为核心
3. 品牌蓝色点亮空间
4. 冷冽的不锈钢展台

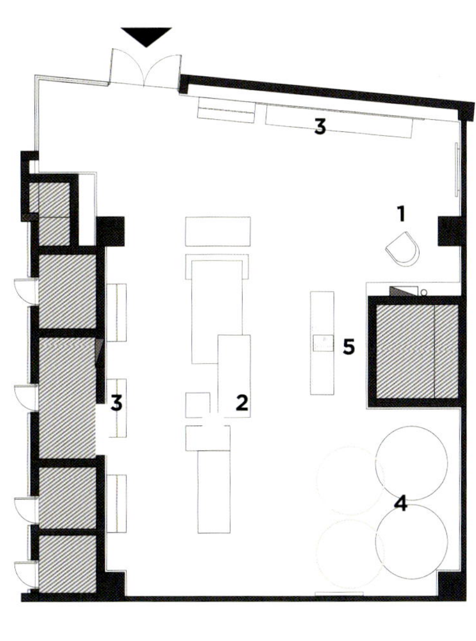

平面图

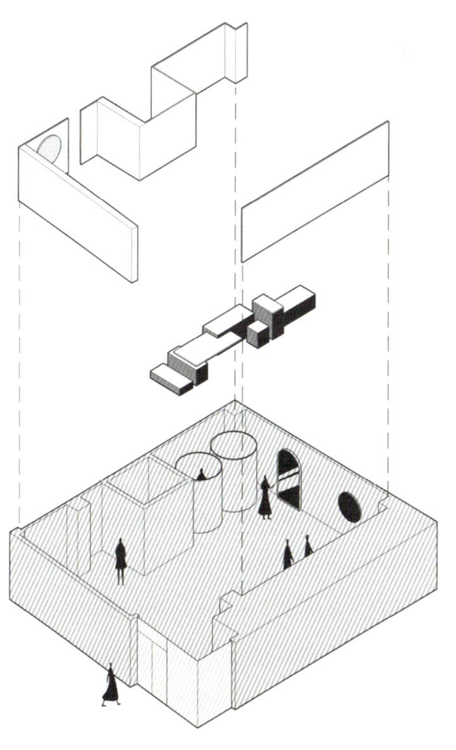

分析图

1 | 2 | 3

1. 天花的线性灯带强调秩序感
2. 陈列架上也包裹着锡纸
3. 锡纸呼应了服装面料的工艺感

上海好利来概念店

设计单位：DAS Lab 大森设计
面　　积：80 平方米
主要材料：泡沫铝、贝多魔磨石地面、雾面不锈钢、火山石、渐变膜
坐落地点：上海
完工时间：2020 年 5 月
摄　　影：邵峰

媒介在商业的历史进程中发挥着重要的传播作用，它本身蕴含着时代的属性，它的进步改变着人们接收信息的方式，进而推动人类思考和行为的进化。在这个项目中，我们希望利用空间装置作为载体，传播好利来的品牌精神，以更感性的方式与大众展开一场轻松又有深度的交流。

无论是过去、现在或未来，人们始终保持着对食物更多维度的探索，从而推动着食品生产技术的不断迭代和创新，而食品工业的发展，也为人们的食味和生活带来了无限可能。这种共生的关系成为本店空间概念的灵感来源，设计师试图从后工业时代的复杂性中摄取素材，创造出具有机械美学的趣味空间，搭载当代主流传播媒介，向新一代消费者转译好利来品牌内核中的探索精神以及全新的烘焙理念。

将场景想象成一个“系统化”的生产车间，在这里陈列的产品更像是精确、可控的工业制品。机械组件暗示着标准化与自动化技术的进步，通过艺术的表达将挑高的传送带和循环搅动的面粉容器作为可陈列、展示的场景单元，让人们仿佛置身于一个“实验场”，感受机械化时代背景下的复杂性，同时为品牌与大众建立了一个立体的多维度的情感共鸣场所。

不同材质的拼接、覆盖、延伸都能让人们以最直观的方式感受空间的叙事性。泡沫铝、不锈钢等灰调材料在发光膜的均匀照射下表现出纯净的质感，通过对材料低饱和度的控制，确保机械装置作为叙事性主体存在于场景中。

我们把烘焙产品的陈列纳入对设计的考量之中，将机械部分的喷砂不锈钢与局部照明部件结合起来，借此在食物的温度与材料的冰冷之间制造戏剧式的冲突，将顾客的注意力聚焦在食物本身。

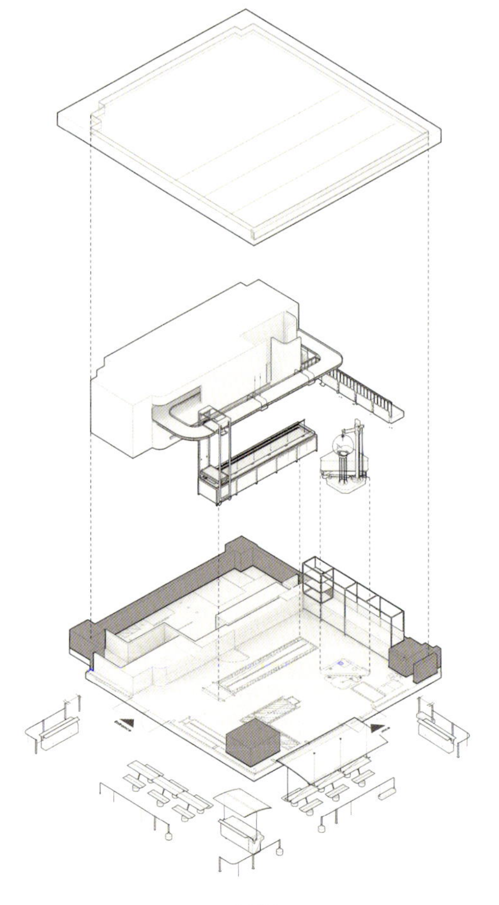
轴测图

1 | 2 / 3

1. 机械美学的趣味空间
2. 局部空间
3. 精美的食物才是空间的主角

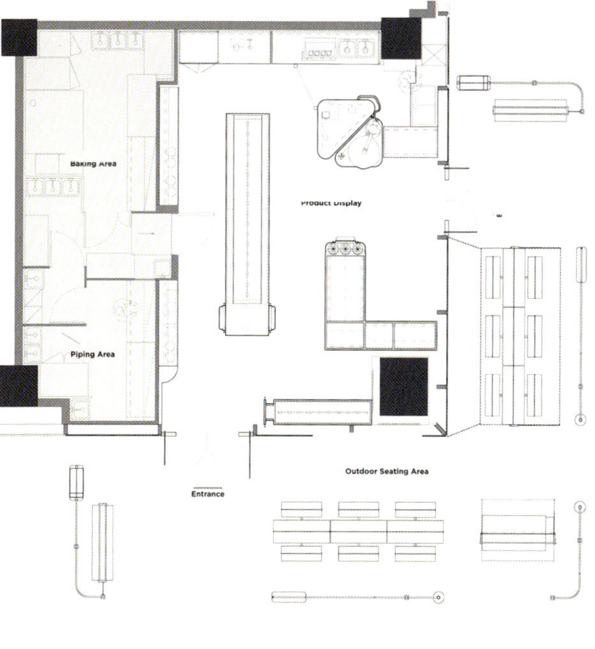

平面图

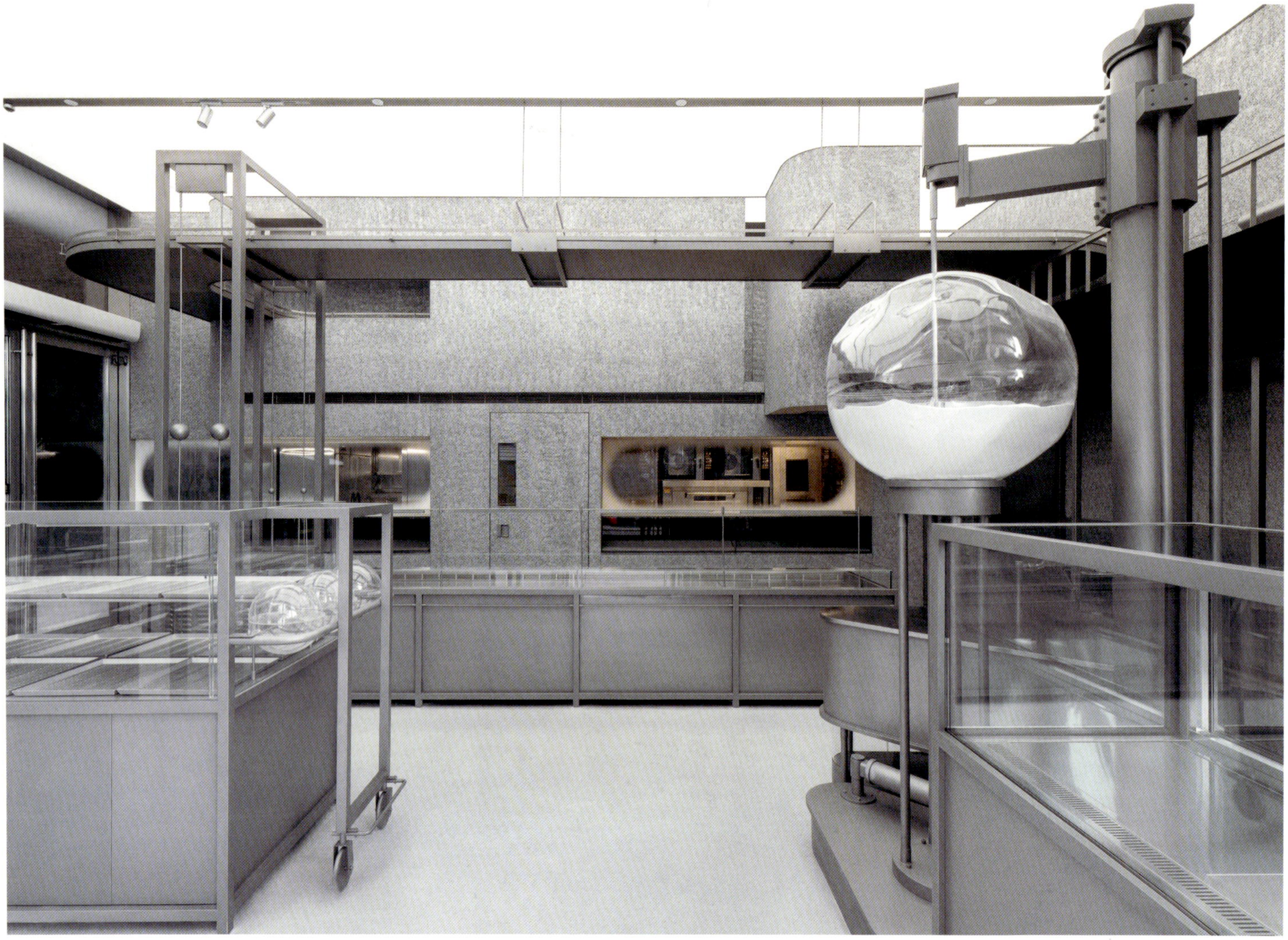

1 | 3
2 | 4 | 5

1. 系统化的生产空间
2. 循环搅动的面粉容器
3. 挑高的传送带
4. 机械装置作为叙事性主体
5. 不锈钢座椅

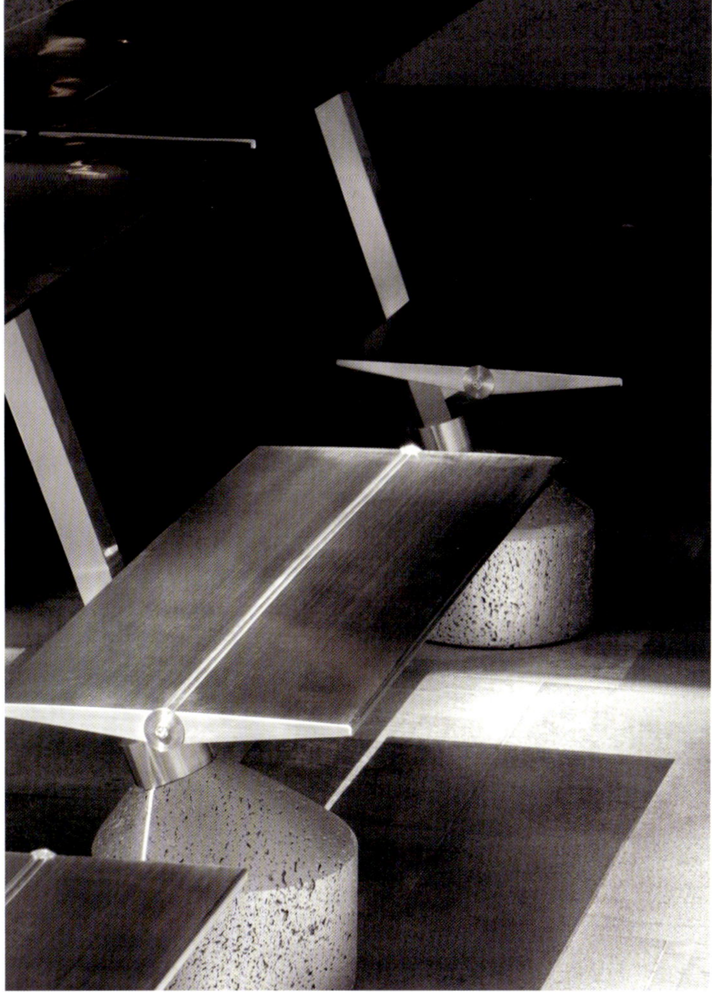

失物招领杭州天目里生活提案店

设计单位：B.L.U.E. 建筑设计事务所
设　　计：青山周平、陈雨圆、窦征、刘凌子
面　　积：225 平方米
主要材料：水洗石、浅灰色肌理涂料、榉木、樱桃木、白蜡木、橡木、黑胡桃木、老杨木
坐落地点：浙江杭州
完工时间：2020 年 11 月
摄　　影：雷坛坛

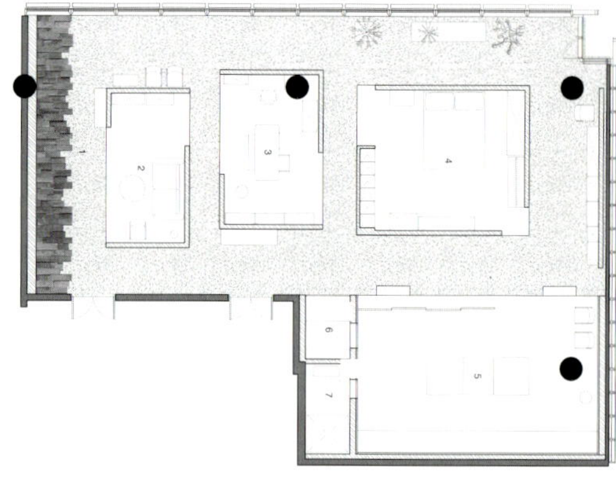

平面图

位于杭州文化地标天目里的生活提案店是继北京国子监失物招领店铺后，我们与失物招领的第二次合作。杭州天目里是由建筑师 Renzo Piano 设计的集办公、艺术空间、商业、秀场、设计酒店等功能于一体的综合性园区。失物招领作为一个生活家居品牌，除家具以外，也提供包括手工陶艺、植物、居家器物、织品等生活用品。此次设计延续了家的概念，同时也呼应了失物招领品牌惜物的生活方式。空间设计围绕自然肌理 、手工工艺的核心展开，呈现“家” 的样貌和内涵。

店铺空间主要分为几组家具展示区和一个活动分享区。展示区由三个水洗石小盒子组成，划分出不同生活场景：客厅、餐厅、卧室。高低错落的墙面形成半围合半开放的小空间，赋予原本单一的空间更丰富的延展方式， 给客人创造探索性的动线，如在街巷中边寻找边发现。水洗石墙面粗粝的自然肌理也给人温润的感受。

穿过展示区，是进行活动和展览的分享空间，空间形态是一个开敞的小木屋，收银台和试衣间集中分布在一侧。踏上青石板，人们聚集在一个大的坡屋顶下面，营造出在大自然中的惬意场景，没有玻璃的木框推拉门视觉轻盈，把家具展示区和分享空间分隔开来。房子的顶、地面和墙面使用失物招领家具常用的五种木材：榉木、胡桃木、白橡木、樱桃木、白蜡木，进行搭配拼接。小房子的推拉门、店铺入口的平开门等细节处也同样使用了这五种木材做混合搭配。木材处理上最大程度减少人工的修饰加工，呈现出最天然真实的质感。

进门一侧的木头展示墙不仅是视觉焦点，也可作为展示物品的功能性墙面。材料选择了家具工厂在生产中废弃的木料，废木料独特的质感体现着生活的累积和时光的沉淀。由于木料尺寸不一，状态不同， 设计师无法依赖电脑出图，只能用实物进行手工实验推敲，在施工现场与工人师傅一起堆叠完成。这样即兴的建造方式突破了常规的工作模式，也是一种新鲜的挑战。视觉墙不是经过准确的计算，而是靠时间、人工和手工，经历时间慢慢呈现，也赋予了材料以情感，带来自然原始的气味。

利用自然和废弃的物料，用手工工艺建造，在人和时间的共同作用下寻回日常生活的美和意义，这样的设计理念呼应了失物招领的品牌精神。在天目里这个独特文化地标中的“家”，艺术和生活交融，带给我们寻回丢失的日常生活和情感的可能性，拥有把人们重新带回线下店铺的力量。

1 入口处
2 店面外景
3 开敞的小木屋

1. 水洗石的自然肌理
2. 高低错落的墙面围合出不同空间
3. 木头展示墙是焦点
4. 空间一角
5. 即兴堆叠而成的木头墙

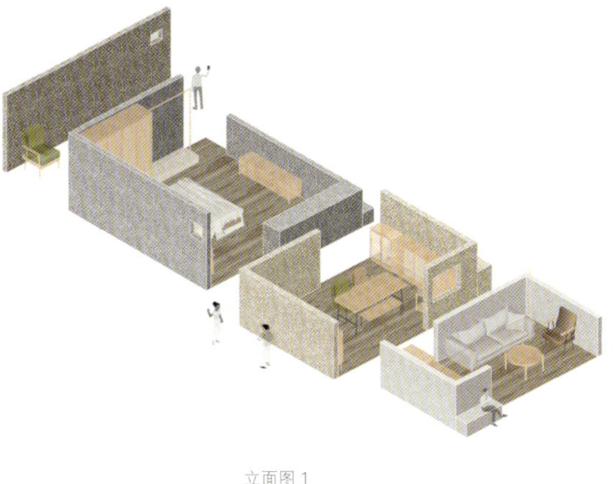

立面图 1

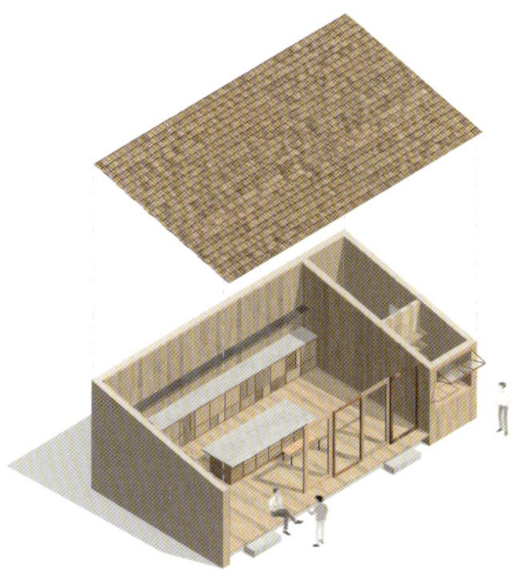

立面图 2

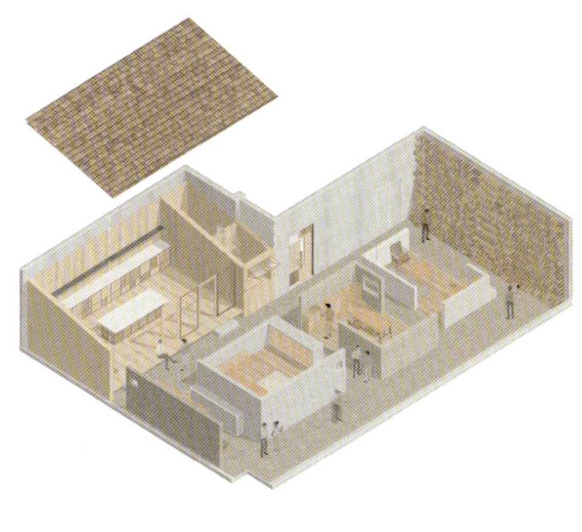

立面图 3

1 | 3
2 |

1. 没有玻璃的木框推拉门显得轻盈
2. 餐厅区域
3. 木材家具呈现天然的质感

ANBONG HOME 艺术涂料展厅

设计单位：艾克建筑设计
设　　计：谢培河
面　　积：200 平方米
主要材料：手工涂料、微水泥、金属网、混凝土、透光膜
坐落地点：广东汕头
完工时间：2020 年 11 月
摄　　影：欧阳云

1 | 2
1. 光与空间的关系
2. 天花垂吊的弧形金属网

本案是展示意大利 TULLIO 涂料产品的展厅，位于当地一个材料商场的次入口附近，有一个让业主很纠结的问题：两个不同品牌，不同的业主合租一个店面并要一分为二，各自经营，而甲方只能选择内部视线较差的位置，严格来讲就是半个剩余下来的店面，于是如何引流与打破原空间的缺点是设计需要解决的问题。经过与另一品牌业主进行商讨，通过让其退让的方式让我们的店面给人可以第一时间看到，采用了粉色的形体产生强烈的视觉磁场，以弥补位置的缺失。

人总是能在跳出习惯的时刻获得惊喜，而这种惊喜的差异化由我们一手策划。本次改造空间的主要挑战是：基于场地的条件如何进行破冰，让原来深邃场地的压抑感变得透气舒展。基于原场地细长的特点，我们将前半部分切分成二，制造以小见大的空间效果，先抑后扬，创造了内向型的空间和开放的扩展。

去掉接待台的设计是一次大胆的尝试，因为当代商业的收银方式在产生变化，而空间中无装饰性软装的处理手法更是一个大胆的尝试。我们试图让人更多的去感受空间、材料、灯光所带来的情绪，接待区唯一的家具采用混凝土与模拟铝材的漆进行材料本身灵活的碰撞。

天花中的形体结构结合管线，扭转了原本极度恶劣的空间感，这是一种极为巧妙的思考。空间以一种高挑向上的状态展示，而入口垂钓的弧形金属网，在天花的拉膜与立面的形体之间形成了一片介质，丰富了光与空间的关系。空间本身是一个容器，我们试图探索手工涂料本身的表情，在平静的空间中感受时间的启发，再去解读产品本身。

自然的质感和光线给空间最真实的反馈，空间与人的互交在设计中特别被重视，极大地改变了现有建筑的空间和组成关系，有利于空间结构、材料和色彩的选择与调和，并在建筑和场所之间建立了一种新的流动。空间找到形状，并通过优雅朴素的几何形状变得可触摸，在一个悬浮的感受中自由流动，这是艾克团队用西方的设计秩序来建树东方的空间情绪与哲学的一次实践。

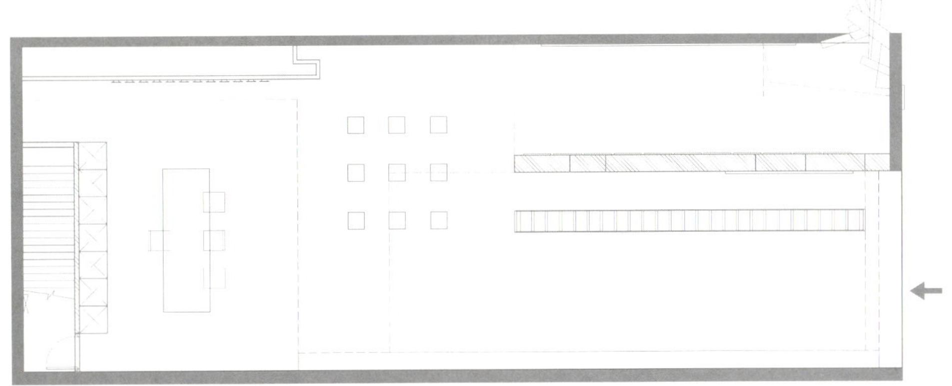

平面图

1 | 2 | 3/4

1. 涂料展示区
2. 粉色型体产生磁场
3. 空间无装饰性软装
4. 优雅朴素的空间形态

古城改造记忆·万科南头古城展览

设计单位：万社设计
设　　计：杨东子、林倩怡
参与设计：李诗琪、李泽兵、林志超、邓寓文
面　　积：250 平方米
坐落地点：广东深圳
完工时间：2020 年 8 月
摄　　影：郑航天

1 | 2 | 3 / 4

1. 展馆入口处
2. 局部的灯光照明
3. 中庭保留原始的结构梁
4. 交叉咬合的体块

1F 平面图

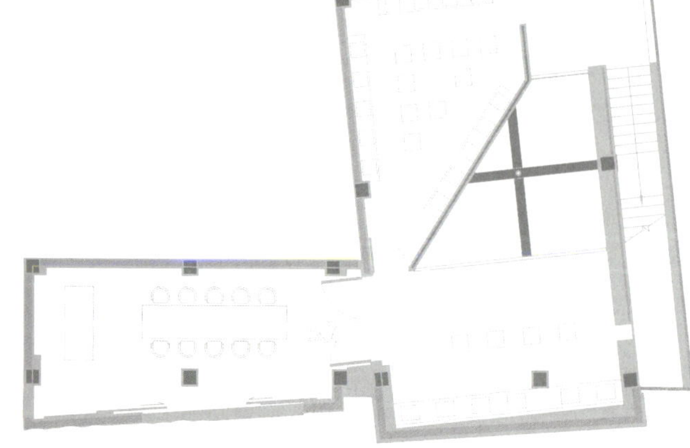

2F 平面图

传承千年文脉，重拾城市记忆，万社设计受邀参与由万科主导的古城改造集群设计，完成了一栋兼具复合功能和公共属性的“城市记忆展厅”。南头古城坐落于深圳南山区中心区域，曾经是岭南沿海的行政中心和海防要塞，也是南粤文化与中原文化相融的一个缩影。

原建筑体结构主体由三个不规则的历史建筑方块体连接而成，梁柱多且不规整。建筑体作为综合服务中心，是展示南头古城改造变化的信息地，需满足接待区、寄存处、办公室、会议室、共享咖啡以及展览区等多种功能。在极有限的条件下首先考虑的是如何破局，打破现有单一的游览动线及空间限制，拉动上下人流贯通，展示空间自身个性的同时保持内敛现代的中式空间调性。

设计灵感源自岭南建筑及园林中的游廊，通过连接两个或多个独立建筑物的曲折回环的轴线式布局，在有限的围合空间中营造无限之域。首先在固有的平面植入了一面通高的斜墙，开启一个三角的通高中庭，拉动上下两层的空间关系，形成趣味性的观展动线。中庭正中间保留了原始的结构梁，炭化木自身独有的自然粗犷与天花理性排列的木纹格子结合，以一种中式且现代的力量及仪式感形成空间结构。

粗犷的材质与低度的用色从外立面延续到混凝土结构内部，青砖、柚木、炭化木，这些材料的自然纹理隐现时间的印记，与场地散布着的古城墙无声对话。银箔这种传统材料并未直接大面积使用，而是与木饰面作贴合成为带有木纹肌理的进化版“银箔”，质感柔和且温暖。以天井光来揭示空间的层次达到传统岭南园景中的开敞，狭长的通道使视野受到压缩，留有格窗透光，虚实结合。各个功能区有序整合在两层空间中，矩阵式的空间序列穿插组合，木格栅天窗回应天井形制，交叉咬合的十字体块与斜切的片墙以不对称布置打破整体基调的克制。

南头古城的改造，意为结合当代的文化，激活社区的活跃度，将千年历史的地区文化符号化为大众所能接受并喜爱的进阶性地标。以设计手法更新传统材料予人的年代感和单一感。

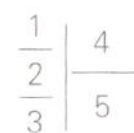

1. 展览区
2. 天花理性排列的木纹格子
3. 粗犷的材质与低度的用色
4. 中式且具现代的力量构成空间感
5. 狭长通道留有格窗透光

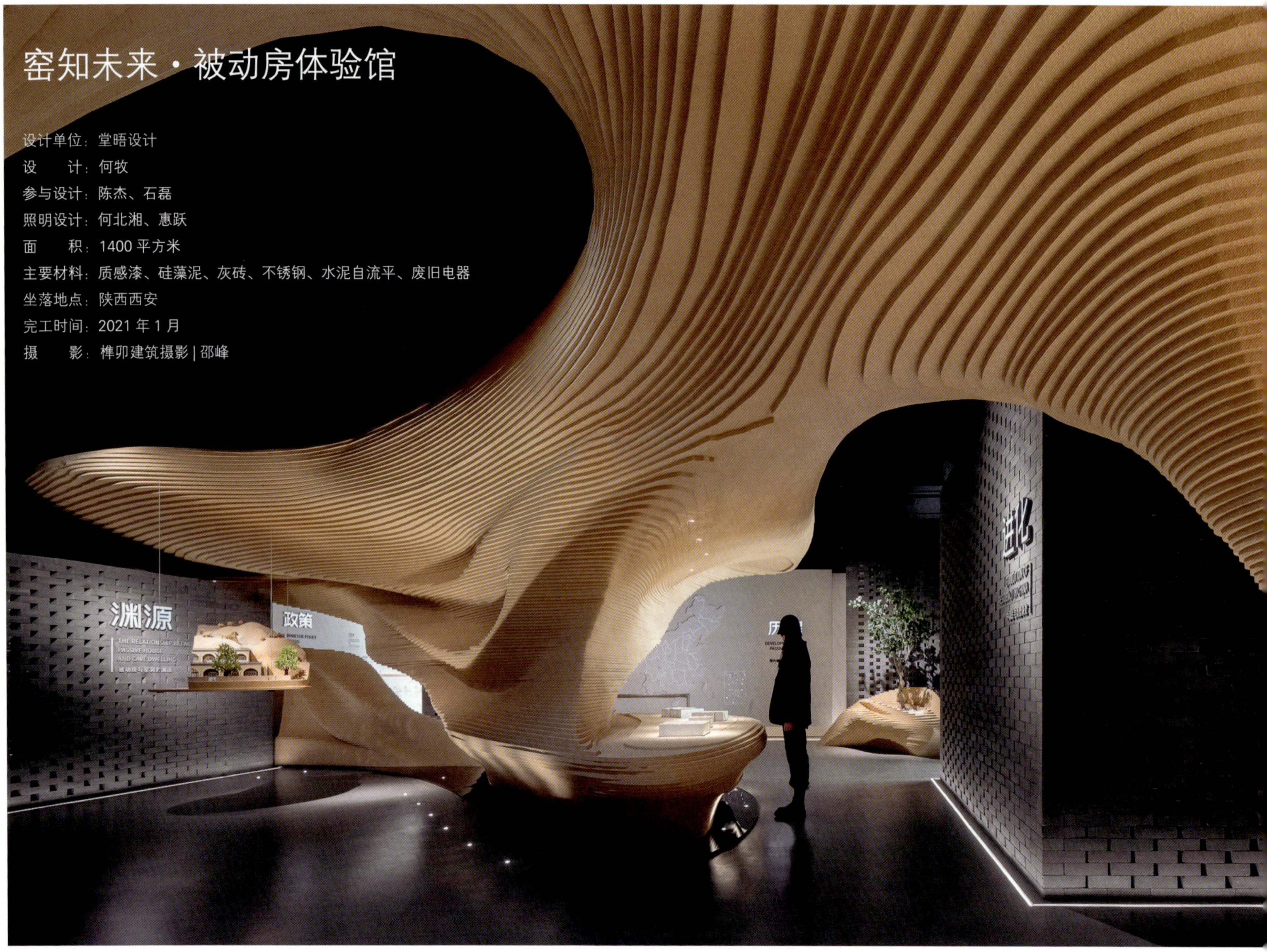

窑知未来・被动房体验馆

设计单位：堂晤设计
设　　计：何牧
参与设计：陈杰、石磊
照明设计：何北湘、惠跃
面　　积：1400 平方米
主要材料：质感漆、硅藻泥、灰砖、不锈钢、水泥自流平、废旧电器
坐落地点：陕西西安
完工时间：2021 年 1 月
摄　　影：榫卯建筑摄影 | 邵峰

1. 原始的土经过了科技的辅助
2. 土质异形在空间中舞动

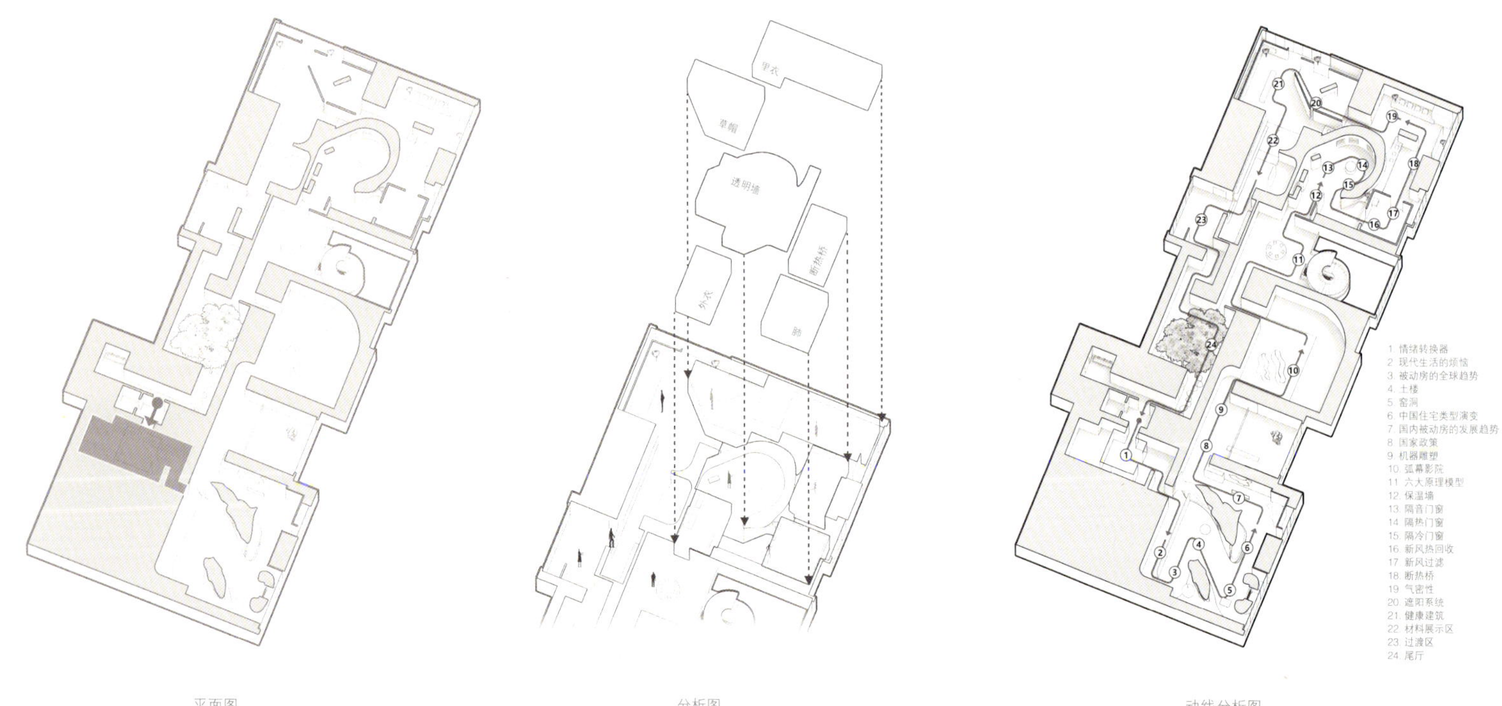

平面图　　分析图　　动线分析图

窑知未来·被动房体验馆选用构筑窑洞的土作为核心元素，将其角色化后贯穿于展馆。展馆前半部分，土彰显着自然本性，有纯真的美好，也有被污染后反噬的愤怒。展馆后半段，土经过科技的辅助变得理性与克制，重生为构筑被动房的科技之土。空间造型与氛围跟随主角的蜕变而变化，从自由无束缚变换成收敛规整的形体，演绎着“土”的重生之旅。

空间是从一楼销售场景进入到二层体验场景的情绪转换器，通过投射在电子玻璃上的“虚像”与玻璃背后废旧机器组成的“机器城市”所构成的“实境”进行前后对比，此时玻璃门缓缓拉开，开启被动房体验之旅。土质异形将陕西的地貌、窑洞的洞穴感、未来的流线感进行融合，一端追溯着被动房的始源窑洞，另一端从墙体挣脱而出，在空间中舞动，表达古代与未来的对话。造型看似随性，却是在人流与展项的严谨规划下，利用参数化设计推演生成造型，隐藏着墙、柱、顶、台子等实用功能。

砖是人类历史中建造居所时更为人工化的材料，利用渐变镂空的手法将砖依次排列，使厚重的墙体变得轻盈而有韵律。该空间作为过渡区用于调整参观节奏，将大量自然光引进，使观众得到情绪上的调剂。在空间形态上，国家政策展示与回收旧机器组成的雕塑建立了一场对视与凝望，暗示在国家减排的趋势之下，原本张扬鲁莽的机器渐渐变得温和与善意。通过弧幕式影片的形式深入了解窑洞与被动房之间的关系，同时作为一个重要分界点，承“传统窑洞”之上，启“现代式被动房”之下，开启了后续的被动建筑技术之旅，观影座椅被建造成一个土质雕塑在空间内安静地流动。

被动房繁杂抽象的知识体系被凝练成六个装置艺术化的“小房子”，用形象艺术的语言传达给体验者后续所要展示的内容构架。作为土元素回归理性的阶段，土在造型上逐渐收敛，同时局部位置渐变成为一个长条形的台面，与周围建筑化的盒子空间相互交错。每个盒子对应一个板块的展示内容，寓意土元素与人类科技融合。

信息分级是一个设计策略，各种展示信息被分为趣味、科普、专业三个级别。整个空间就像一个温和的机器，温润的外观下隐藏的科技感代表着人类从先辈的智慧与自然中汲取灵感后，将原本失控反噬环境的机器进行重塑，重塑美好的生活。作为展馆的终点，在一个巨大问号的引导之下通过纯黑色通道，回归到最初的一片树林，亦为选择之后重生的起点。多维节奏是展馆的另一个设计策略，动态与静态的展示方式交替穿插。

用平价材料营造效果，减少资源消耗。机器装置采用回收的旧机器，并将内芯与外壳分开达到双倍数量的使用；砖采用成本更低的保温泡沫砖材料；异形的制作也使用参数化设计提高对板材的利用率；大量墙体留白在营造空间意境的同时也减少了材料的消耗。

展馆是各种复杂信息汇集的场所。只有将其凝练才能更加聚焦，只有将其赋予剧情才能更深入人心。将边界消隐，不断地破界与凝练，最终将展馆建造成为一个空间与信息的混合体。

1. 虚像与后面的实境产生对比
2. 投影在电子玻璃上的虚像
3. 使用回收材料以减少消耗
4. 装置采用回收的旧机器
5. 回归到和自然的对视

1. 知识体系被凝练在不同的小房子里
2. 利用渐变镂空手法将砖进行排列
3. 展示区柔和的光线
4. 实物材料展示区
5. 观影区
6. 观影座椅是一个土质雕塑

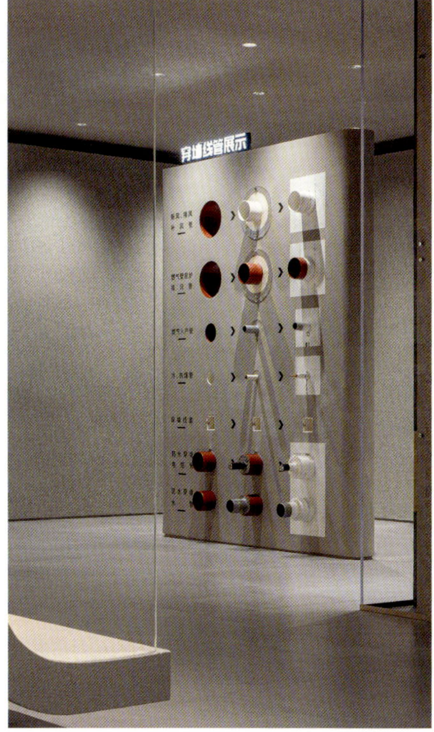

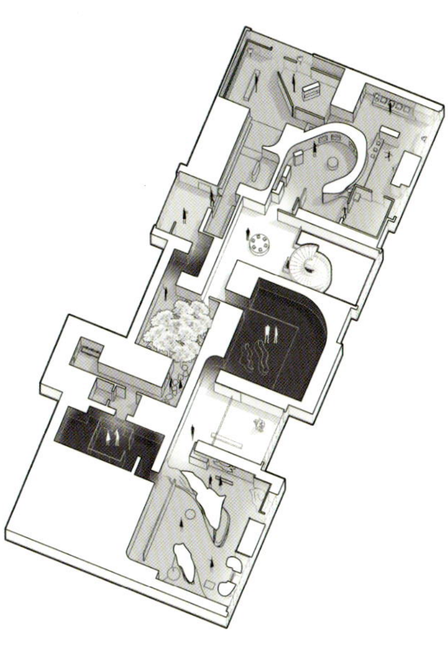

展示空间的明与暗

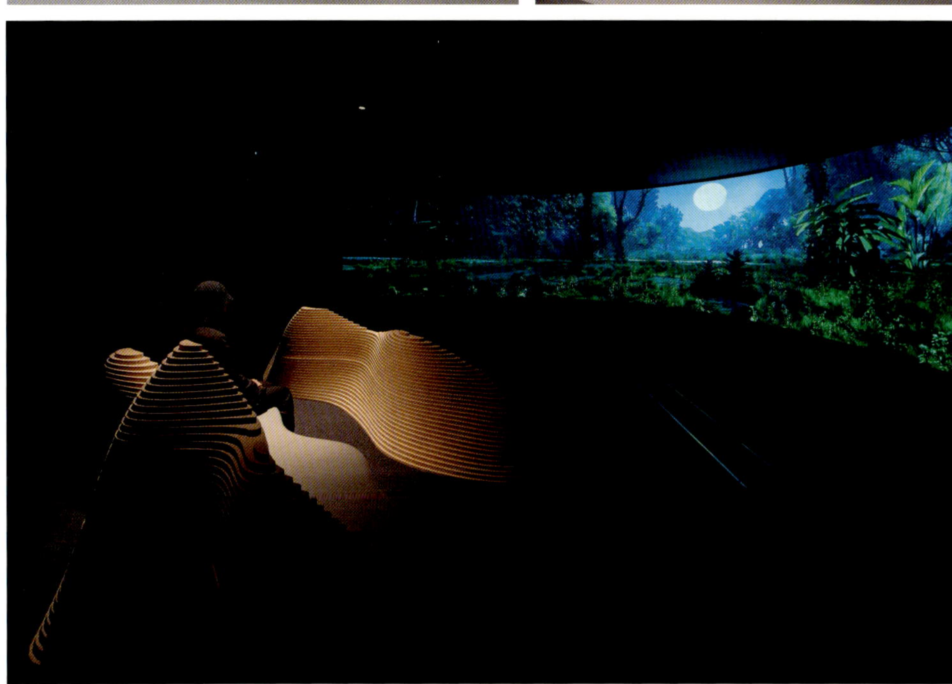

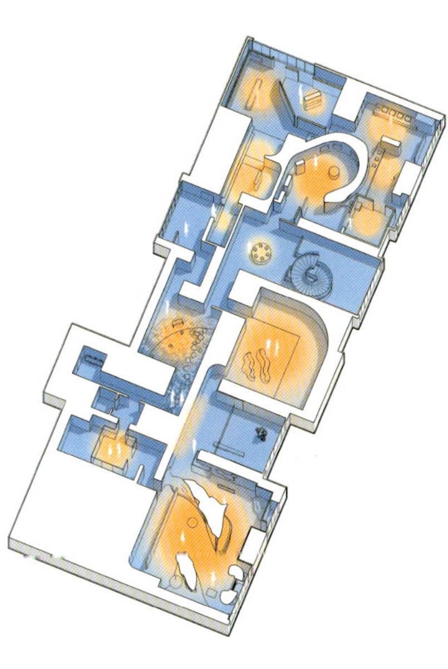

展示信息的疏与密

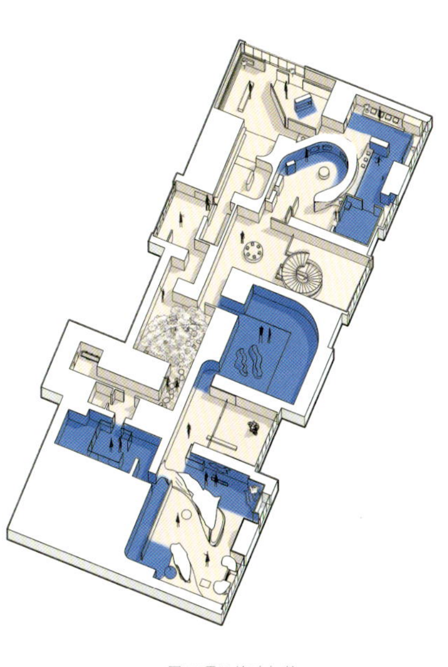

展示项目的动与静

白 ZS Lab

设计单位：东仓建设
设　　计：余霖
参与设计：王舒洁
软装设计：桉和韦森
面　　积：1100 平方米
坐落地点：广东广州
完工时间：2020 年 7 月
摄　　影：吴鉴泉

1. 空间表皮采用最简单的涂料
2. 建筑外观
3. 店面夜景

东方的“白”从来都是一种观念，从中国画白描技法到泼墨留白意向，直至“白”通过宗教上升为观念性的“空”，至此算是一个集体思考的里程升级。我们将“白”拿来，并置于一个既定环境中构筑一栋建筑，它本质上并非要表现现代主义设计中通俗的极简，它表现的是从容。从容感与开放性都是在执笔构思之初的定夺，驾驭住此后整个方案构成的一切形式。

这是一种脱离形式逻辑的创作过程的“白”，它生长出“意”，之后用技法形成“境”。

ZS 是一家专注于纯白或黑灰色 T 恤卫衣品类的新品牌，在产品技术层面深耕于面料科技、版型、车缝收口。这种产品逻辑十分具有建筑感，也自然成为该项目建筑空间建构技法上的原则。我们的技术集中于改造型项目中材料组织与设定的合理化、功能搭建、空间动线优化、材料与构造收口，建筑被动性节能等纯粹理性的物理搭建。

事实上商业创意最远的边界不是成本不是运营而是法规，已经没有真正的新鲜事物了，但在合理的逻辑闭环与法规范围里，不同行为的交织组合将带来意外的体验和有趣的空间形式。我们常常称之为，新型业态。网络时代的线下，店铺这个传统词语还足够承载表现商业这件人性丰盈的事情吗?

一反常态的我们使用最传统的涂料建材系统，肌理漆和乳胶漆构成完整的空间表皮，细部在骨不在皮。项目初始，甲乙方沟通见底，可控投资额摊牌，回报期待值细致校齐，概念快速建立共识，落地难度与风险共克。立项、创作至施工过程中双向的信任与诚实，导向出的是建筑物性的诚实以及空间气质的诚实。

建筑在竣工后光速成为广州新晋网红打卡点，潮人蜂拥，长枪短炮日日探店者不绝门前。凡成潮流的人文现象，都是人性的力场，形成自底层规律的暗流。总结规律是技术活，网红是，弄潮更是。既不被潮流驾驭，也不必被语境成见所驾驭，这是态度上的“白”。

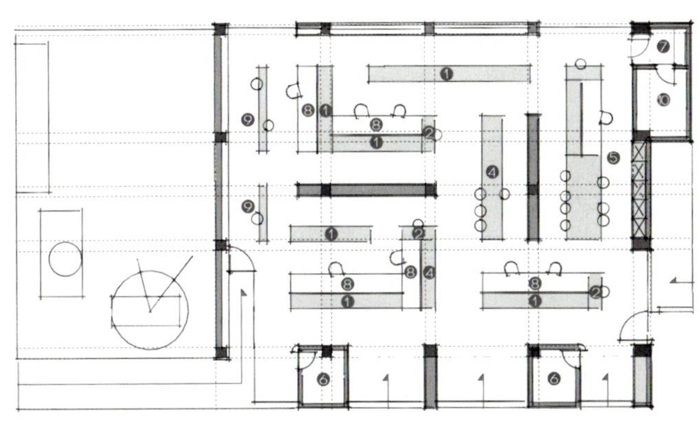

平面图

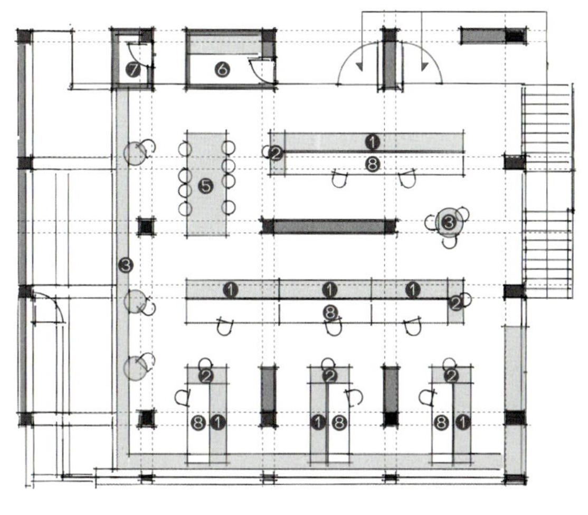

平面图

1	3
2	4

1. 纯白色空间
2. 店内流动的空间动线
3. 楼梯细部
4. 自然光影下的效果

1. 品牌深耕于面料和技术
2. 自然光线温暖明亮
3. 店面设计非常具有建筑感
4. 大幅镜子反射增加趣味性
5. 空间一角

方木中古

设计单位：重庆简璞装饰设计有限公司
设　　计：文超
参与设计：杨旭、YSCASA
面　　积：157 平方米
坐落地点：重庆
完工时间：2020 年 5 月
摄　　影：刘星昊

当方木中古的主理人找来的时候，我对“中古”这一概念还不曾有较为完整的认知。如何做好一家中古店并传递其背后的故事与价值，如何削弱其舶来品意味而增强本土文化特性的在地融合，呈现新的场景与范式，是值得深思且有趣的过程。

“中古”一词来源于日本，是“二手”的意思但又与“古董”的概念有所区别，特指那些旧但又非常经典，值得收藏和使用的产品。日本是中古包市场最为盛行的国家，人们会在使用奢侈品一定周期后，把包包二次置换或处理给二级流通市场，形成了庞大的中古市场。本土市场对中古的消费以及由此形成的中古文化有着自己的解读，它依旧代表着某种有生命力的生活品位和生活方式。

在保证空间趣味性的同时，品质感需要得到保证。退后的门头便是这样的思考逻辑，友善的空间关系让过往的行人有了走进来的欲望。而后的长廊并未放置过多的产品，这是为了神秘感的营造。抬高的地台让空间层次与趣味得以保证，在地台位置设置了主要的产品陈列区，奢侈品包包高高在上，正是迎合了消费者们的心理。经过抬高的陈列区之后，下沉的空间被分成三个组成部分：最里面的空间为办公及仓储区；靠右的区域是吧台及维修检验区，满满的仪式感暗示着这些名品昔日的辉煌；吧台对面是宽敞舒适的休闲品鉴区。

中古店的核心并非有多少的货源，而是在众多产品中挑选出无暇的尖货。不期而遇的主题概念，不仅指向消费者与中古产品之间的关系，也是空间设计的精神核心，像是两个时代的碰撞，或是两种设计语言的对话，老旧的中古产品会遇见新的主人而重获新生。

在装饰形式上将西方古典元素用于功能性的结构设置中，比如门窗、橱窗、隔断、吧台、陈列等区域。而在空间结构的重塑上，则大量运用到现代干练的处理手法。这两种处理手法的逻辑关系是矛盾且冲突的，放置在一起是希望能产生某种有意义的对话。精致的木作、线条与裸露的水洗石、简洁的墙壁共处一室，有种奇妙的味道。

在软装上以一个买手的姿态去挑选适合的家具产品，从 Franco 的 Tre pezzi 扶手椅，到 Jean Royere 的大白熊，再到当代传奇设计师 Philippe Starck 的经典三足椅，无一不是向经典致敬。而 flos 的灯具与 cc-tapis 的地毯则是当下产品设计的典范，将其整合在一起，趣味横生。

空间中当代艺术家庞茂琨先生的画作《不期而遇》是对于文艺复兴时期的回想，他以自己的身份去看待古典与当代的发展结合，这正与中古店的设计思考不谋而合。发展本身就不止是向前看，有时候回回头，就会有不期而遇的美好。

1. 店面外部是退后的门头
2. 奢侈品包包区
3. 走廊未放置过多的商品

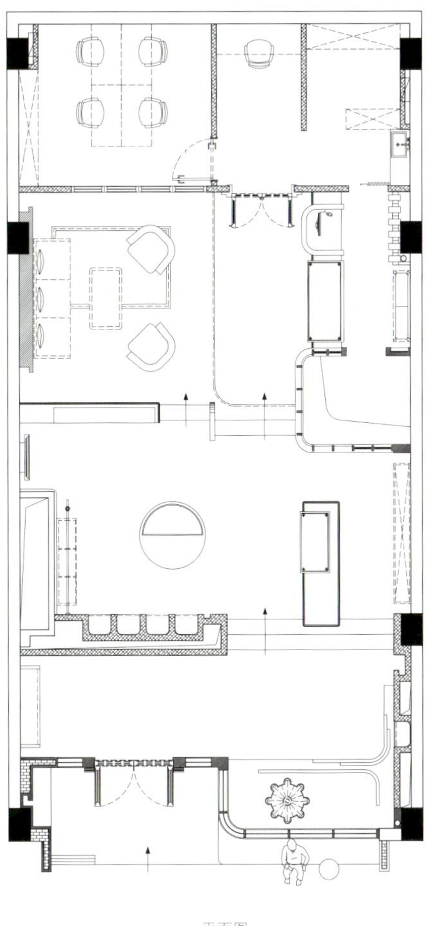

平面图

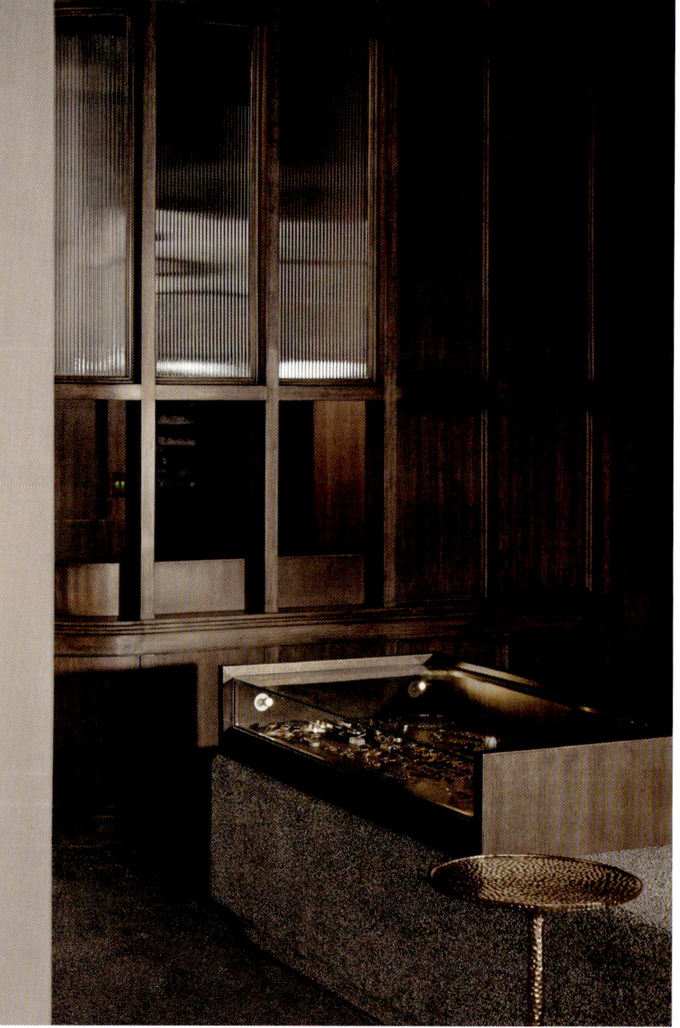

1 | 4
2 | 3 | 5 | 6

1. 裸露的水洗石墙面
2. 空间细部
3. 精致的木作家具
4. 简洁复古的空间
5. 吧台和维修检测区
6. 抬高的地台让空间有了层次

摩根智能家居体验中心

设计单位：梁志天设计师有限公司
设　　计：梁志天
参与设计：庄超峰、李蔚然、卢耀波、冯振鹏
面　　积：700 平方米
主要材料：岩板、亚光烤漆板、木饰面、石材、木地板、地毯
坐落地点：广东广州
完工时间：2020 年 8 月
摄　　影：陈维忠

设计团队以人文关怀和智能深度体验为出发点，运用现代简约的设计手法，将摩根智能系统巧妙地融入日常居住环境，提升每个细节的舒适体验，展现出更舒适、环保、智能和人性化的生活方式，以设计呈现未来的生活艺术。

展厅的设计打破常规，按照家庭生活对不同功能的需求而分区，并运用了不同风格和色调，在递进与交互之间呈现了丰富层次感，让访客进入每一个空间都有不一样的体验。展厅多元的设计风格将优越智能的生活方式演绎得淋漓尽致，让智能家居摆脱了冷淡的刻板印象，散发亲和力。

店面与接待处采用现代简约风格，通过运用整块大面积材料，减少多余的造型，打造出简单利落的空间。接待区则延续了店面的自然生态主调，使用白色大理石纹岩板墙面及墨绿大理石地面，配合精致优雅的家具，带领访客进入自然与人文艺术兼备的空间。

客厅、餐厅、卧室以现代英伦风格，塑造低调奢华、高贵雅致的空间。客厅以利落的几何线条延伸空间视觉提升开阔感，住客可使用智能面板、手机、平板电脑等设备调节光线、温度、窗帘、门及音响等设备；餐厅则使用黑白对比色调，赋予空间强烈的感染力，华丽的吊灯也可以根据不同场合而调节出不同的光影色彩；卧室设有可跟随时间及日光调节的窗帘，节能之余可轻松感受光影。卧室还设置了隐藏衣帽间，同时可作暗房为住客提供私密安全的空间。

设计团队在派对房中运用了智能高端科技，天花和家具使用了大量曲线，配合充满未来感的光影和加厚木板增加音波传播的反弹，完美的视听享受提供了无与伦比的娱乐体验。

在整个摩根家居智能展厅，国际知名灯光设计师关永权先生结合不同功能分区的设计特点，灵活运用智能系统和灯光，通过灯光赋予场景不同的色彩和灵魂，丰富了室内空间的氛围，使空间舒适温暖。

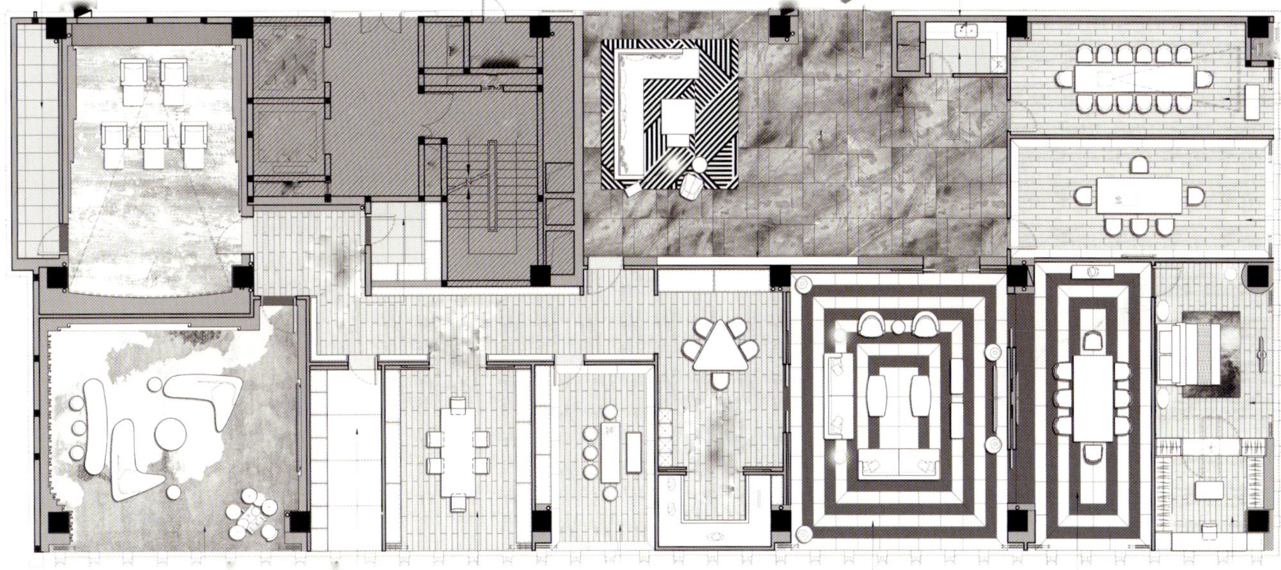

平面图

1 | 2

1. 沉稳的接待处奏响了空间的序曲
2. 璀璨的灯光设计

1	3
2	4

1. 几何线条延伸了客厅视觉
2. 餐厅强烈的黑白对比色调
3. 派对房使用了大量的曲线
4. 卧室窗帘可随时间及日光来调整

狮王国际陶瓷展厅

设计单位：佛山市博思道设计顾问有限公司
设　　计：蔡祝源
参与设计：陈国斌、李建彬
软装设计：李姬、邹翠银、杨玉炫
面　　积：600 平方米
坐落地点：广东佛山
完工时间：2020 年 9 月
摄　　影：林惠敏、唐列平

1. 建筑外立面以透光膜点缀
2. 方形的时光隧道盒
3. 金属弧面打造出洽谈区

迭代是进化论中的本质内核，从手工制陶到工业化生产，建陶产业已然经历过一次次革变。狮王国际总部展厅位于佛山陶瓷总部基地，设计师一以贯之地秉持商业策略先行的设计逻辑，基于狮王国际OEM模式的精准定位，以未来和工业时代为主旨塑造其机械美学的趣味空间，重新定义"未来工厂"的概念，向新一代消费者诠释狮王品牌内核中的探索精神以及全新的造物理念。

从过去、现在到未来，因循狮王国际的发展轨迹，将OEM制造过程中最核心的生产能力、产品品质及生产过程凝练出来，还原本真，预判未来。这是一场有关"物质"的先锋实验，独栋建筑外立面以透光膜点缀，呈现流动的光谱效果，在夜空下犹如熠熠生辉的未来星体。空间场景预设为一个"系统化"的实验工厂，整体保持灰调，水泥肌理的质感交织冰冷的金属漆和具有先锋况味的蓝色亚克力，藉由不同材质的拼接和对比制造物料之间的冲突。以精准的机械组件暗示其标准化和自动技术的演进，通体白色的狮王形象装饰灯与花色瓷片背墙形成视觉反差，极富品牌辨识度。

传统的建陶展厅受限于瓷砖产品的方体模块，大都无法跳脱出造型的掣肘，而OEM展厅的内核重在呈现生产的一系列过程，样板展示占比有限，希冀创造更多的可能性和多样性。展厅中心是圆弧墙体形塑的品牌展示墙及产品展示区，犹如星体内核，提供续航以保障星体的正常运转。穿过方形"时光隧道"盒则可通往样板展示区，金属弧面打造的洽谈区结合了新零售的流量策略，让这方天地可灵活转变为茶饮小憩处。方圆之间，曲直有度，自成秩序。

设计的差异化集中聚焦于文化性，以故事叙述融入空间体验，把握商业设计的分寸，举手投足之间皆有的放矢。狮王国际的瓷片产品，因其釉料喷墨工艺细腻，压胚磨具立体等特质，烧制出的瓷片色彩还原度高，花色缤纷，灿若星河。在时间的无垠里，展厅空间做了巧妙的呼应，构筑一场相逢的等待。展厅尽头是一个巨型玻璃球体装置，在意大利Halo Edition日不落投影灯的投射之下，迷幻的视觉效果渲染出先锋的实验性，令人产生无限的探索欲。

未来需要制造，而制造亦可创造未来，它既是终点，也是起点。

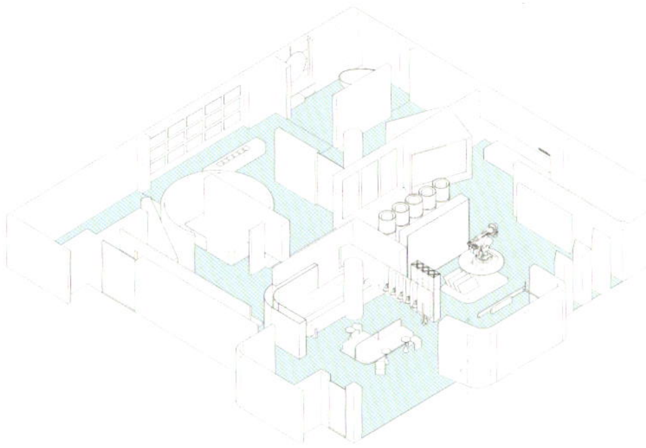

轴测图

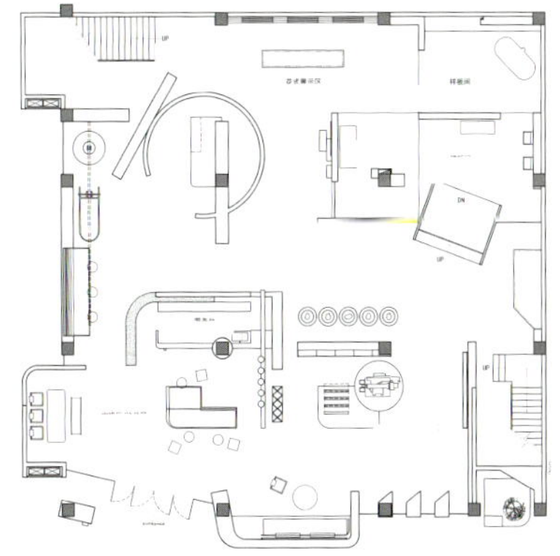

平面图

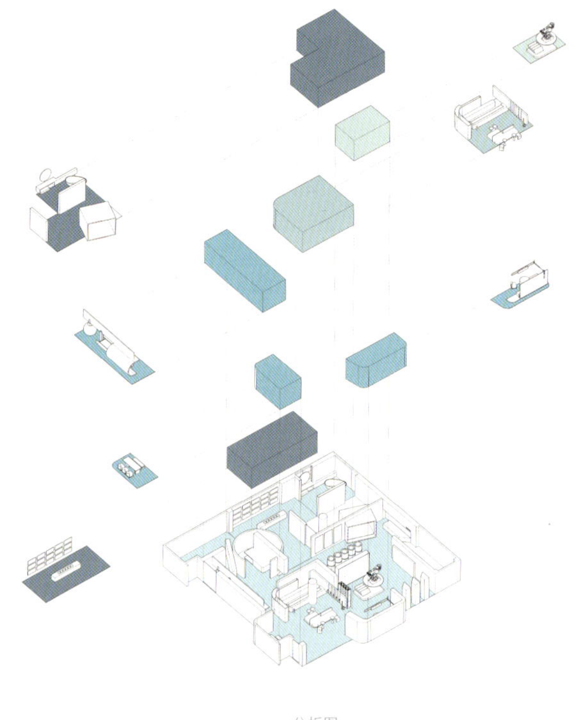

分析图

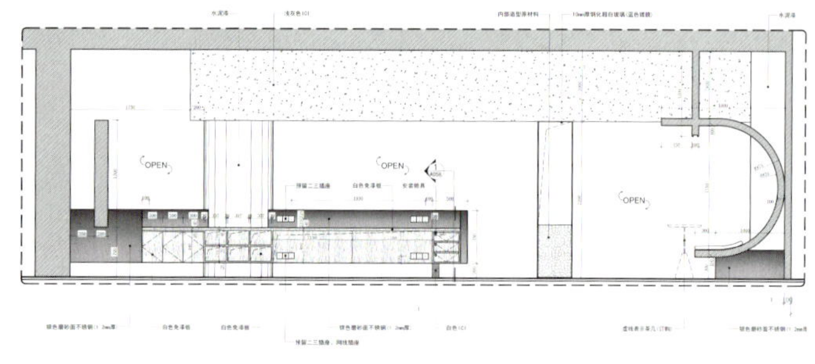

立面图 1

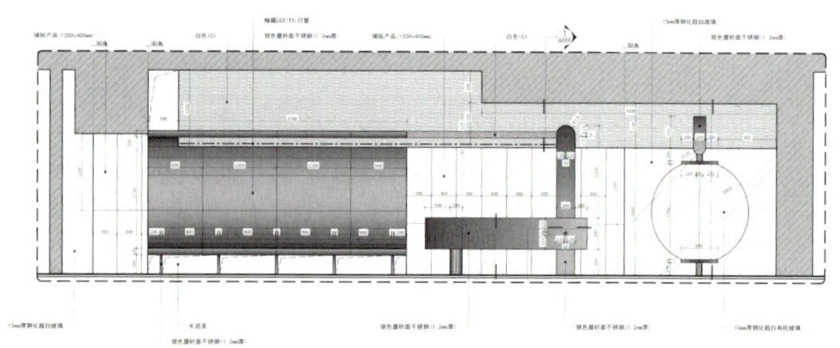

立面图 2

1 | 3
2 | 4

1. 玻璃球体装置具有实验性
2. 多媒体展示区
3. 洽谈区可灵活变为茶饮小憩处
4. 建筑外观局部特写

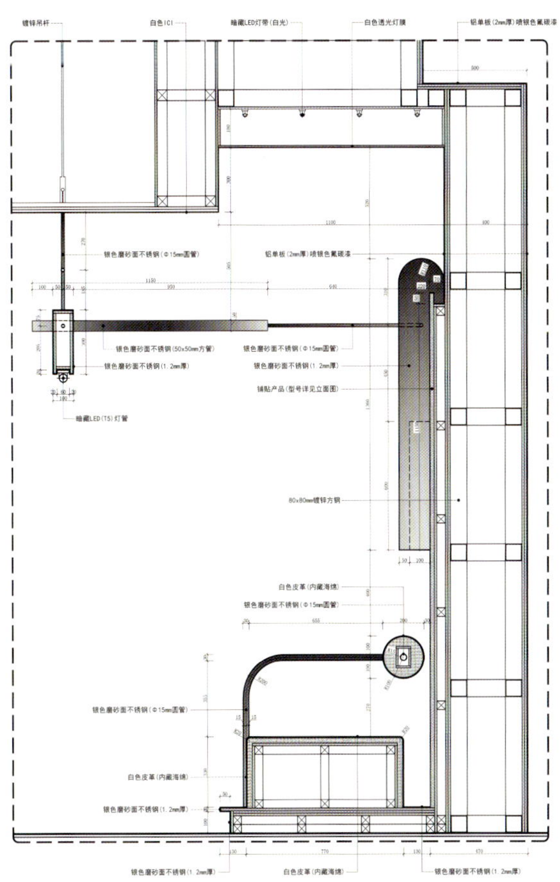

LIONKING
CERAMICS

镀锌吊杆
白色ICI
暗藏LED灯带(白光)
白色透光灯膜
铝单板(2mm厚)喷银色氟碳漆
银色磨砂面不锈钢(Φ15mm圆管)
铝单板(2mm厚)喷银色氟碳漆
银色磨砂面不锈钢(50x50mm方管)
银色磨砂面不锈钢(Φ15mm圆管)
银色磨砂面不锈钢(1.2mm厚)
银色磨砂面不锈钢(1.2mm厚)
铺贴产品(型号详见立面图)
暗藏LED(T5)灯管
80x80mm镀锌方钢
白色皮革(内藏海绵)
银色磨砂面不锈钢(Φ15mm圆管)
银色磨砂面不锈钢(Φ15mm圆管)
白色皮革(内藏海绵)
银色磨砂面不锈钢(1.2mm厚)
银色磨砂面不锈钢(1.2mm厚)
白色皮革(内藏海绵)
银色磨砂面不锈钢(1.2mm厚)

大样图

HBI 亚洲运营中心（总部）

设计单位：HBI 设计院
设　　计：朱柏仰
面　　积：1250 平方米
坐落地点：广东佛山
主要材料：瓷砖
完工时间：2020 年 5 月

"边际之间"的空间设计议题即是 HBI 展厅的核心设计概念，概念在于演绎材料产品透过空间的塑造自我呈现，使展厅空间显现亲和、流动的景观层次，透显出材料美学之于空间的艺术性诠释。品牌形象与故事藉由产品之特性来表现出空间化和艺术化，并赋予体验者感受空间的差异性与记忆性，进而认同产品的表现及格调。

室内规划的重点以茶水、咖啡吧台的型体以及悬吊的灯光装置作为迎宾视觉焦点及空间核心；呈漫游性、环绕式、穿透性的空间动线及布局连结起展厅的场景区、交流区及产品展示、洽谈区。空间型态以引导式、流动性的墙体转折，墙与墙之间的转折、切分及墙面开口的框景设计安排，巧妙地演绎空间中的视觉穿透性，景深感及空间层次的流动性，活跃参观者的体验感。

品牌的产品特性藉由建筑感之空间创意来述说材料美学之体验，表达品牌故事的格调，即"健康 (Health)、无界 (Boundless)、创新 (Innovation)"的 HBI 宣言。

1 | 2/3

1. 吧台区
2. 顶部悬吊的灯光
3. 流动性的墙体转折

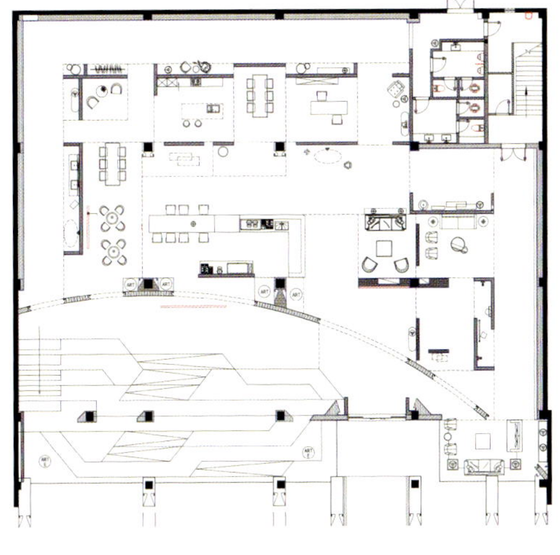

1F 平面图

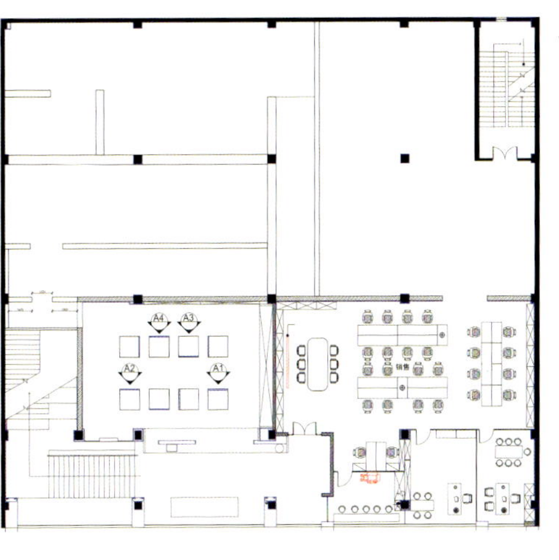

2F 平面图

1 | 2 | 3 | 4
5

1. 洽谈区
2. 以墙体隔开的各空间
3. 产品展示区
4. 楼层间的转折设计
5. 展厅细部

LEA
Cocreto.
TOP DESIGN
Type32.
TOP DESIGN
Naive.
TOP DESIGN

窝・居

设计单位：汤物臣・肯文创意集团
设计总监：谢英凯
参与设计：汤泽凡、余江序、曹泳珊、黄媛、方韵聪、何国超
软装施工：非释空间美学机构
硬装施工：福华业匠一装饰设计工程有限公司
面　　积：44 平方米
主要材料：岩板、木饰面、涂料等
坐落地点：广东广州
完工时间：2020 年 12 月
摄　　影：黄早慧、毛迪生、钟鹏

1. 外立面与入口
2. 露台
3. 建筑开窗
4. 檐边弧面

繁城下的微型乌托邦

模糊建筑与自然的边界，使其密切融合，是当今居住环境发展的趋势。这个非常理想化的社会状态，是都市人对美好社会生活的憧憬，亦是城市乌托邦的意义。设计师延续对非原生家庭进行改造，为一对都市年轻情侣和两只猫星人建造私属“乌托邦”，在占地仅 20 平方米的微型空间中满足物理层面的实用性、美观性和精神层面的舒适性，构筑关于“家”的新价值观——“窝・居”并不代表是蜗居。

天空，一直以来是我们直接接触的最重要的自然元素，视线随着檐边弧形设计向上观望，整个建筑体感增大，同时用以提醒，在任何时候都要谨记仰望天空，便有希望。在极少化的空间框架下，通过复杂体块的巧妙堆砌，处理着“单纯又复杂”的空间关系，同时在感性层面满足年轻人对一个家的氛围需求。

基于猫的喜高习性，设计师在每一层都打造不同的“视野平台”，独特的结构满足人和猫的行为尺度、视觉感受。利用不同段差取代隔间做出空间区隔，多层次空间让主人与猫拥有更多若即若离的互动区域，还可随时监测到猫主人的动态。人和猫同时作为“窝・居”的主人，两种尺度产生有趣的交集，将“窝・居”成为居住者和猫咪的共同游乐场。

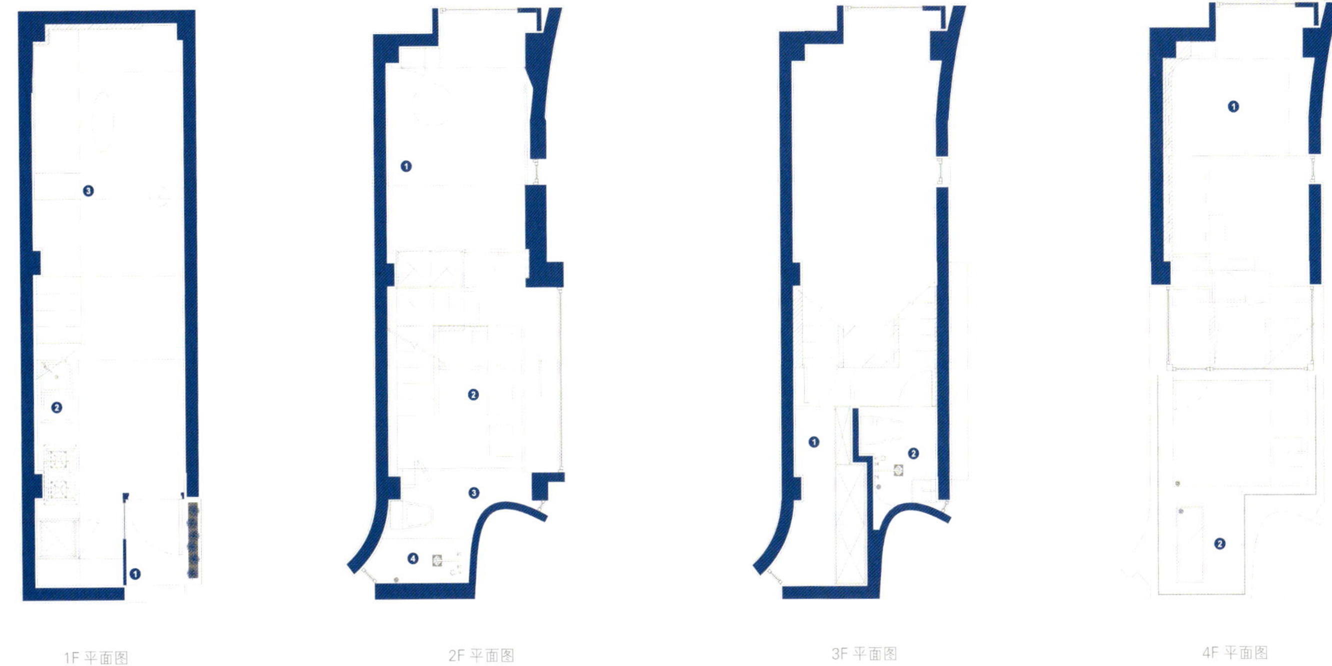

1F 平面图　　2F 平面图　　3F 平面图　　4F 平面图

1. 窝居 103 号
2. 一楼室内全景
3. 智能化系统
4. 二楼榻榻米空间
5. 悬空踏步

1. 猫的动线
2. 猫星人与空间
3. 俯视的楼梯
4. 复杂体块的巧妙堆砌

天誉半岛私宅设计

设计单位：广州共生形态工程设计有限公司
设计总监：彭征
设　　计：招婉莹、许淑炘、陈泳夏
参与设计：李永华、朱云锋
面　　积：300 平方米
主要材料：大皇蜂不锈钢、LAK 欧洲进口木地板、诺雅那全屋定制、石客照明等
坐落地点：广东广州
完工时间：2020 年 12 月

关于家的自述

居所的主人从事空间设计工作，对于一个自我标准严苛的设计者而言，尽管居所本身的精装设计出自国际一流的境外设计公司，但仍无法接近主人对“家”的需求，他索性将空间恢复到原本的毛坯状态。整个设计不是在空间中增加或设定内容，而是通过调整大的布局获得更连贯的感官体验，力图为家庭活动以及情感交流创造更多场所机会，同时维系空间的连贯性与完整性。

动线的自由让家人之间获得了更多相处的时间，全屋木地板为孩子自由奔跑创造了极好的舒适感。书房和客厅间的关系相对灵活，在二者之间并不封闭的隔断里隐藏着书柜和储藏空间。这里可以是孩子的玩耍或午休小憩的区域，而书房本身亦可变化为一间独立的临时卧室。

和室的设置模糊了各个区域的界限，增加了公共区域使用上的自由度，将原本因结构受限的天花加以利用，作为大人的茶室和孩子的阅读、游戏平台，这个视角可以看到的场景非常丰富——餐厅、电视、阳台、江景、家人的室内活动等，它驱动着整个家庭的丰富生活。两个次卧门消隐在整面定制的墙体中，完整的大尺度形成了“壁”的感觉。由和室和餐厅形成的高低落差，可以体验起居与餐区两个空间的相互渗透，保持了既分又合的关系，扩大了空间的透明性，同时，功能性的隔断使各空间相互循环又始终紧密相连。

原平面中的餐厅整体感被几个房间的门扇打乱，重新设计后，房间门被集中在一个专属的走廊区域里，增加私密性的同时让餐厅的功能和视觉变得完整，在这里，用餐给予家人更多的是精神上和言语上的交流。在卧室的设置上，主人将原格局进行了对调，阳光更充裕的东南向留给了老人和小孩，主人房则面向西南的宽阔江景。除了功能方面的考量，各个年龄层的生活习惯和需求各不相同，私属空间中，每一位家庭成员都能拥有属于自己的“归属地”。

1. 家庭活动与情感交流的场所

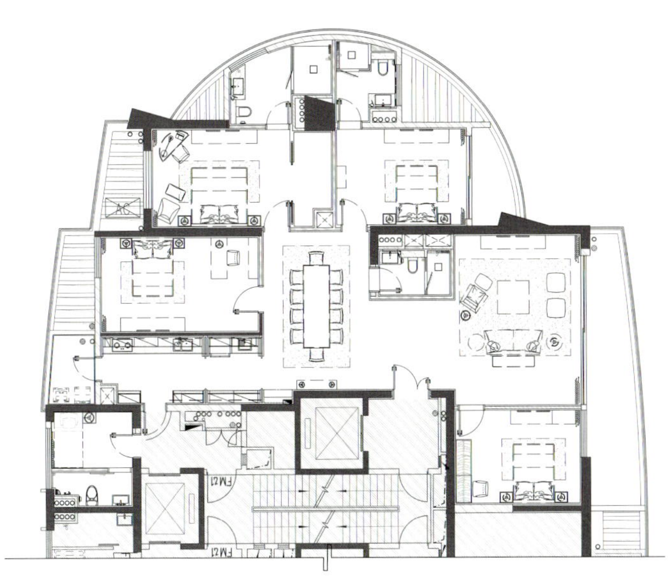

改造前平面图

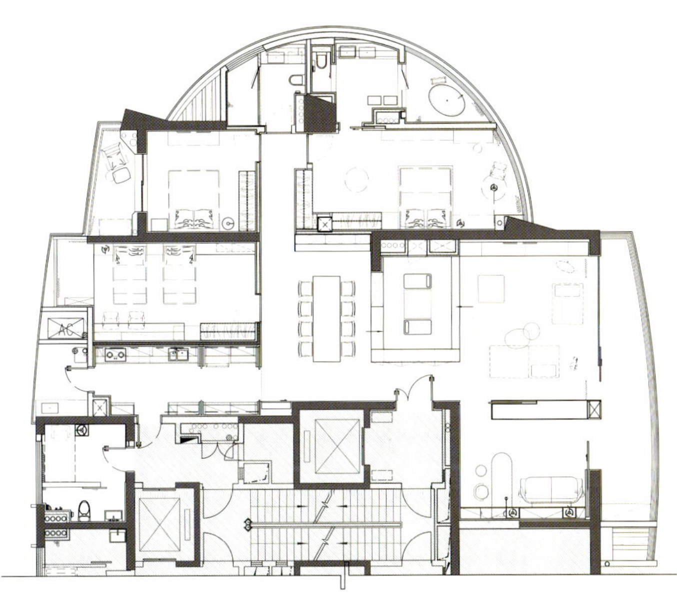

改造后平面图

1 | 4
2|3 | 5

1. 和室和餐厅形成高低落差
2. 自由的动线
3. 和室与壁炉细节
4. 功能性的隔断使空间相互循环相连
5. 书房兼具临时卧室功能

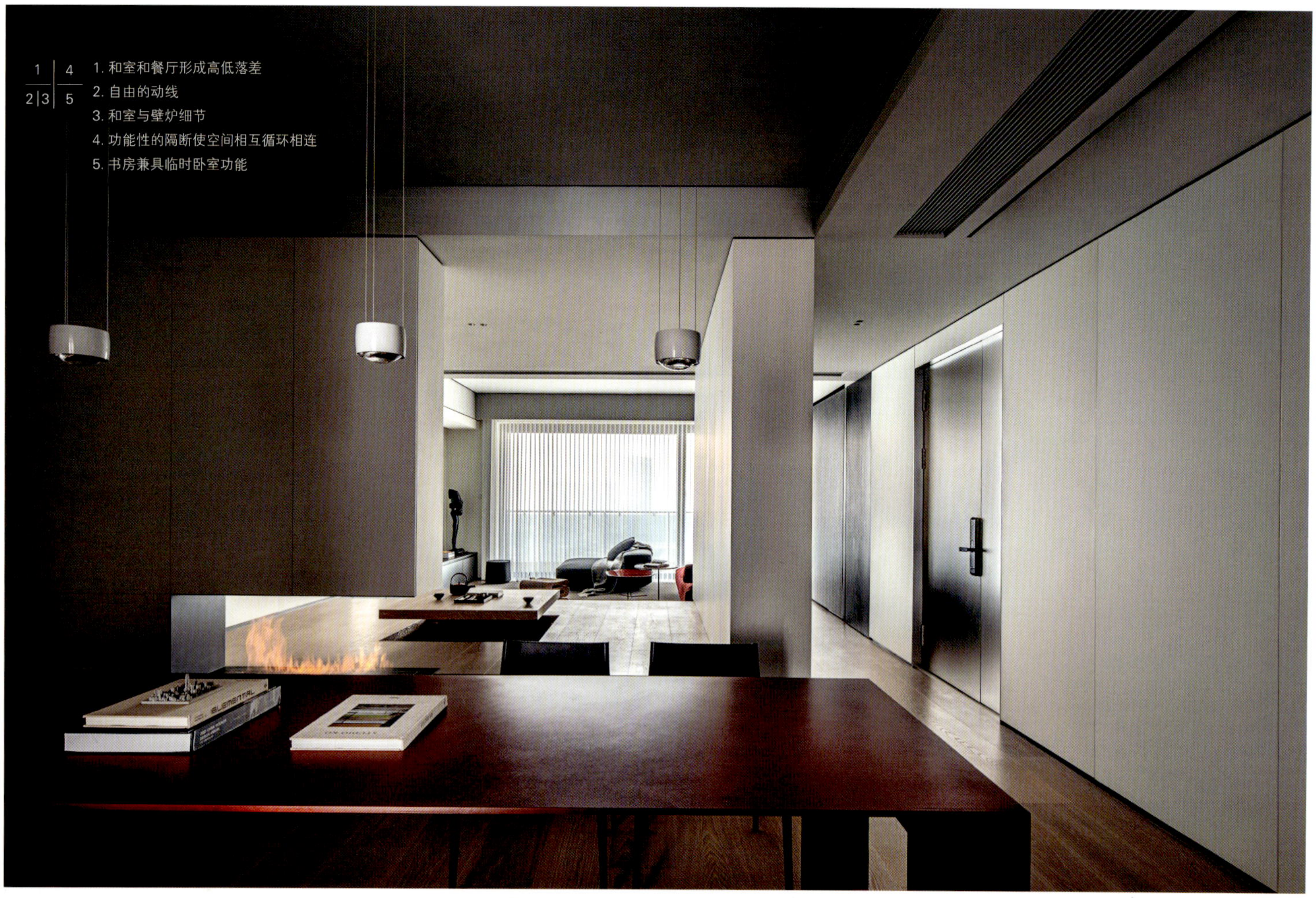

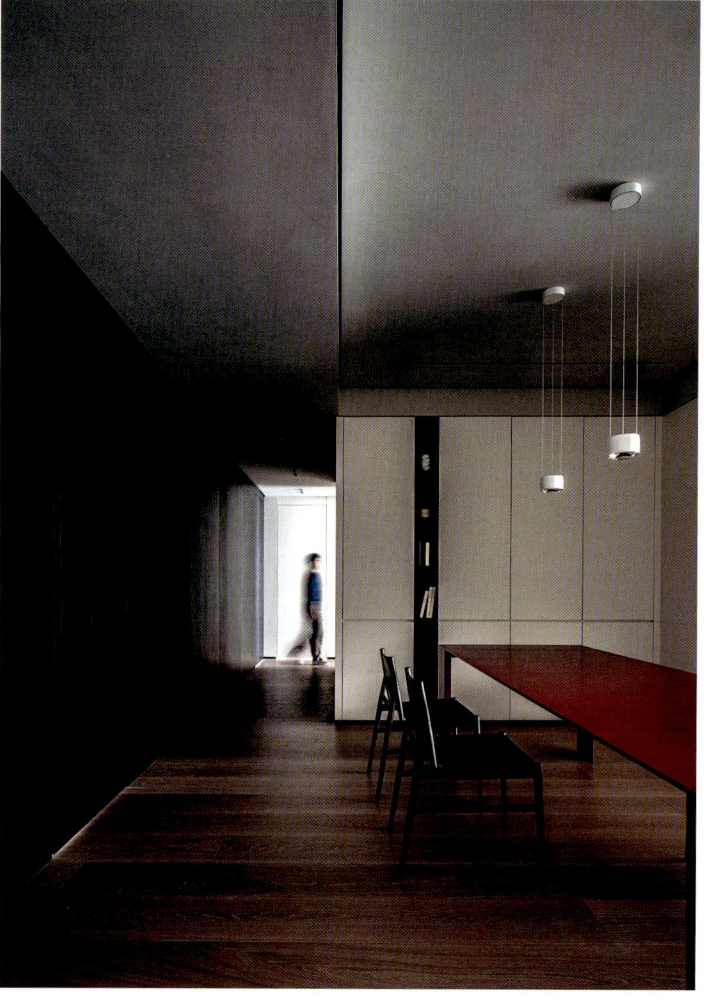

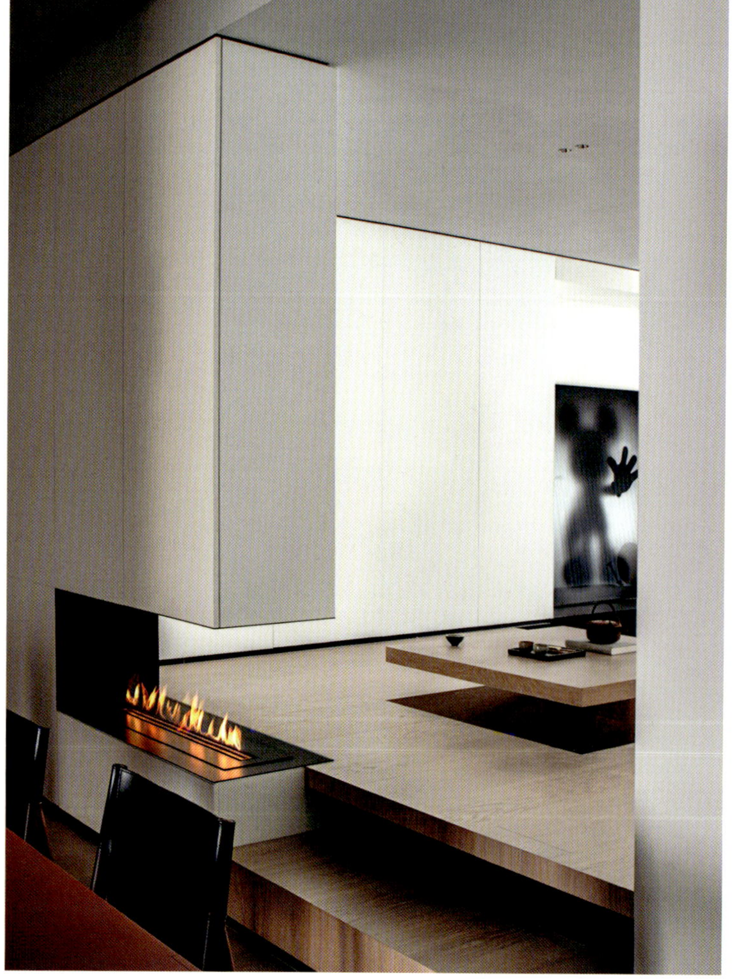

1 | 3
2 | 4

1. 绝佳采光的儿童房
2. 儿童的书桌与墙面
3. 面向宽阔江景的私属地
4. 浴室空间

北京私人住宅

设计单位：杭州时上建筑空间设计事务所
设　　计：沈墨、陶建浦
软装设计：撒璇
面　　积：450 平方米
主材执行：黄赢
主要材料：艺术涂料、石材、岩板、感物地板、水泥砖、产品定制、智能家居
完工时间：2020 年
摄　　影：叶松

禅与功夫的极简住宅

私人住宅坐落在现代化高速发展的北京城里，这里是传统与现代并存的都市，老胡同、美术馆、时尚街区让这座城市充满着无限生机。秉持着“大宅至简”的理念，设计师将多余的东西剔除，希望为空间赋予更多的精神内涵。结合了主人的爱好及职业属性，以自然、禅宗、中国功夫元素打造出一片城市中的森林，犹如置身于自然中，能够安静地呼吸与冥想。

空间通过客厅的大开窗设计，模糊了城市与空间的边界。内部亦是如此，投影仪、壁炉被隐藏在一面白墙中，看似简单却又微妙动人，是对大自然最好的诠释。从中国功夫元素中提炼黑白灰的色彩，融合东方审美与禅宗思想，散发出静谧、素雅的格调。空间犹如一幅流畅的画卷，每个角落在光影流动间都能产生种种诗意。

走廊作为空间的连接点，像是一座桥梁为整个空间添加创造力，其中放置了可以收纳日常用品的柜子，水滴的艺术装置，以及一面内凹的造型墙，以一种拥抱空间的姿态正对着入户门，让人感受到空间充满着原始的力量感。使用一面有着收纳功能和壁炉功能的造型墙来区分走廊与餐厅区域。顶面圆形元素象征天空与宇宙，与地面呼应，自然与空间相融为一体。让空间产生距离，以此来探讨物与物之间的关系，通过“间”的对话，空间仿佛拥有了生命力。

在原有格局基础上，为了满足主人不同的用餐需求，设计师划分出一个西厨区域，灰色玻璃柜可以收藏酒品、餐具等。由于住宅内没有阳台空间，设计师在卧室入口打造出一片入户庭院，黑色“木盒子”将四周环境区分，铺上一块老石板，犹如在森林中穿梭。私密性以及舒适度对卧室来说十分重要，选用素雅的配色与纹理材质做搭配，安静内敛。起居空间分为三个房间和一个助理房，其中为主卧重新做了分区规划，拥有衣帽间以及 SPA 空间。

空间没有过多的装饰，在满足基本的生活需求之外，设计师希望主人也能与空间互动，根据喜好随心地更换艺术品与家具，时刻产生不一样的惊喜。

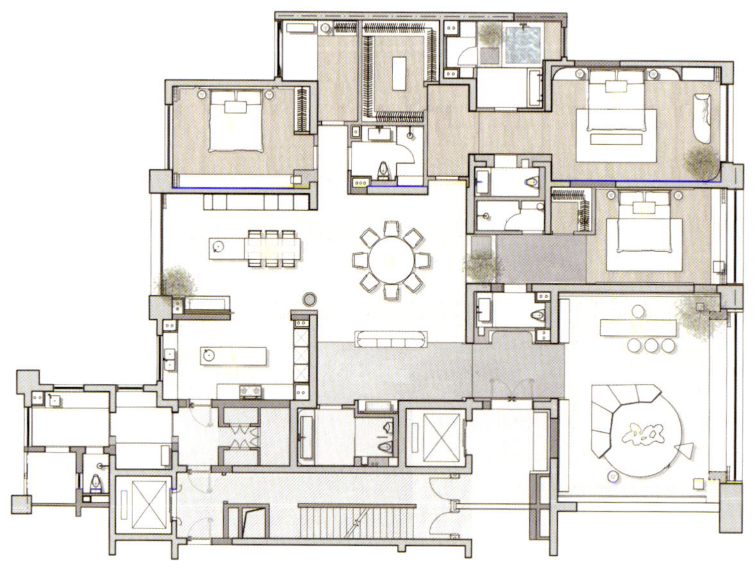

平面图

1. 从中国功夫元素中提炼黑白灰的色彩
2. 走廊作为空间的连接点
3. 静谧素雅的格调

1. 融合东方审美与禅宗思想
2. 让空间产生距离
3. 走廊
4. 中西餐厅结合
5. 素雅的配色与纹理材质

1. 墙面的轻、软、柔、暖
2. 自然光影透地窗落入室内
3. 空间里的落日光影

名古屋的顶层公寓

设计单位：集优室内营造
设　　计：白描
参与设计：孟凡宇、刘其伟
面　　积：174 平方米
主要材料：木饰面、和纸、涂料
坐落地点：日本名古屋
完工时间：2020 年 12 月
摄　　影：孟凡宇、刘其伟

"轻"是一种生活态度

此项目位于名古屋一处高端顶层公寓，业主希望目光所及之处，没有不必要的干扰，拆除所有的障碍，将无限美好的风景和阳光纳入室内，寻找一份闲适的轻生活。设计师通过修正空间维度，提升层高，减少不必要的收纳空间，以争取功能坪效的最大化，运用自然光线来装饰空间。室内采用了隐形房门，走过长廊，伸手触摸在墙面上，感受到轻、软、柔、暖，是设计师对每块材质的心思。空间选用了最美好的天然材料，每样材质特有的唯一性展现出的细腻感，通过巧妙的设计，模糊了对于大面积铺设的材料纹理的视觉焦点，点到即止的简单，让生活节奏慢下来。自然光影透过宽阔的落地窗落入室内，随着时间的推移，不同材质的纹理在光线下柔化了利落的线条，自然光的涌入丰富了空间，带来了趣味，空间内的氛围产生奇妙的变化。傍晚时分，落日的余晖染亮了室内，白色窗纱随着徐徐微风飘曳。随处一坐，透过落地窗，感受窗外的城市风景与美妙的山海。

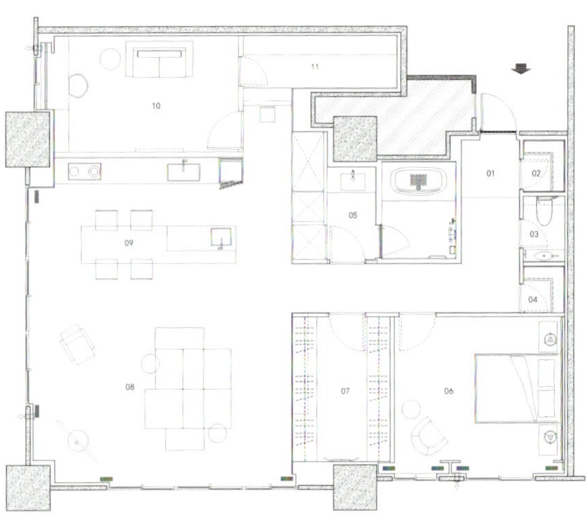

平面图

1. 卧室细节
2. 走廊
3. 自然光丰富空间变化
4. 书房外远眺山海
5. 细腻的界面对比
6. 过道与卧室一角

理想生活之城市花园

设计单位：LICO 力高设计
设　　计：钟良胜
参与设计：朱洋环、林峰、董华斌、骆秋月
面　　积：320 平方米
技术总监：冼景华
施工执行：何昌辉
项目地址：广东惠州
完工时间：2020 年 12 月
摄　　影：SUNWAY 山外视觉

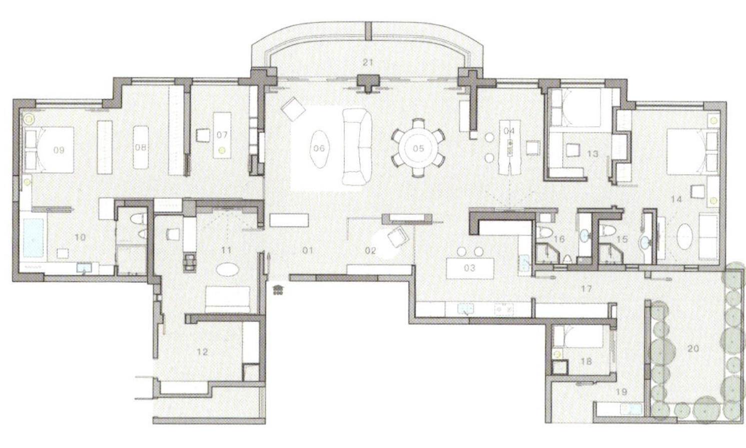

平面图

质朴、呼吸、原感，把生活交还给生活

为了更方便照料到业主长辈的生活起居、尊重长辈原有生活习惯并延续温情的家庭生活氛围、得到孩子更多的陪伴，设计团队建议业主将两套相邻户型打通，合二为一，使家庭公共活动区域得到充分的延展，整体生活空间视野更开敞、呼吸感更强、空间功能组合与生活场景更灵活、更多元互动。

空间功能布局上，从“重塑日常”的思考点出发，将私密属性较强的卧室、书房、盥洗室分布于公共活动区域两侧，长辈可以得到孩子更多的陪伴，同时兼顾生活隐私。书房设有隐藏式小床，便于男主人深夜工作回家时，不打扰到女主人和孩子。另外，值得一提的是，盥洗室浴缸一端特别设计了一方壁炉，为了减弱冬日主人沐浴时的低温感受，同时也增添几分男女主人的生活情趣。半悬空玄关隔断与入户鞋帽间、视听室并置而设：主人回家，白天工作情绪转换之余，家人相互之间可以感受到彼此的动态，而不惊扰。宾客友人进出视听室经过玄关时，可以感受到人的活动，而避免了眼神对视。客厅、餐厅、茶室半开放并置，客厅的壁炉替代了电视，为家人与宾客友人提供一个相对纯粹的沟通交谈的空间。厨房、走廊、管家房、露台相互连通，便于管家日常工作，也可观赏到露台的园艺美景。长辈房特别设有的沙发电视，方便长辈休息和打发无聊。

设计的细微之处，不一而足。而空间的细节设计之处皆来自于设计团队对日常生活的敏锐觉察、感知、捕捉与重塑。理想生活不必是镶金饰银的矫饰，不必是雕梁画柱的奢侈，不必是琳琅满目的藏品，但必是要感受到爱，感受到原初的温度的。而这种原感的、质朴的、呼吸的，或许是生活美好与幸福感的本源，也是设计团队对理想生活创想与实现的再一次追问与回答。

1. 纯粹的交谈空间
2. 多元互动的生活场景
3. 微风吹过的藤编椅
4. 半悬空玄关隔断

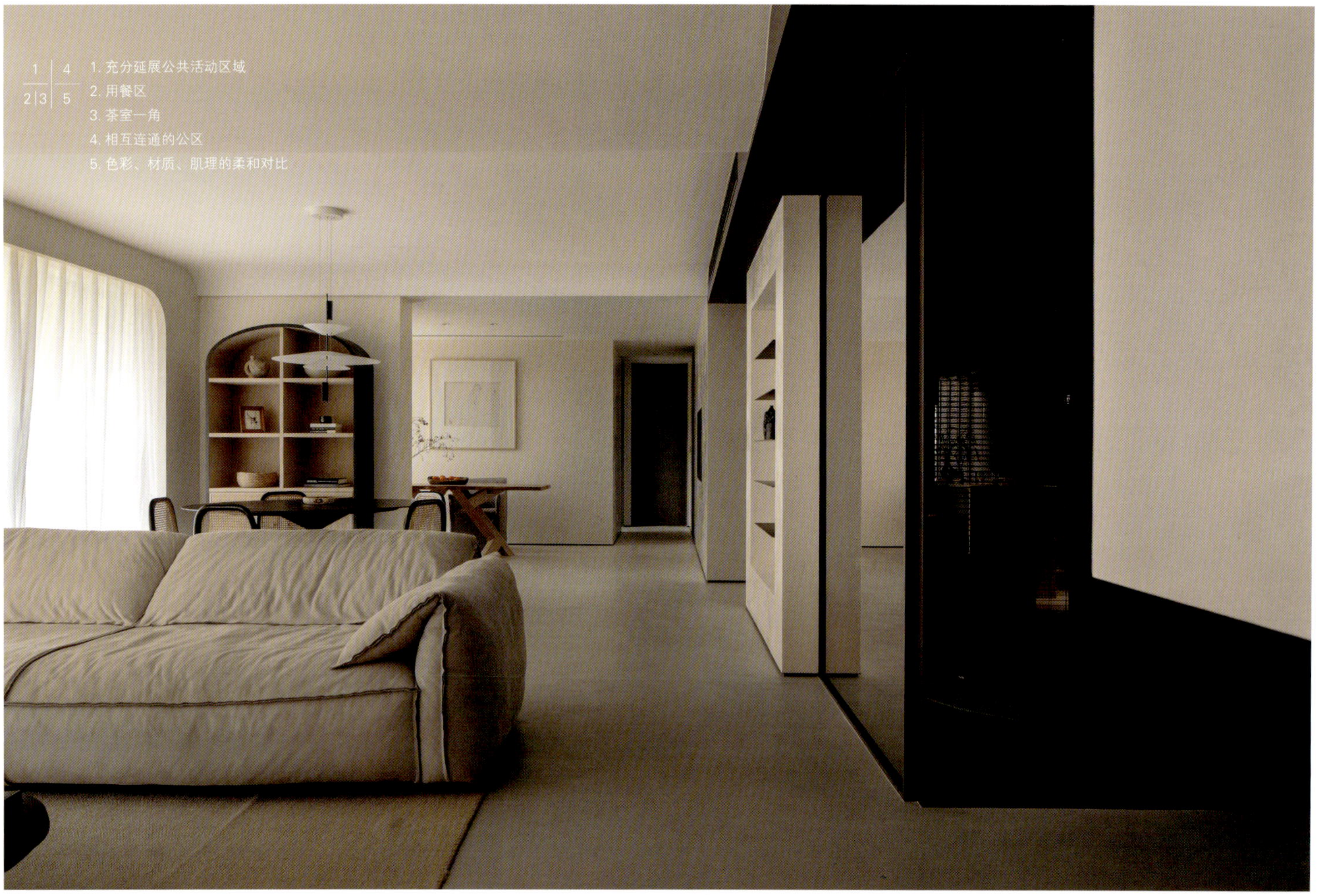

1 | 4
2|3 | 5

1. 充分延展公共活动区域
2. 用餐区
3. 茶室一角
4. 相互连通的公区
5. 色彩、材质、肌理的柔和对比

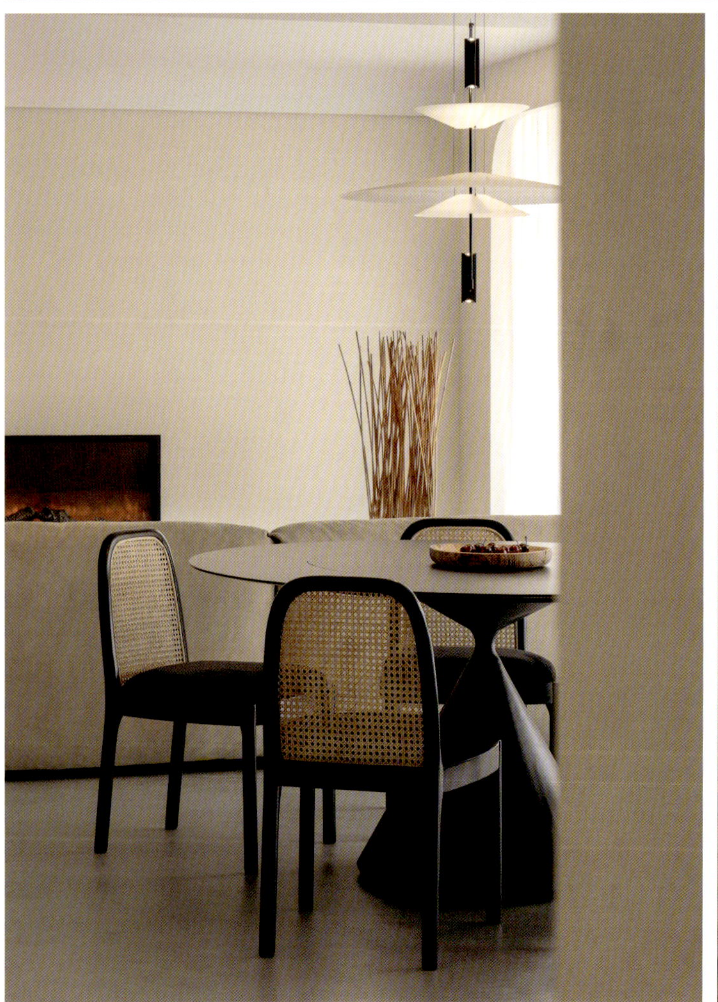

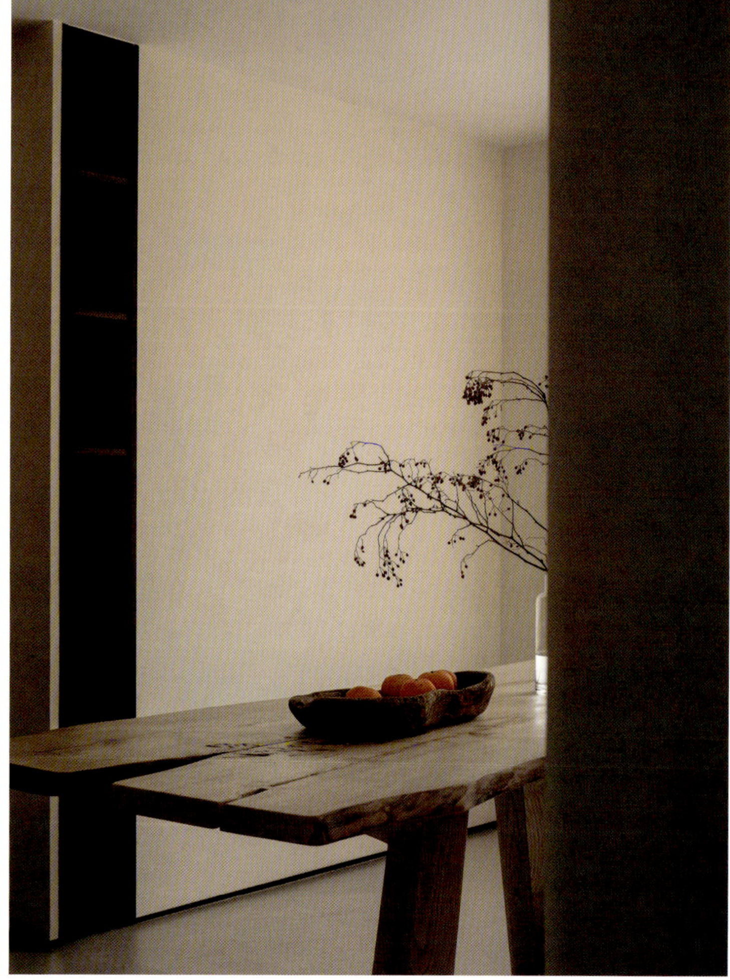

庐州·翠园

设计单位：安徽观正建筑设计
设　　计：方日新
参与设计：潘云飞、曾海燕、宋凯伟
软装设计：赵小玮
面　　积：260 平方米
坐落地点：安徽合肥
文　　案：海燕
摄　　影：金选民

翠园是一座前后左右采光的地复式住宅空间，原地下室就有南北天窗，采光良好，借负一楼冬暖夏凉的自然条件，只要增加自然通风量，便能将地下室纳入主要日常生活空间使用，整体空间转换为楼上与楼下的关系。地下两层设为会客区与交流玩耍的动态空间，延伸着小孩的学习区，如此屋主与家人相处的互动时光，也能享受前院的风及阳光，增加人的舒适性、空间的通透性。

建筑体就像一个盒子，在合适的位置开启它的门窗，将自然的绿意和天光带入地面之下的盒内，以之收纳自然界的光并使它在空间内长久停留，引光入室，让它呼吸。让空间更加鲜活，与人互动。以人的需求为出发点，让空间的情感有更清晰的思路；转折硬朗的线面结构，因秩序排列诠释形式美感。家庭阅读区与品茶，会客区空间互动；家本质上是一个聚集和喘息的地方，在它的核心是一种滋养的感觉；地上不够，地下来凑，在黑暗中寻找光明。

设计师将建筑本身存在的缺点，通过设计转化成优点：把自然“光”不同时段的变化因素考虑其中，形成动态的光、影对比效果，打造结构的同时表演肌理的微妙细节。光没有实体却又无处不在，灵活的存在模式为空间导入生命。白色具有“包容性”，它突显了绿植的“绿”，散发着生命气息。

楼上一层为卧室空间，南北小院皆有绿植，私人空间也可让人感受绿意，晴天透过阳光，叶影婆娑，明暗交融光影交错。对院子的记忆相信是很多人对“家”的向往中难以抹掉的情结，小小一方庭院，栽花种草养精神，成为人和自然沟通的场所。

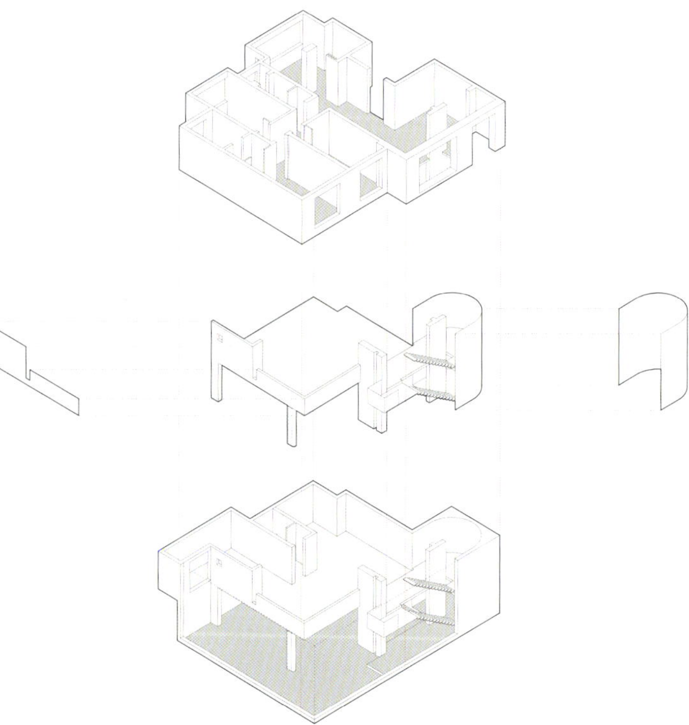

分析图

1. 引光入室
2. 鲜活的空间一角
3. 多功能动态空间
4. 对称与镜像之美
5. 会客区局部

1|2|5
3|4|6

1. 用餐区
2. 小小一方庭院
3. 转折硬朗的线面结构
4. 动态的光、影对比
5. 家庭阅读与品茶区
6. 白色的包容与融合

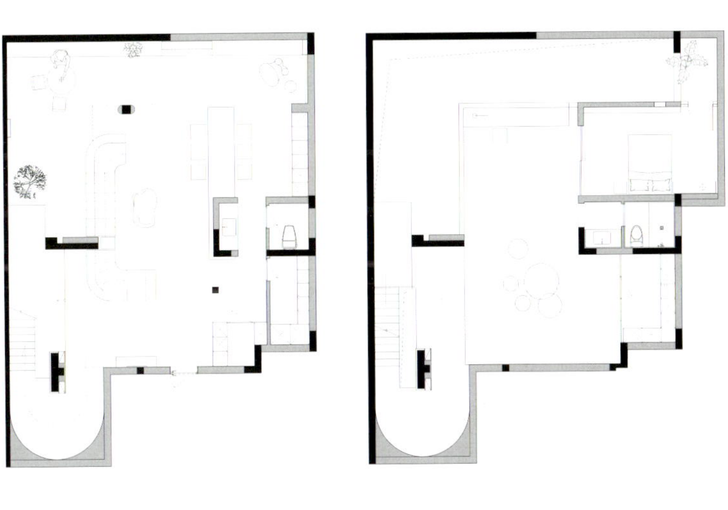

B2 平面图　　B1 平面图

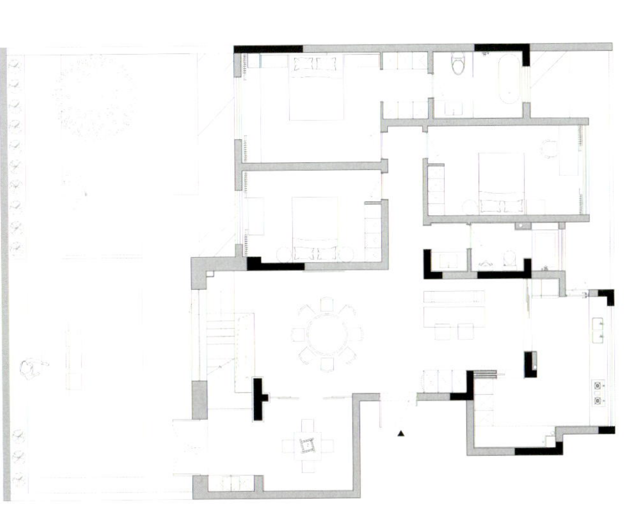

1F 平面图

1	3
2	4

1. 折线灯成为空间记忆点
2. 光纤轻盈的穿透感
3. 深浅界面的对比
4. 光与空间

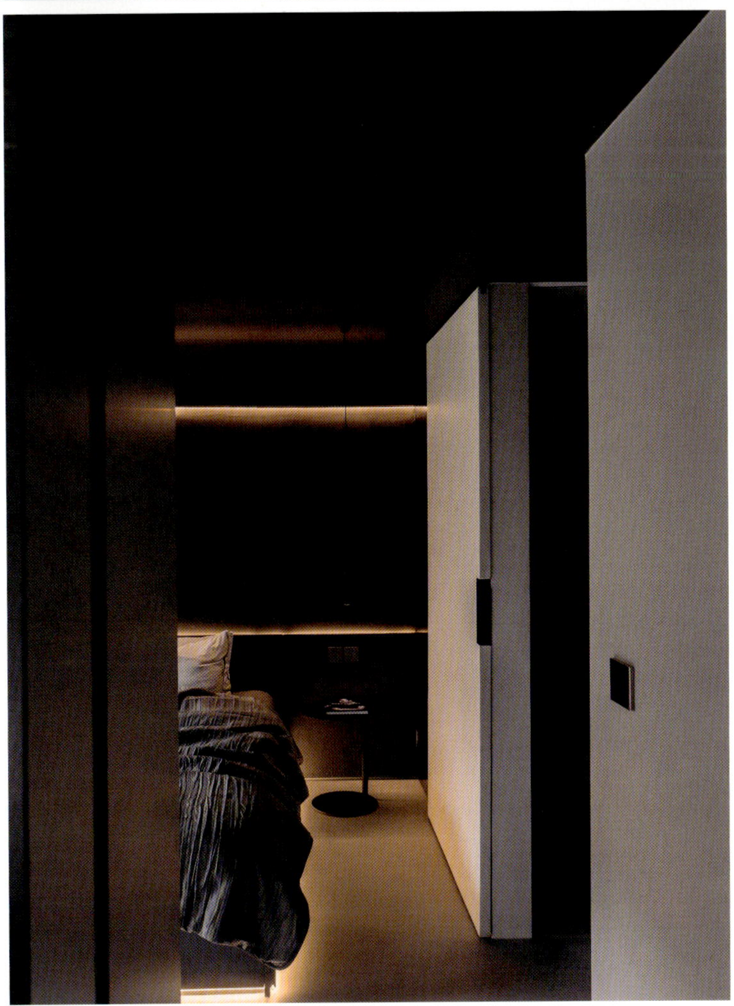

折线

设计单位：上海费弗空间设计有限公司
设　　计：费崎峰
参与设计：黄梅煜
软装设计：薛景春
面　　积：120 平方米
主要材料：毛细血管系统、绿米智能、F+ 全屋定制、微水泥
坐落地点：上海
完工时间：2021 年 1 月
摄　　影：朱沈锋

项目为老房的二次改造，采光不是很好，格局传统。空间里以一条折线灯作为整个空间的记忆点，同时承载了照明的功能，省去了顶面的点光源。设计师希望每一个居住空间都能拥有各自的属性，能够与众不同。所以在满足空间功能的同时，特别考虑空间的体验感，不光要好看，还必须要特别舒适。

设计将原始的两室改成了一室，完全打开空间，运用多种体块穿插，一个满足形体构造，另外一方面还承载功能，用很简单的材质去覆盖空间的所有面。在通道形成的同时，空间也被放大。设计师基于酒店配置的基础上融入生活感，与传统居住空间的出发点会有所不同，但体验感与生活感更完善。玄关并没有特地去做造型，利用白色的墙体留白保留简约美。餐厅区丰富体块穿插形成空间的亮点，将餐桌做了一个延伸，跟入口换鞋凳穿插连接，虽有高低，但是拉长了形体；厨房的橱柜直接延续到阳台，围合的空间形成了宠物的洗澡池……

空间里面所有的门全部都是移门，业主一个人住，私密性并不是特别重要，所有门打开的同时，我可以定义空间全都是一个公共空间。宠物也可以在这个空间里面来回穿梭，实现私领域和公区的来回转变。

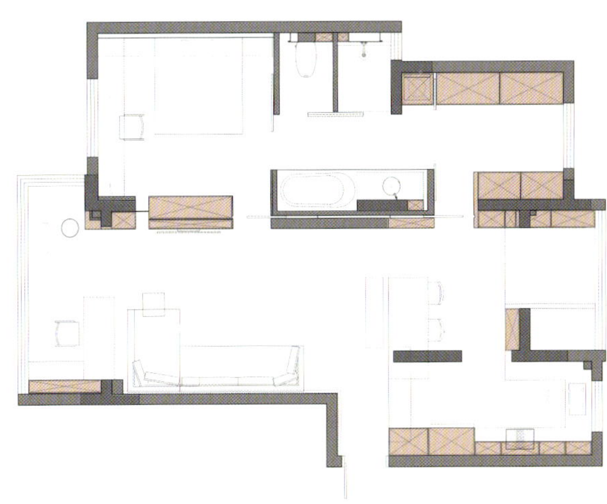

平面图

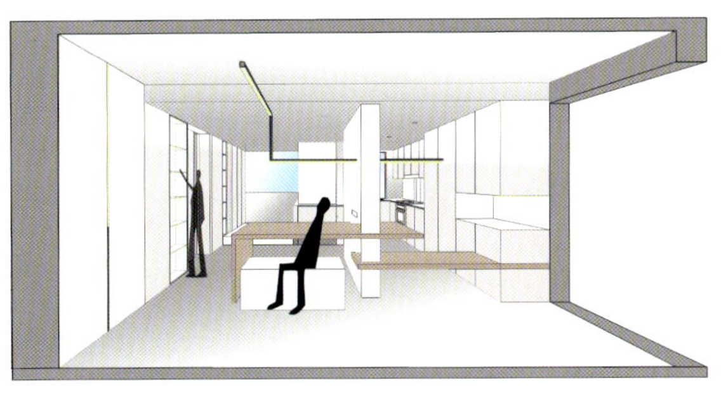

餐厅分析图

1 | 2 | 3|4|5

1. 暗调空间里的白色盒体
2. 延续的折线与空间高低关系对比
3. 衣帽间
4. 台面与浴缸
5. 餐桌与换鞋凳的穿插

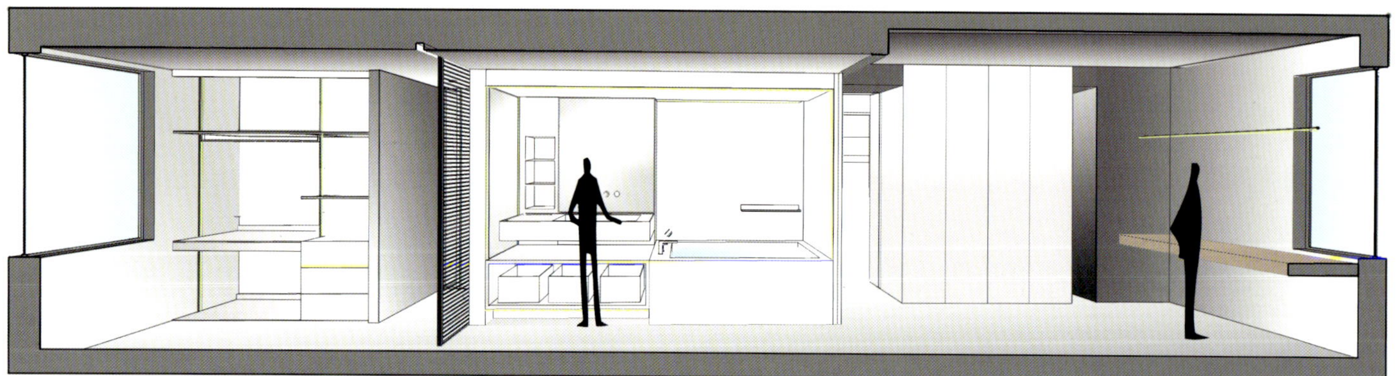

洗漱区分析图

沈阳远洋公馆

设计单位：深圳九度设计
设　　计：杨飞、张楠
参与设计：王守先、刘福音、刘闯、赵月
面　　积：300 平方米
主要材料：进口漆、整木定制、古堡灰理石、全抛釉瓷砖
坐落地点：辽宁沈阳
完工时间：2020 年 5 月
摄　　影：钟永钢

1. 通透纯净的开放式布局
2. 沉稳的中性质感
3. 墙体空隙间的人形装置
4. 极简的空间格调

高质人居，邂逅向往生活

每一处空间细节，都应从人本出发，关照体验者的体验，真正为生活而设计。设计团队在这套私宅设计中，依托多年的专业体系与设计经验，深研业主对于家的需求，并基于此探寻空间的特质，构建人与空间的紧密联系，以设计引领人居美好生活。本案的业主是两个男孩的父亲，幽默又睿智、果断，对于家的定义有着自己深刻的认知，他希望在满足实用性的前提下，拥有独属于自身的空间属性。

设计强化于生活品质和功能细节的打造，根据业主的喜好采用极简的空间格调，赋予居者和谐舒适的生活方式。设计以沉稳的中性质感为出发点，摒弃复杂的形式主义，回归居住的本质，以简净的配色、高级感的家具材质，加之巧妙的空间序列规划，构建通透纯净的开放式布局，令整体空间在理性的架构中传达着主人的独特品位。质朴自然的茶室空间，营造着这座城市中的慢生活，为人的心灵留得一处理想的休憩之所。原始的岩石肌理、厚重的体块构造，设计在平静而克制的基调中，刻画清新脱俗的空间气息，唤醒人心中的安宁与平静。

基于业主的日常需求，设计巧妙利用过道内层空间，为其设计了一个安静放松的私密工作室。而与茶室空间相连接的外部庭院，可以是一家人放松休闲的栖息地，亦可以是好友聚会的娱乐空间……这里延续着生活的高品质体验，为平凡的日常注入了崭新的生命力。在整体简约纯粹的基调中，高级抽象的多面人脸陶瓷花瓶、墙体空隙间的人形装置，为空间的角落之处增添了几笔生动有趣的描绘，亦于细节处勾勒着空间的情景美学与艺术格调，令生活的意趣尽藏其间。

一张温暖舒适的亚麻质地沙发，搭配黑白抽象挂画与局部跳色的点缀，设计以寥寥数笔勾勒出空间纯粹的质感，让置身于此的人放下疲惫与杂念，静享温暖静谧的时光，与这一专属空间所带给自身的安全感。餐厅以简白与深棕两种色调，铺叙空间至简的美学氛围。而背景墙的圆形镜面元素，通过其反射的效果拓宽了空间的视觉维度，令其在简约的线条层次中传达空间的韵律感。

每个人心中都有着对于家的不同理解，设计团队以居者的生活为设计的出发点，理性地分析功能需求，感性地处理空间氛围，实现业主对于家的美好构想。

江阴融创・敔山桃源

设计单位：北京居其美业室内设计有限公司
设　　计：盖也、贾会颖、刘芸芸、张颖、董思琪、戴昆
面　　积：601.4 平方米
主要材料：蓝金沙大理石、莱姆石、染色木皮、水晶玻璃、金属、定制壁布
坐落地点：江苏江阴
完工时间：2020 年 8 月
摄　　影：如你所见 | 王厅

敔山桃源是一个功能复杂的空间综合体，需要承载居住者生活中方方面面的需求，因此需要设计师从物理层面和心理层面上对空间进行有效的划分。在划分的过程中又催生了每个子空间对色彩的需求与限制，结合为室内背景色与前景色、点缀色定调的工作方法，最终使整个空间和谐而统一，色彩对空间起到了非常好的烘托作用，又恰到好处地与空间和结构结合在一起。

由于空间中心位置有难以避开的承重柱体，在这里设计师放弃了使用实墙的硬性分割，而是采用了暗示的手法，将柱体改造为一面屏风墙，作为分隔各个功能区间的视觉分界，这面墙也因此成为了空间中的主角，从而催生了色彩设计的动机。从项目所在地的自然风物与历史文脉入手，设计师梳理了色彩意象和材质感受，最终提取出室内空间的整体色调。屏风墙作为室内空间的主角，设计师在其表面使用了丰富的肌理和色彩，同时，近景中大理石桌面的绿色、地毯上水波纹的绿色与远处餐椅的绿色，形成了丰富的层次对比。高光绿漆与波纹板打造出带有流水质感的墙面，配合灯饰与花饰清新的粉红色，在室内空间构建了一幅桃红柳绿的江南春景。

地下夹层与地下一层的空间中，一面绿色墙面贯穿而下，由于层高与采光的因素，虽然墙面的固有色彩与材质是相同的，但是给予身处其中的观者以差别微妙的心理感受。多种材质的穿插与结合，带来了丰富的视觉感受。在公共空间中作为点缀色使用的橘色调，在私密的卧室空间中成为了主导色彩，如果说外部公共空间色彩是冷感的，那么卧室空间中的暖橘色调，会令居住者拥有更安定温暖的休憩体验。

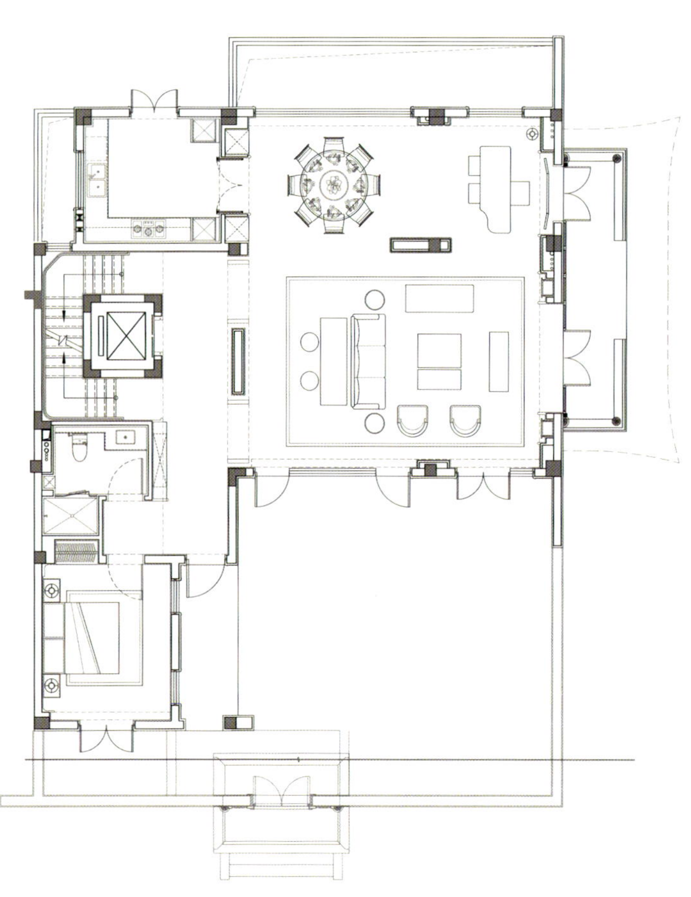

1F 平面图

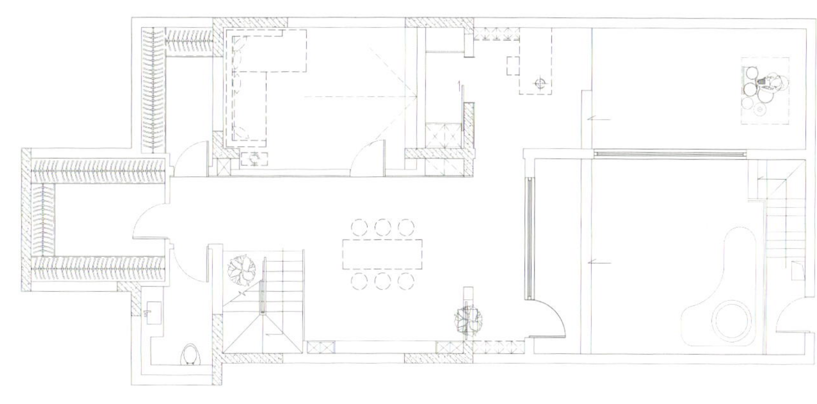

B1 平面图

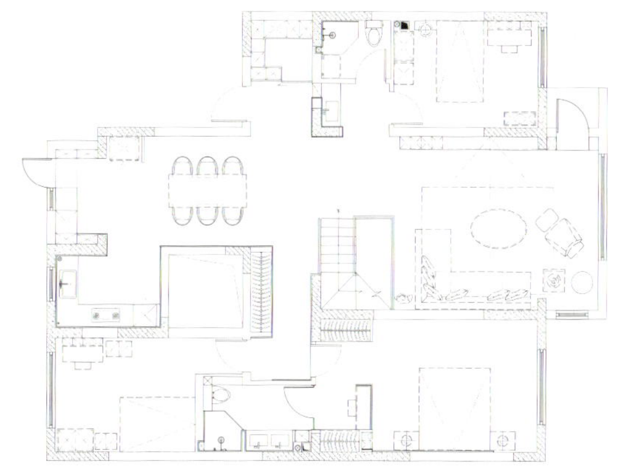

1F 平面图

江阴融创·敔山桃源

设计单位：北京居其美业室内设计有限公司
设　　计：盖也、贾会颖、刘芸芸、张颖、董思琪、戴昆
面　　积：601.4 平方米
主要材料：蓝金沙大理石、莱姆石、染色木皮、水晶玻璃、金属、定制壁布
坐落地点：江苏江阴
完工时间：2020 年 8 月
摄　　影：如你所见 | 王厅

敔山桃源是一个功能复杂的空间综合体，需要承载居住者生活中方方面面的需求，因此需要设计师从物理层面和心理层面上对空间进行有效的划分。在划分的过程中又催生了每个子空间对色彩的需求与限制，结合为室内背景色与前景色、点缀色定调的工作方法，最终使整个空间和谐而统一，色彩对空间起到了非常好的烘托作用，又恰到好处地与空间和结构结合在一起。

由于空间中心位置有难以避开的承重柱体，在这里设计师放弃了使用实墙的硬性分割，而是采用了暗示的手法，将柱体改造为一面屏风墙，作为分隔各个功能区间的视觉分界，这面墙也因此成为了空间中的主角，从而催生了色彩设计的动机。从项目所在地的自然风物与历史文脉入手，设计师梳理了色彩意象和材质感受，最终提取出室内空间的整体色调。屏风墙作为室内空间的主角，设计师在其表面使用了丰富的肌理和色彩，同时，近景中大理石桌面的绿色、地毯上水波纹的绿色与远处餐椅的绿色，形成了丰富的层次对比。高光绿漆与波纹板打造出带有流水质感的墙面，配合灯饰与花饰清新的粉红色，在室内空间构建了一幅桃红柳绿的江南春景。

地下夹层与地下一层的空间中，一面绿色墙面贯穿而下，由于层高与采光的因素，虽然墙面的固有色彩与材质是相同的，但是给予身处其中的观者以差别微妙的心理感受。多种材质的穿插与结合，带来了丰富的视觉感受。在公共空间中作为点缀色使用的橘色调，在私密的卧室空间中成为了主导色彩，如果说外部公共空间色彩是冷感的，那么卧室空间中的暖橘色调，会令居住者拥有更安定温暖的休憩体验。

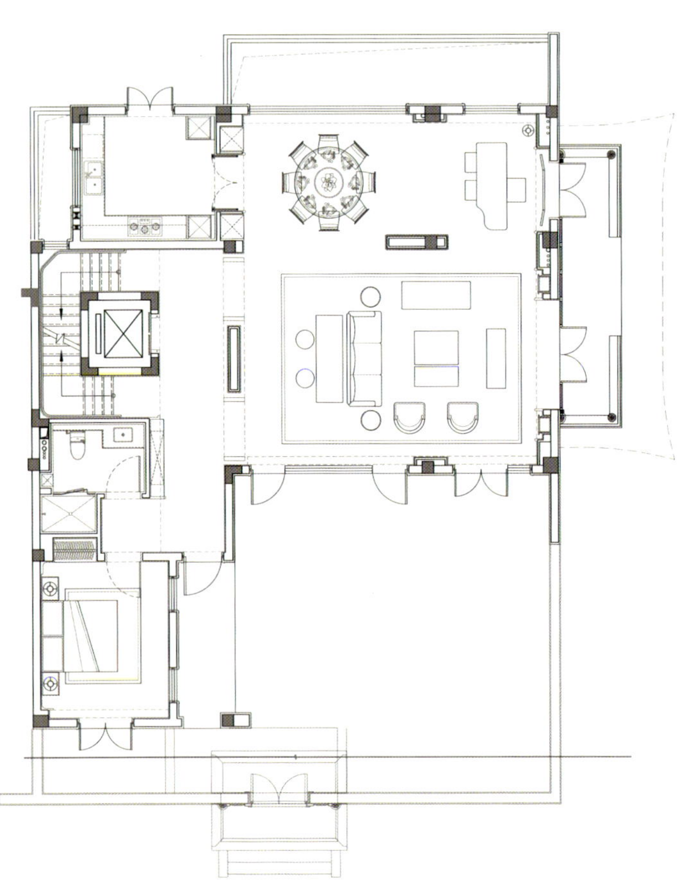

1F 平面图

1. 玄关：空间的开场
2. 进入客厅前的转场
3. 肌理与色彩是空间关于绿色的韵律

1. 不同材质的穿插与组合
2. 朦胧下黄昏骤雨的景象
3. 设计师画框里的风景
4. 鲜明的前景色在绿调中迸发活力

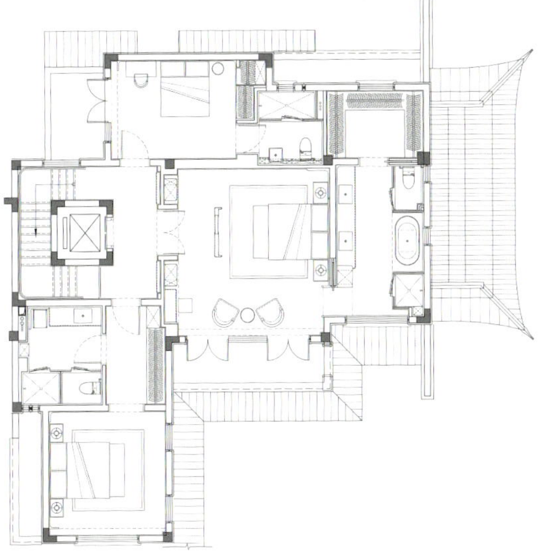

2F 平面图

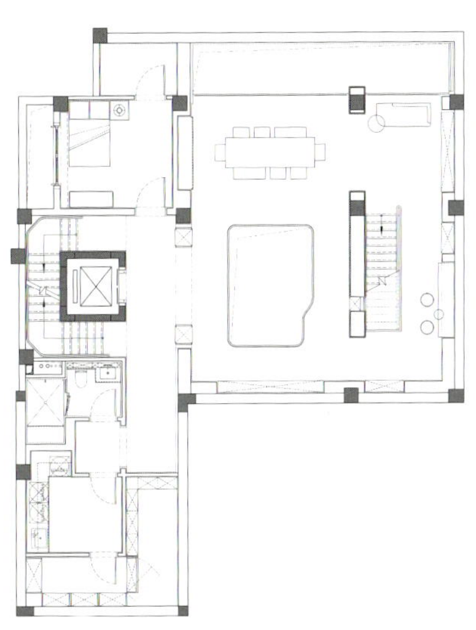

夹层平面图

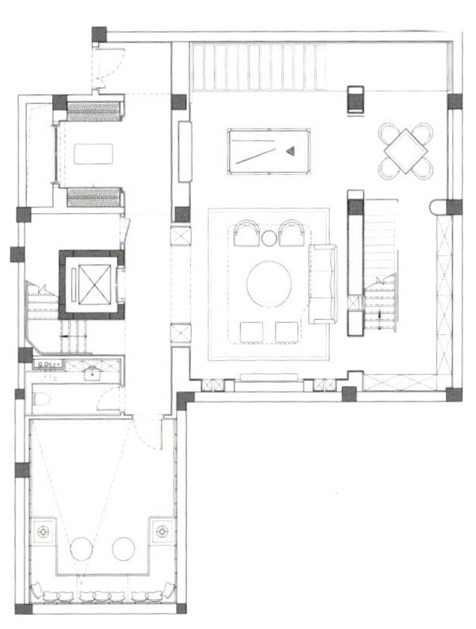

B1 平面图

1. 渗透性的色彩通过光线弥漫
2. 绿色墙面贯穿而下形成视觉冲击
3. 夹层家庭书房
4. 主卧是另一种色彩韵律

南京越城天地

1 | 2
1. 当代的几何与古雅的圆融雕琢艺术
2. 朴雅的木调与浅调云石铺陈墙面

设计单位：P A L DESIGN GROUP
设　　计：梁景华
业主单位：置地公司、招商蛇口、碧桂园
面　　积：840 平方米
完工时间：2020 年
摄　　影：张骑麟

以史为脉，与诗毗邻

南京，六朝古都，寻迹烟月。刻有大明风华的明城墙，灯船竞立，箫鼓漫漫的秦淮河，昔与今，犹相应。越城天地位于南京老城南——中华门南，明城墙下，秦淮河畔，是中国罕见的集居住、酒店、商业、公园等多重业态于一体的城中低密度建筑群落。

秦淮区作为南京的核心，自古以来都是权贵富豪的聚集地。周边秦淮河、中华门、报恩寺、夫子庙、老门东、古越城六大人文价值，造就了地段不可复制的珍惜属性。本案位处秦淮河畔、明城墙之间，承载南京 2500 年的文化底蕴与辉煌。遍寻古今风雅，设计师以现代设计手法颂歌传统佳韵，利用凝练简约的笔触重绎项目浓厚的历史与人文沉淀，勾勒与诗意比邻的风雅居亭。

以松迎门，侧姿雍容。朴雅的木调与浅调云石铺陈出一路恬静温馨，和谐大气的布局缀以跳脱的现代艺术装置，为空间增添灵动的逸致。圆与线融汇出古典的东方哲学情怀，流利的圆角曲线与沉稳的黑直线交叠，碰撞出内敛雅致的当代感。由木器团队匠心定制的木饰面，当代的几何与古雅的圆融，细腻处雕琢人文艺术意境。

主卧巧妙地把屋檐建筑结构糅合到天花设计中，柔和简约的线条搭配内敛的光影，堆叠出层次丰富的细腻格调。茶区与书法区以一整面气派十足的书墙，叙述浓厚的历史与人文沉淀，萦绕的古香和两侧的书画点缀，在精致的光影烘托下渲染出一室东方风雅。空气的流动中享受安逸与宁静，茶香与书香共冶悠然惬意的午后。凝练的东方之语与充满现代感的设计线条相辉映，交织出传承古今的当代文艺雅致。

The Poor in Spirit 神貧的人
NEW WINE CELLAR DESIGN
Cheers!

1 | 3
2 | 4

1. 以松迎门，[illegible]
2. 内敛雅致的当代[illegible]
3. 沉稳的黑直线突出楼梯
4. 隐约显现的山河渲染氛围

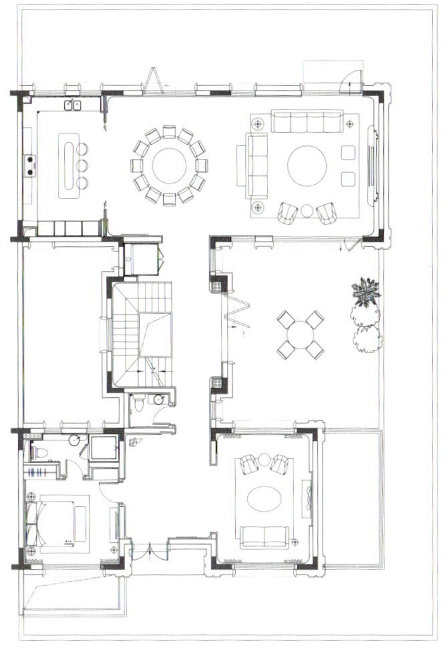

1F 平面图

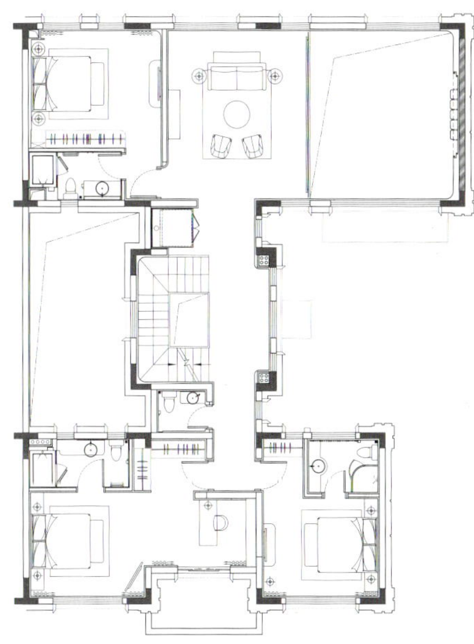

2F 平面图

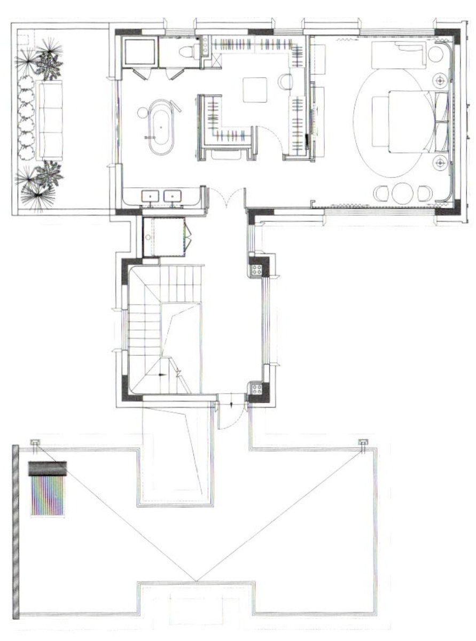

3F 平面图

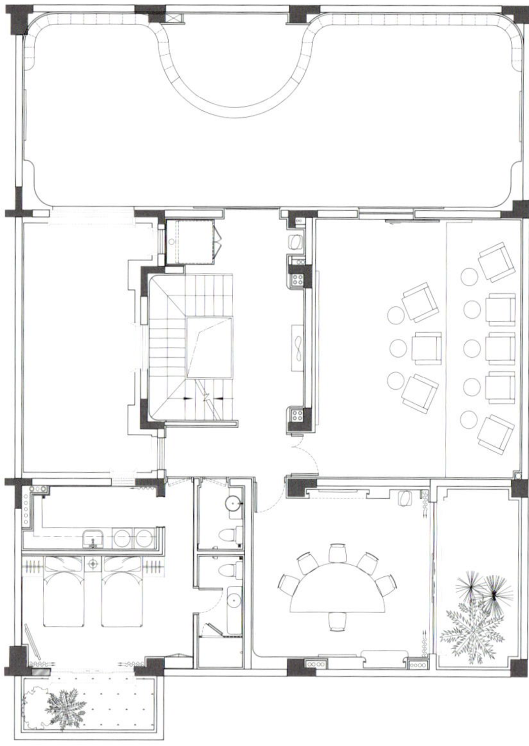

夹层平面图

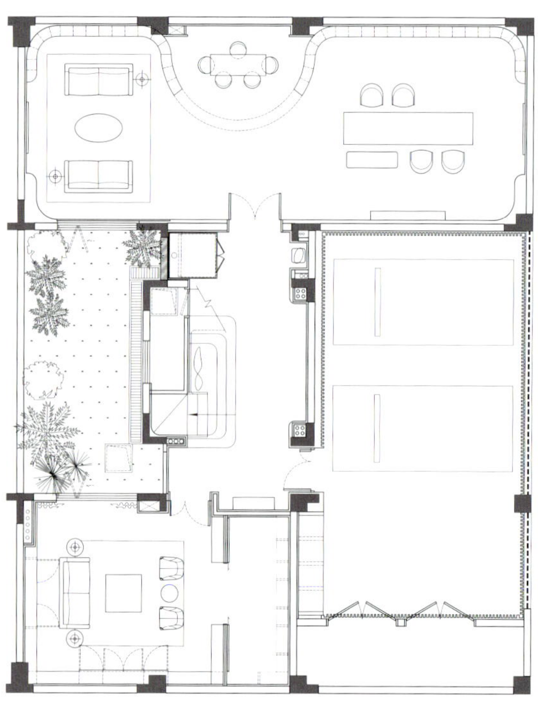

B1 平面图

1. 气派的书墙述历史与人文
2. 一室东方风雅
3. 现代家具与古典气息的对撞
4. 墙顶融合了建筑的屋檐元素

绿城桃源小镇

设计单位：刘荣禄国际空间设计 | 甲鼎设计 & 京典陈设
设　　计：刘荣禄、黄沂腾、陈福南
参与设计：陈竹卫、周逸莹、厉亦凡、杨亦帆
软装设计：费凡、余美凤
业主团队：李桥武、夏欣、袁煊琪、孙亚
空间面积：456 平方米
坐落城市：浙江杭州
完工时间：2020 年
摄　　影：王斤、金啸文

1 | 2

1. 百年风华渐第铺开
2. 东西方交织下的璀璨生活情境

百年情书叙述桃源小镇

文化在此交叠，时光在此碰撞，不只是再现经典，而是为桃源小镇再创造。建筑化作生活的容器，为阅历风云者绽放那个摩登时代的花样年华。在时间的长河里复刻经典的印迹，于一砖一瓦一扇门的繁华书页上，回望风华绝代的倩影。西方的艺术价值与东方历史底蕴碰撞下交织出那个时代璀璨绚丽的生活情境，它是精致的、优雅的、贵气的。

设计师刘荣禄先生奔走于上海、南京、沈阳考察民国时期建筑，沉潜数日，画出手稿，萃取一组非对称、几何形的装饰线条原型，作为空间最深沉的设计语汇。把历史底蕴抽取出最原汁原味的部分，每一块地毯图案专门定制，立体棋盘格、放射光芒或半圆形色谱，都是 Art Deco 时代的经典符号。基于现代纯粹素净的框架之上，Art Deco 所代表的摩登艺术符号和城市精神，为建筑肌理融入了贵族沉淀的气质。参酌古今，相容中外的时光印迹，在时空交织的方寸岁月中找寻别样芳华。十里洋场，繁华璀璨，交错的空间，经由巧妙的设计，为每个空间都找到最为适切的表达。

夜色之下，霓虹熠熠，充盈上海风格及装饰主义情怀的室内空间，一如复兴中路的世纪重现。岁月千樯，百年风华十里洋场渐第铺开，孙科别墅、汇查公馆、百达翡丽源邸如同老电影一幕幕闪回重现，历史与现代交织于点、线、面层次递进的空间情境之内，多变的建筑语序，让空间张弛有度、灵动丰盈。晚风轻拂、夜色朦胧渐入阑珊，民国里的风华千回百转，月下的温情相依开始悄然流淌。看尽世间绝色，享受依偎阁楼俯瞰城市万家灯火的温馨。于进退有度中，生活的质感在不经意间触摸灵魂。

百年变迁，城市演变的印记在阳光轻抚中逐渐融进岁月深处，也将摩登风华一同藏尽建筑的角落，于时光中悄然筑成隐于当代繁华都会的涤尘之所。

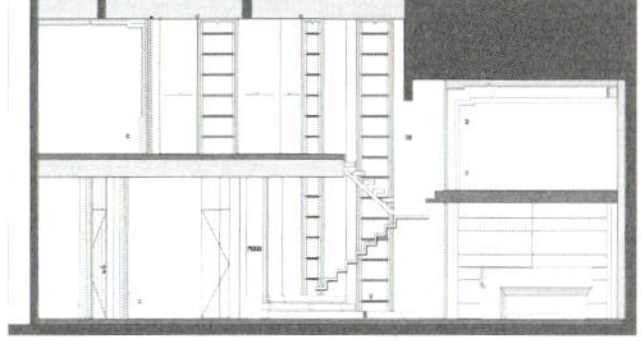

B2、B1 立面图

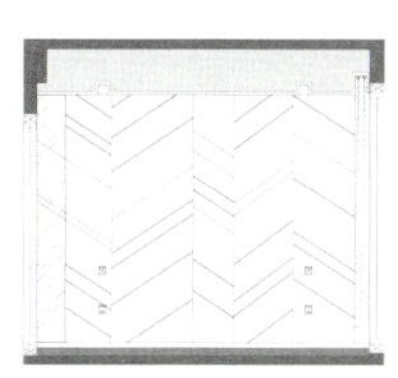

3F 立面图

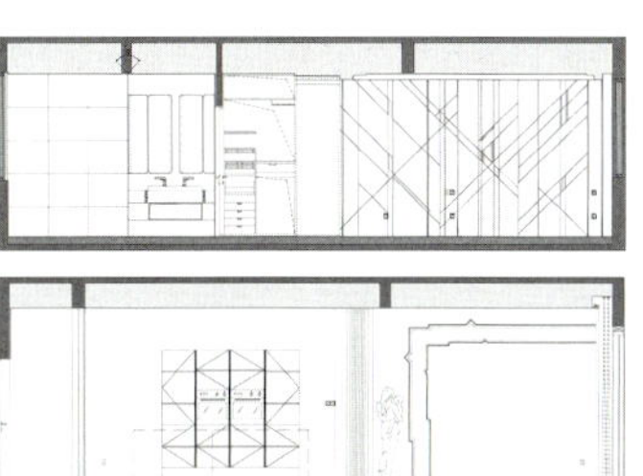

1F、2F 立面图

阁楼立面图

1 2 3

1. 空间层次大开大合、收放自如
2. 水纹玻璃隐约空间
3. 明暗深浅的布局增添空间律动

1 | 2 | 3 / 4

1. 晚风轻拂阁楼下的温馨
2. 一明一暗的视觉冲击
3. 立体的形式化作美好生活的缩影
4. 空间的摩登精致之美

海天公馆

设计单位：RWD 黄志达设计
设　　计：黄志达
参与设计：杜祖相、练腾元
面　　积：280 平方米
主要材料：大理石、木饰面、木质板、金属、皮革、墙布、艺术玻璃、马赛克
坐落地点：山东青岛
完工时间：2020 年 11 月
摄　　影：朱海

1　2　1. 高格调的灵动客厅场景
2. 柔和的环形线条弱化户型锐角

青岛浮山湾区，以 369 米高度问鼎“青岛第一高”的海天中心，以不可复制的黄金海岸及优质的城市资源，为当代高净值人群缔造全新的立体都市生活圈。设计团队汲取青岛城市文化特色及浮山湾人居环境的发展趋势，以“终极的梦想生活方式”为范本，塑造一个极致奢雅的梦想生活居室。

设计以“海浪”为核心概念，波浪、涟漪、水花等元素，缓缓地从客厅、主卧空间蔓延开去。整个空间布局秉承似海浪凌空的建筑元素，利用柔和的环形线条弱化户型锐角，融入 Art Deco 元素中和异型块体，突显高格调的灵动场景。大面积落地窗将 270° 壮丽海景尽收眼底，打破视觉界限，唤醒内心对大海的渴望，与大自然共生。让艺术生活化，将生活艺术化。

设计团队将空间的尺度感、材料质感与设计艺术感合而为一，于繁忙都市中打造一处安放身心的独处空间，自然地勾勒出闲适生活场景。主卧拥有着与客餐厅同样开阔的观景尺度，独享无边海景阔境。完美融合舒适与奢华，以干净简洁的视觉享受，营造静谧的奢享环境。素雅贵气的皮革、意大利高端品牌家具在雅与奢之间保持着平衡，让空间不只具备休憩功能，更成为重塑内心构想的绝佳场域。高品质豪宅不是物质与产品的简单堆砌，而因以人内心终极需求为出发点，来打造高端的生活需求。

设计团队坚持以理性的标准化体系构建功能，以感性的个性化要求为目标，利用设计体现人文关怀，构造出终极的梦想生活方式。

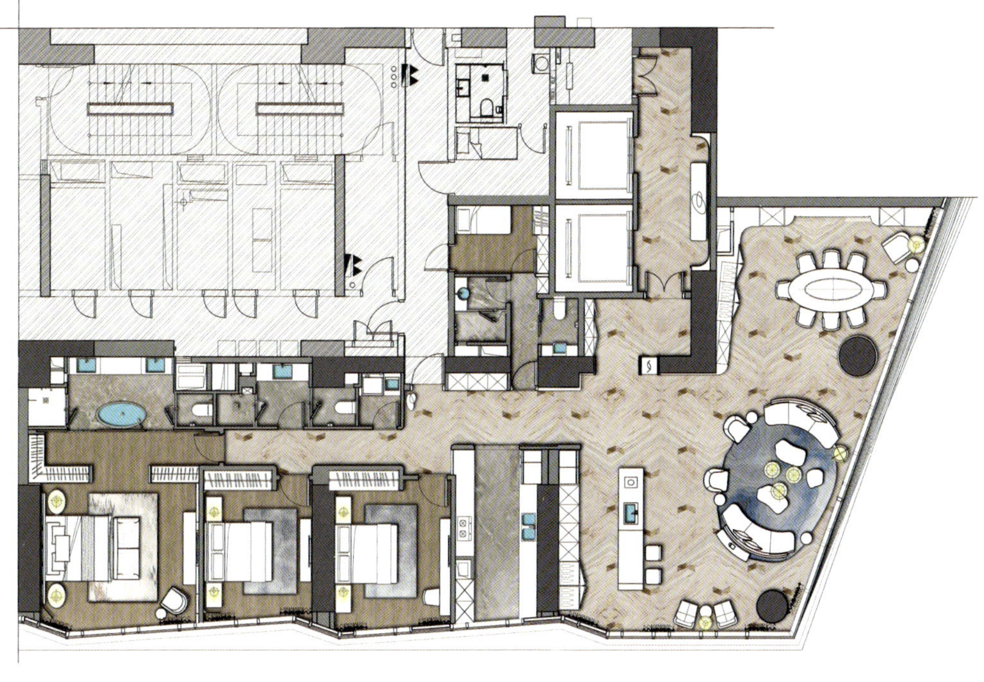

平面图

1 | 4
2 | 3 | 5

1. 舒适与奢华的融合
2. 艺术的生活化呈现
3. 高品质陈设搭配
4. 主卧开阔的观景尺度
5. 雅奢并行的舒适空间

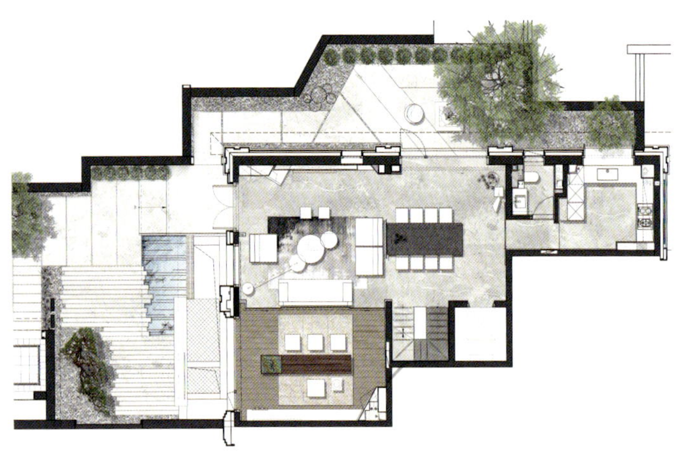

1F 平面图

2F 平面图

1. 禅境下的品茗空间
2. 禅意几何
3. 半遮半掩、互不干扰的一体空间

鲁能集团·北京格拉斯小镇样板房

设计单位：台北山隐建筑
设　　计：何武贤
参与设计：吕娴谋、刘玉萍
软装设计：台北山隐建筑、深圳木田设计
主要材料：天然石材、人造石英石、烤漆铁板、硅藻泥、喷漆、木皮板、木地板
面　　积：337 平方米
完工时间：2020 年 9 月
坐落地点：北京
摄　　影：RICCI 空间摄影

本项目采用“现代东方”的风格设计，又称“禅有几何，几何有禅”，乃将东方生活哲学思想，融入具有当代时尚的国际设计潮流之中，也就是“质实而不繁琐、巧艺上有创意、简约留白有空灵”。让生活于繁忙的城市中人，回家后却能跳脱尘世，建立一处遗世独立，兼具知性、感性与灵性的居家生活新境界。设计以现代几何的理性思考融合纯净单一的禅学为其核心思想；现代理性有序的生活和内敛温润的中国唐宋时期文化内涵，是本项目设计所追求的目标。改变炫丽繁琐的设计，回归有文化内涵的生活情境，让人从生活空间中体会、领悟到禅境，在静谧且具有启发性的氛围中，身、心、灵得以获得舒缓平衡与滋养。

1. 东方的留白之意
2. 几何与禅意的结合
3. 质朴而不繁琐的休憩场所

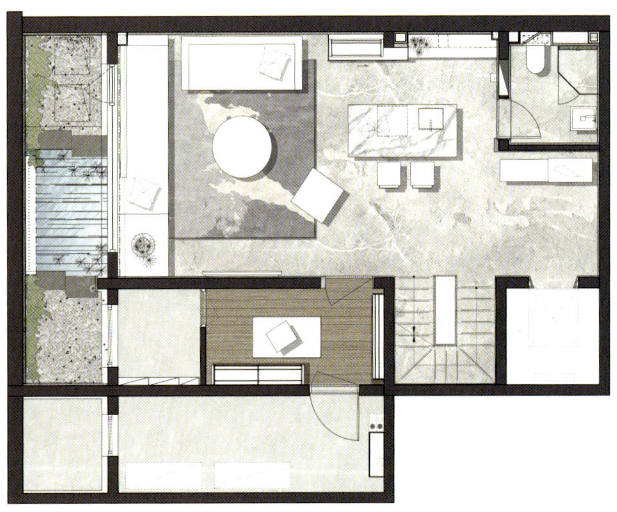

B1 平面图

B2 平面图

星河地产·南沙联排别墅

设计单位：深圳合舍室内设计有限公司
设　　计：张迎
软装设计：艺居设计 | 施少芬、高雅婷、黄文兰
面　　积：450 平方米
主要材料：象牙灰大理石、科定木饰面、金属不锈钢、艺术玻璃
坐落地点：广东广州
完工时间：2020 年 10 月
摄　　影：摩尔空间 | 李健超

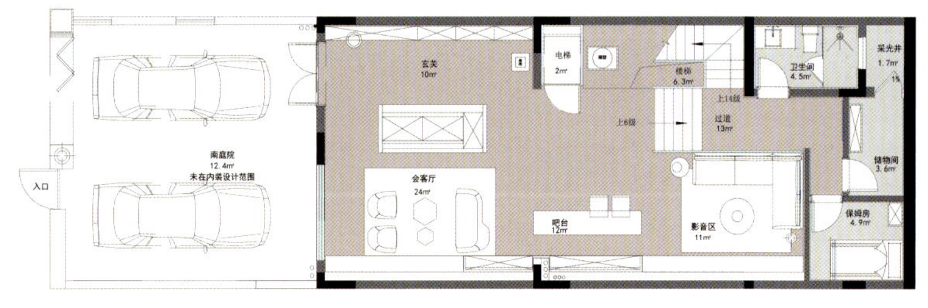

B1 平面图

会呼吸的人居美学空间

项目身处繁华却归于山水。建筑以融合共生的理念，依山就势，与四周山林融为一体。同样，设计师把自然的设计理念融入室内空间，在平面、立体与色彩构成上，运用几何元素、色彩与材质的强烈碰撞，追求人与自然和谐共处的开放模式，构建一个会呼吸的人居美学空间。

设计对空间的理解源于大部分人的生活主旋律：家庭、社交和工作，因此，在平面规划上，分别赋予负 1 至 1 层以及 2 至 3 层社交和家庭、工作的功能。

其中，客厅引入户外的开放氛围，打造室内天然氧吧。以米、木色为主色调，局部跳色丰富空间层次感。绿色生态元素的点缀使得家居环境更加富有生机，让人重新感受自然美学的生命力，一呼一吸间，回归生活本心。而对卧室的打造，设计师不愿意以装饰物吸引人的眼球，而是执着追寻那些潜藏生活表象之下的美好因子。通过色彩优雅的韵律感，空间呈现出高级的年轻感和品质感，设计以阔绰的生活尺度容纳独立衣帽间、卫浴以及阳台等空间，让日常起居成为一种享受。

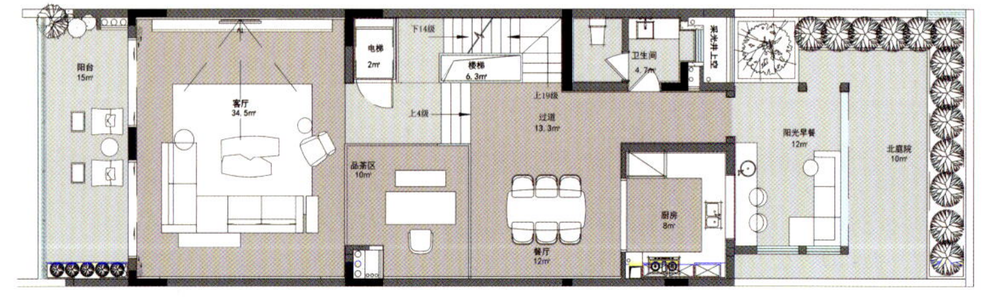

1F 平面图

1 | 2
1. 室内的天然氧吧
2. 米、木色调与跳色丰富空间层次感

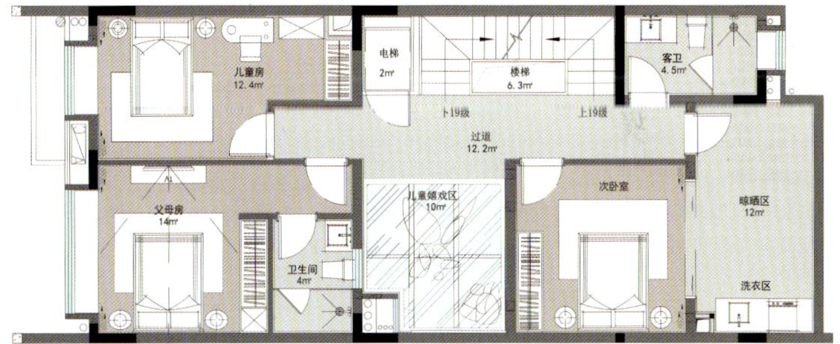

2F 平面图

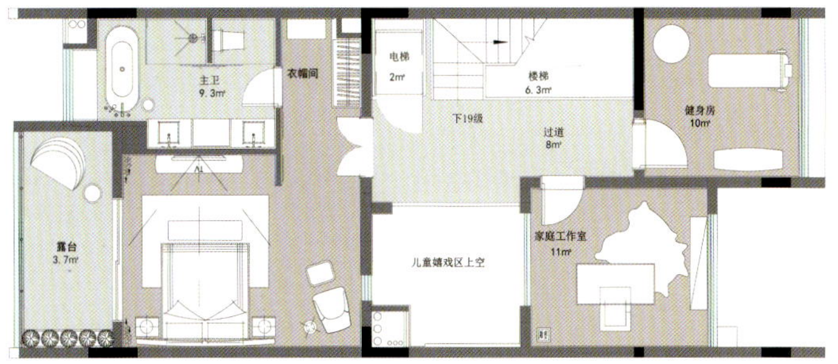

3F 平面图

1
2|3

1. 几何、色彩与材质的强烈碰撞
2. 高级的年轻感和品质感
3. 空间内外的联动

星河广州南沙丹堤别墅

设计单位：凯斯设计（深圳）有限公司
软装设计：广州市壹挚室内设计有限公司
设　　计：邓丽司
参与设计：梁明静、文斌华、魏日祥、李少聪
业主单位：星河地产集团
面　　积：520 平方米
坐落地点：广东广州
完工时间：2020 年 11 月
摄　　影：十摄影工作室 | 谭啸

1 | 2/3
1. 温润质朴的家具停留在惬意居中
2. 立意造境的苍松迎客创造意象相通
3. 光影随时间微妙地变化

空居山月间 | 简素也是一种美好

在广州·南沙区黄山鲁森林公园内，有这样一片直接能感知“空山的静，月出的惊”，晨起听鸟叫的惬意居住宅。如何让素朴的美学回归到生活本初？设计师需要重新探究。素朴的美学在古代是人文精神的投射，设计从“明月松间照，清泉石上流”中汲取灵感，寻求心物合一，找回生活的秩序感。

温润质朴的家具整齐有序地贯穿在天地墙的结构上，简单流畅的线条设计实现了收纳功能的间隔有致。立意造境的苍松迎客艺术画，让空间与艺术的对话之间，在虚灵与写实、对立与混融中，创造了意象相通的栖居之所。宴客厅的壁画用饱墨挥洒出山色空蒙的景色，将空间的人文情愫带入了更高远的境界。艺术品呈现了以动衬静的效果，勾勒出一幅“鸟鸣山更幽”的恬淡意境。树枝化身的艺术吊灯与餐厅的整体空间设计，碰撞出极具灵动飘逸的韵律视觉感。

伴随着搭配层次的视觉延伸，休闲区散发出幽和尔雅的美学观感。方格状落地玻璃窗将四季景色引入室内，在这一间小书房里，每天的光影随着时间微妙地变化着。挑高的空间设计让交叉斜顶天花达到视觉的延伸，家具以质朴的自然肌理来表达温润的室内氛围，在细节、明亮、质感肌理的相互交织下，将隐逸美学的意境娓娓道来。次卧以金属点缀，在东方意境之外，添加了一丝现代生活的精致感。书架格形设计在简约美学与功能之间实现平衡，通透溢彩的圆形灯饰与座椅的趣味性，呈现了空间灵动的层次感，营造出孩子的天真趣味与宁静阅读的场景。女孩房以低饱和度的浅粉紫色来强调出孩子特有的天真烂漫。色调与有趣家具搭配，让层次感与趣味性呼之欲出。

古人世界的氤氲之美，有种静水深流的力量，而艺术本身是从有限空间到无限空间的一种延伸，设计以另一种时代符号演绎了“气韵生动，中正平和”的传统意韵。

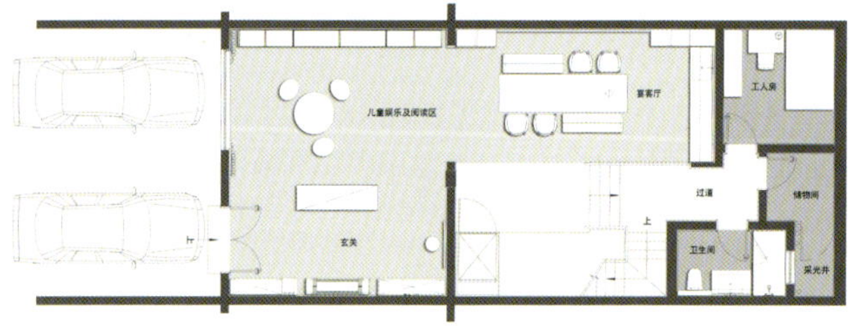

B1 平面图

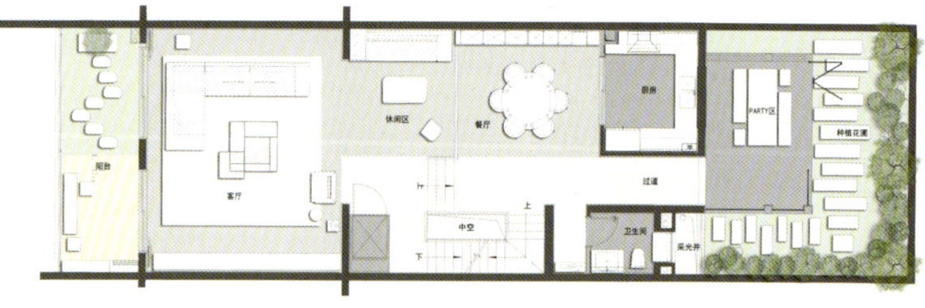

1F 平面图

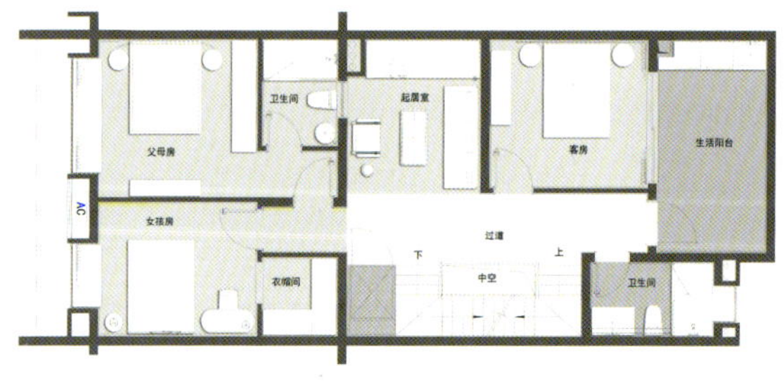

2F 平面图

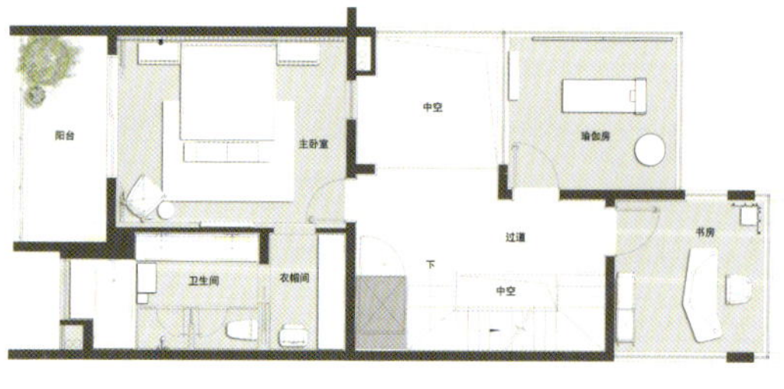

3F 平面图

1. 灵动飘逸的韵律
2. 饱墨挥洒出的山色空蒙
3. 东方意境之外的生活精致感
4. 通透溢彩的灯饰与陈设的趣味互动
5. 简约美学的书架格形设计

1

2

3

4

7

8

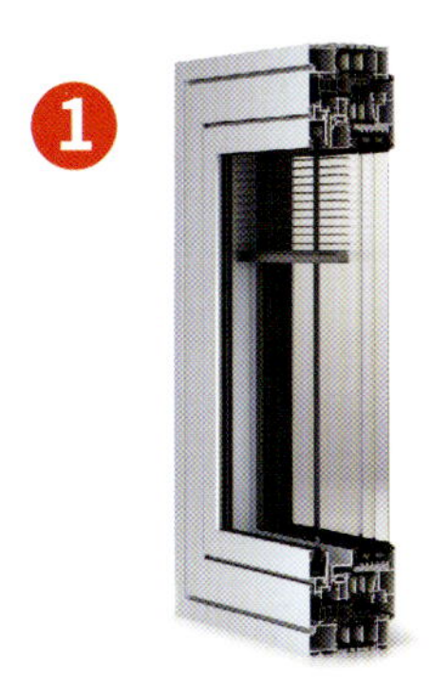

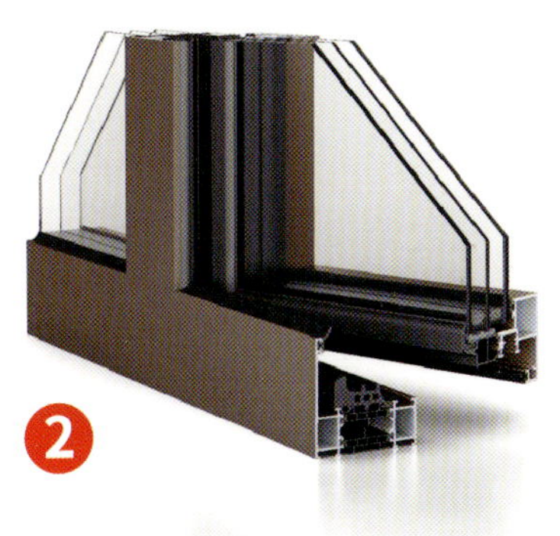

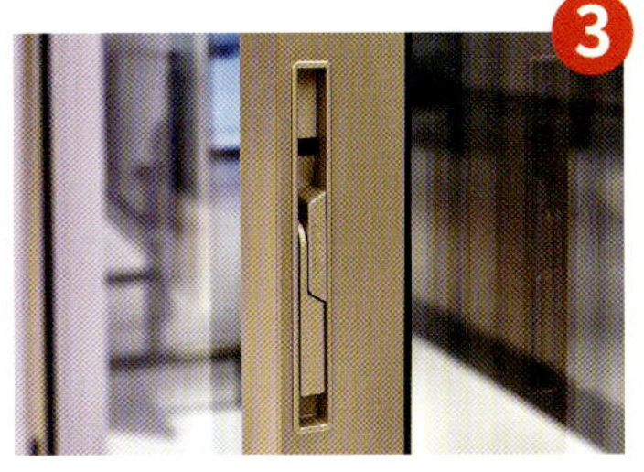

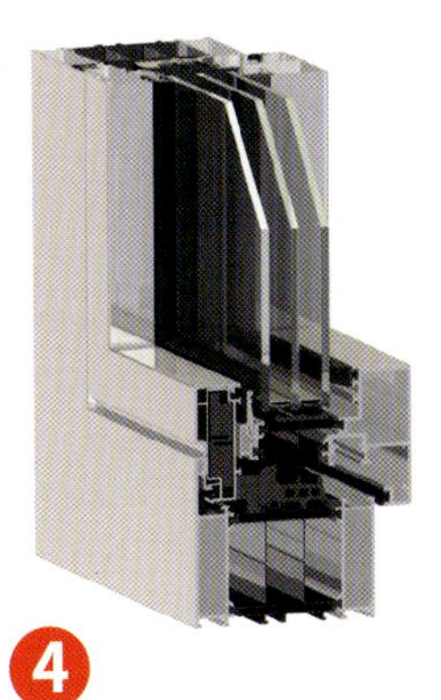

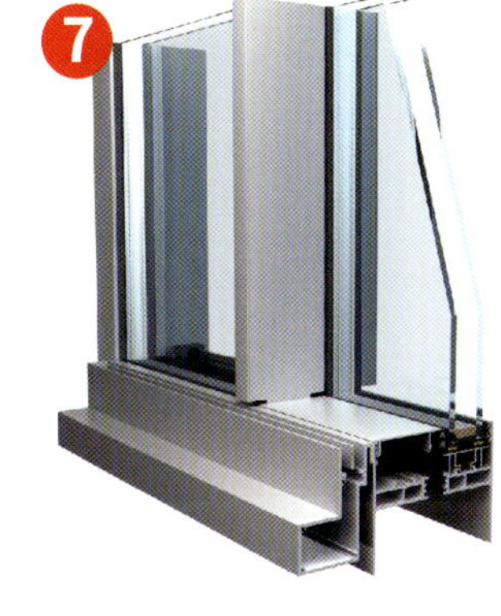

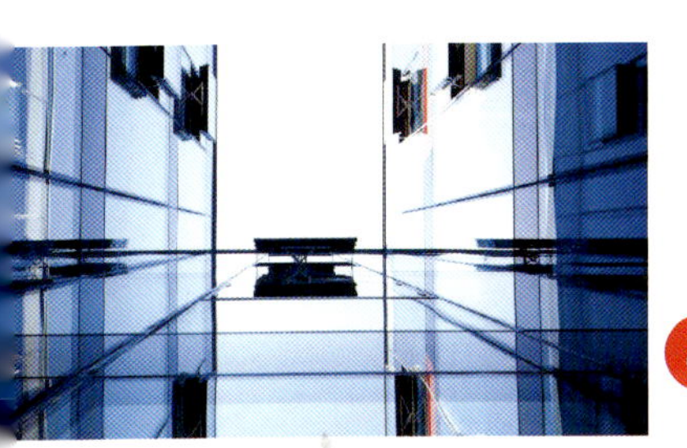

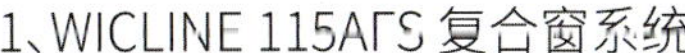

1、WICLINE 115AFS 复合窗系统

2、concealed sash 隐藏式窗扇

3、concealed handle 隐藏式把手

4、WICLINE 95 phB 被动房标准窗

5、WICSTYLE 65 无障碍门槛

6、WICLINE 75BP 防弹窗

7、Artline XL 全景极窄门

8、WICLINE 90SG 平行外推窗

9、WICSLIDE 75FD 折叠门

9

6

5

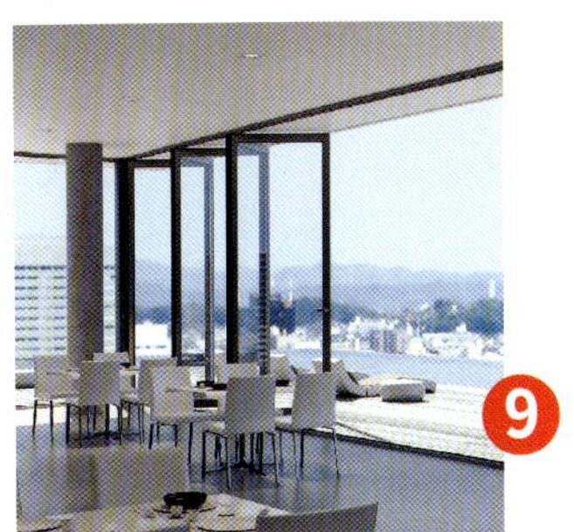

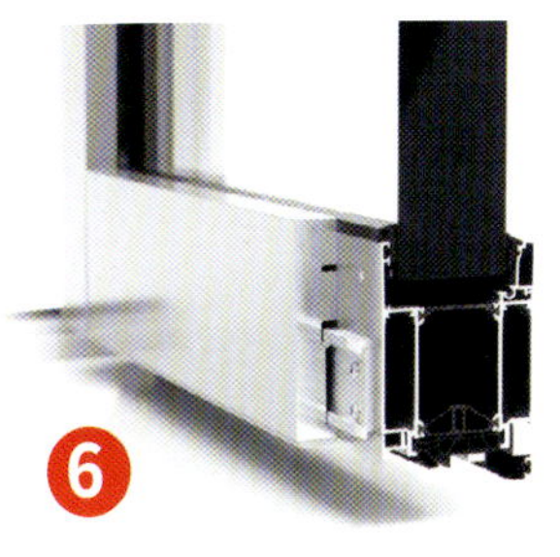

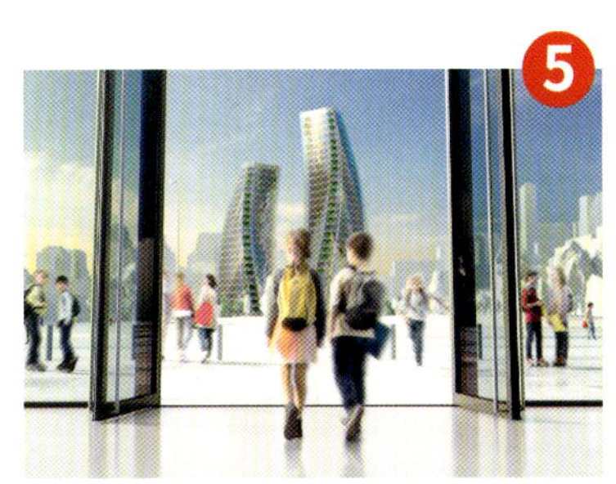

全球案例：https://www.wiconafinder.com

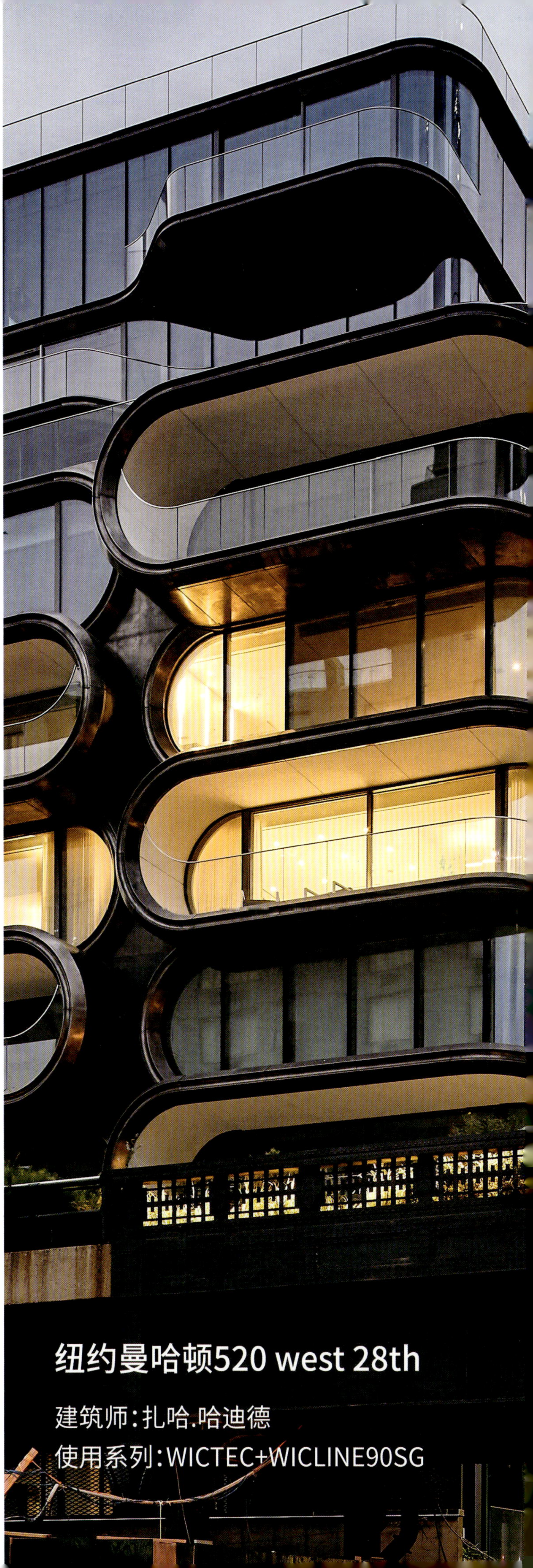
纽约曼哈顿520 west 28th
建筑师：扎哈.哈迪德
使用系列：WICTEC+WICLINE90SG

主编
陈卫新

编委（排名不分先后）
陈耀光、陈南、高蓓、蒲仪军、孙天文、沈雷、叶铮、徐纺、范日桥、王厚然、周红、周三霞、朱美乐

图书在版编目（CIP）数据

2021中国室内设计年鉴 1、2 / 陈卫新主编 . — 沈阳 :辽宁科学技术出版社 , 2021.11
ISBN 978-7-5591-2279-7

Ⅰ . ①2… Ⅱ . ①陈… Ⅲ . ①室内装饰设计 –中国 –2021–年鉴 Ⅳ . ① TU238-54

中国版本图书馆 CIP数据核字 (2021)第 197681号

出版发行：辽宁科学技术出版社
（地址：沈阳市和平区十一纬路 25号 邮编：110003）
印 刷 者：广东省博罗县园洲勤达印务有限公司
经 销 者：各地新华书店
幅面尺寸：230mm × 300mm
印　　张：80.5
插　　页：8
字　　数：800千字
出版时间：2021年 11 月第 1 版
印刷时间：2021年 11 月第 1 次印刷
责任编辑：杜丙旭
特约编辑：李娜 程怡珺
封面设计：上加上设计
版式设计：上加上设计
责任校对：韩欣桐

书　　号：ISBN 978-7-5591-2279-7
定　　价：658.00元（1、2册）

联系电话：024-23284360
邮购热线：024-23284502
http://www.lnkj.com.cn

A-Zenith
新海派的多元与多变，
为生活带来更丰富的共鸣。
无论外界多么嘈杂，
当你回到家，
便回到了属于你的自由空间，
心境也随之悠远辽阔，自由无上。

西坡 · 江山

设计单位：德清滟阳下装饰设计有限公司
设　　计：任贤莉
参与设计：杨晓燕、沈菲
软装设计：沈雅、钱启帆
面　　积：2364.8 平方米
主要材料：彩砂水泥磨面、夯土墙、原始木结构、小青瓦
坐落地点：浙江江山
完工时间：2020 年 8 月
摄　　影：人像图书馆

西坡 · 江山有着得天独厚的地理位置，参差错落的竹林包裹着成片的梯田，上古村落里的夯土房都有着百年的历史。设计在与自然的相处中汲取灵感，保留了原有建筑中所有的木头、墙面以及框架，如天井、矮门等；同时又在其中点缀了当代乡居生活的质感，如自制的竹凳、山茶花灯等，使得这处村落重新焕发出了荣光与自信，也成为现代都市人避世旅居首选的目的地之一。

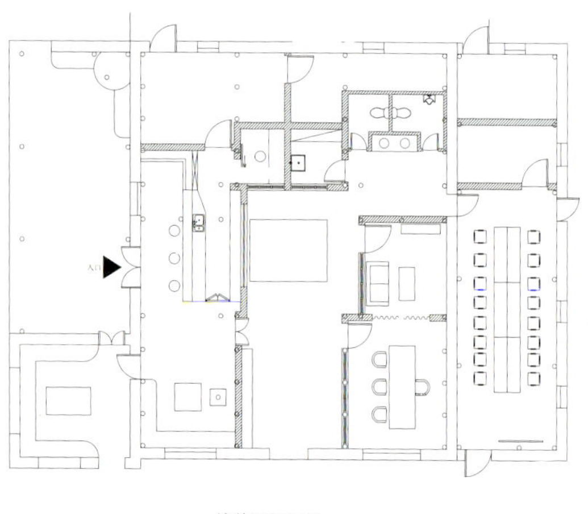

接待区平面图

1 | 3
2 | 4

1. 百年遗留的夯土房
2. 户外泳池与休闲区
3. 接待中心廊檐
4. 乡居生活的质感

1. 窗边的案几
2. 老藤椅与古坐榻
3. 墙面斑驳引起过往的回忆
4. 客房与田野的故事
5. 古朴却现代的餐厅
6. 拱门下的空间一角

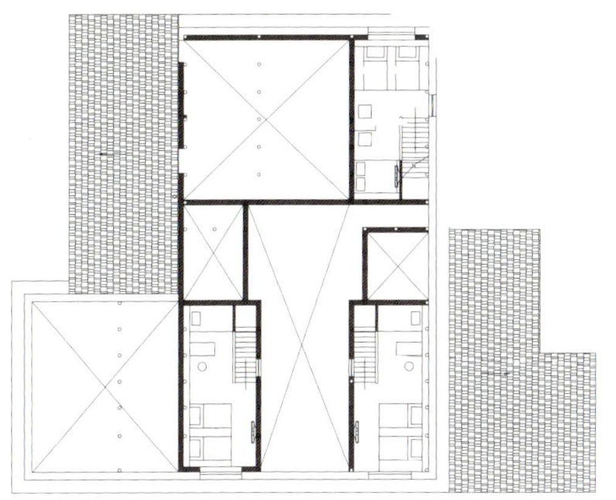

一号院平面图

慢点儿·拾间

设计单位：竹间设计
设　　计：韩帅
参与设计：杨鹏
软装设计：庞璐
面　　积：620 平方米
坐落地点：天津
完工时间：2020 年 10 月
摄　　影：金伟琦

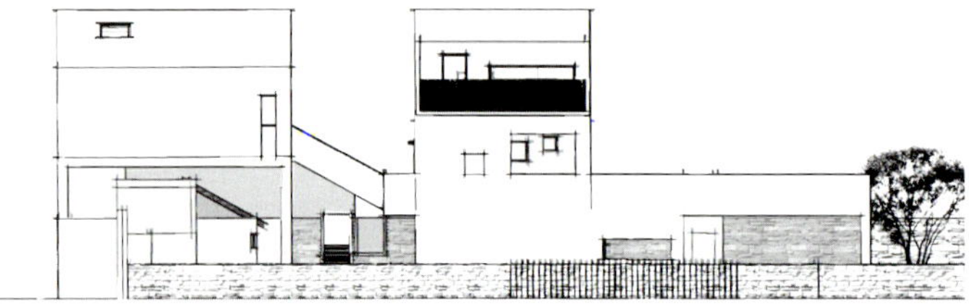

设计手绘稿 1

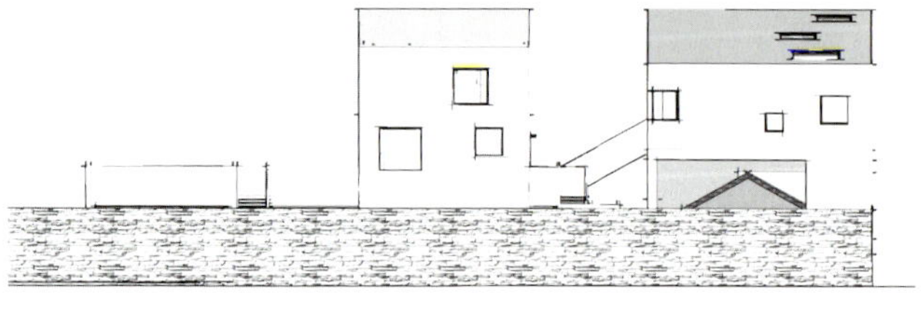

设计手绘稿 2

这是一个山脚下村落旧房改造的项目，原始建筑是一间乡村民宅，自带一个很大的院子，房屋具有北方建筑的特点。设计在保留村落味道的同时加入现代的手法，运用大的落地窗，将室外的建筑与景色化为框景展现出来。将周围的景色利用到极致，设计上通过大小景窗将室外的景色引入眼帘，加入天窗，将乡村独有的璀璨星空引入室内。建筑外皮更是以白色为主调，将自然与纯粹展现至极。

在这所民宿中，一种新的生活方式深入每一个细节中。从错落的入口走入院落，一步一景，远山的景色如画卷一般展现出来。入口左侧的餐厅更是一个多变的空间，不同时段表达多种空间性质，可餐可酌可闹可静。

餐厅对面是三间客房，每一间都可以透过窗看到独特的景色。在房间置入盒子理念，引入凸窗，增加的休闲平台，将二维转化到三维，使建筑外观上更加立体。走上二楼是极简的三间客房，平面构成的窗将简单的空间变得饱满，一个角度可以眺望不一样的远山景色，因为窗的多变仿佛一幅幅画挂在墙上。再走过一段踏步廊桥是四间带有天窗的客房，立体的雕琢方式将简单的房间变得不再方方正正，而是各种不对称的构成形式，借着窗外的景色将原本单调的房间变得灵动起来。天连地的景色在室内延伸，几间 LOFT 户型的客房更是通过纵向延伸的方式，给平淡的客房增加趣味性。

穿过建筑，走到庭院里面，二层是一个与建筑相连的室外平台，在一层通过露台这个灰空间将建筑和泳池连接在一起，蓝色的水面在阳光下波光粼粼，静谧、灵动。建筑错落形成的各种不规则的天井，将平面的院落更为立体地展现出来，仿佛透过相机看世界一般。山脚下堆放的碎石将原生态的地势引入庭院深处，这与简洁的草坪融合形成一种静谧的美。

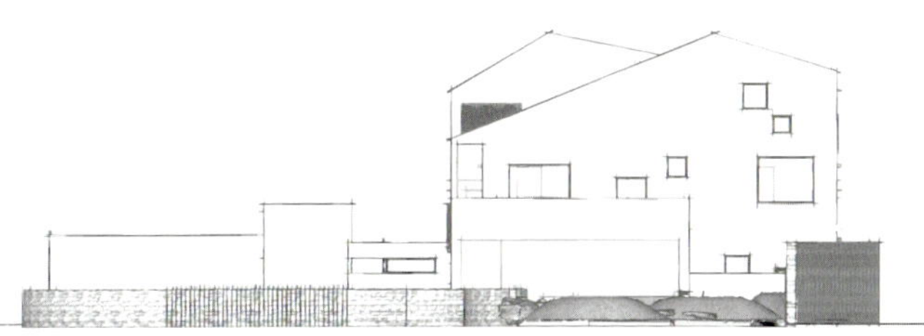

设计手绘稿 3

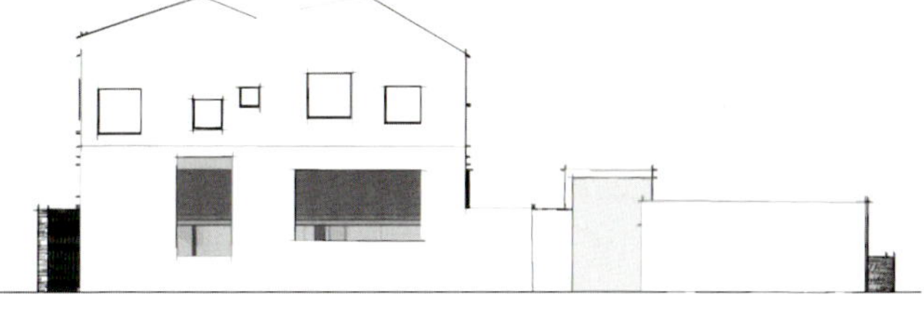

设计手绘稿 4

1 | 2 | 3 | 4

1. 建筑与泳池连接为一体
2. 波光粼粼的蓝色水面
3. 远山的景色如画卷展开
4. 渐消渐隐的室外平台

1		4
2	3	5

1. 休闲露台
2. 非对称式的空间布局
3. 立体的客房雕琢
4. 可餐可酌可闹可静
5. 多变的窗景构成装饰画

松赞·南迦巴瓦山居

设计单位：STUDIO QI 建筑事务所
设　　计：戚山山
参与设计：吴尚明
面　　积：4250 平方米
主要材料：石材、混凝土、实木、玻璃、铜
坐落地点：西藏林芝达林
完工时间：2021 年 3 月
摄　　影：肖石明、金伟琦

无论在藏人心中，还是世人眼里，南迦巴瓦都是一座无法逾越的神山。这不仅是对于其高度、山形的仰止，更是对于这片土地上历史宗教的敬畏。

南迦巴瓦山居在外轮廓上沿用了松赞传统的藏式石木建筑风格，33 间客房全部直面南迦巴瓦，为绝佳景观房，在房内无论坐卧，都恍若置身于雪山的怀抱当中，与广袤的自然融为一体。内部采用的是设计师特别设计的成套核桃木榫卯家具和沙发组合，配有弥散式供氧设备、水地暖、智能马桶等，传统空间与现代舒适感在自然中和谐相融。同时山居外拥有 3 个 9 米宽、10 余米长的大型观景水池，将南迦巴瓦的身姿、天上流动的白云，还有夜空里的星河，统统引到山居窗前，如梦如幻。

空间整体色调定为偏红的暖色。客房内，床正对着南迦巴瓦峰，整体外窗向两侧完全推开，迎接更开阔的风景。客房阳台有着近 5 米的景观面，客厅与阳台相互借用、融为一体。将阳台推拉窗完全推开，窗框一并折叠，客厅便成了大型景观阳台，用一道不影响视觉体验的大玻璃隔离，全画幅景观引入房中。

悠闲的山居生活不仅限于客房，主楼内的多功能公共空间提供更多选择。四层的建筑中，利用轴线和撑满整面墙壁的推拉窗，使每个空间都拥有通透宽广的景观面。每层都带有面积不等的露台，将舒适体验延伸到自然空间。在大堂、餐厅、会议室之外，是位于主楼三层的酒吧和跃层书吧，楼梯旁两层高的书架，营造出一个充满着温度的理想阅读空间。品一杯香茶，眼前可以是南迦巴瓦峰，也可以是“瓦尔登湖”，在距离自然最近的地方，透过感官与阅读，回归内心的平静喜乐，感受与自然共同呼吸的浪漫。

1. 松赞传统的藏式石木建筑
2. 全画幅景观迎入空间
3. 偏红的暖色调呼应难忘的秋色
4. 藏式风格下的舒适体验

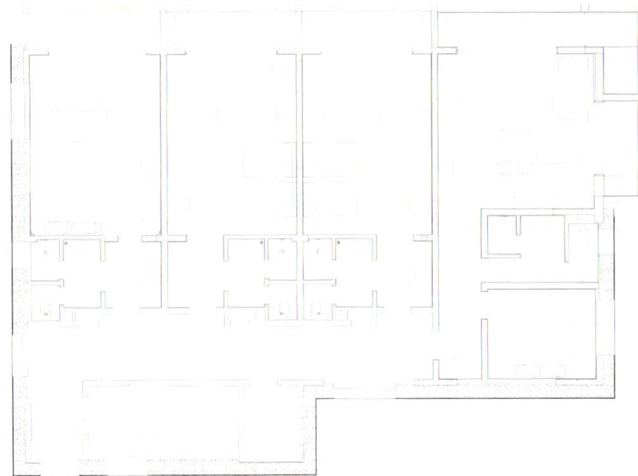
1F 平面图

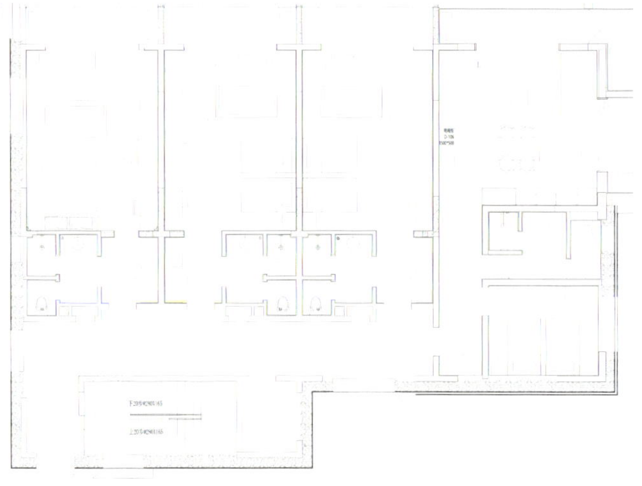
3F 平面图

1 | 3
2 | 4

1. 悠闲的山居酒吧
2. 与自然共同呼吸
3. 充满温度的理想阅读空间
4. 世外桃源的烟火生活

1	3
2	4

1. 咖啡厅和围合式壁炉
2. 可视的窗景意为画境
3. 客房的功能多变性
4. 新旧材质的对比

偶寄·杭州精品民宿酒店

设计单位：是合设计工作室
设　　计：龚剑、刘猛
设计团队：张杰、凌惠鸿、吴凯伦、宋永健、徐贞
结构设计：浙江广厦建筑设计研究有限公司 | 张海航
面　　积：800 平方米
坐落地点：杭州市临安区太湖源镇天目山
完工时间：2020 年
摄　　影：是合文化、叁三影像

偶寄位于杭州市临安区太湖源镇天目山景区山麓处，场地内景致如画，可眺望远处村落，勾勒出一幅“山麓炊香有人家”的淡墨山水。场地内有一栋建于 20 世纪 70 年代的老宅，很幸运其大部分夯土墙和木构架被相对完整地保留下来。设计师将这栋老宅视为一代人的生活记忆和情感载体，并将其定义为酒店整体规划设计的核心。

设计团队对该项目进行了整体规划，保留一栋老宅，一栋在原址上拆建的新建筑，整个场域由东、西、南、北四个院落构成。对老宅的原始墙体及木结构进行了修复和结构加强，并用钢构结合陶粒混凝土重新浇筑了楼板。针对老宅的改造设计理念，用回收的老砖为原有的夯土墙穿了件“外衣”，将木结构合理地在室内空间裸露呈现，老宅的岁月痕迹和结构美完整地呈现在客人的视线中。设计师将老宅原本单一的居住功能置换成酒店的复合功能，兼具了大堂、前台、休闲区、茶室、西厨、中厨、餐厅、客房等功能空间。老宅二层设置了 2 间客房，每间客房的屋顶都增设了较大幅面的天窗，分别位于客厅、卧室和卫生间的上方，有效改善老宅室内空间的照明质量。在老宅东侧用钢构结合玻璃幕墙的形式新建了一间坐落在水上的 YING 餐厅，庭院内栽种了日本早樱，春天樱花盛开时，在这里可以享受到独一无二的用餐体验。

通过玻璃走廊从老建筑进入新建筑，新老建筑之间有 1.5 米的高低差，在走廊两侧水面的映衬下彷佛人是从水下浮出水面一般。新建筑一楼有两个休闲区，南面的休闲区透过玻璃幕墙将户外美景尽收眼底，西北面的休闲区设置了真火壁炉，入冬后在这里围炉取暖，喝杯咖啡，舒适惬意。新建筑二、三层共设置了 5 间客房，每间客房都配有独立观景阳台，客房内大幅落地窗满足白天自然采光的同时也将户外美景引入室内。客房的卫生间采用“水晶盒”的设计理念，通透明快的设计满足了客人“不同寻常”的体验，同时在“水晶盒”外围设置了暗轨纱帘，保证了使用卫生间的私密性。新建筑外观采用水泥肌理的块面化设计语汇来表达，未来还会将实木百叶“表皮”安装完成，从实木百叶过滤进来的光线让室内空间随着光线的变化渲染出流动的光阴肌理。

在西院设计了无边际泳池，与泳池相邻的是一个可同时容纳 6~8 人的下沉式广场，泳池和下沉广场之间间隔 90 厘米的平台具有“吧台”的功能。东、南、西三个院落朝南一侧用玻璃护栏进行围合，在视觉上模糊了场地边界，在庭院里可以毫无遮挡地眺望远处村落，一览无余。

1 | 2
1. 从南院看向新建筑
2. 边界的模糊

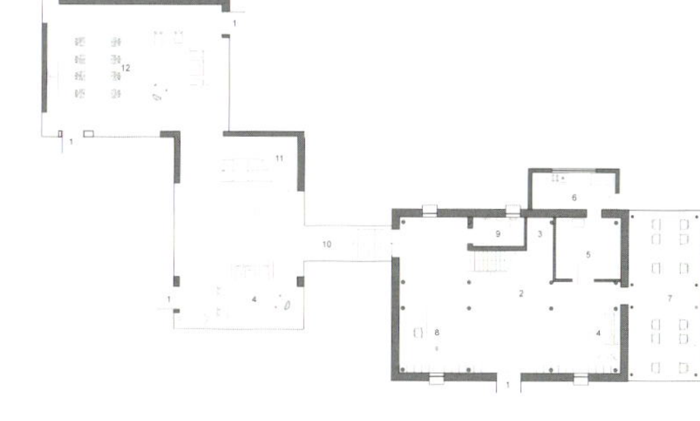

1F 平面图

场地图

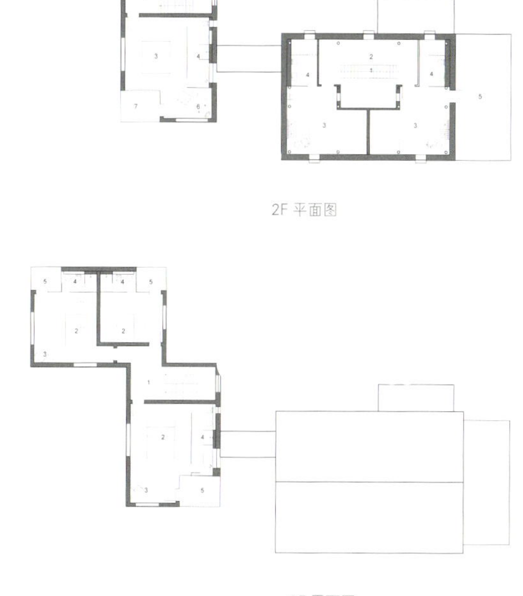

2F 平面图

3F 平面图

1 | 3
2 | 4

1. 一楼茶室和二楼客房
2. 阅读区
3. 将自然采光引入休闲区
4. 通透的客房与美景

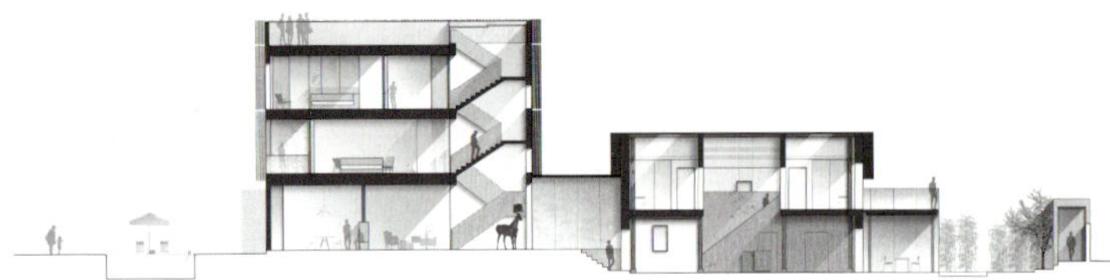

立面图

剖面图

西安诗唐花朝艺术民宿

设计单位：上海·禾易设计
设　　计：陆嵘
主要材料：石材、木饰面、肌理涂料、仿古铜/瓷砖/竹帘/竹编的壁纸等
坐落地点：陕西西安
摄　　影：三像摄

项目坐落于西安长安区王曲南堡寨的古村落旧址上，隶属“长安塘村中国农业公园”，背依神禾原，远山近水环抱，生态丰茂，四季如画。作为唐文化背景的主题民宿，设计旨在此创造唐文化繁荣之上的包容与收敛，属于乡野山林的素朴与喜乐，远离纷扰的悠然和自得。

通过空间布局上的推敲、材料和色彩的过滤、软装的提炼，营造出视觉环境上的闲适意趣。更有对细节和质感的处理，使触觉感受细腻舒适。门厅是第一印象空间，这里有迎客接待、围坐倾谈的地方，也有餐饮招待的区域。硬装方面，实木梁柱、肌理涂料、青石地面，还原出唐风的古朴；软装相间点缀其中，打造出颇具古风的生活气息。会客区的火炉区最为瞩目，立在烟囱上的那只铜鹤，寓意带来丰收与祥瑞。精湛的工艺，令其轻盈展翅，栩栩如生。在此围炉而坐，畅心倾谈再惬意不过。

环顾四周，从文人的匾额、唐画、书册、器皿到村夫的笠帽蓑衣、背篼、竹篓，慢慢过渡到餐饮区的五谷丰登、以食为天的壁挂……质朴的印象中，处处透露着精致的生活痕迹，好似展开了一幅田园居士雅趣又洒脱的耕读生活图卷。

唐人好茶，饮茶文化为“比屋皆饮”之势。茶室在这里代表着一个时代的风尚象征，茶席的一侧设置了地台，以缅古人席地而坐之情怀。屋内从挂屏摆设，到鼓墩座榻，都若有似无地流溢出氤氲的文艺气息。

从公区到客房，家具配饰的形态与细节均是对唐代文人生活情趣的挖掘，源于艺术提炼后的演变加工，都值得细细玩味。而作为精品民宿的客房，既要有家的舒适感，又要有度假的仪式感。所以，对客人入住的体验感受亦是我们关注的重点：可以步入的衣帽柜、供沐浴赏景的窗边浴缸、还有可以饮茶的地台……除了休息，这里还提供了不同的生活方式和态度。

1. 围坐倾谈的印象门厅
2. 门厅接待台
3. 以食为天的壁挂
4. 唐风古朴的茶室

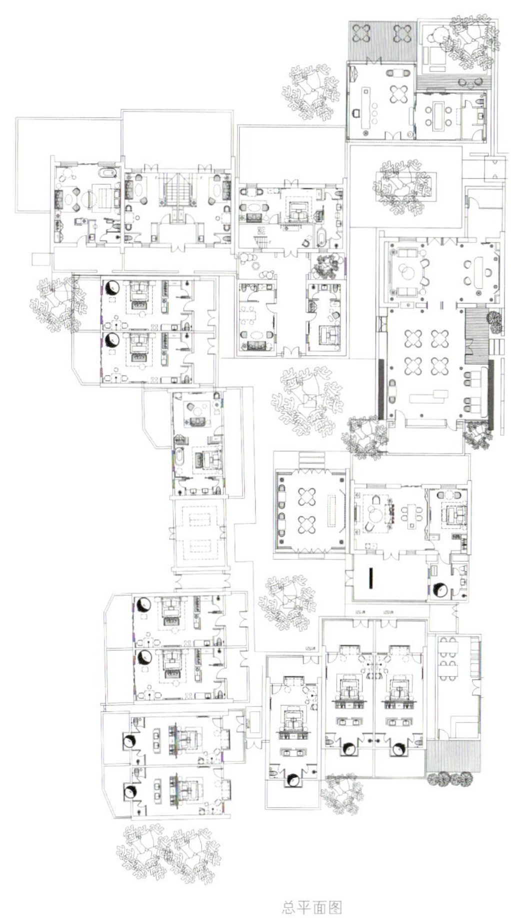

总平面图

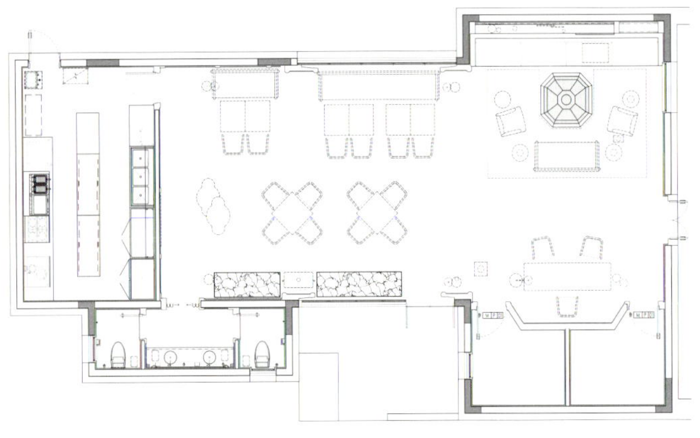

餐厅平面图

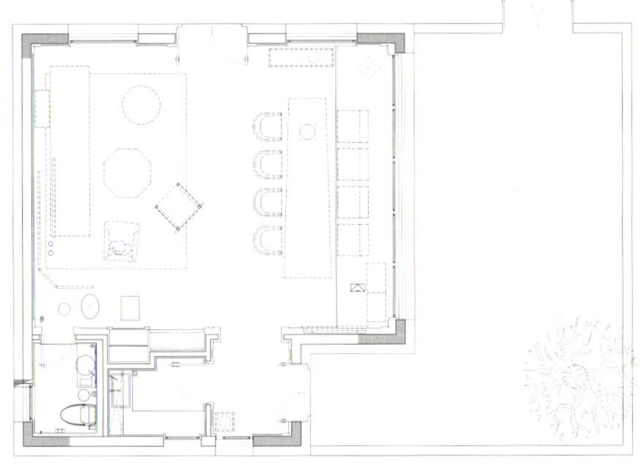

茶室平面图

1 | 3
2 | 4

1. 餐厅精致的生活痕迹
2. 流溢氤氲的茶艺气息
3. 唐代文人的生活情趣
4. 客房卫生间

景庆堂

设计单位：天易居（苏州）规划设计有限公司
设　　计：孙军
参与设计：赖敏志
面　　积：660 平方米
主要材料：苏式金砖、老石板、花格窗、扪包、金属、木头、微水泥
坐落地点：江苏苏州
完工时间：2021 年 1 月
摄　　影：吴辉

景庆堂以东方印象为方向，主张传承东方文化思想，以当代的创作手法，结合现代人的鉴赏观，修复老宅并以新的民宿形式保存老宅，让老宅以新的形式风貌面向大众，让更多的人喜欢上老宅而更珍惜这些以前的记忆。

整体空间从园林元素中提取动态元素，引申出苏式园林的空间秩序，表现出自然写意的内涵，汲取了自然中的山川河流的动势，打造出沉淀的文化底蕴。设计师用园林的精神意象，为我们勾勒出一处自然的场景，这种自然并非源于景观或者建筑，而是产生于一种故事和文化的衍生和互动。

一层以民宿的公共区域为主，餐厅、茶室、聚会、休闲一体化，合理的动线规划使得空间更加灵动。在室内设计中结合人文文化、建筑学、美学、人体工程学等，将其运用到空间环境中。通过特色鲜明的文化符号和设计语言，以建筑为依托，营造了一个富有人文关怀的公共空间。二层为住宿区域，给人们提供安静的居住环境，共三间套房，功能齐全。

新旧建筑交替的空间是设计的重心，空间界面以大面积新墙面的白，碰撞局部保留的老墙面的灰，更结合楼梯上大胆运用的红，搭配出让人眼前一亮的效果。设计上充分利用建筑空间与光影的关系进行设计，老木头与瓦砾述说着过往的历史事迹，随着时间的更迭，空间光线变幻被发挥到极致。

设计师遵循“该现代就现代，该以前就以前”的设计思维，房顶岩板未曾动过，整个房顶都是明代的，房顶以下都是现代的，这种泾渭分明的冲突感，让人感到十分新奇。

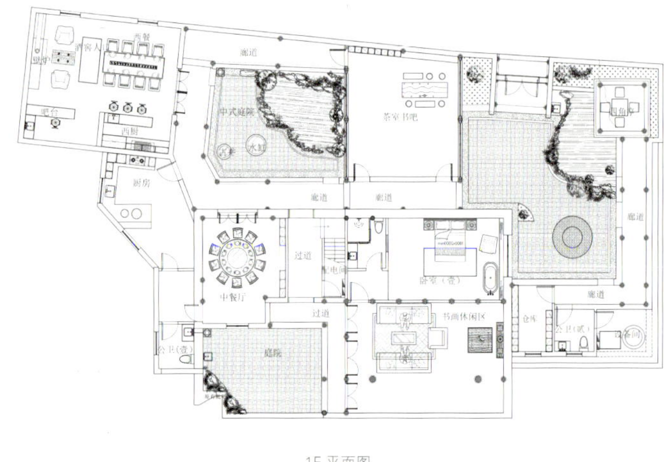

1F 平面图

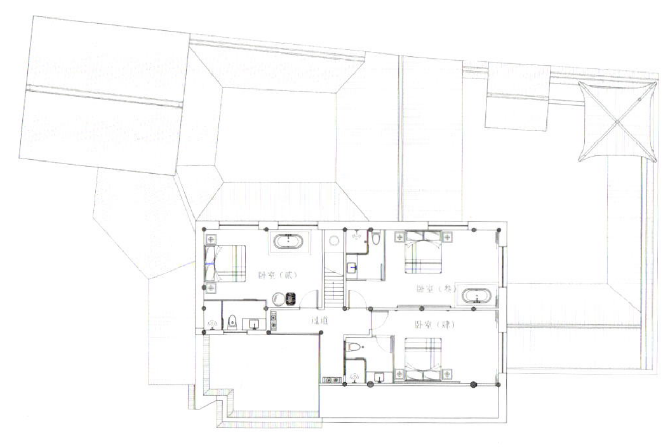

2F 平面图

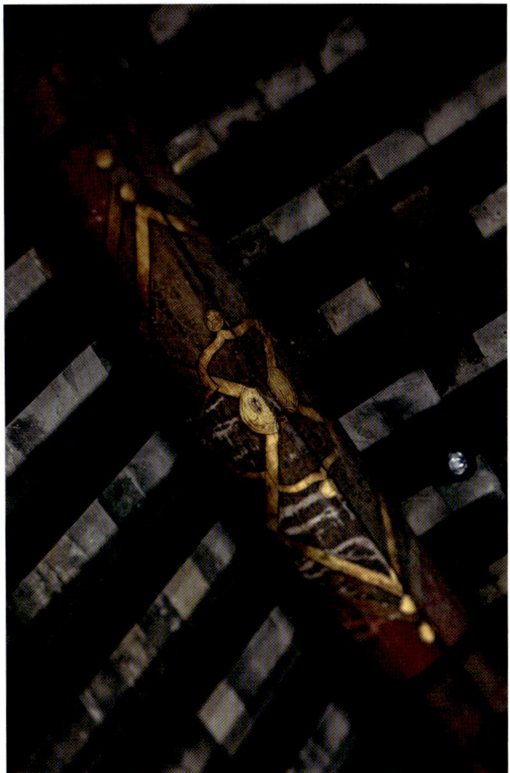

1 2|3 4

1. 内院庭落深深
2. 老宅的邂逅与相遇
3. 主梁上纯金丝花纹被完美保留
4. 园林的精神意象勾勒自然

1 | 3
2 | 4

1. 简约古典的雅致之美
2. 茶室里外与光影
3. 餐厅与壁炉休闲区
4. 明代的房顶，现代的生活

灯光规划上区分公共区域及内部空间，整体以明亮为主，保持诊所干净卫生的形象。公区大量使用间接照明，柔和医疗诊所予人冷调疏离的感受，并通过连续灯带拉长空间视觉比例；就诊间内的灯光则以满足功能为主，牙椅上方为主要照明，周边则为设备灯，另有间接照明的均匀光平衡内部明暗。

建筑共四层楼，水电及医疗管线等可预埋于天花或楼板内，不会影响到其他住户，施工上相对简单。困难之处则在于专业尺度上的对接，医疗设备尺寸、移动缓冲、医疗人员动线与活动空间上皆须精密计算。事前多次与专业团队进行反复讨论与整合，在不牺牲任何专业需求的前提下加入设计概念及美学，借由手法及空间氛围衬托业主的医疗专业。

1 | 2

1. 白色流线装饰下的座椅

1. 优雅的外立面

2. 原生态元素装点空间

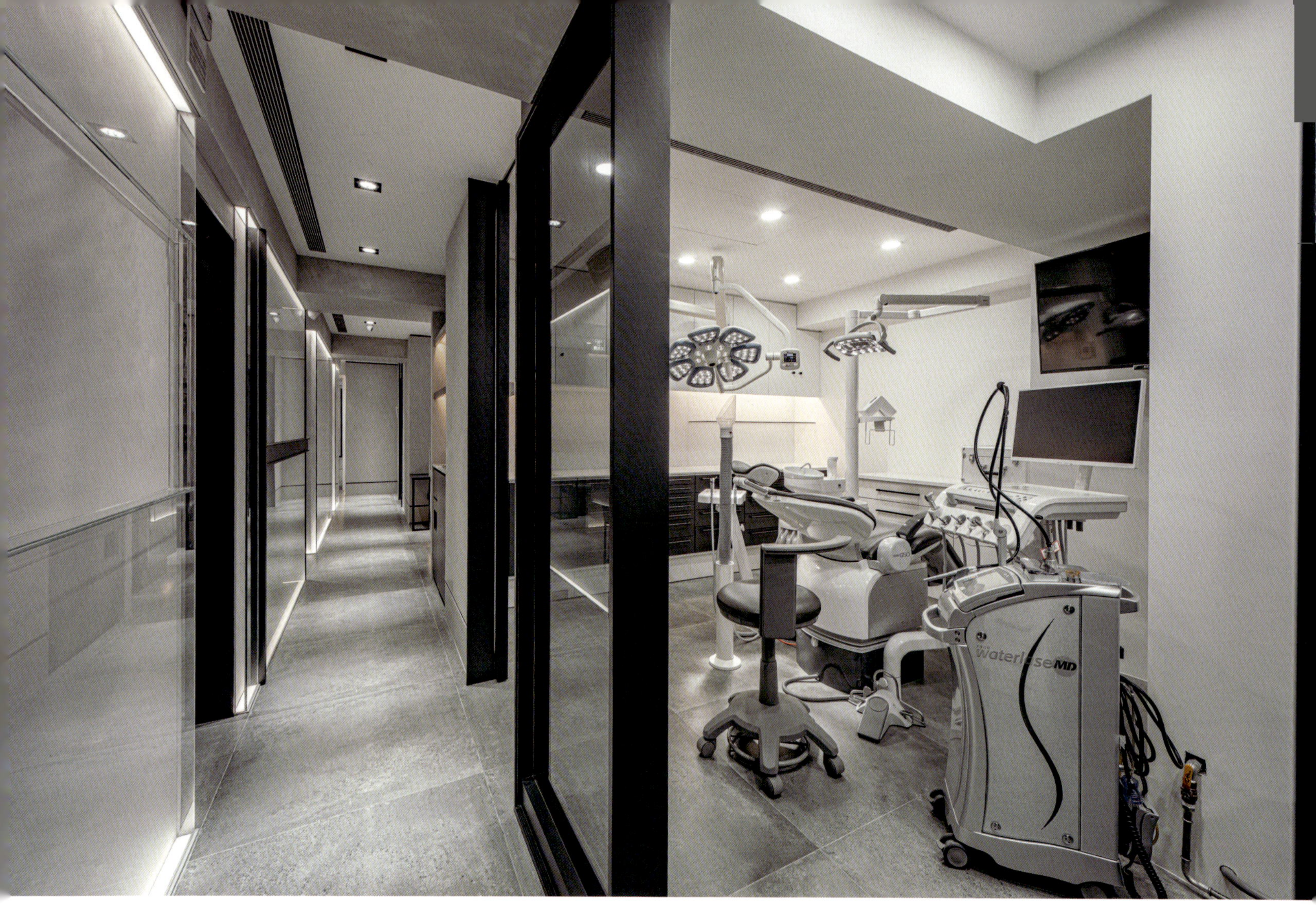

1. 就诊区的墙面支撑依靠玻璃及铁件
2. 灯光呈现空间的穿透感
3. 摄影棚
4. 二楼的候诊区域

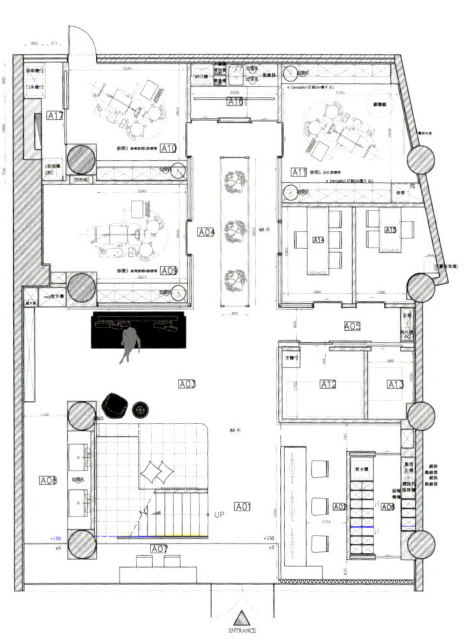

1F 平面图

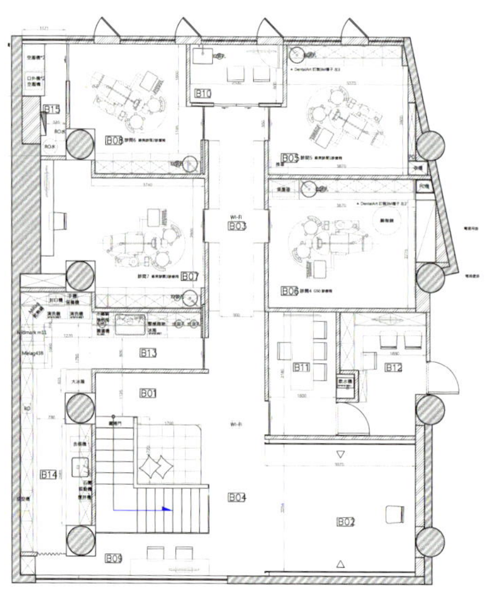

2F 平面图

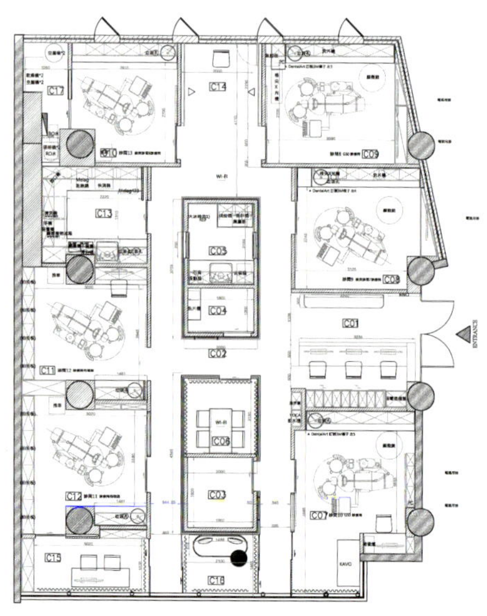

3F 平面图

broncolor para 133

全世界最治愈的家

设计单位：宇合光年
设　　计：张耀天
参与设计：陈彦周、陶安娜、徐大伟、黄颖文
软装设计：向海燕、张淼
平面设计：骆聪毅、邰淑婷、茅伟
灯光设计：刘超、胡晓伟
面　　积：200 平方米
坐落地点：重庆
完工时间：2020 年 12 月
摄　　影：《梦想改造家》导演组、张瑞华

1. 28 代表了一个治疗周期
2. 大量运用使人治愈的橙色和安静的白色
3. 拆除了原有 4 间病房的隔墙后保留了 9 个床位
4. 两个房间之间的楼梯供孩子玩耍

关于 H28 治愈星球的创立，在初步方案构建时就确定要植入星球社群的概念，设计团队以打造 IP 世界的维度将多元化设计融入整个星球中，构筑拥有完整自我运作与体系规则的新世界。除了满足治疗上的生理需求，更多考虑到儿童的心理需求、儿童生长期的认知需求等，以求打造空间中的多样性与完整性。“H28 星球”也有着 Heal Planet 的寓意，28 则代表了一个 28 天的治疗周期，在这里被演绎为 28 个星球日的并肩作战。

植入 IP 世界的元素后，结合智能科技与游戏化的规则制定，通过显示屏连接着孩子们的治疗情况，以完成每日任务的方式将孩子们惧怕的医疗内容转化为积分累积，通过游戏化的方式鼓励他们积极治疗和自我管理。当集齐 28 个能量印记时，便可召唤出守护印记，以此兑换适当的奖励。

治愈星球与普通病房大不相同，空间运用了大量使人感到治愈的橙色和安定的白色，让孩子们在星球中舒适又放松。每个房间彼此分离又相互重组，变成一个整体治愈开放的空间，每个房间的玻璃可以在磨砂和透明中自由切换，既注重隐私又兼顾了采光。孩子们可以保持愉悦的状态获取外界的知识，在“任意门”的帮助下，利用远程视频连线，配合工作人员讲解，随时链接自然博物馆、动物园等，仿佛身临其境，孩子们会在最安全的距离看到外面的世界。亲子的互动也成为设计一大要点，因为特殊原因父母每天的陪护时间非常有限，有趣的“游戏盒子”以及由双层绳网打造的独立休闲空间，都成为父母与孩子之间的秘密交流花园，同时给家人们带来了心灵上的舒缓。

回归空间本身，拆除原有 4 间病房的隔墙，保留了 9 张床位。为挤出中央活动广场的空间，不断试验，在保证病床无障碍的移动与医院特殊环境的动线需求下，将空间的平面布局调整到了极致。

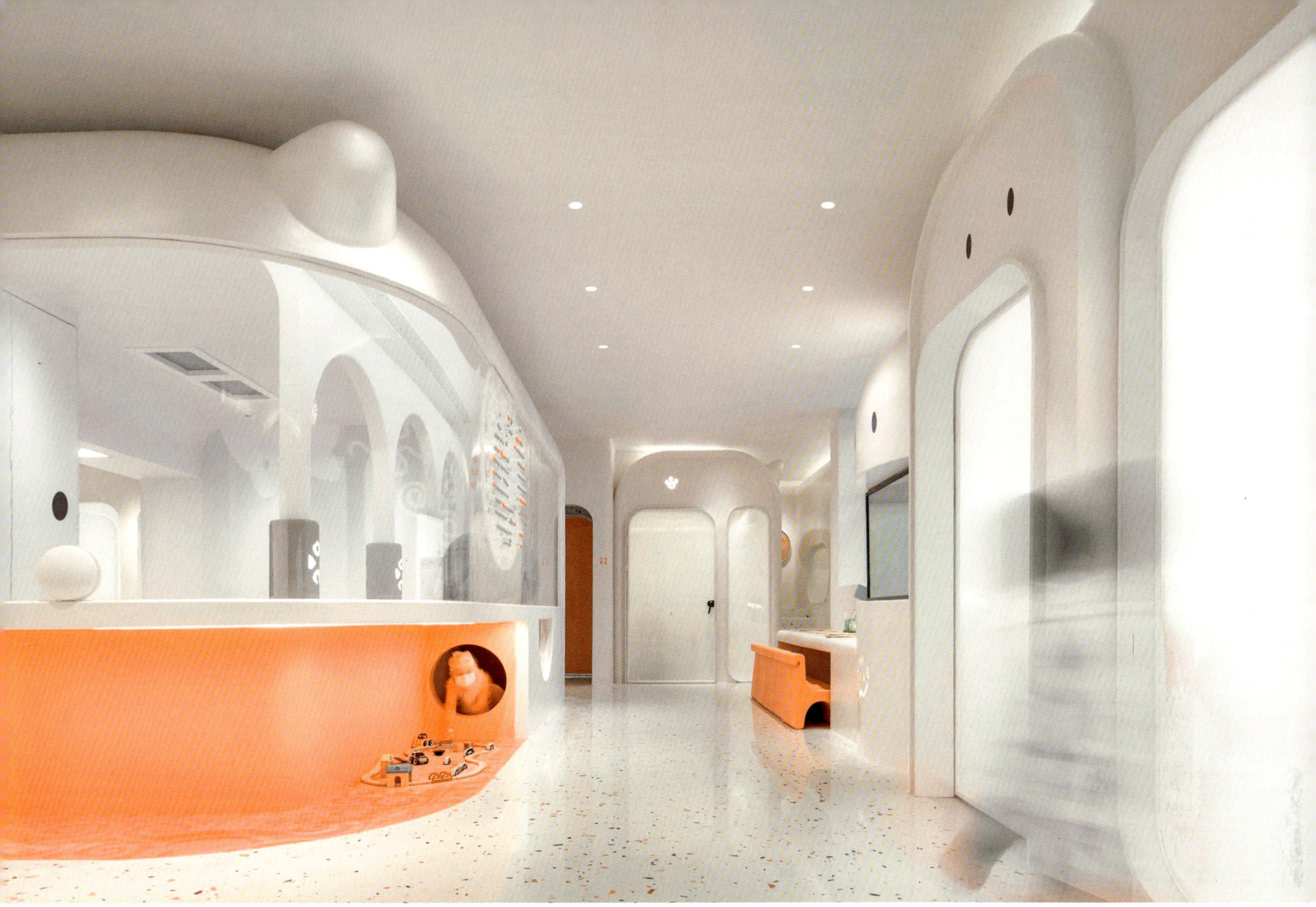

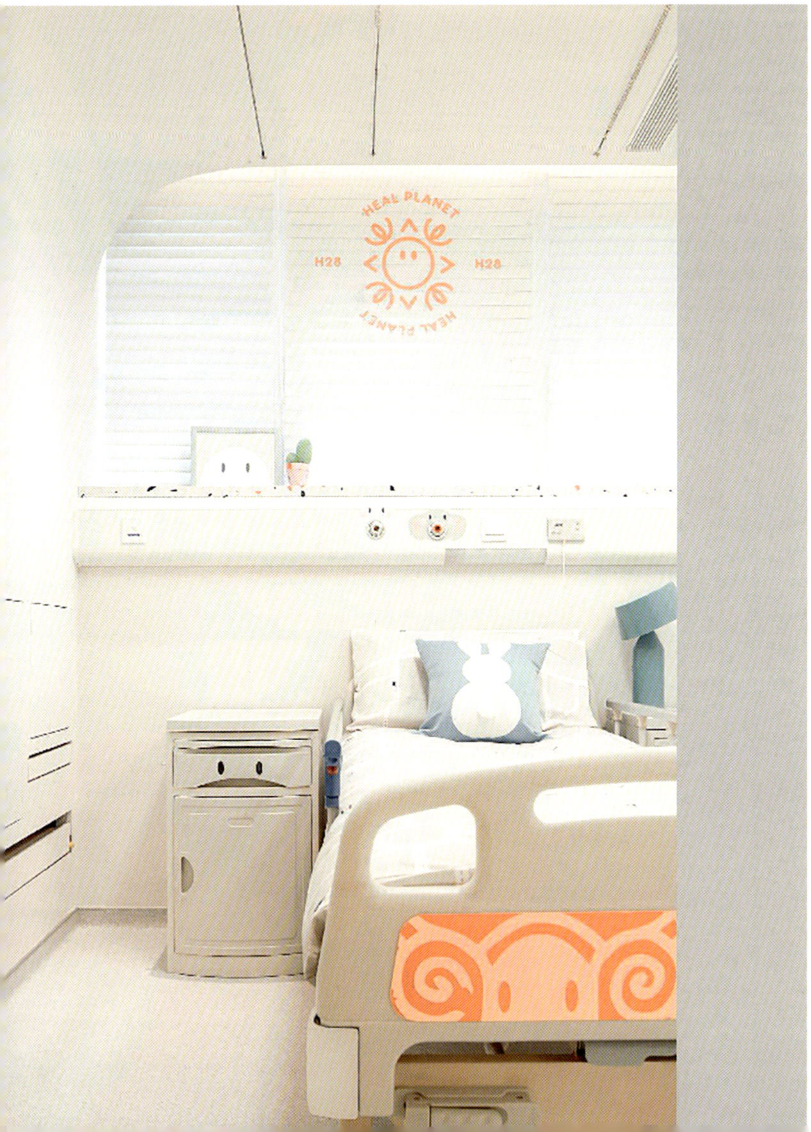
HEAL PLANET
H28
H28
HEAL PLANET

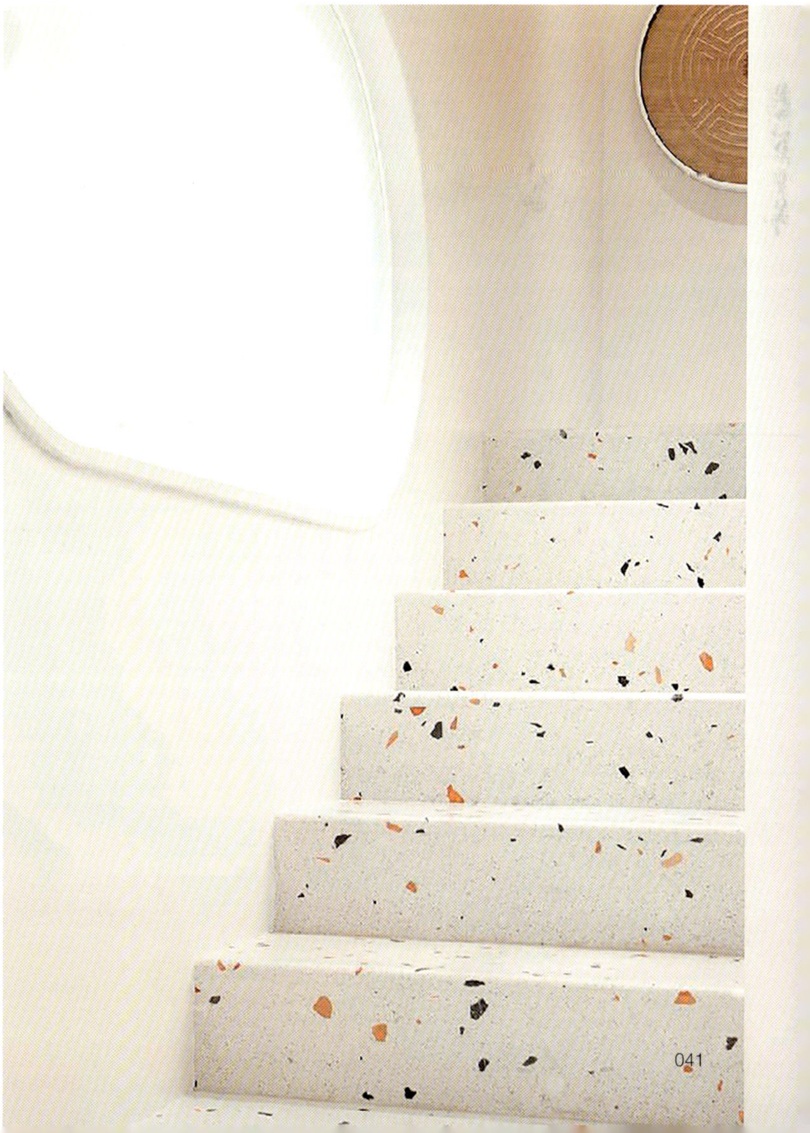

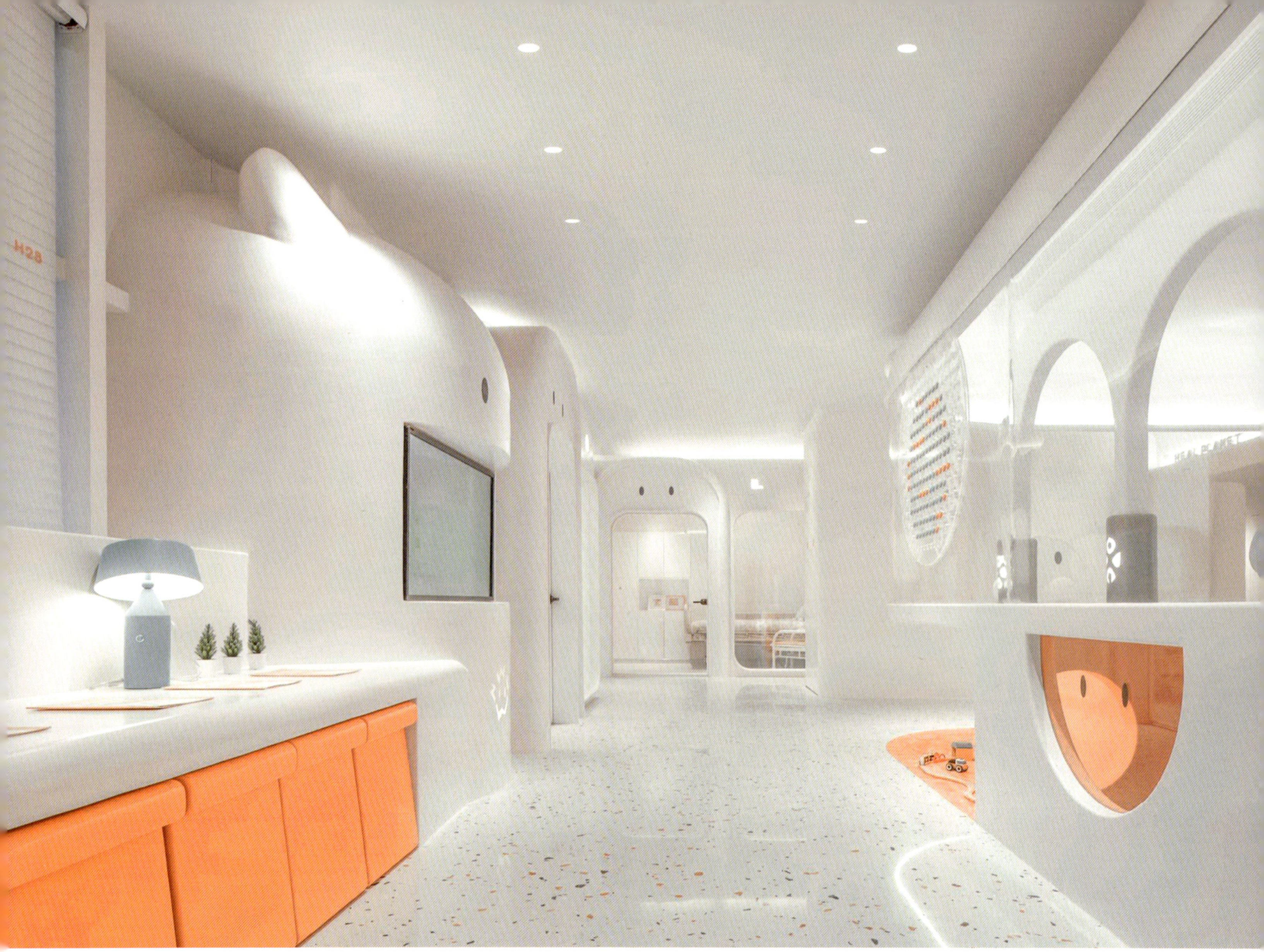

平面图

1 | 2 / 3 | 4

1. 显示屏连接了孩子的治疗情况
2. 通过特制的手环打开玻璃门
3. 3个卫生间各有用处
4. 为孩子们设计的滑梯

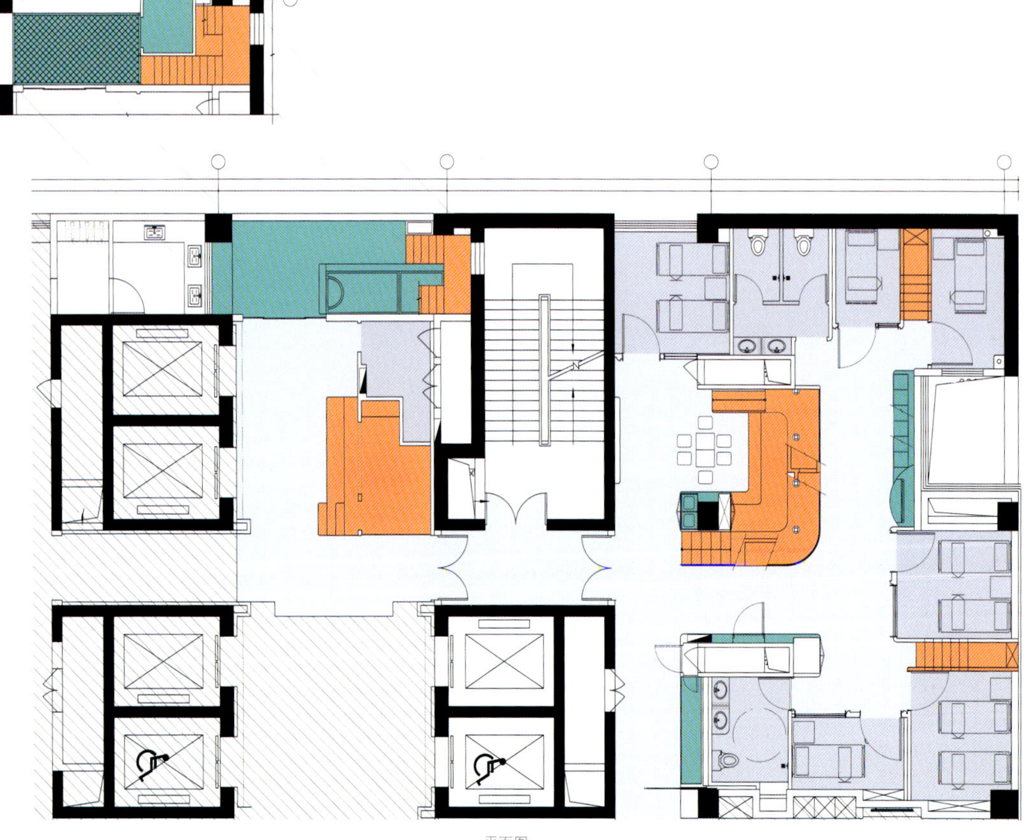

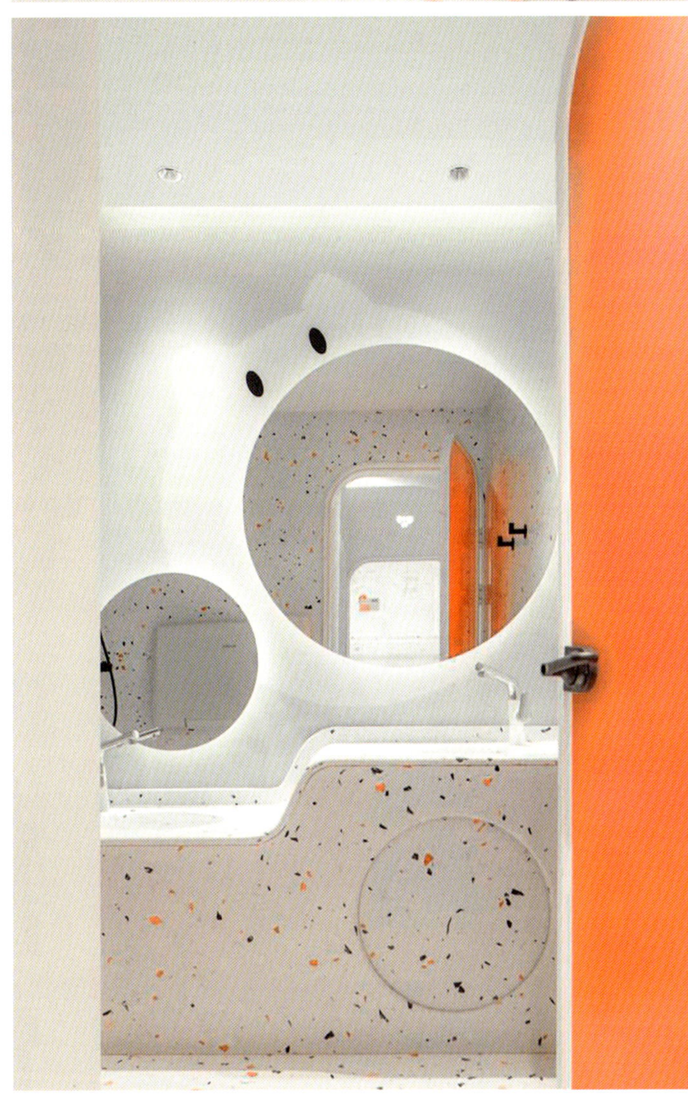

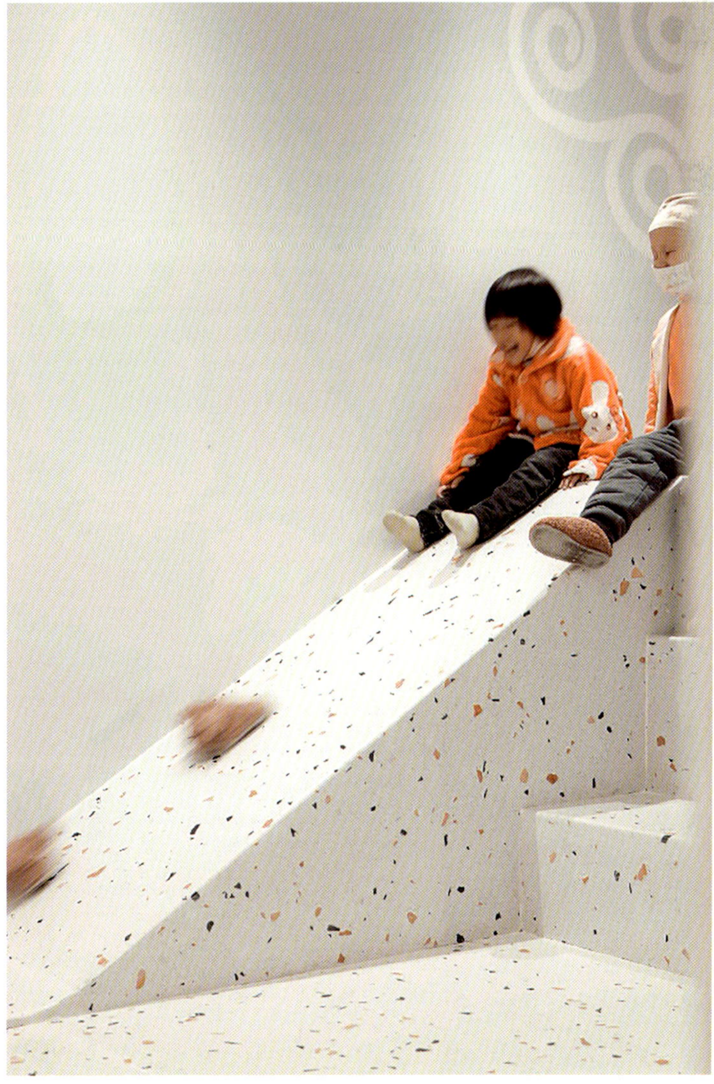

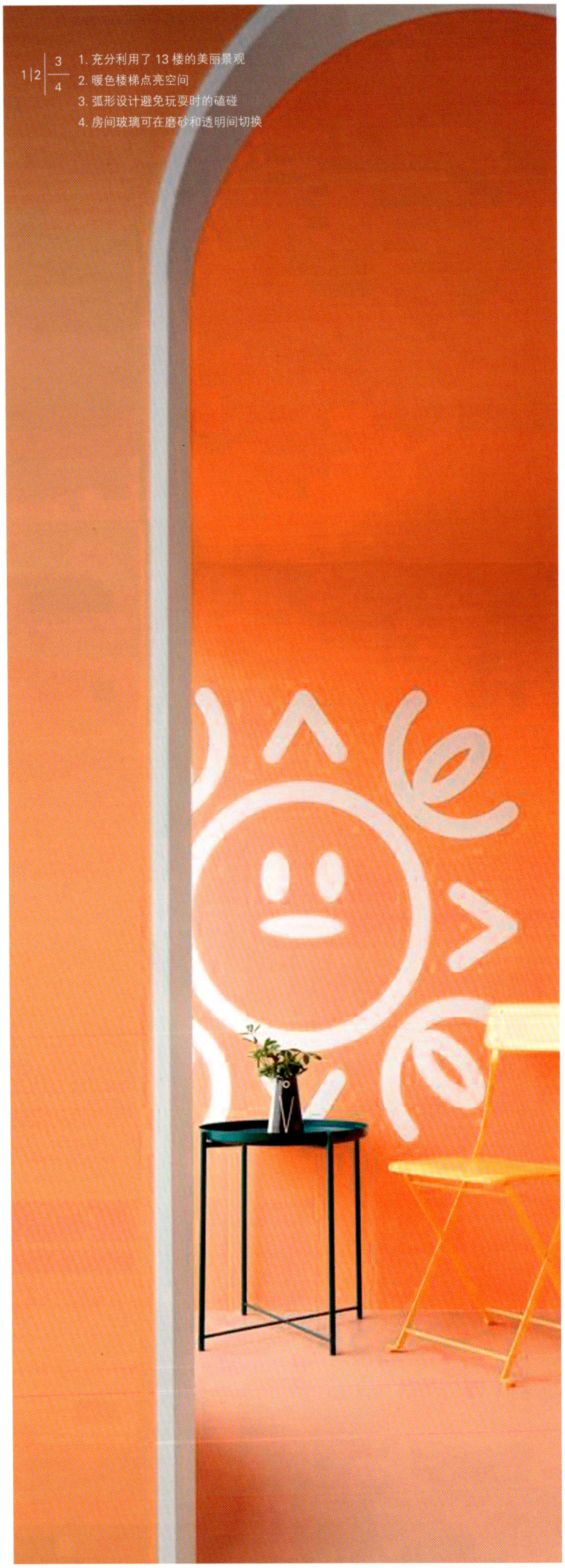

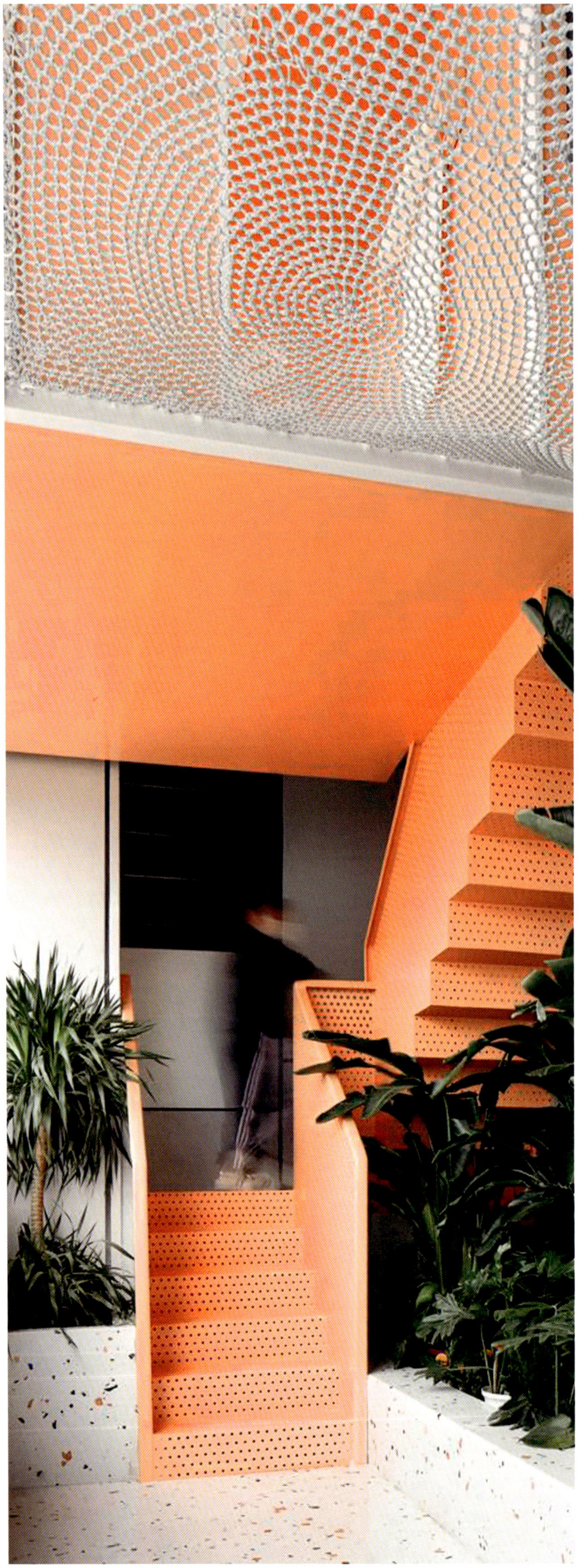

1|2 3/4

1. 充分利用了 13 楼的美丽景观
2. 暖色楼梯点亮空间
3. 弧形设计避免玩耍时的磕碰
4. 房间玻璃可在磨砂和透明间切换

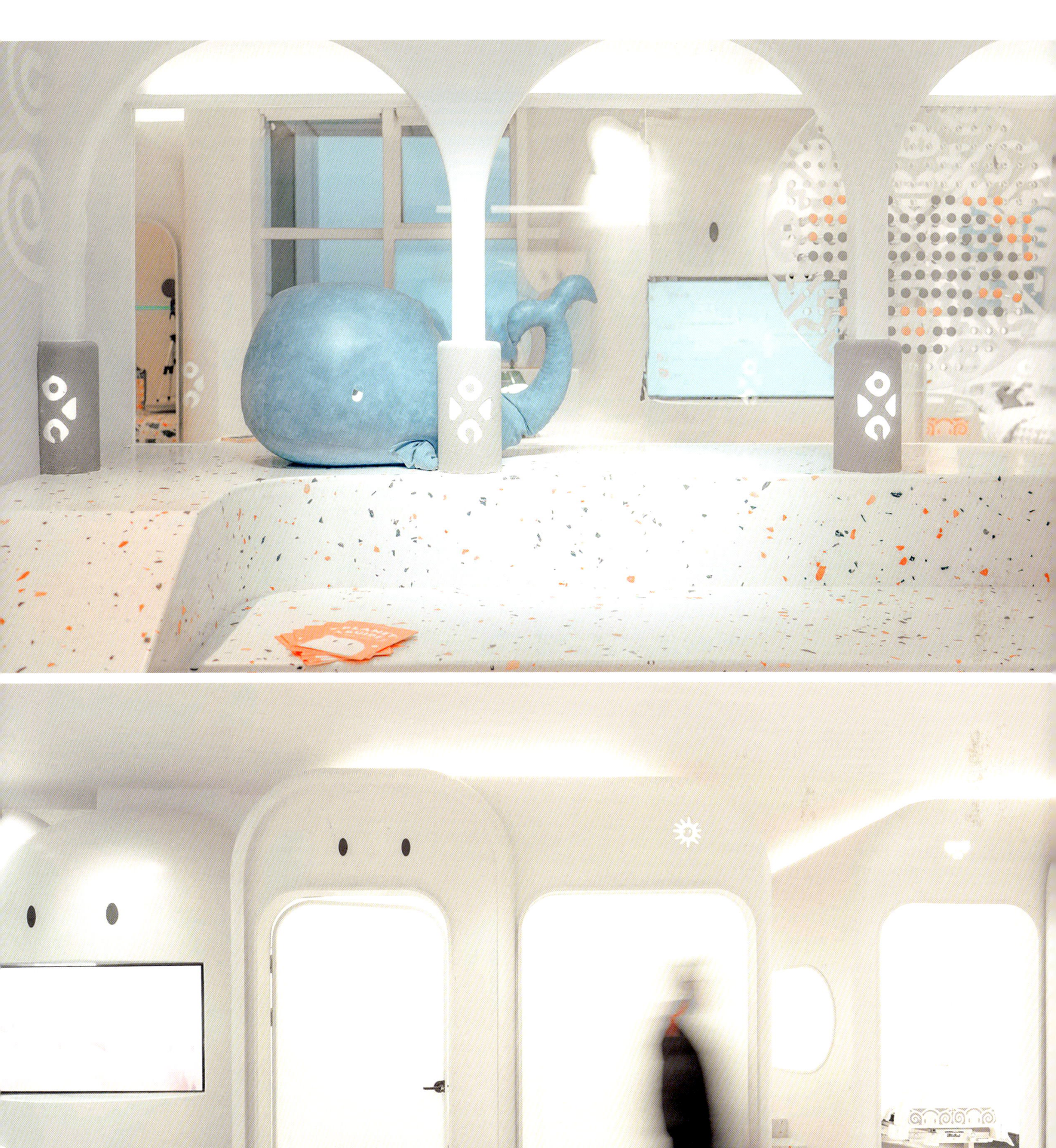

汤山云夕博物纪温泉酒店

1 | 2 1. 整体鸟瞰
2. 主入口广场鸟瞰

设计单位：张雷联合建筑事务所
主持建筑：张雷、戚威
建筑设计：金海波、王亮
室内设计：马海依、杜月、刘平、朱文健、黄荣
景观设计：赵敏、姜志远、陈隽隽
施工图设计合作：南京大学建筑规划设计研究院
面　　积：5500 平方米
坐落地点：江苏南京
完工时间：2020 年 10 月

基本建筑的自然属性：连接历史、当下与未来

汤山云夕博物纪温泉酒店位于汤山直立人遗址公园内，基地择址南京直立人遗址博物馆西南侧一处废弃的采石宕口，裸露的矿坑崖壁成为基地四周的天然屏障和建筑粗犷的背景。用基础开挖的石料加上白水泥建造一个温泉酒店，是从材料物质性开始的在地性可持续实践探索，石头和白水泥蕴含了汤山及其采石宕口的在地性基因。

空间"强制性"沉浸式体验动线由三条控制轴线组成，连接人、建筑与自然，引导并放大充满空间仪式感的体验场景，三条轴线也是建筑面对自然的三次消失。东西向主入口轴线从前广场开始，穿越两侧跌水下坡进入洞穴般的圆形前厅，仿佛穿越回到汤山猿人神秘的创世纪。东西主动线是垂直、立体、局部隐匿的空间控制轴线，从圆厅设计美学图书馆开始的南北轴线则形成了建筑连接自然的核心。南北动线一直向前延伸穿越石头墙洞口，二层高的家庭别墅客房区丰富了中轴线的节奏和尺度。南北轴线在宕口的尽端止于混凝土圆筒，以崖壁为背景的圆筒被设计成冥想场所，空灵而纯粹。第三条控制轴线在联排石头房和家庭客房之间转折向西，动线自然延伸至山景别墅客房和 VIP 定制别墅客房区域。

汤山云夕博物纪博物馆式的空间仪式感和温泉酒店生活化的日常性相互激发，通过汤山大地史和人类史内容导入，营造具有启发性的沉浸式空间场景，强化脱离日常的神秘和浪漫体验，酒店也是美术馆。清水混凝土入口立面上十字开口沉默并富有历史感，定义了汤山云夕博物纪非凡的打开方式。挑空圆厅的上方，麻绳编织的五彩天幕是令人向往的神秘星空，十八级光的台阶进一步强化了进入大堂的空间仪式性。

酒店大堂南北两侧分别布置接待台和开放厨房，朝东开敞面对入口水院。大堂南侧接待台背景墙上陈列了张雷联合建筑事务所 30 个建筑作品模型，定义了汤山云夕博物纪温泉酒店作为主题设计酒店的空间属性。位于二层屋顶中轴线上的多功能分享空间完整聚焦了具有仪式感的南北轴线，多功能分享空间东西两侧的屋顶平台可以俯瞰整个采石宕口环抱中的建筑组群。酒店的空间营造和沉浸式体验过程，充分体现了基本建筑以人和空间、材料和建造、基地和场所关系为核心的设计思想。白水泥混凝土圆筒、白色石料外墙、白水泥路面、灰白色纳米水泥墙面、家具及地台等在建筑中整体使用，白色作为空间主色调营造简单纯粹、极致浪漫的度假氛围。空间以采石宕口废弃的石材建造而成，运用麻绳、藤编等手工织物、Lava Lab 独家设计的杜邦纸系列生活用品以及特种水泥系列客房用品，环保以一种"润物细无声"的美学方式贯穿于整个沉浸式体验过程。

沉浸式设计美学体验除了精心设计的空间和光，在重要空间节点上通过汤山大地史和人类史内容的文字，表达人类和自然的辩证关系，汤山云夕博物纪温泉酒店就像是 300 米外的南京直立人遗址博物馆的序厅。酒店大堂和客房的墙面上，材质理念、温馨提示和环保理念通过丝网印刷放大，以更具仪式感的方式被展示，超越不完美的日常、表现时间的痕迹，改变看这个世界的方式，酒店也是美术馆。

以混凝土、石头和水为主题的汤山云夕博物纪温泉酒店，是采石宕口原生地貌的基因延伸。汤山的大地史和人类史通过设计的力量被感知和体验，时间对空间的修复、形式和内容的统一，以自主、原始、简朴的空间营造理念再现。汤山云夕博物纪温泉酒店属于汤山，也可以属于所有地方。

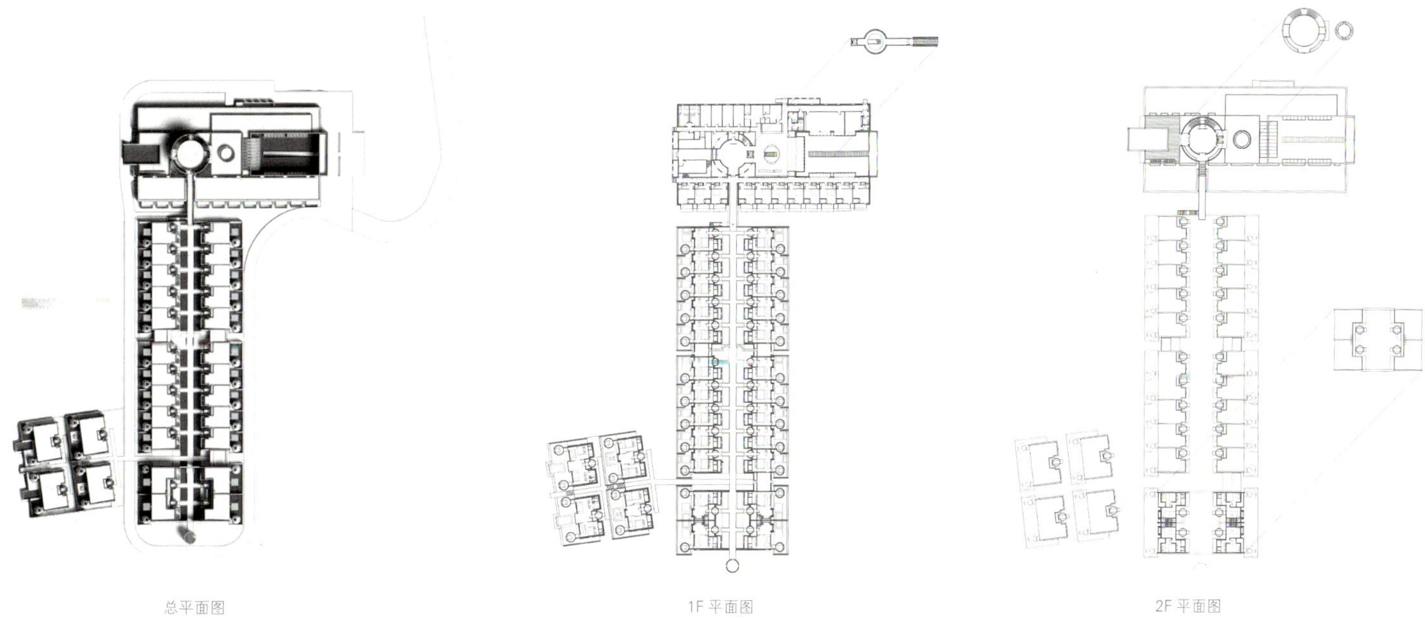

总平面图　　1F 平面图　　2F 平面图

1. 光的神秘空间
2. 设计美学图书馆和 Lava Lab 生活美学商店
3. 设计酒店的主题定义
4. 大堂麻绳编织的发光顶

1. 家徒四壁的高级感
2. 极致浪漫的度假氛围

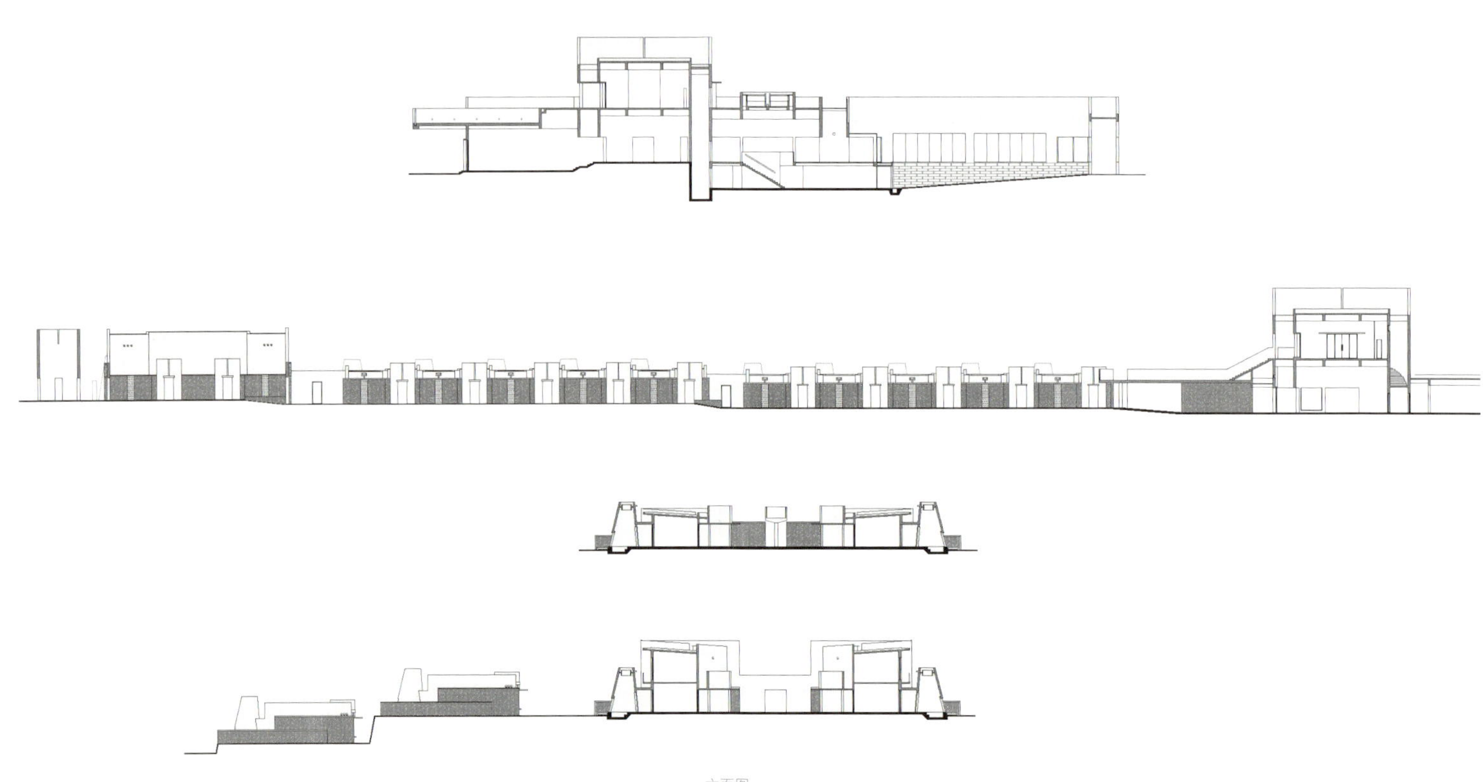

立面图

不是居·林·疗愈系度假酒店

设计单位：陶磊（北京）建筑设计有限公司
设　　计：陶磊
面　　积：1255.5 平方米
坐落地点：浙江杭州
完工时间：2021 年 3 月
摄　　影：TAOA

这是在杭州郊区山林里的一个休闲度假服务空间，设计是从具体的环境开始的，首先要思考的是做一个什么样的空间装置可以和这片山林对话，可以更好地顺应地形并融入这片自然，场地的特殊条件决定了建筑的特殊性。

规划用地呈现为角部相连的两个矩形，跨过山谷小溪处宽度不足三米。这个建筑蝶状的外形，正是将两个矩形用地的角部相连的结果，用服务空间将跨在两片山坡场地相连，并顺应山坡的等高线，建筑内部的功能被不同的地面标高所划分。蝶状形态也可被理解为切入建筑内部的两个最大边长的 V 字形的切口，分别朝向山谷的两个远方，将自然景观引入内部，环抱自然。建筑的另外两侧分别嵌入山体之中，架空的蝶状建筑的下方仍然保留了溪水和山路的通道。为了将部分树木保留在室内，竖向结构被设计成“柱院”，结构意义上是柱子，空间意义上，是保留了一棵树的“微院”。屋面是一个台阶状的坡屋顶，可作为小型演出的森林剧场，室内空间被这个大坡屋顶统一起来，并因为不同地面标高的变化而富有节奏。

通过建造这样的一个空间，设计师希望让每一个观者放空身心，处在一个最放松的状态，希望看到的世界跟平常是不一样的，可以看到这个世界有一种特殊的韵律。38~68 平方米的铝壳小屋被安置于山林深处，向自然渗透。建筑的定义回归到作为庇护所的基本概念之中，回到了建筑最基本的需求层面，作为可以遮风挡雨的基本空间，为了满足人的基本需求而存在。耐候的铝制外壳可以经受恶劣的自然气候的侵蚀，坚实的铝制外壳与周围的环境形成了鲜明的对比。空间的大小是以人的基本尺度来定义的，建筑的墙面和屋顶都触手可及，微小的尺度让人时刻感受到建筑处于自然之中。这种接近于野营帐篷的空间体验，希望让人时刻感受到自然就近在咫尺，只是隔了一层外墙的厚度。通体的木质材料提供了温暖而舒适的建筑内衬，给人提供了舒适而惬意的生活氛围，这和外部自然的野趣形成的强烈的反差，让人对自然保持敏感，更能感受到自然之美，或温柔细腻，或爆裂冷峻。

每个小屋中都保留了一棵场地原生的树木，树木所占据的空间成了屋中院，透过玻璃时刻与室内生活相伴，是自然向建筑的反向渗透，屋中院也为室内卫生间提供了具有私密性的风景。室内空间被设计成不同的标高，不同的生活内容不是用隔间墙来定义的，而是由高度来区隔不同的功能，保持了相对独立性，也创造了空间的丰富变化，这种变化也同时反映到建筑的外部形体，以适应山地坡形的差异。内部每个标高的空间，都有相应的落地玻璃立面，锥形的顶部设置了可以看向天空和树冠的天窗，形成了分别朝向不同的方向看风景的组合，将外部的景观投射到整个空间内部，外部的风景成了建筑的主要元素，形成空间特有的张力，这一切都是为了居于室内可以获得对自然更多的感知。

作为一个疗愈场所，最大的价值在于如何融入自然，与自然相伴，重新感受自然，回归内心的平静，感受到自由与自在。

1 | 2
1. 台阶状的坡屋顶
2. 山林深处的铝壳小屋

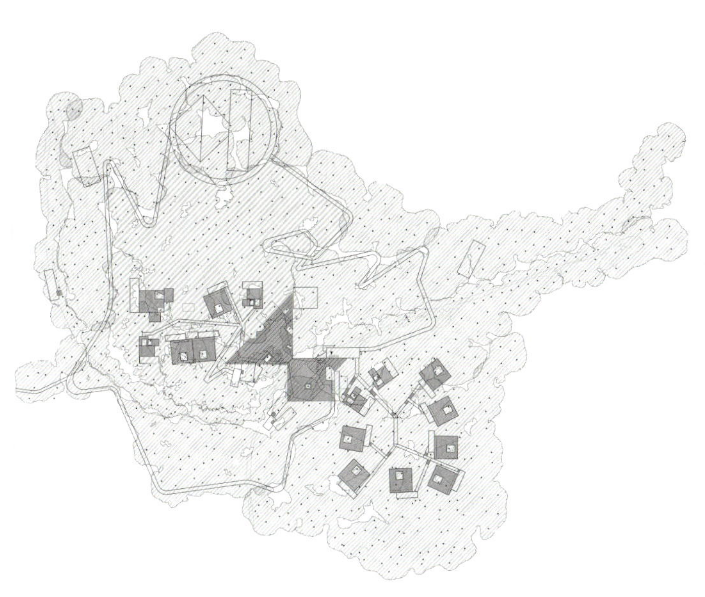

总平面图

1 室外道路
2 溪流
3 入口休息区
4 接待处
5 行李间
6 餐厅
7 明档
8 内院
9 厨房
10 办公室
11 餐厅
12 卫生间
13 树院
14 内院
15 阅览区
16 茶室
17 阅览区
18 活动区
19 储藏间
20 树院
21 树院
22 室外平台

公区平面图

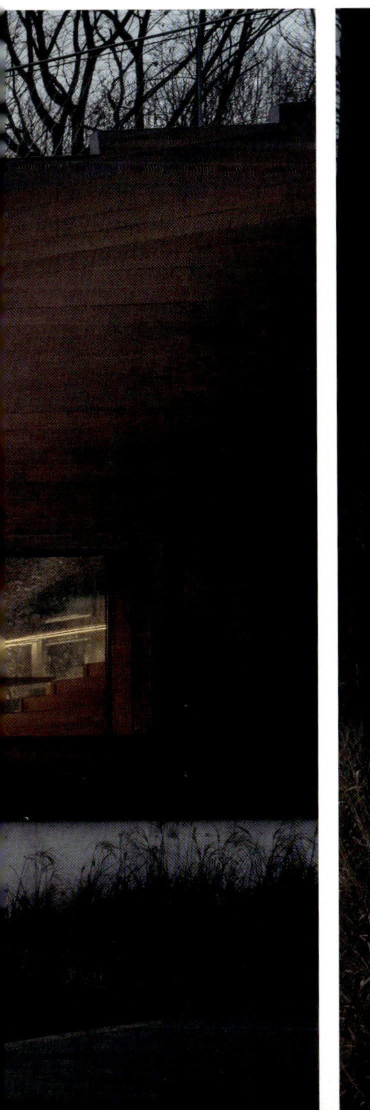

1. 墙面与屋顶触手可及
2. 身心疗愈之所
3. 公区餐厅

公区图

公区立面图

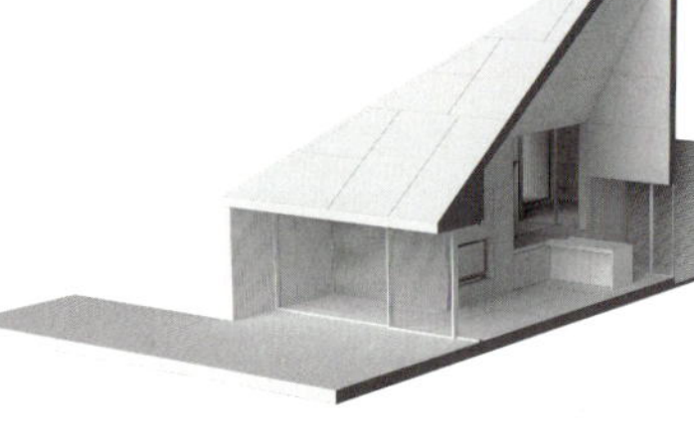

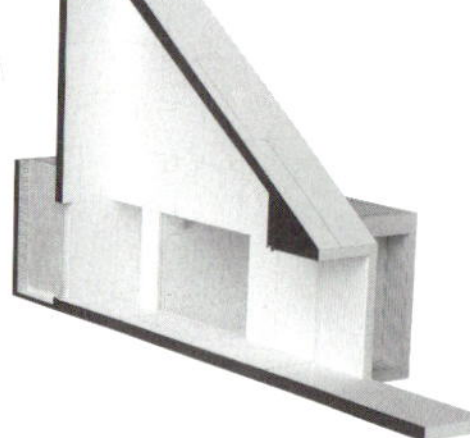

客房 1

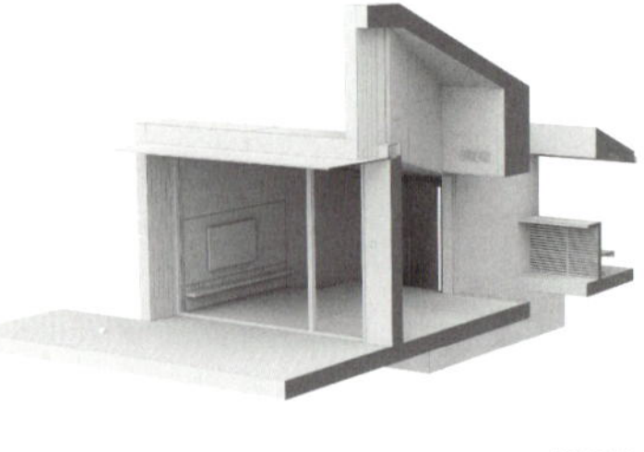

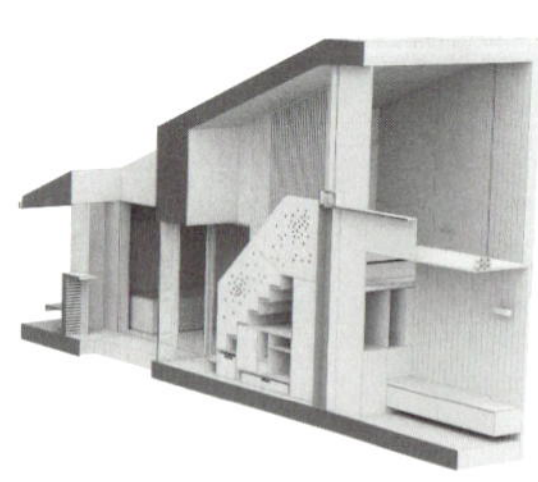

客房 2

客房 3

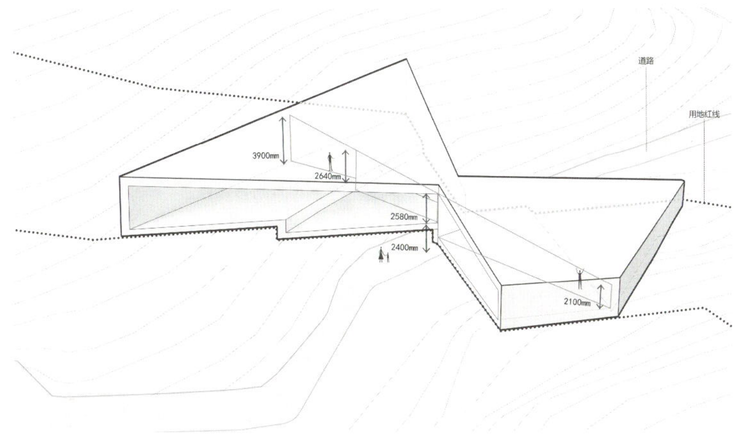

分析图 1

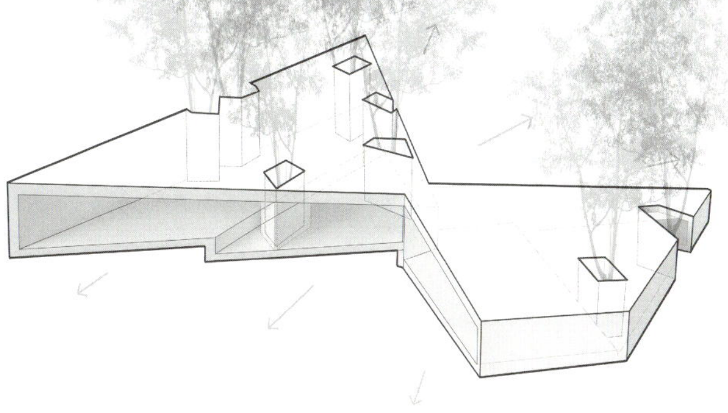

分析图 2

1. 公区阅览区
2. 感受内外自然之美
3. 舒适惬意与自然野趣的对比
4. 客房挑高区
5. 锥形的顶部可以看向天空和树冠

1	2
	3

1. 消防通道改良为人行通道
2. 全日餐厅
3. 自然朴素的空间气质

深圳大梅沙京基洲际行政俱乐部

1 | 2
1. 建筑与壮丽的海岸线
2. 无边际泳池

设计单位：CCD 香港郑中设计事务所
设　　计：郑忠、胡伟坚、李夏楠
面　　积：10,000 平方米
主要材料：做旧暗古纹铜板、户外原木实木、蒙古黑自然面 + 水洗、芝麻灰自然面、户外肌理漆、仿竹纹铝条、通体砖等
完工时间：2020 年 4 月
摄　　影：王厅

深圳大梅沙京基洲际行政俱乐部，坐落于大梅沙壮丽的海岸线上，优越的天然环境，临海的建筑关系，精简极致的室内体验，造就独具一格的酒店。在整个项目中，从园林建筑、机电灯光到室内设计由 CCD 香港郑中设计事务所设计团队操刀改造，景观、建筑、室内的衔接关系非常紧密。

“城市与自然对话、院邸与海洋交融”是建筑改造的精神元素。改造旨在建立城市中稀缺类地球资源的临水建筑，引领客人进入本质纯粹的居住之所，体验怡人自在的生命之道，回归自然的人文精神场所。俱乐部前身是两栋分开的 L 形楼宇，由一家美国建筑事务所建造，用于私人接待会所。原建筑的条件、框架、理念都不错，特别是采光的设计，让整个空间非常通透。在改造过程中，设计团队没有过多地改变建筑，而是通过建筑方块造型来丰富，加入了水上长廊、前院水景、中空庭院、内院、无边界泳池、玻璃盒子、特色餐厅建筑盒子，并将原本分开的 L 形建筑连接起来，各空间相通，营造出游园的体验感。

整个酒店只有 62 间客房，但园林景观、庭院贯穿整个建筑，水景、大树、草坪、天光始终包围着来访者。沿海岸线而建的无边际泳池，将蔚蓝大海的视觉延至身心，开启美好的敏锐感受。设计运用廊道、立柱、片墙、院邸、玻璃盒子等建筑空间形式，钢、木、水、石、砖等天然肌理材质，从空间体验、水体、光影、细节上做了众多思量，以期让纯粹建筑感的意味与形式使得酒店的设计经久不衰。

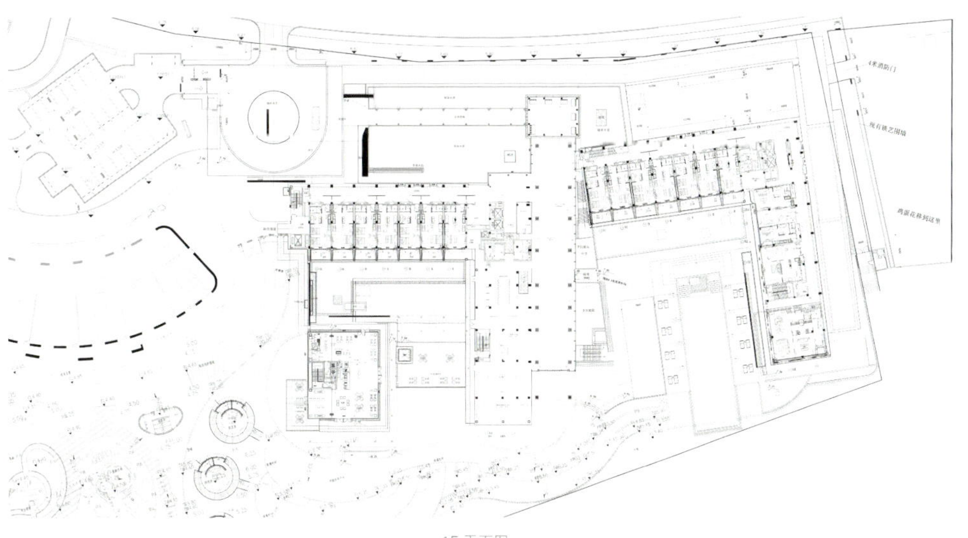

1F 平面图

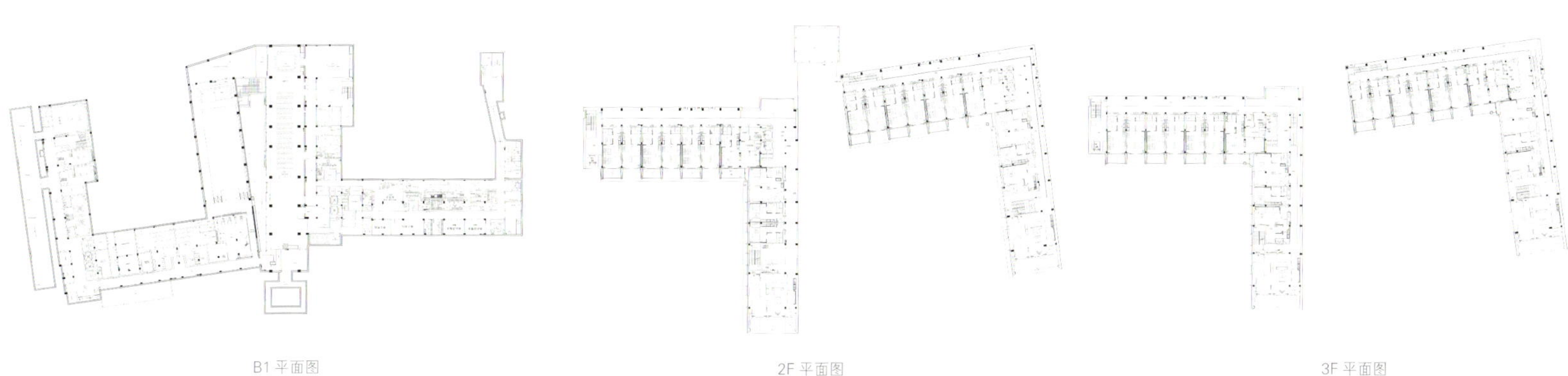

B1 平面图

2F 平面图

3F 平面图

1 | 2 | 3 | 4

1. 前庭院水景
2. 各空间相通打造游园体验
3. 玻璃盒子
4. 通透的光影

成都花间堂酒店一期

设计单位：RSAA 庄子玉工作室
主　　创：庄子玉、戚征东、李娜
建筑设计：赵宇、夏渤洋、范宏宇、陈晔（实习生）、梁灵洁（实习生）
室内设计：赵欣、徐嘉曈（软装顾问）、王馨茹、蔡薇、郭镇荣、靳若兮
规划景观：RSAA 庄子玉工作室、Sasaki Associates
业主单位：万科（成都）企业有限公司
面　　积：2759 平方米
坐落地点：四川成都
摄　　影：存在建筑摄影

成都，天府之城；蜀山之形，因其连绵缥缈而深入人心。成都花间堂酒店，作为万科近郊大盘“天府万科城”首开区的重要公共建筑，它既身在都市之中，又与蜀山对话，并融入其中。山既是居，居亦是山。在这个空间体验的容器中，设计团队试图以建筑途径拥抱蜀山之灵。

不同于西方观念中硬朗、固化的山形态，在东方的观念中，山是流动的。时间不再是一瞬，而是万亿年的跨越，带领我们来到今天的场地。于是，山不再只是山，它是云，穿行于天地之间；它亦是气，回归人间，流动于传统正交体系的院落缝隙之间。这种理念促成了成都花间堂酒店在平面布局上的正交与流动二元体系的第一次叠合。

基于这样的图底关系，项目在东西向主轴线和基于南北时间轴线关系产生的空间序列展开。看似随机的流动性在空间产生，项目内部整合了大量古典园林散点与建筑的关系，同时呼应场地，形成颇具传统东方仪式感的品质空间。

1. 建筑与环境对话交融
2. 古典园林散点与建筑的关系
3. 流动的山形

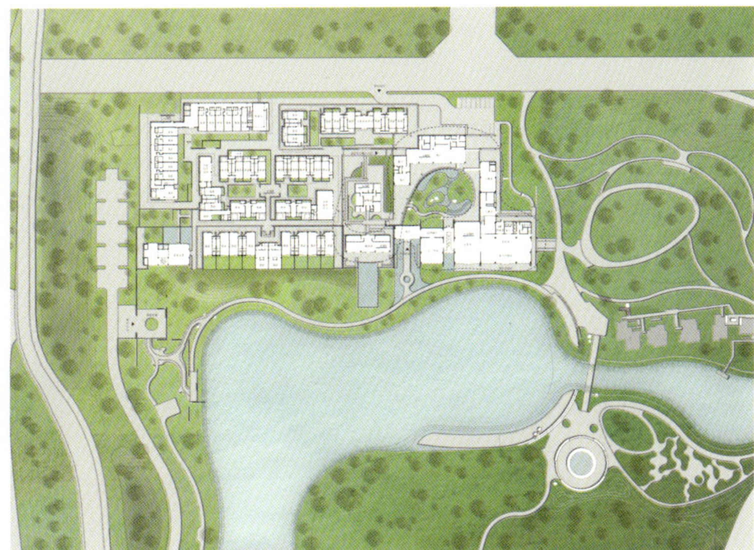

总平面图

一期平面图

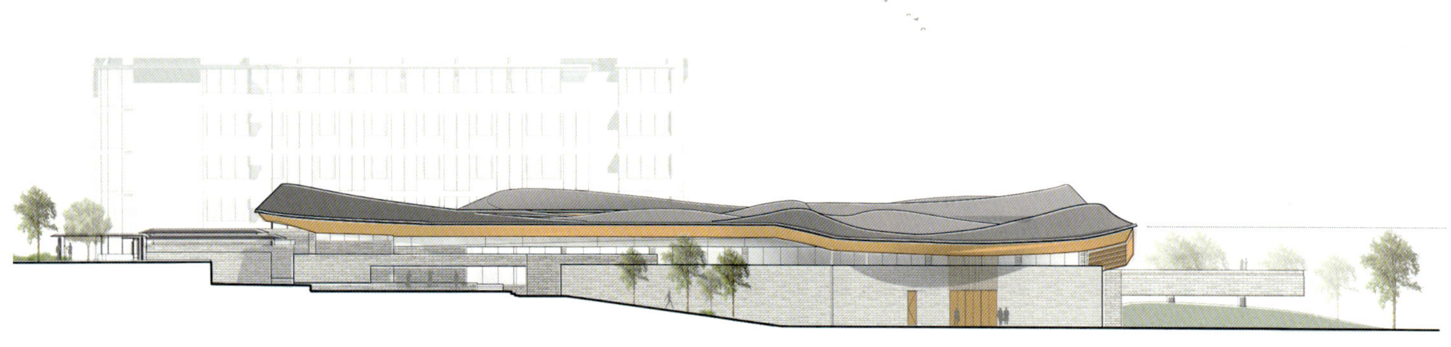
立面图 1

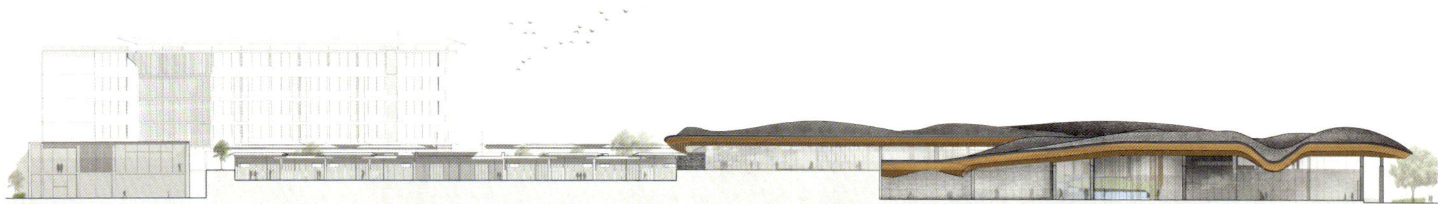
立面图 2

立面图 3

立面图 4

1 | 2/3 | 4 | 5

1. 东方意境的再现
2. 空间体验的容器
3. 水吧区
4. 山水长卷叙述空间故事
5. 东方仪式感的品质空间

物与岚・设计收藏酒店

室内设计：杭州观堂室内设计有限公司
建筑设计：昆明三希堂文化传播有限公司、昆明兰德建筑设计有限公司
景观设计：一屿团队、致舍（北京）景观规划设计有限公司
业主单位：丽江解脱林旅游发展有限公司、成都物与岚文化旅游发展有限公司
面　　积：24,000 平米
主要材料：铜、竹编、肌理漆、五花石
坐落地点：云南丽江
完工时间：2020 年 8 月
摄　　影：雷坛坛

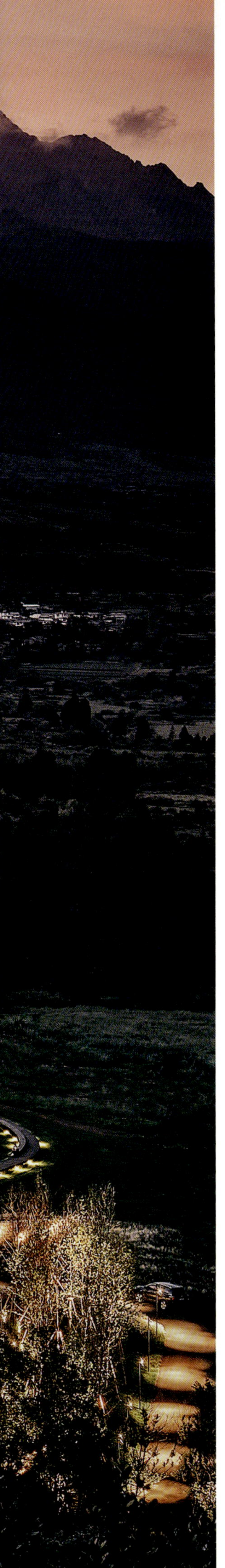

这片土地曾是木氏土司一族的发源地和隐居地，是曾经统治丽江四百多年的纳西王族的祖宅地。尊重环境，不违背自然，是设计的首要出发点，力求用质朴的语言去表达，用不炫技的方式去呈现，努力尝试放弃设计的设计。正式遇见酒店前，会穿过一条长长的走廊，两侧悬挂着黑色金属帘。透过若隐若现的帘子能看见亮着灯光的房屋，那是疗愈室和 VIP 室。走廊尽头是酒店的接待大厅，感应门缓缓打开，玉龙雪山就这样呈现眼前，猝不及防。

原建筑群在大厅与雪山之间建有两栋楼房，高度刚好将雪山遮挡得严严实实。为了营造“开门见山”的震撼效果，为了让客人更完美地体验雪山，设计过程中与业主方反复权衡与讨论，最终达成一致，拆除了原有的两栋建筑，让空间与自然，力求更纯粹的呈现。拆除那两栋遮挡视线的房屋后，在原处设计了一片水景，从中庭反观酒店，能在水中望见建筑的倒影，相映成趣。

大厅顶部矩阵排列的灯具装置，灵感来自茶马古道的马帮铃铛。按照预先设定好的弧度曲线，300 盏灯逐一悬挂，远远地与玉龙雪山相呼应，更像一场虔诚的朝圣。有别于传统酒店的接待方式，酒店将前台与办理入住区域隐藏在大厅西侧最深处，刻意弱化。客人抵达大厅后，可在舒适的会客区随意落座休息，周边陈列着诸多中古收藏家具，客人所见所触碰的每一件家居、饰品都有丰富的历史沉淀，带来时空转换的错觉。

纳西族拥有历史悠久且制作精美的手工铜器，日常生活中又有围炉烤火的习惯，大厅东侧的休息区中央特意设计了一个全铜的喇叭形壁炉，从空中悬挂而下，密密的凹纹是工匠们手工捶打的痕迹。穿过大堂酒吧是“岩脚餐厅”，餐厅向东而立，站在露台望出去是一片旷野，旷野的那头是岩脚村，这便是餐厅名字的源起。

酒店一期共有 6 个院落，分别名为一泽、二木、三川、五浮、六尘、七景，共 36 间客房，每间房面积在 60~65 平方米之间，尺度非常舒适。为了客人能更好地领略周边自然美景，设计中采用“打开式”的手法，力求从每个房间看出去，都能将雪山、森林、草甸、民居收入眼底。客房里的材质大多悉心选用了纳西当地元素，例如在墙面的材料中融入了打碎的东巴纸。这种纳西特有的手工纸具有防虫、抗蛀、韧性强的特质，为房间增添许多自然朴实的气息。而在酒店的不同角落，不经意间还能发现许多当地元素，都被巧妙地结合，譬如纳西族的皮艺，用于客人皮肤易接触的区域，如床靠背、桌面皮垫、坐具等；云南当地特产的五花石和贵峰红，用于淋浴间的地面和台面；纳西特色的竹编，用于吊顶、移门、靠背等。

1. 建筑自然生长、服从环境

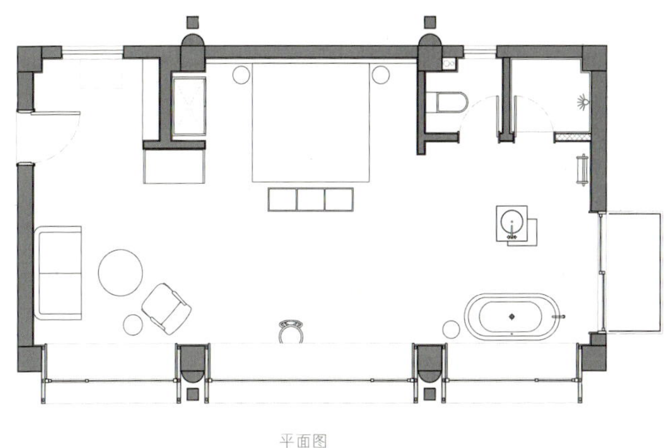

平面图

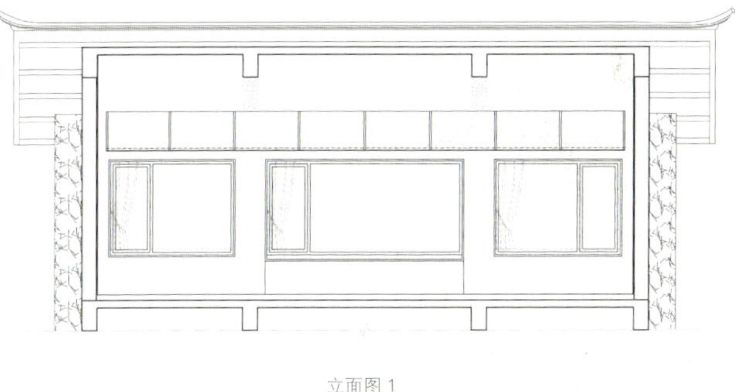

立面图 1

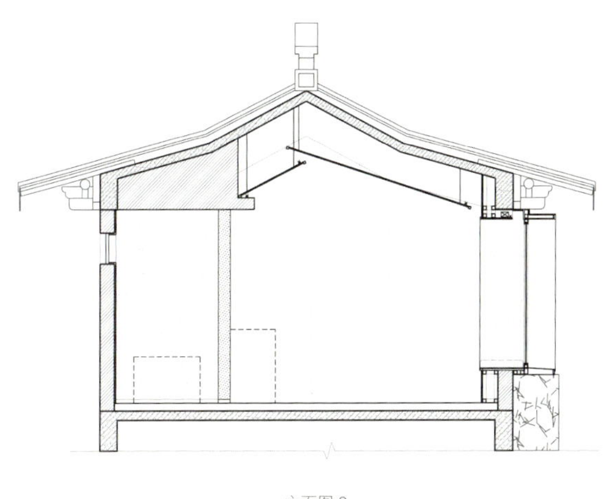

立面图 2

1 | 2 | 3 | 4 | 5

1. 水景与建筑相映成趣
2. 入口长廊
3. 若隐若现的视线穿透
4. 玉龙雪山近在眼前
5. 悬挂关于茶马古道的记忆

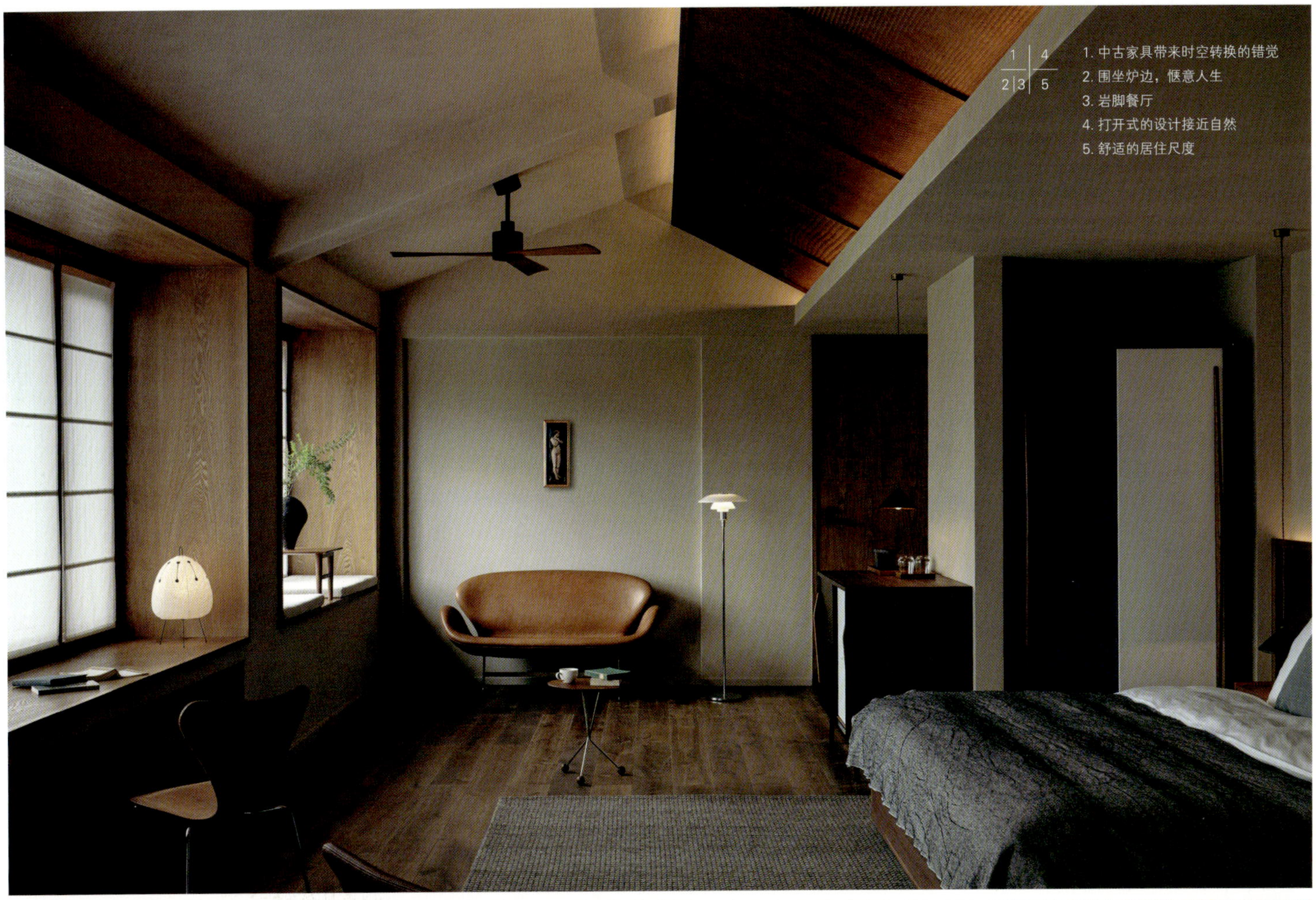

1 | 4
2 | 3 | 5

1. 中古家具带来时空转换的错觉
2. 围坐炉边，惬意人生
3. 岩脚餐厅
4. 打开式的设计接近自然
5. 舒适的居住尺度

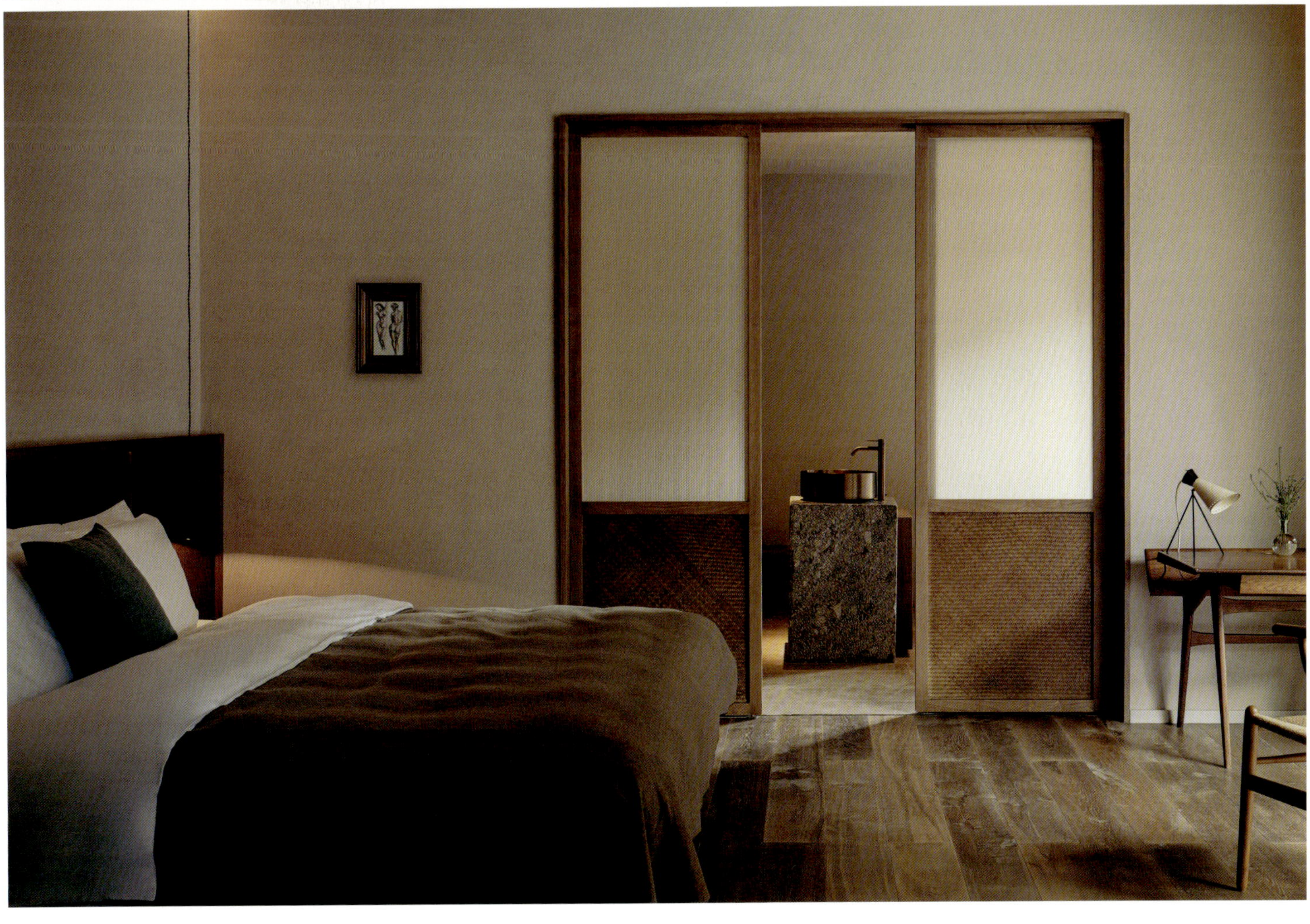

夕上・双廊酒店

设计单位：尚壹扬设计
设　　计：谢柯、支鸿鑫、杨凯、刘晓婕、贺悦琦、周锟、郑亚佳、李茜、张琳
面　　积：室内 1362 平方米、户外 1072 平方米、建筑景观 1626 平方米
坐落地点：云南大理

1. 洱海边的理想家园
2. 山、水与家

夕上・双廊酒店位于大理的白族古渔村双廊，洱海边上，面朝苍山，是大理最美的风景。设计师意图用简朴的手法，打造一间洱海边的理想家园。作为一个改造项目，原有的建筑被重新梳理，并加建了餐厅和酒吧。设计师习惯用自然朴素的方式和当地的材料，因此空间运用了大量回收的旧木、粗糙的涂料和本地的石头，除此之外，还用到了很多游历世界各地收集回来的艺术品、陈列雕塑及收藏家具，共同塑造出质朴无华而充满东方美学意味的空间。

酒店在热闹的古渔村双廊主街，前院是餐厅和酒吧，院子里保留了原有的大树，大幅的木窗把院子里的阳光和风景揽入室内。酒吧和餐厅呈现的是一种简单和自在的状态。后院是客房部分，仅对酒店客人开放。酒店大堂用当地的石材砌筑起拱门，壁炉上镶嵌的是白族工匠手工打凿的砖雕和石雕，大堂整体是一种深沉的色调，希望客人可以感到放松和沉静的氛围，甚至忘掉外面热闹的古镇。穿过大堂进入后院，则是明亮的白色的建筑，保留了原两层的建筑格局，在原有建筑上做了层次的变化，使得每间房间都有视野很好的花园或者阳台。院子直接通向洱海，临海设置了亲水的平台，这里是下午发呆和面朝苍山洱海观看日落的绝佳地方。

夕上・双廊酒店在风景优美的大理，于山水之中打造内向而自在的空间，找到与自然和在地文化的精神契合。

1F 平面图

2F 平面图

1. 阳光和风景揽入室内
2. 光线赋予空间时间的变化
3. 深沉的色调凸显放松和沉静的氛围
4. 手工打凿的砖雕和石雕
5. 石材砌筑拱门

1. 东方美学意味的塑造
2. 空间里的收藏家具
3. 陈列的艺术品与白色空间
4. 简单和自在的生活状态
5. 朴素的设计与在地化的材料

诗莉莉漫戈塔·非洲假日野奢度假酒店

建筑、景观、室内设计：诗莉莉酒店集团
施工设计：意派空间美学研究院
面　　积：13,333 平方米
坐落地点：广东惠州
完工时间：2021 年 3 月

诗莉莉酒店集团“爆款研究院”充分挖掘当地环境的差异化特色，并从全球案例寻找灵感，经过评估、调研，最终把奢华酒店的配置搬到了惠州“肯尼亚”，欧洲皇室热衷的非洲野奢度假体验在这里得以实现。漫戈塔非洲假日野奢度假酒店占地约 213,333 平方米，“漫戈塔”源自瑞典语“MANGATA”，意为“平静水面上月亮如长路一般粼粼的倒影”，是宁静、自然、纯粹，追求“天然去雕饰”的无我境界。

酒店整体被灌木及湿地生态包围，自然和原始的气息浓厚。紧紧围绕该项目拥有的野奢自然环境及黄金湿地水岸线进行爆款打造。如设置野奢帐篷、骑马、射箭、划皮划艇、跳伞、观看露天影院等体验场景融于自然，身处其中，宛若置身非洲荒野。设计者在建造过程中，刻意地保留了近乎粗糙的原始感，散落的夯土式建筑以低姿态存在，仿佛不经意地点缀在其中，与湖水、树木和红土地融为一体。而帐篷则掩映于林木之中，屋舍整体悬空于地面，既无潮气侵扰，又隔绝了灰尘。

不同于一般的酒店建筑，诗莉莉漫戈塔·非洲假日野奢度假酒店的室内与室外，以一种不分明的形式呈现。每个房间都设有多扇落地窗，大面积铺开的自然色，模糊了内与外、建筑与自然的边界。阳光、山色、树影、清风，可以在这里自由地来去。整体装潢则采用波西米亚风格，以原木、藤编、棉麻等自然材质为主，时而缀以非洲风情的挂毯、图腾，呈现出一种精心设计过的原始感。

诗莉莉作为国内一线度假品牌，与世界度假已无限靠拢，其爆款打造理念已在全球处于领先地位。尤其，诗莉莉漫戈塔·非洲假日野奢度假酒店引入帐篷住宿这一特色体验，使项目从常规升华为爆款，野奢度假感十足。

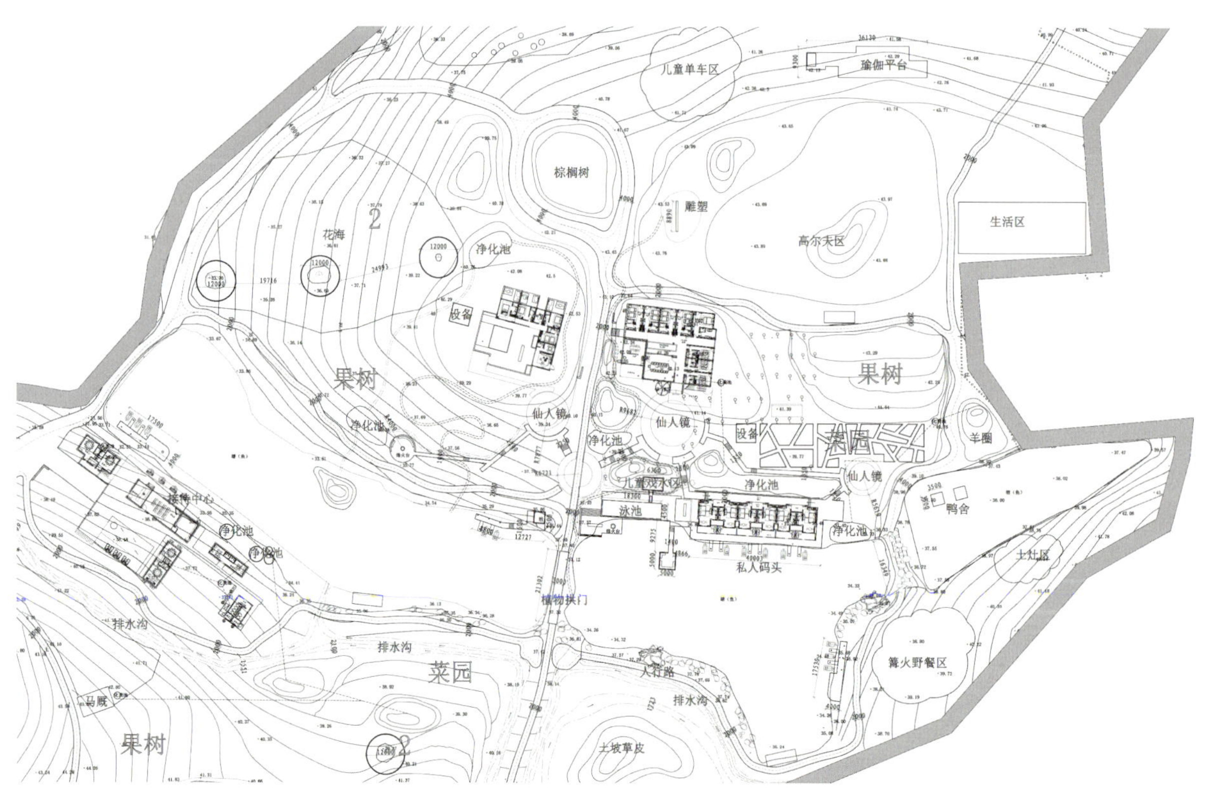

平面图

1 | 2/3/4

1. 夯土式建筑低姿态的存在
2. 浓厚的自然与原始气息
3. 身处非洲荒野的原始错觉
4. 野奢度假体验

1	3
2	4 5

1. 波西米亚风格的内饰
2. 客房外景
3. 大面积铺开的自然色
4. 帐篷房内景
5. 掩映于林木内的雨林帐篷

蓝眉山度假酒店

设计单位：昆明瑞山装饰工程有限公司
设　　计：甘映峰
业主单位：普洱蓝眉山文化旅游发展有限公司
面　　积：5528 平方米
坐落地点：云南普洱
摄　　影：黄思诚

蓝眉山度假酒店力求突出“原始感”和“野趣”的主题，同时保有现代酒店空间舒适、浪漫和休闲的居住体验。设计师通过竹、藤、木的建筑，景观和室内材料与当地自然景观相呼应；通过竹结构的建筑表皮设计，以及室内空间中的原始图案木雕构件、竹编饰面和织物设计，与“原始感”和“野趣”的主题相呼应；通过空间的开敞和流动与云南传统民居对于灰空间的重视和利用相呼应。

酒店大堂空间设计的立意在于创造一个巨大的竹编容器，运用了水磨石地面，材料选择和色彩组合皆为体现地域特征和原始意味。餐厅的不同区域运用了不同的竹木搭配方案来定义空间，拥有强烈地域特性的材料和现代工艺手法在墙面、顶面的设计中充分结合，为住客提供既亲和又乡野的用餐体验。湖畔区域的空间设计重点在于营造良好的“外眺景观”和“内望景观”，尤其是湖畔豪华套房，通过四面环绕的开敞廊厦，形成自由闭合的环形动线，带来置身于游艇甲板中的观景体验，而其内部同样具备现代酒店空间的安全感和私密性。套房包含水疗、起居和卧房的功能，一层设置了架空的无边际游泳池，延伸至室外，形成绿荫怀抱的效果；二层起居空间同样配有景观平台，使顾客能够随时亲近气候宜人的蓝眉山自然环境；三层主房空间设计把流动性和私密性充分结合，露台配有泡池，增加套房度假体验的立体感。

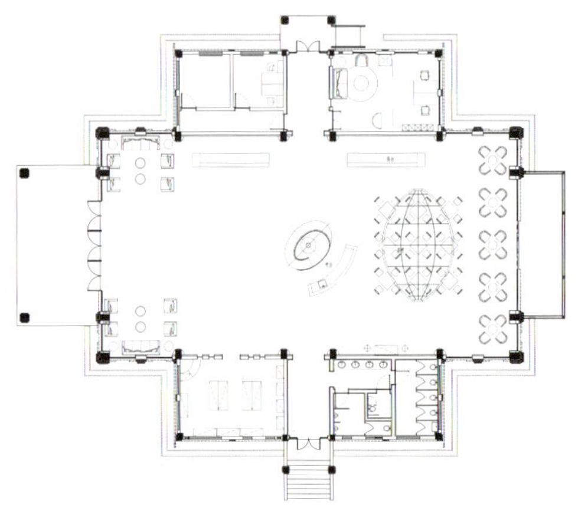

大堂平面图

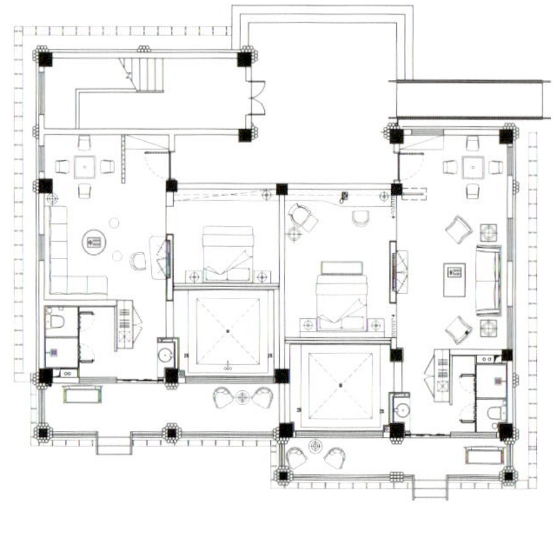

套房平面图

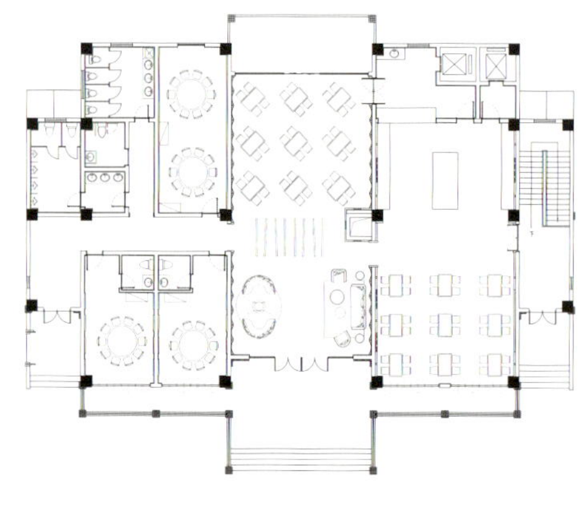

餐厅平面图

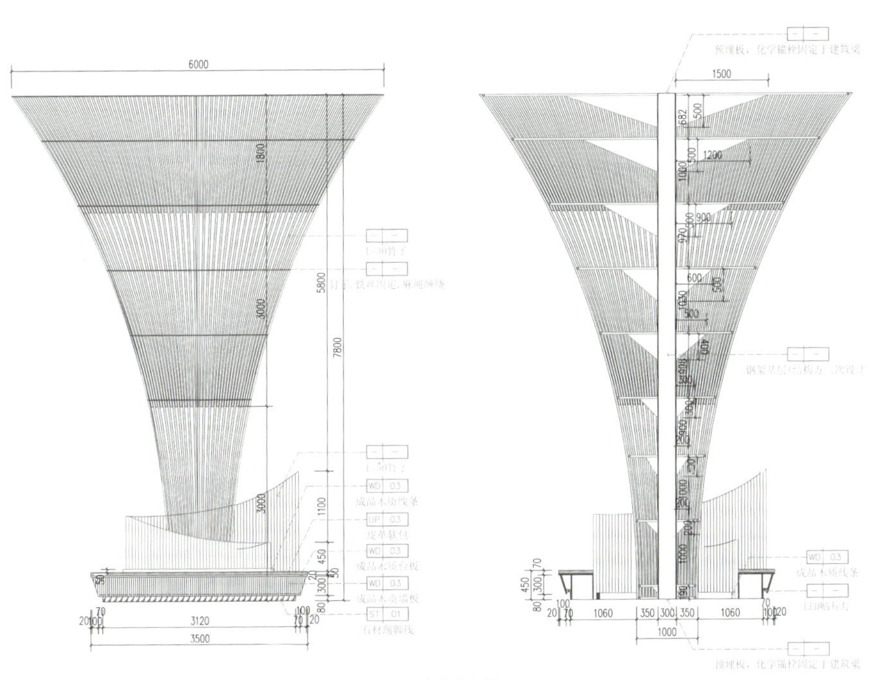

大堂节点图

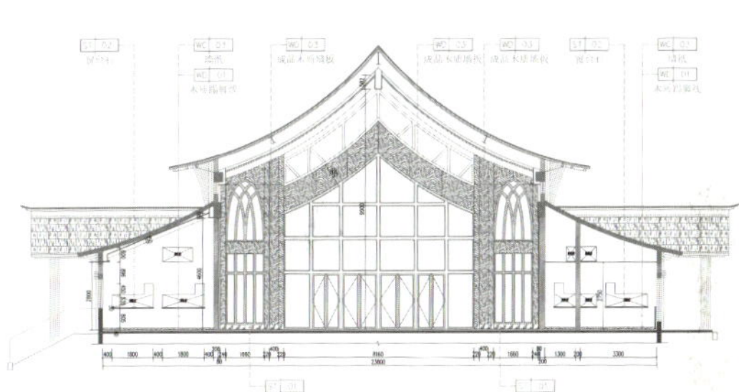

建筑立面图 1

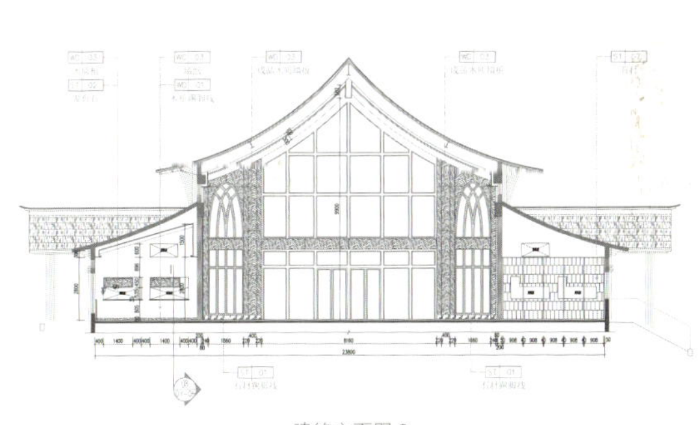

建筑立面图 2

1. 绿荫怀抱，浪漫休闲
2. 浪漫和休闲的居住体验
3. 传统与野趣并行

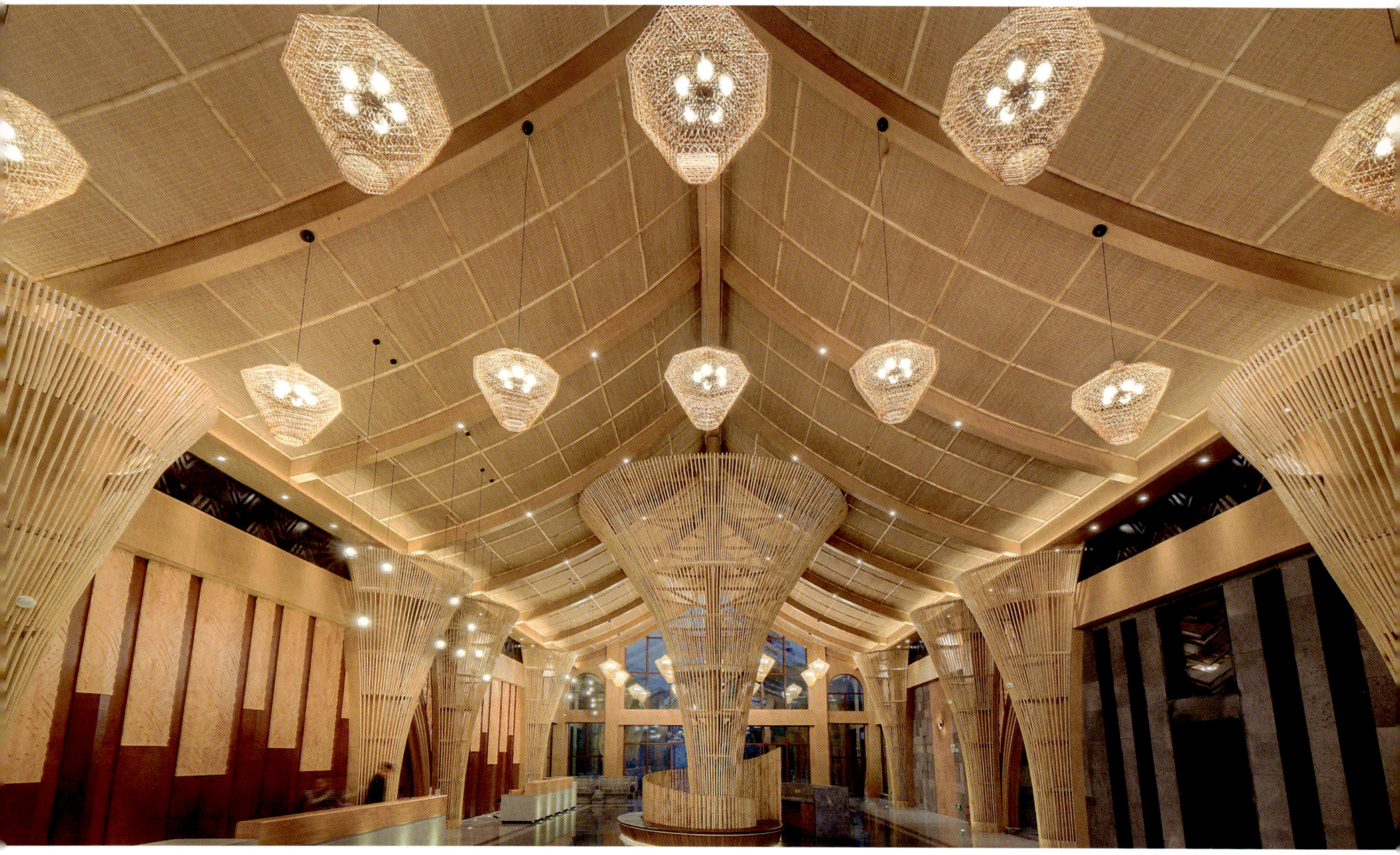

1. 巨大的竹编容器
2. 强烈地域特性的材料表现
3. 乡野的用餐环境
4. 湖畔豪华套房
5. 自然环绕的开敞廊厦

天元珍庭潮州餐厅

设计单位：水平线设计
设　　计：琚宾、潘琴超
参与设计：雷星月、闫泽人、董世彧、张闻芯、郑泽钦
软装设计：罗琼、刘小琳、邓扬文、邱炯斌、陆跃飞、周健
面　　积：1200 平方米
主要材料：混凝土、石、木、席面、绢、皮、烤漆板
坐落地点：广东深圳
完工时间：2020 年 8 月
摄　　影：井旭峰

1. 建筑外景
2. 二楼入口
3. 一楼侧门入口处
4. 包间云密和时雨的过廊

珍庭背后的故事很多，由水平线设计在一个多元而混杂的大环境里设计完成，2019 年初于纽约。在黑夜和白天间挂念隔着大洋的此岸，看过了纽约的第一场雪，看了若干的展览，居然找到了一种别样的自洽。那种自洽变成了无窗房间里的“纯中国味”的墙纸，利用镜子穿越着古今和真幻，变成了各种色块，红的蓝的，当代的传统的，混合在一块浓郁得像化不开的思念。

潮汕菜本身就很有趣，从一二头的鲍到各种奇珍鱼肚、金钩翅大响螺，自有其奢；芋圆鱼饭、虾枣果肉、蚝仔、瓜烙，都是能从五感再到五脏并转换成能量的东西，烟火满满。人们来往于珍庭当中，带着各自的属性和色彩，短时间混响成新的故事，这是一种新的平衡。每一个设计手法、每一道菜式，其实都经过了无数前辈们的总结和突破；每个时刻、每一段路，其实都福祸相依，悲喜交杂，不管喜剧的底色什么，喜，终归是大家都爱的表达。

再说回珍庭设计中大家可能想知道的：阿根廷艺术家 Julio Le Parc 对这个方案的图形图像关系有影响，巫鸿《中国绘画中的女性空间》对设计有影响。潮州文化在空间中做了显性处理，主要表现在陈设上，字画都是马总个人的收藏。包间一共有 13 个，主题、大小、色彩、设计手法都不同；灯具、家具都是单独设计的，看上去还不错，用着也挺舒服；大厅的红色和图案的选取应着潮汕文化中的民俗；还有各种小装置、小灯、光影关系等细节，有兴趣可以去找找。

最难的是在商场里做庭院，改了建筑的外立面，入口外立面用了混凝土砌块，细看时能发现图形的变化和光的关系。入口后水景的倒金字塔和金饭碗，也是个风水好兆头，开门见喜、见吉、见美。

珍庭这种更有烟火气息的设计有点像一种黏合剂，联通城市、人文、天色，链接信息、思想、情感，朋友们在美食前彼此欣赏、互诉、接收善意，这是更加接地气且能随着城市一同变化生长的现实风景，是一种存在着共同促进、维系关系的空间场域。于是到最后，设计本身其实是不用专门特意提及的。

1/2 | 3

1、3. 充满浓厚古典气息的装饰
2. 包间青申

1 | 2/3 1、2. 走廊的装置艺术
3. 二楼接待前厅

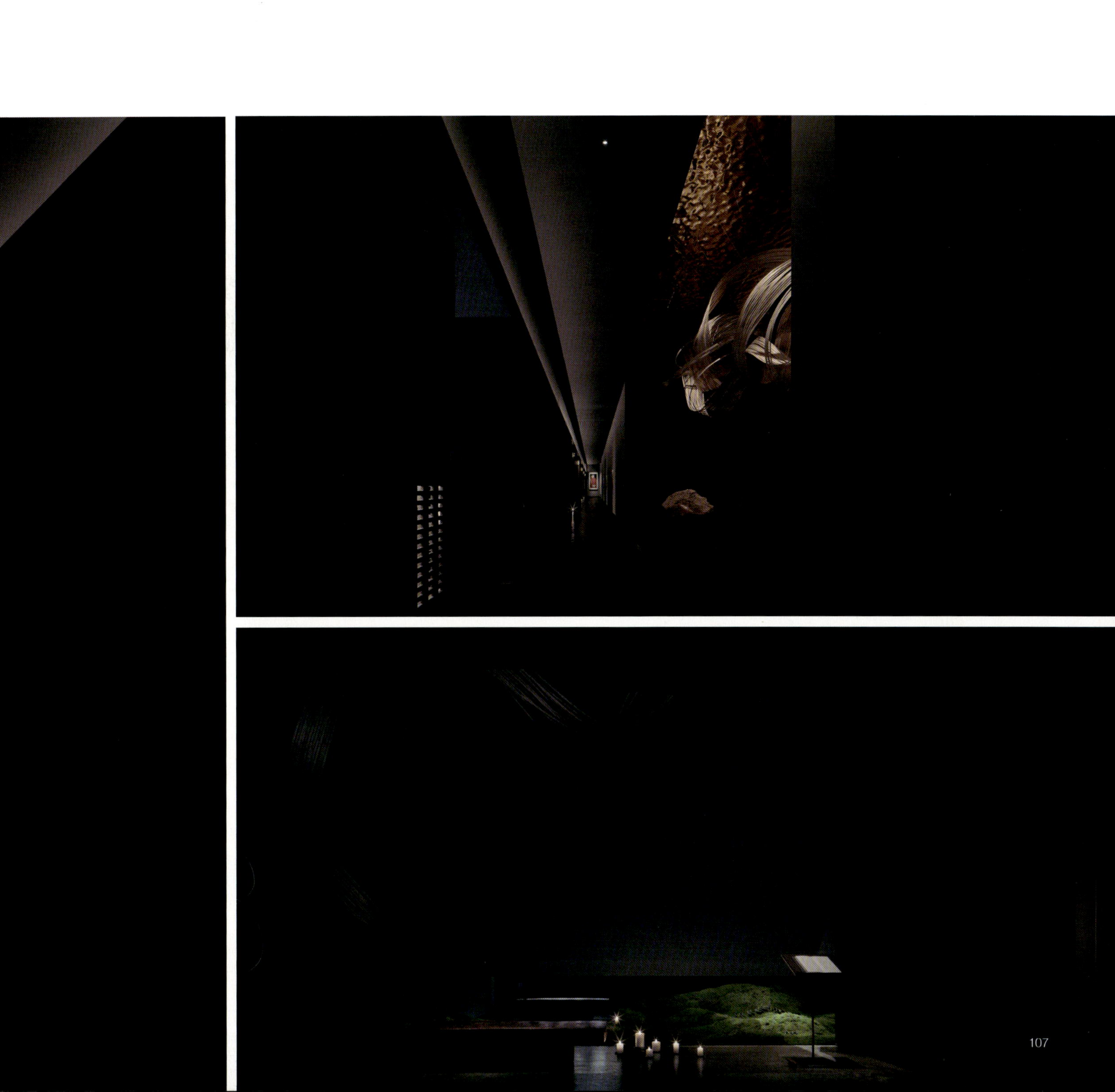

1 | 3
2 | 4

1. 灯具及家具都是特别设计的
2. 包房外的风景
3. 包间茶区
4. 开放式就餐区

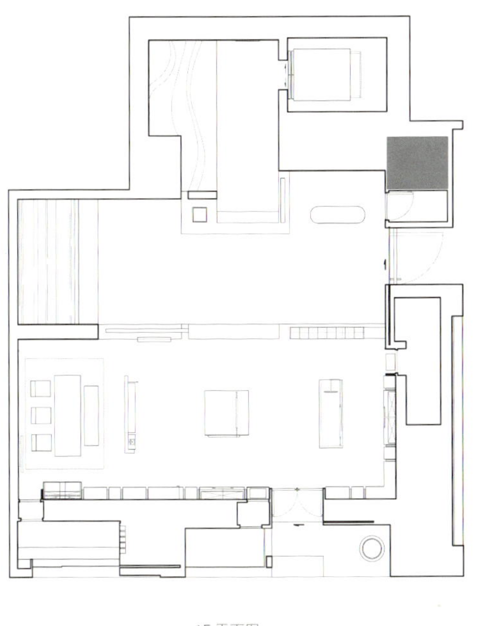

1F 平面图

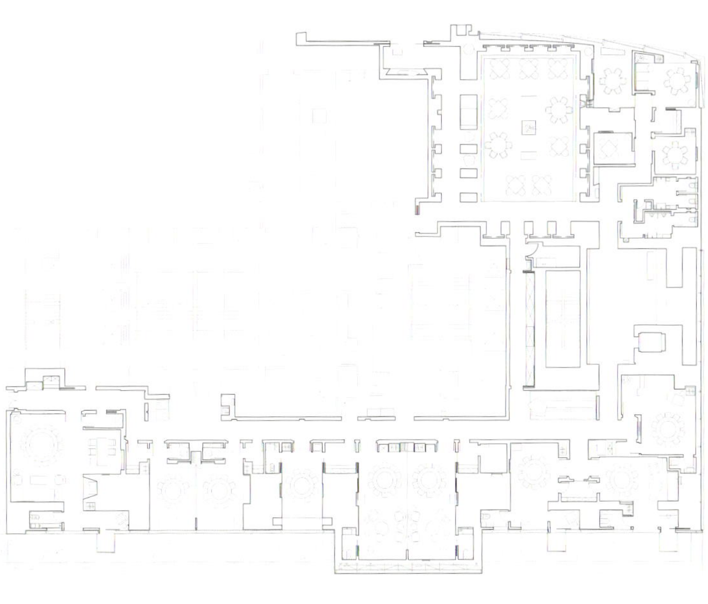

2F 平面图

PINE&DINE 餐吧

设计单位：南京拿云室内设计有限公司
设　　计：陈诣杰
参与设计：倪佳伟、程楠
面　　积：330 平方米
主要材料：木饰面、水磨石、水泥漆、钢板
坐落地点：江苏南京
完工时间：2020 年 12 月
摄　　影：Emma

1. 餐厅外景
2. 悬空座椅惹人想象
3. 吧台区

PINE&DINE 位于南京马道街，前身是一处老旧的平房民宅。初见时斑驳飞翘的门檐尚可看出昔日城南旧影，然而脱落的墙皮下裸露出年深日久的青砖。沿着周遭走一趟，时间的力量让人感叹。如今这些传统民居行近暮年，但文脉下的市井风貌与街巷肌理依然清晰且深刻。将这样一个项目改造成西式餐吧，意味着设计师要做出不悖于历史文化、建筑美学，同时又让此老宅重新焕发出新生能量与朝气，并使两者充分融合的二次创作。

行至院外，低矮的青砖围墙与瓦檐保持了原建筑的质朴，设计师用建筑的原姿态回应了它的时间印。在尽量保留原本特质的同时，也延续出新形态，并以时间为轴，将两者在同一空间充分融合，衍生出全新的生长维度，吸引人们想去一探究竟，倾听年代的故事。步入屋中，原先的三进民居被打通，将视觉拉伸。裸露的原始结构体、原木色的承重柱与周围洁白的墙体、水磨石地面、木质餐桌椅相得益彰。悬挂的白色丝质吊灯，打破高度的整齐，让高挑的空间变得灵动，木质大落地窗和局部透明钢化玻璃的顶棚让自然光流淌入内，将店堂映得既明且亮。根据日光的角度变换，照射在店内不同材质上所呈现出的色泽不尽相同，犹如一层温柔的滤镜，赋予空间更美好的可视性，使整个空间关系和谐有序。中庭留有老宅的院落，原建筑的青砖墙下，是青石子铺成的地面，石子堆砌中是一口保留完好的古井，年代所产生的苍劲力量与厚重感，越发弥散院中，岁月的产物，让人心生欢喜和敬意。

PINE&DINE 日间提供早午餐、咖啡、糕点，晚间开放融合西餐与鸡尾酒吧。根据不同的使用属性，采取复合式空间布局，促进了场地、食物、时间等一系列的概念相互关联。

打破常规，将吧台放置二层，犹如童年的树屋，充满故事性，也契合酒吧的名字，The Den 意为巢穴；悬空座椅引人想象，“敬往事一杯酒，故事和你都不留”，画面感十足。

整个空间古朴、温暾、安逸，给人以“岁绵长而不见”的熨帖感，而简洁的造型、利落的线条和折中主义的风格家具，搭配形态各异的绿植，则又让餐厅体现出优雅的时尚气息，新旧关系下的时间概念倏然变得模糊而隐约。

旧影斑驳的老宅终得归宿，也拥有了新生的羽翼。

1
2|3 4

1. 搭配形态各异的绿植
2. 木质落地窗使空间明亮
3. 户外空间
4. 高挑的空间

EATALY

三秋舍 · 梦幻岛

设计单位：浆果设计
设　　计：周博、蔡雨洋
面　　积：2000 平方米
坐落地点：辽宁沈阳
摄　　影：大白、牟星、星文

三秋舍 · 梦幻岛的前身是一座废弃的汽车修配厂，它由多个建筑空间组成，每个空间琐碎而杂乱，互不连通。设计之初，设计师利用建筑分区将它规划为多种业态，每个业态各自独立却又相互连通，这样的动线设计让整个项目的体验更加完整，商业运营更为经济高效。

建筑改造时拆除了大部分墙体，在屋顶设计了很多天窗，让阳光洒进室内，建筑回归本身的方正格局和清爽面貌。在修补、联结、挖掘、推翻、重建这一系列设计完成之后，隐藏于闹市区僻静一隅的三秋舍 · 梦幻岛餐厅展现出来。

建筑体方盒子在院落中生长、穿插、叠加，混凝土高级灰墙面斑驳而不衰败，静静地与这片场地通过美食产生紧密的情感联结。

为了使小楼私密餐区的多层空间产生统一的联系，设计了一个巨大的玻璃天井从楼顶直通地下酒吧，通过天井带来的序列感使三个楼层产生联结，并将楼顶的阳光引入到底层区域与地下室，让沉闷的地下室与外界产生关联，在视觉和感受上带来更多的可能性。玻璃天井内放置了大量的白色坛子，带给空间更多的艺术性。

啤酒共享餐吧呈“人”字形序列式排布的三角型横梁，投射出建筑空间的高挑与开放式格局，打开天窗，裸露的水泥墙断面并不做修饰，与原木桌椅的自然肌理相互碰撞对比。

热烈的阳光投射室内，热带风光映入眼帘，大型阔叶植被穿插其间，开启度假模式和聚餐派对情境。

1. 入口处
2. 屋顶设计了很多天窗
3. 休息区
4. 产品展示区

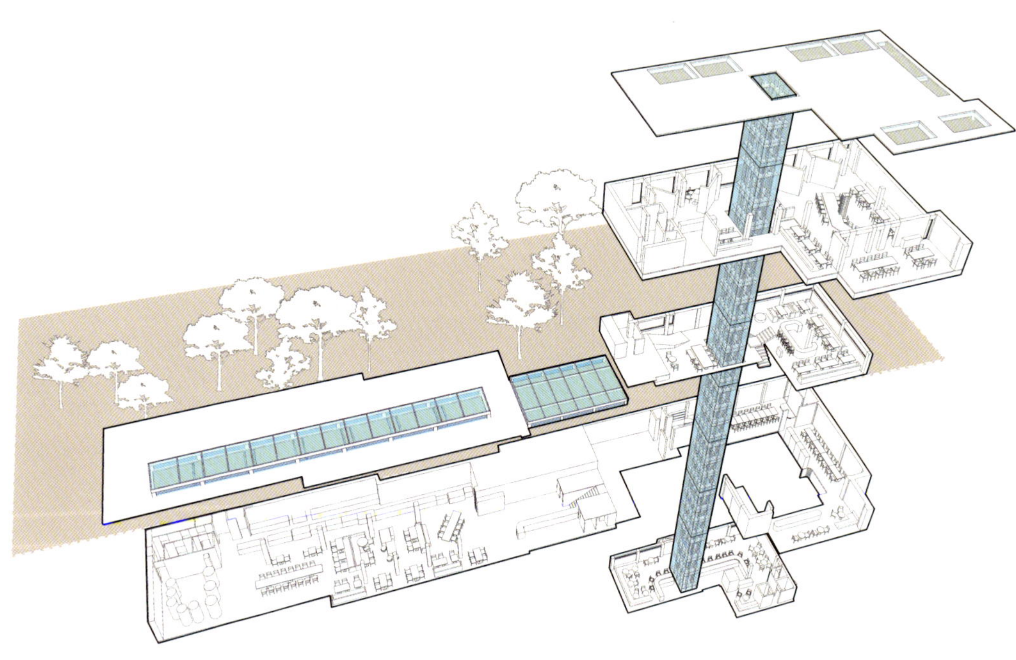

分析图

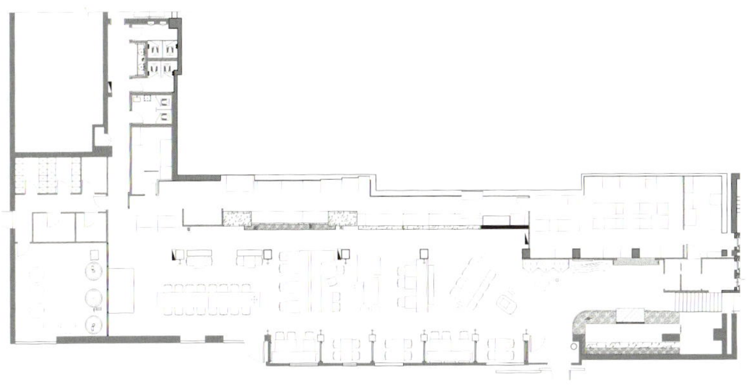

平面图

1. 斑驳的混凝土墙面
2. 天井内放置的白色坛子
3. 自然气息的原木桌椅
4. 阳光洒入室内

1 | 2
1. 入口门厅的格栅
2. 似有若无的江景

鼎琪餐厅

设计单位：FW.GID 国际设计
设　　计：曾建龙
参与设计：张俊、邓丽周、赵佳晨
软装设计：SCULTURA
面　　积：1290 平方米
坐落地点：上海
摄　　影：王厅

鼎琪餐厅位于上海浦东新区陆家嘴黄浦江畔，拥有绝佳观景视角。色彩是彰显主题性和文化意境的重要因素，也能提升餐饮品牌的主题性信息，在鼎琪餐厅的设计中，设计师准确把控色彩明度变化，和谐搭配，让空间富有层次感，与黄浦江景相得益彰，令人陶醉。

从大楼电梯出来便是餐厅的门厅，该位置原属于公共转换区，后业主把两边打通便形成了门厅。设计师在此运用了中国传统绘画中远、中、近景的处理手法，将江景作为远景通过格栅将其虚化，展现似有若无的迷离之美。门厅外部景观台为中景，内景为高低错落的格栅，搭配仿山水纹的石材壁纸，塑造虚实之感。同时格栅能将外部光线柔和，使原本狭窄的门厅有了开阔之感。门厅顶部运用了拉丝香槟金不锈钢镜面，镜面效果延伸了空间进深感。原先的餐厅地面跟户外有着近 50 厘米的落差，把室内地面抬高与外部景观台持平，使室内外空间连贯起来。

在大厅的构造中将船的龙骨结构运用其中，并将“水平面”的形式语言通过蓝色艺术铝板的褶皱造型延展到天花上，呼应了餐厅的地理位置，视觉上动态而自然。复合性的餐厅空间兼顾就餐、铁板烧、水吧台等功能，同时水吧台也跟户外的吧台形成互动。空间中金属网、艺术砖等各种材质重复组合变换，相互穿透。餐椅使用了 Tina Chris 龙系列山水东方系列布料，别致的配色和丰富的肌理造化出无限的想象力。整体空间使用灰度色调，局部运用大块的红色与蓝色提亮色度，恰到好处的色彩对比和冲突，让情绪更加饱满。

餐厅通道延续了门厅的设计语言，高反光金砖与微观艺术画作相互呼应。卫生间没有自然光，设计师没有刻意提高空间明度，而是顺应空间特性，深色材料、亚光金属、深色木纹，产生一种渐变的交织关系，低调而奢华。

风格各异的包房中，由设计师原创的微观艺术画作和龙系列山水东方系列布料贯穿其中。包厢的底色多为黑白灰，通过色彩叠加和墙面的拼色处理，形成强烈的视觉冲击感，增强就餐体验感。临江包间，推开大门的瞬间，宽敞明亮的包房和大气磅礴的江景同时出现在眼前，最大限度放大了就餐者对一个全新空间的惊喜感知。

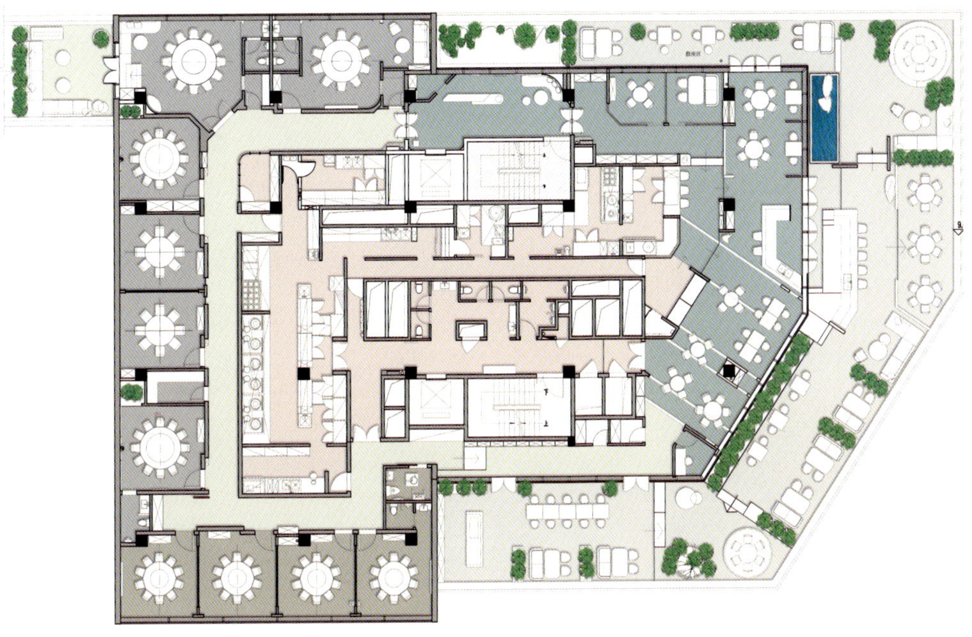

平面图

1. 顶部运用拉丝不锈钢镜面
2. 吧台
3. 窗外的黄浦江美景
4. 就餐区域
5. 空间细部

食冶日料餐厅

设计单位：TOMO 东木筑造
设　　计：陈贤栋
参与设计：田雨鑫、何婧
面　　积：554 平方米
主要材料：石材、肌理漆、做旧古铜不锈钢、刷白渐变木板、深灰色塑木、艺术玻璃
坐落地点：广东深圳
完工时间：2020 年 10 月
摄　　影：本末堂、彦铭

1. 外景
2. 粗糙石材与精致金属的碰撞
3. 哑光的玻璃墙面

沉浸式体验是当代文化与科技融合而成的一种新业态，也是餐厅设计领域中具有前沿性和成长性的新兴趋势。在食冶日料餐厅 COCOPARK 店的创作中，设计师解读日本料理蕴含的文化密码，以“海洋”为空间造境的核心，提取在地文化的海渔星舟元素，结合海浪、艺术、科技、LED 光，以声音与视觉的互动设计塑造海洋情境，为食客带来一场超越现实的高科技沉浸式感官盛宴。

日料可以说是一种用眼睛“品尝”的料理，更准确地说是一种用五感“品尝”的料理，讲求色之自然、形之精致、器之精良。轻盈飘逸的芦苇、包间深处的森林画布，以具有层次感的铺叙，聆听远方大海的呼唤，引人无限的遐想。

餐厅主入口，设计师结合植物、石材、光影造境，呼应海的自由与力量。“船”形半弧元素的应用，构成入口正面与侧面的差异，而粗糙石材与精致金属的碰撞，令墙体 logo 形成视觉焦点。次入口以通透的玻璃为介质，在视觉上延伸了内部空间。亚光的玻璃墙面在线性灯光的映照下，犹如荡漾的水波，形构出流动的海洋波纹意象，构成与众不同的层次感与仪式性。前台造型简雅，木质与大理石细腻的纹理和粗柔并济的质地，呈现出空间高级艺术感。天花吊饰借用船帆的元素，将一页页轻盈的“白帆”层层展开，搭配阵列式排布的网织灯饰、谐趣十足的船桨挂件，伴随着海浪与风的背景音，清静怡然。沿着包厢四周的过道，以细密有致的间距打造多个卡座区与散座区，而船帆的意象再次被运用作为隔断，成为美学的细节之一。“渔船灯”聚焦在满桌佳肴上，包厢区的木制墙面与 LED 屏幕围合起来，声光影和水分子的组合搭建流动的美感，环绕的音响与视觉特效共同打造出海洋情境。

设计以极简的手法营造“水聚天心，四水归堂”的艺术语境。穿过狭长的“过厢堂道”，走进静谧的“堂”中，仰叹“天井”清泉石上流，俯听“洞底”流水无弦曲，乘坐“渔船”渡水悠悠去，精心构建的方寸天地别有洞天。天光、原石和水幕形成空间的视觉记忆点，水滴经由中庭挑高天花上的巨石块后，凝集成水幕景象，再分流至四周将空间划隔为四个独立又统一的包间，灵动的水纹波光营造出简中有雅、雅中生境的禅意美学。在简洁的形制中营造盈满的精神体验，刷白的渐变木板、粗糙的石材面、质感细腻的皮具、静寥感的枯枝与石块，在空间中形成强烈的美学碰撞，点染了空间清、雅、和并呈的气质。食冶日料餐厅，呈现以海启发的空间创意和生活方式，海能激发想象力，带我们去未知之地，设计有无限的力量，就像无边的海洋一样。

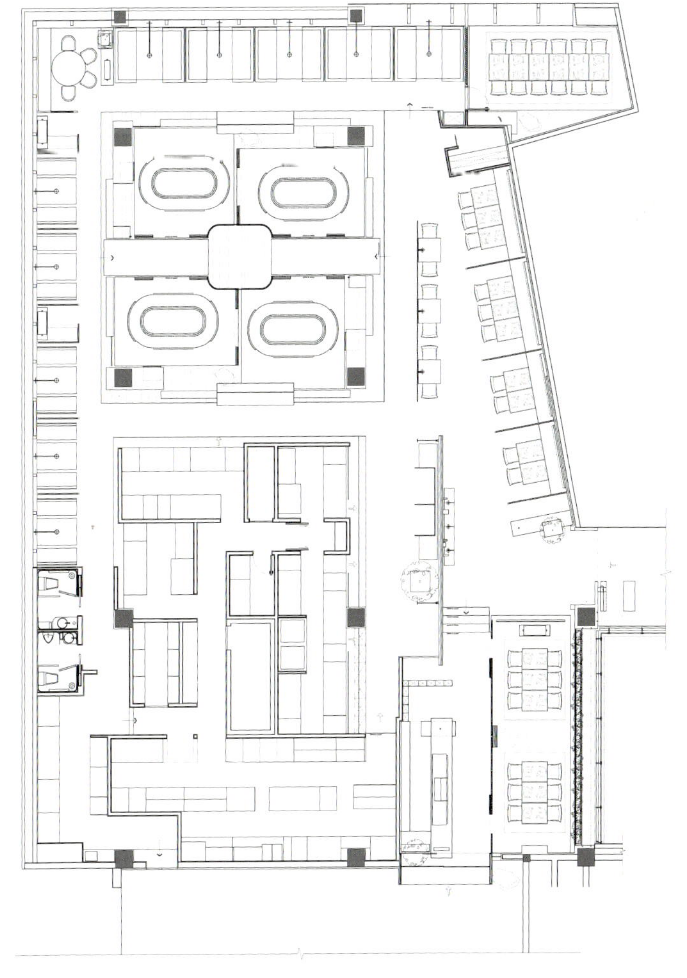

平面图

1 | 4
2 | 3 | 5 | 6

1. 阵列排布的灯饰
2. 散座区
3. 天花如白帆层层展开
4. 清新雅致的造景
5.LED 屏幕打造海洋情境
6. 渔船造型

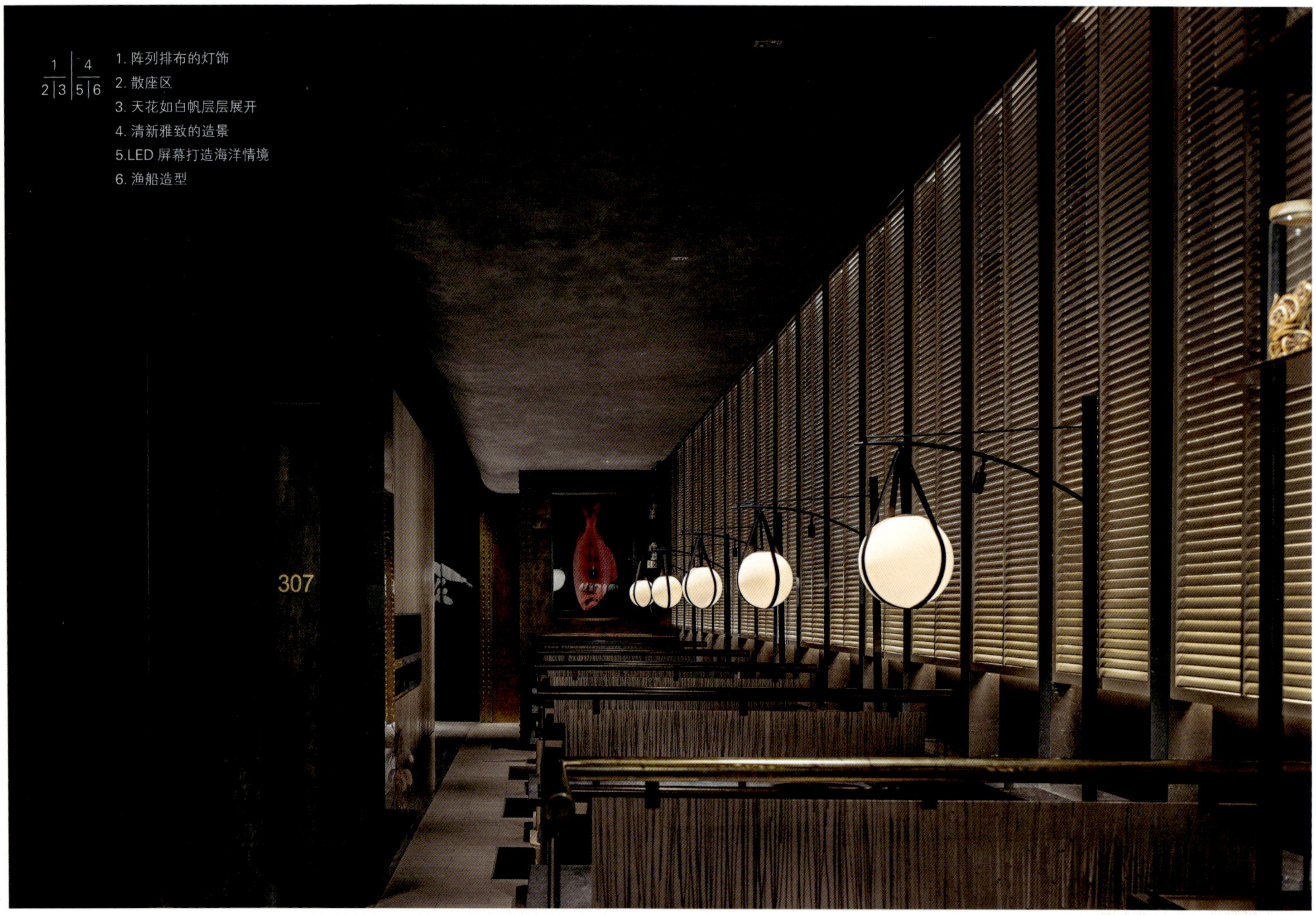

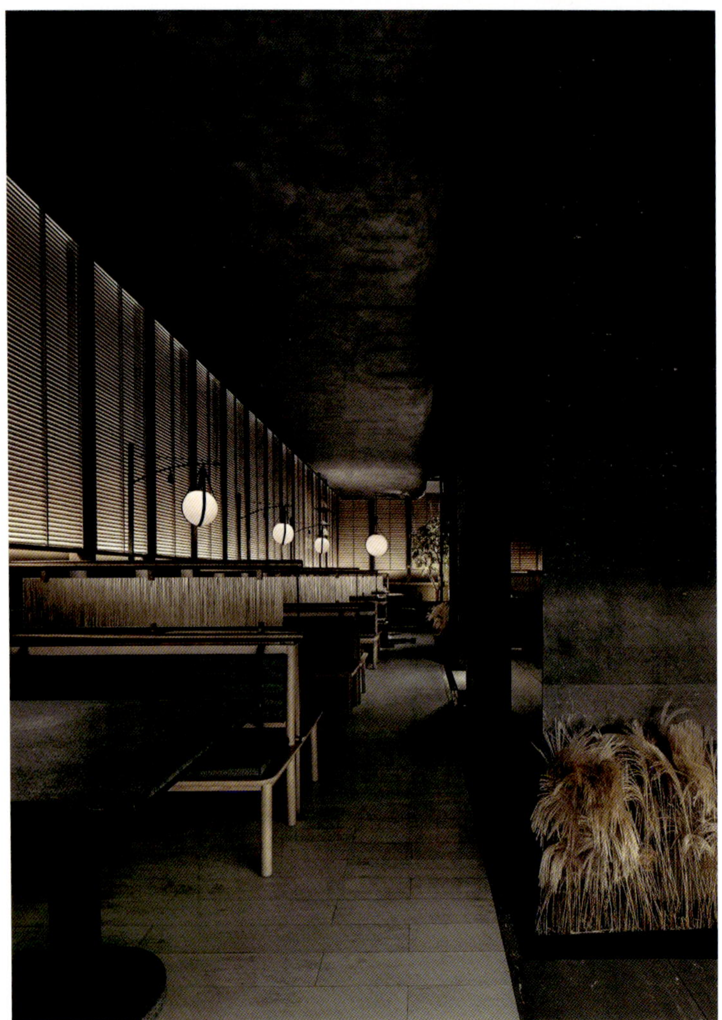

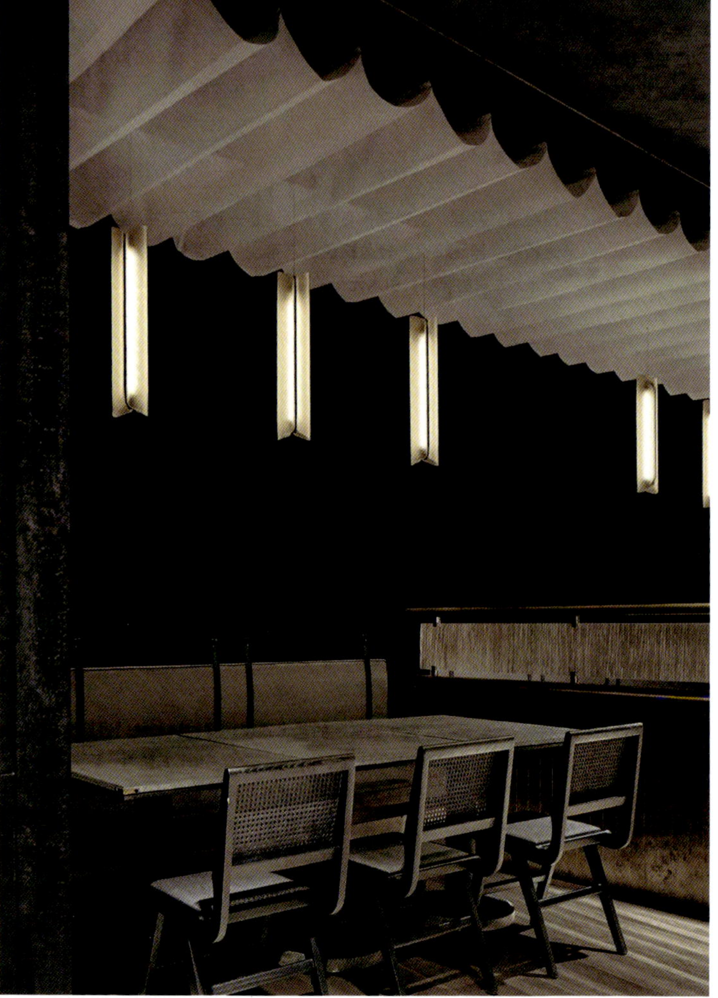

烧物控

设计单位：古鲁奇公司
设　　计：利旭恒
参与设计：许娇娇、陈毅丹、张晓还、米娜
面　　积：280 平方米
坐落地点：上海
完工时间：2021 年 2 月
摄　　影：鲁鲁西

在商场的一角，静静立着一个被闪烁贝壳通体装饰的珍宝盒，纹理清晰，肉色艳丽的和牛如瑰宝般静卧其中，圆胖得仿佛像是一大块牛里脊肉，通过利刃直角切出一个金灿灿的肉铺，看似呆萌却又充满着侵略感。肉铺主营的是澳洲与美国牧场直送的冷鲜牛肉，在肉铺旁边有一扇小木门，推开这扇门，才是来到了食肉爱好者们的天堂。

肉铺的外表一尘不染晶莹剔透，而肉铺的背后深处却是一家温馨热闹的的日式烧肉店，肉铺的另一面甚至是觥筹交错的酒吧吧台，这充满意外的空间让闻香而来的食客在讶异之余又收获了发现新岛屿般的惊喜。

2019 年底，一场突如其来的疫情席卷全球，时至今日，彻底改变了人类的生活方式，用餐模式也不例外。许多餐厅在待客营业时实施限流、隔桌就坐、限制每桌用餐人数等针对疫情的应对政策。未来我们面对的疫情可能会是生活中的常态，因此可以灵活变化的空间模式将会是未来餐饮空间的一大课题。

考虑到安全社交距离，在客区的中心区域设计了环形造型的餐桌。桌面直通天花形成一个回环，增添了趣味性，桌面看似连成整体，却由模块拼接而成。客席之间可以插入金属网屏风进行自由的区域分隔，金属网屏风能够有效阻断烤肉时溅起的食物飞沫，且能随时取走清洗及消毒，灵活进行客座区的分隔。疫情好转时可将屏风移除，形成开放式的用餐环境，满足人们自由聚餐的美好期望。

同时通过设计的手法在用餐空间中营造出酒吧的氛围，每个座席都拥有屏风带来的隐私与安全性，在吧台上也运用了同样的手法，满足疫情下店内用餐的规范与需求。

烧肉达人集团和古鲁奇公司设计团队合作已久，这次旗下的“烧物控”除了室内空间设计，其视觉设计也交托给了古鲁奇公司的 VI 设计团队。“烧物控”的视觉形象来源于正在烤肉的烤盘，从“烧物达人”到“烧物控”的境界上升，无论空间场景设计，还是整体功能性，都致力打造一家辨识度高、具有可开放可封闭的功能、能适应后疫情时代的餐厅。

1. 餐厅外景
2. 桌面直通天花
3. 围桌烤肉

1 | 2 | 3 | 4

1. 外立面
2. 入口处
3. 空间细部
4. 宋代石雕

1. 大面积落地窗引入自然光

2. 房梁的榫卯结构

1. 明式定制家具
2. 光阴的历史
3. 传统之美
4. 茶具
5. 松鹤延年
6. 房梁细部

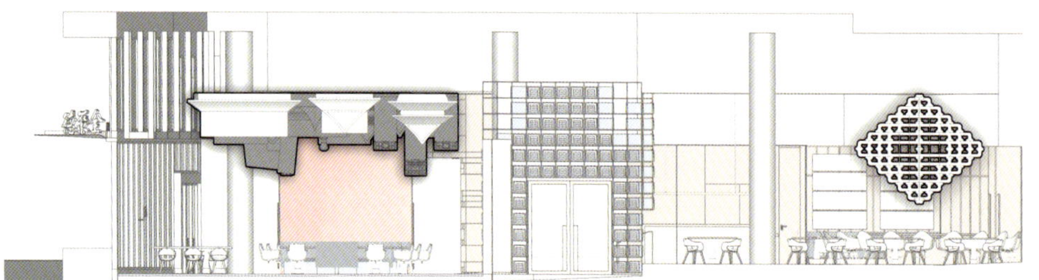

立面图 1

立面图 2

1. 店面外景

全聚德温哥华店

设计单位：古鲁奇公司
设　　计：利旭恒
参与设计：季雯、Andy 张
壁画美术：王晓汀
面　　积：693 平方米
坐落地点：加拿大温哥华
完工时间：2020 年 5 月
摄　　影：William Luk /Mayowill Photography

全聚德温哥华店的甲方是一对坦率诚恳又可爱的夫妻，他们来自北京，早年移民加拿大，北京烤鸭是北京的味道，全聚德百年兴衰留下太多的故事，设计团队有幸见证并参与了其中一段。店面位于北美加拿大，设计团队期望将全聚德转化为一个载体，将中国的文化、美食、艺术、传统习俗等在海外传播出去。设计团队不想赋予全聚德年轻时尚的概念，也不愿意做成大红牌楼或是复刻版的京城宫廷，中国许多传统民俗文化活动则转化成为空间中视觉艺术的创作，成为设计的创意主轴。全聚德烤鸭源于紫禁城，因此设计使用的素材很多来自故宫，提炼后而简化，将传统的中国文化元素转化为简洁时尚的手法。将传统民俗"贴春牌"以幽默的手法将严肃的历史变得有趣而亲切，每逢春节，在许多家庭的门窗上都会看到倒贴的大红"福"字，贴春联、请福字是传统带来福气的春节习俗。

用餐大厅顶上满满的都是颠倒过来的北京建筑群，概念来自从北京景山眺望的故宫建筑群，有故宫的太和殿、天坛，也有许多北京当代建筑穿插其中。这些建筑为何颠倒，即试图通过"福"字倒贴的习俗寓意"福到了"，并且转化成海外异地与家乡可联系的寓意。让所有来到这里的人感觉到浓浓的京味，就像是回家了，这是最想达到的设计意图。接待区的故宫藏书阁是主要的视觉形象，书架与领位台的蓝色来自紫禁城里的藏书之处文溯阁牌匾上的中国蓝。书架陈列亦是藏书阁的书架与中式博古架的结合，复刻版的全聚德牌匾高挂在端头，牌匾底下则是在西餐厅里常见的玻璃壁炉，领位台是特别在景德镇烧制的瓷器。在中式的视觉下空间动线则是西式的，入口右边是酒吧区，左边是用餐区，这是为了符合当地顾客的用餐习惯。餐区烹调文字墙上的文字都与烹调食物有关，也表现出中国料理海纳百川，设计灵感来自活字印刷术。说好不愿意复刻，还是忍不住留下了一段紫禁城的大红城墙。

酒吧区的天花采用铝板制作的现代版本中式斗拱，利用复杂的榫卯结合将屋顶重量经由梁架、立柱传递至基础。遇有地震时，斗拱结构虽会"松动"却不致"散架"，消耗地震传来的能量，斗拱柔中带刚，借力使力有如太极。酒吧顶端环绕古建筑斗拱，既是结构也是中华艺术的表现，利用 3D 拼图的方式表现，沉重的斗拱转化为轻盈的文化装置艺术品。餐厅里除了浓郁的紫禁城气息，也有接地气的北京胡同，灰砖更是胡同里的重要元素，我们将灰砖使用在过渡的廊道空间，让顾客立刻穿越在老北京胡同里。推开大红门是个特殊的包房，透过高科技 5D 技术达成沉浸式视觉艺术的餐饮体验。

1864 年成立于北京的全聚德，2020 年其文化传承在温哥华，全聚德这一次朴实无华的转身，试着让大家回头看看这位老朋友，看到百年老字号的品牌新生。

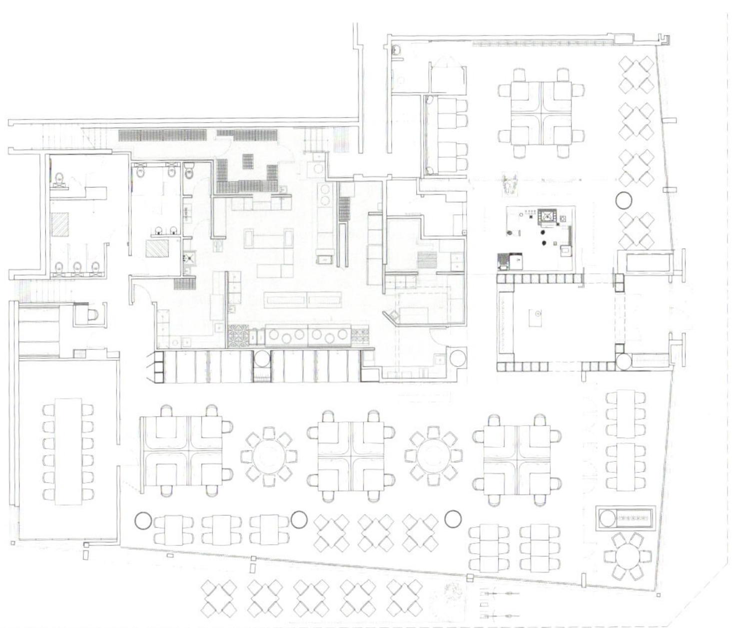

平面图

1 | 2 / 3

1. 复刻版的全聚德牌匾
2、3. 西式架构下的中式空间

1、2、3、4. 故宫城墙元素
5. 墙上的纯中国风挂画

星辰 1992 餐厅

设计单位：柏仁国际联合设计
设　　计：杜柏均、王稚云
参与设计：赵泽超、孙浩军、沈强、林新晨
面　　积：1000 平方米
坐落地点：上海
完工时间：2020 年 12 月
摄　　影：三像摄 | 张静

1 | 2 3|4

1. 餐厅接待处
2. 粗糙的岩板
3. 开敞式大厅
4. 金银灰的冷色调

将爱情嵌入永恒，不管是西方的罗密欧与朱丽叶还是东方的梁山伯与祝英台，用东西方统一的爱情观来构建此空间场景的主轴，建立其场所精神。如何跳脱传统中式餐厅的思维又体现海派文化的精髓，同时将主厨的融合菜系衬托得更精彩，是本次设计的重点。

爱如星辰，哪怕宇宙空无一物。在这座城市里，在合适的时间，合适的地点，遇见合适的人，相知相爱，宛若一颗永流传的钻石，我们将诠释以爱情为主题的空间叙述。星辰 1992 餐厅门口的樱花树正是当下最美好的光景，餐厅与黄浦江比邻而居，看的是两岸的美景，品的是米其林星级别大师的精美厨艺，而所处的空间正是设计师心中的“永恒”。杜柏均说：“想到永恒，脑海里蹦出的就是爱情两字，那么多经典的故事，那么多口口相传的诗歌，哪怕只是刹那间的美好，都如星辰般闪耀，正是人类的心之所向。”

永恒的爱情赋予空间设计浪漫的情怀，更让设计的延展有了依托。设计师从《易经》中寻找设计的灵感，通过对太极图的解读，演绎出“天有地，风有情；云有意，我有你”的境界，不同材质的组合和融合，刻画出“阴阳合，雌雄对”这一古老生命的起源，让永恒的爱情有了归属感，也是空间设计的升华。

岩板的粗糙象征着男性的阳刚，耐火板的细腻糅合出女性的阴柔。两者互相结合，如一对恋人般拥抱着、镶嵌着，从墙面延伸到天花板，静者有动，暗示着天地之间永无止境的交替。立体的空间有种古老的震撼感，“入目无别人，四下皆是你”的爱意在肆意绽放，在“你进我化”的阴阳之道中展现出自然的规律。

整个餐厅分为上下两层，楼下是开敞式的大堂，惬意放松；二楼则是不同规格的包间，私密性俱佳，设计师在功能分割有序的同时，更将色彩的融合发挥得淋漓尽致。金、银、灰的冷色调，彰显出餐厅的高贵神秘，使用餐更具仪式感。餐厅处处皆是景，不止于开放式的露台，不止于窗外的美景，也不止于杯盏碗碟的造型中。空间没有大面积采用泛光照明，而是通过追光灯让餐桌上的佳肴成为主角，明亮的灯光为美食带来了夺目的质感，柔和细致的阴影则勾勒出物体的轮廓形成光晕，也增加了桌与桌之间的隔离感和私密性。除此以外，全息投影仪的运用，让中国传统的水墨、青花瓷在盘中绽放，自然流淌着形成一幅生动的画卷。

美食、设计与艺术的相遇，不谋而合地让餐厅惊艳起来。爱如星辰，爱亦永恒。

兰州鑫海火锅（碧桂园店）

设计单位：甘肃御居装饰设计有限公司
设　　计：黄伟彪
面　　积：1400 平方米
坐落地点：甘肃兰州
摄　　影：黄秉文

“尺颊生香，饮食东西”，在众多火辣柔情中闪亮登场，或激情或浓意，都在鑫海火锅的往来间形成了记忆。饮食如此，品牌亦如此，让深刻记忆的老品牌焕发新的诱惑，是本案设计师的改革尝试。

原建筑为欧式人字屋顶的老式结构，利用结构的特点尽可能让建筑空间感更为突出，设计手法没有准确的偏向，希望空间不要有太多的束缚，就如同火锅本身，可融合碰撞共存。在整体设计中，保证色彩的视觉统一，低明度和高明度色彩之间的对比及控制，灰白穿插。让空间成为舞台的基础，美食成为舞台的主角，可咸可甜。

材料的选用上，视线之内采用了沉稳的色彩配合金属装饰收口，更为凸出线条的硬朗和挺拔，而视线之外的建筑构件只做简单的灰色粉刷，像极了品牌的记忆，繁华淡尽终归平静如初。

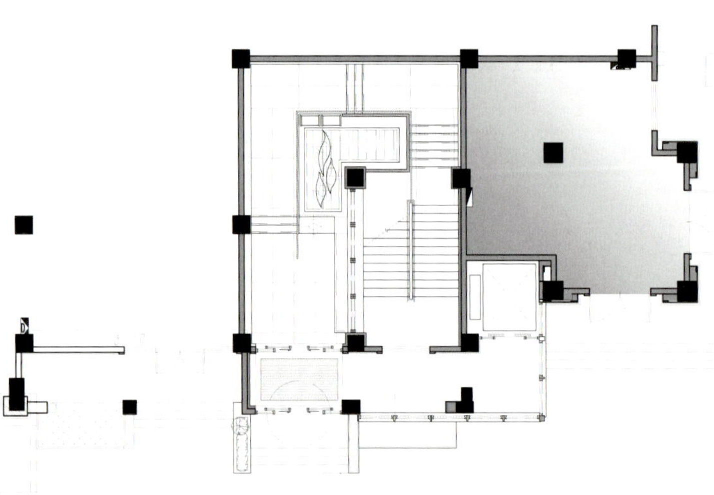

1F 平面图

1. 大厅过道
2. 收银台
3. 明黄色的座椅

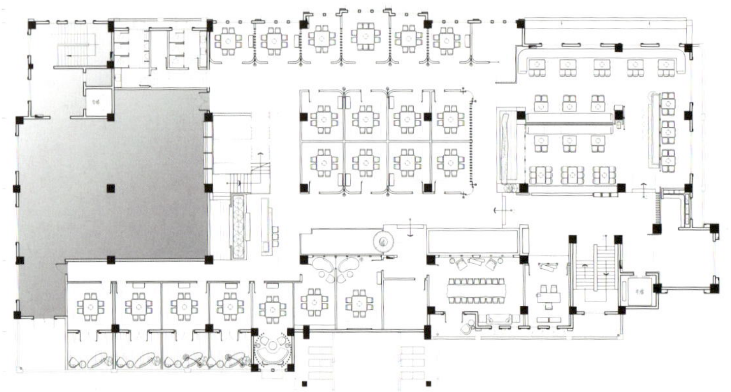

2F 平面图

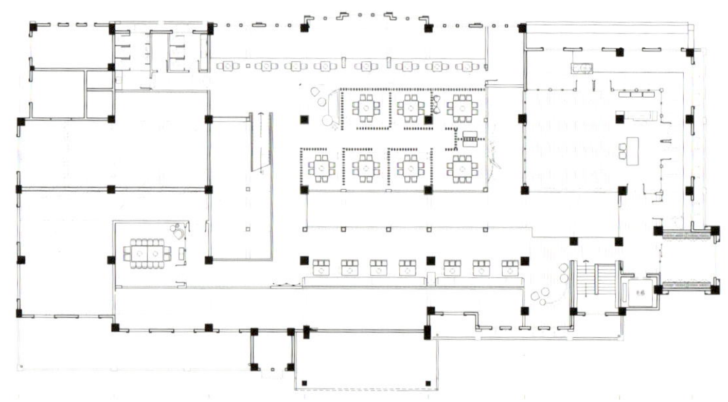

2F 夹层平面图

1 | 2 | 3

1. 空间多采用硬朗的线条
2. 墙面装饰
3. 灯光与材质变化

照明设计：Wutopia Lab、上海罗曼照明
面　　积：4000 平方米
主要材料：穿孔铝板、拉丝镜面不锈钢、阳极氧化铝板、花岗岩、GRC、玻璃
坐落地点：上海
摄　　影：CreatAR Images

上海地铁 15 号线吴中路站是一个展示上海改革开放的建设成就的公共文化空间，申通公司在吴中路站采用净跨达到 21.6 米的预制大跨叠合拱型结构，创造了上海地铁首例无柱的无遮拦大空间站台大厅。

站厅清爽得像一个展览馆，申通公司要求最大限度展现大跨度拱型的结构美，不许用吊顶覆盖，原本走吊顶的空调风口、喷淋、照明、摄像头，逃生指示便会无处安身。团队利用预制结构件之间的缝隙嵌入消防喷淋管，让它看上去像装饰线；其次把拱顶泛光照明放在城市背景墙下的空隙，从地面打亮天花；摄像头和逃生指示利用城市背景的结构龙骨侧装；最后把空调风口分成两部分，一部分在尽端墙上以圆形喷口送风，一部分风口结合进下站台的自动扶梯三侧栏板，形成了一个 U 型拉丝不锈钢通风矮墙。最后的拱顶反而比有吊顶的天花更清爽。入口处修改了拱型曲线使其接近半圆，两道弧线之间的空间可容纳庞大的综合管线，让入口自然有了一个具有体积感的门套，经过精确计算和预制的双曲面 LED 灯线强化了门的符号，与地面倒映一起形成了 4 个光之门。

出于安全考虑，建筑师接受地铁方意见把风口设计成凸出的格栅，避免有人把孩子放在通风矮墙上，而为了进一步削弱通风矮墙的体积感，选用了能模糊反射周边的拉丝不锈钢，并用 LED 灯带作为矮墙和地边的分界，让这个体积具有了漂浮感。

站厅最高潮的设计无疑是两侧展示上海城市景观的背景墙，用三层穿孔铝板形成了层层叠叠有层次和进深的城市背景。在确定可以安放 LED 模块基本的开洞尺寸后，在不同建筑和层次上设计了 5 种尺寸的穿孔，不同空洞在三个层面上层层叠加，让城市望之不尽，建筑师在不到 1 米的厚度上创造了一个城市的深度。市民在抽象成一根连续的 LED 灯带的城市轮廓线的指引下进入或离开，轮廓线并没有重复站厅复杂的设计，仿佛是节制的序曲或者尾声。而站台天花上也有这线性的 LED 灯带，但你不会意识它们其实就是上海地铁运行图，而光的運動轨迹和站台两边的地铁行驶方向是一致的，通道两侧的城市轮廓线光带轨迹也是同理。

站厅的灯光系统经过精密设计，采用 4 个部分组合来实现符合规范的照明功能与具有极强表现力和想象力的动态光效。由于整个拱顶不排设任何电源线，因此在照明上采用天际线铝板后的泛光照明系统，在满足空间照度要求的同时，也实现了光源隐藏的柔和视觉效果。中心区段的铝板后安装了对应冲孔的全覆盖 LED 照明模块，通过设计和编程，可以实现千万级色彩数变化和图形效果，就像浦江两岸精彩纷呈的幕墙广告牌，赋予了未来场景打造的无穷想象。吴中路站就是这么一个鼓舞人心的开放的城市美术馆，一个前所未有的最漂亮的地铁站。

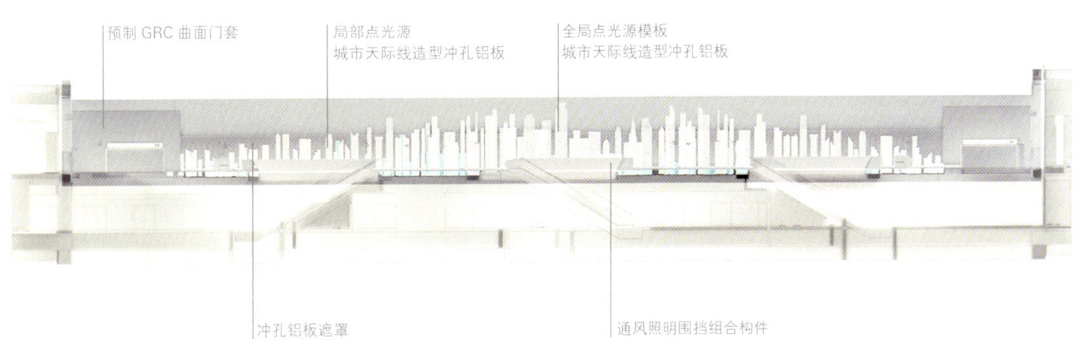

剖面图

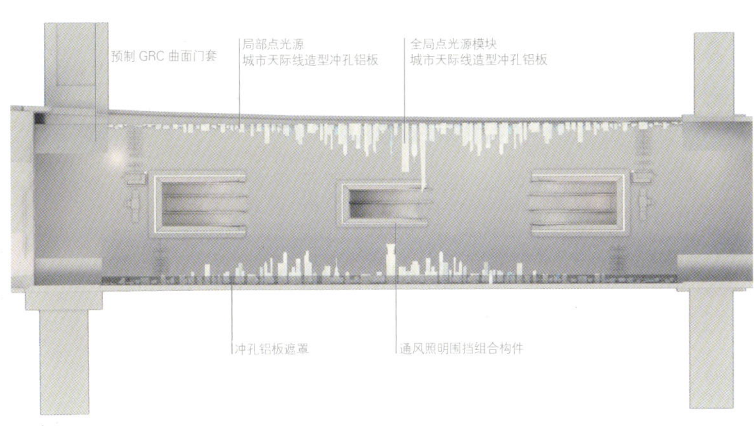

站厅层平面图

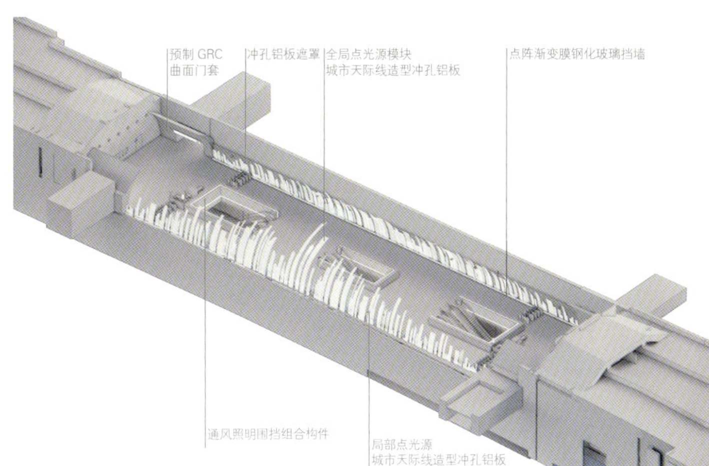

站厅层轴测图

1 | 2 | 3

1. 拱顶实现了光源隐藏后的柔和效果
2. 连绵不尽的美丽城市景观
3. 上海城市景观的背景墙

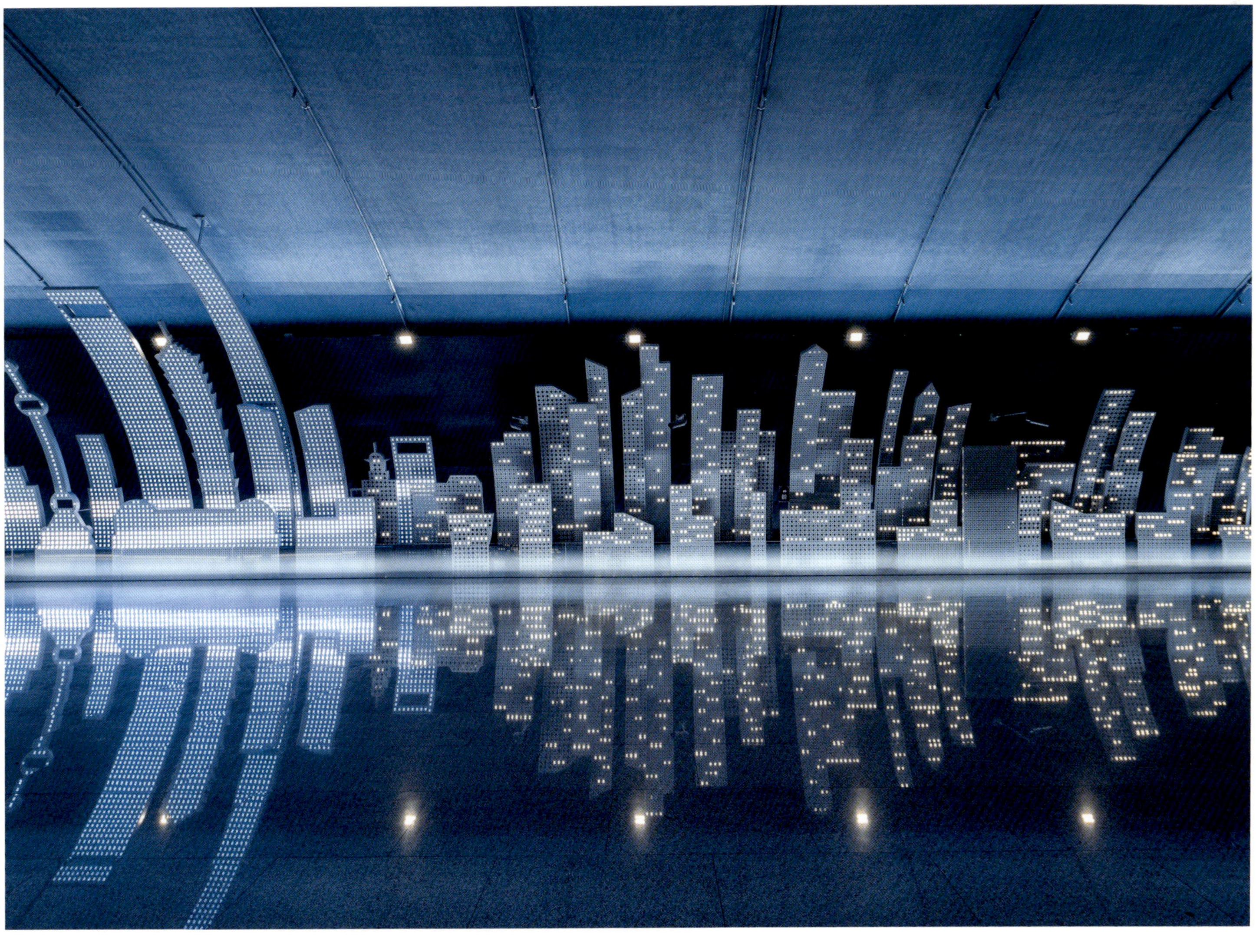

1	3
2	4

1. 电梯上升进入未来空间
2. 具有极强表现力的动态光效
3. 天花上的线性 LED 灯带
4. 显示屏上的地铁运行图

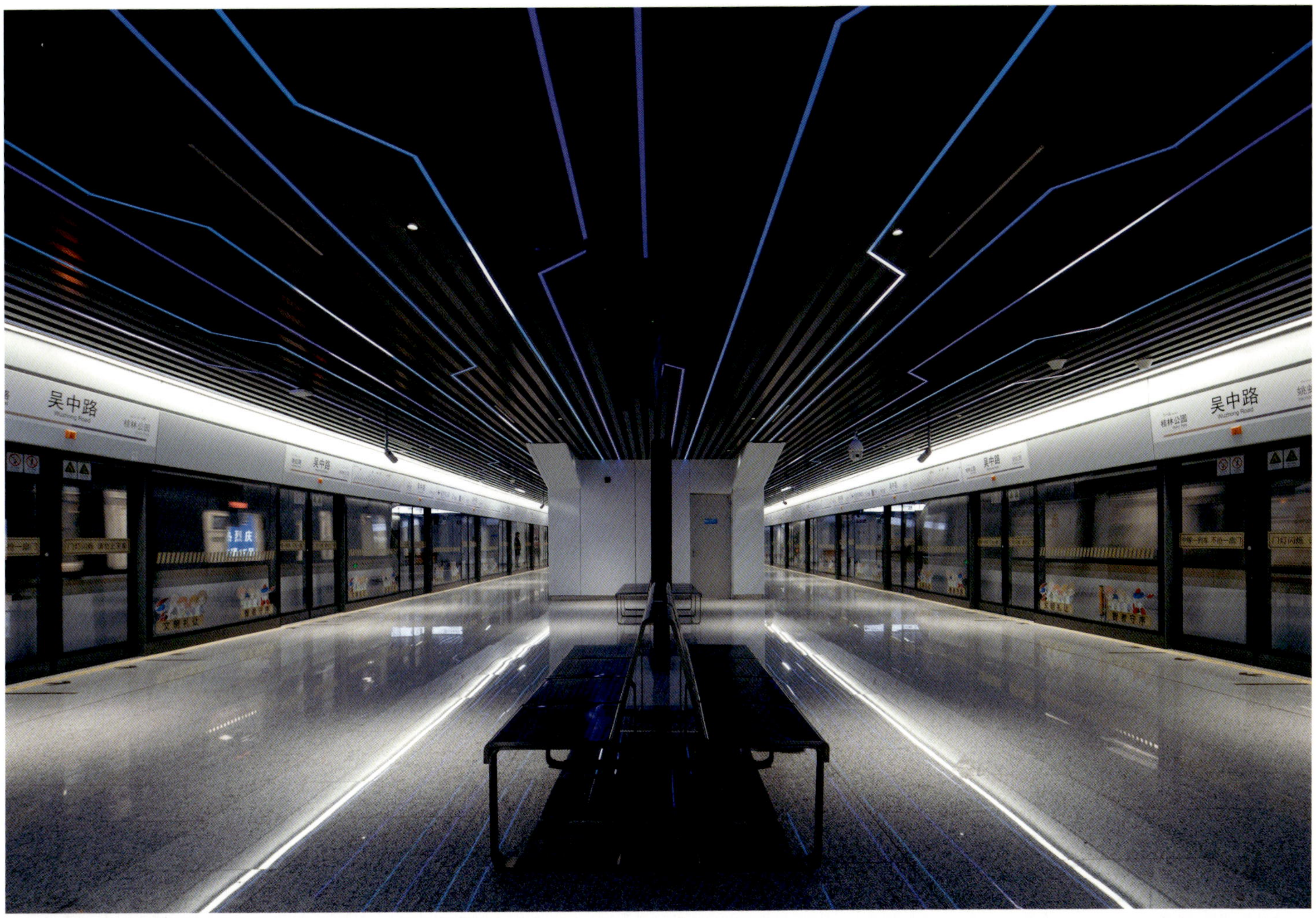

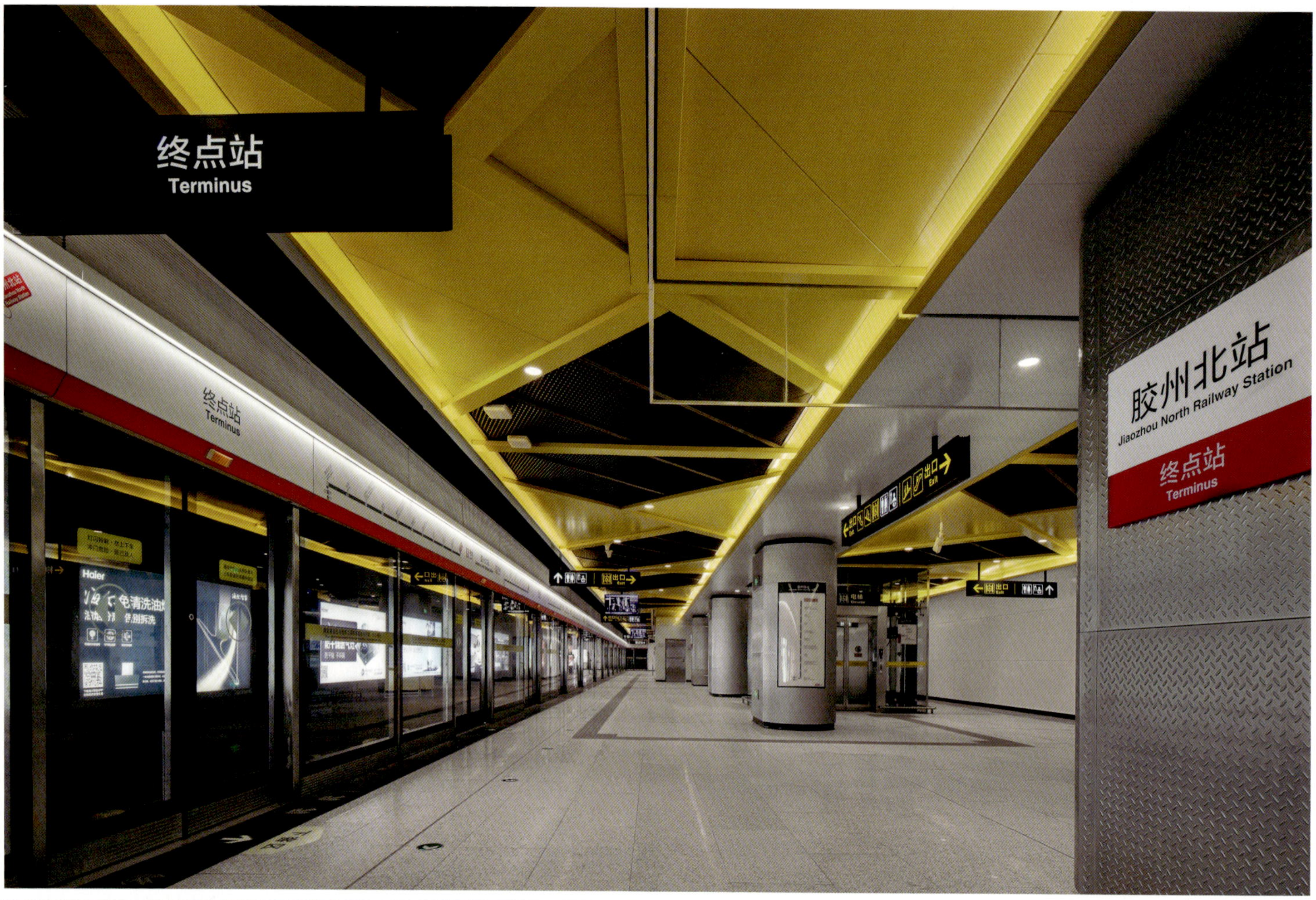

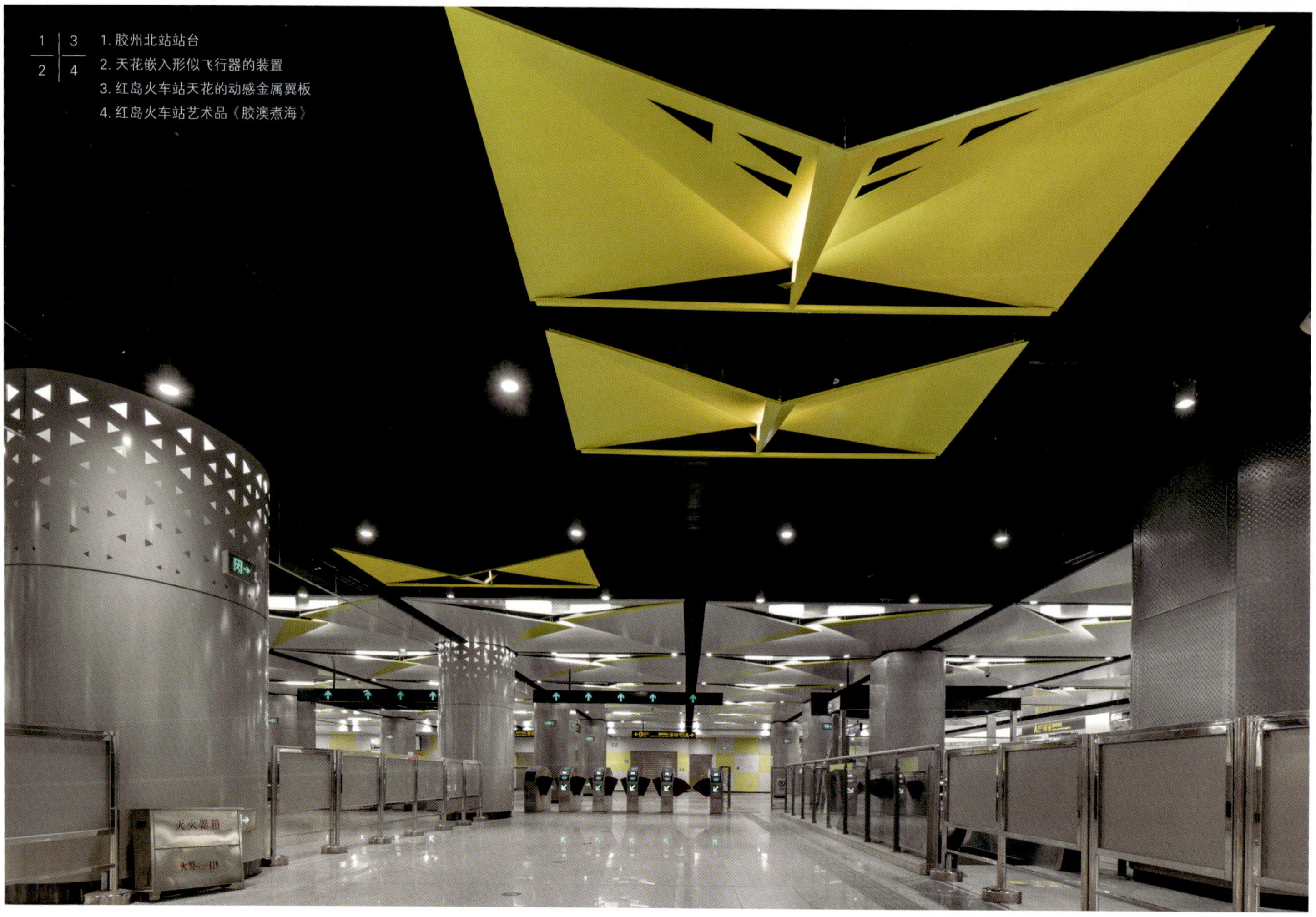

1 | 3
2 | 4

1. 胶州北站站台
2. 天花嵌入形似飞行器的装置
3. 红岛火车站天花的动感金属翼板
4. 红岛火车站艺术品《胶澳煮海》

高铁 High-Speed Train
停车场 Parking
出口 Exit A/B/K
G/H/J/L 出口 Exit
公共汽车 Bus

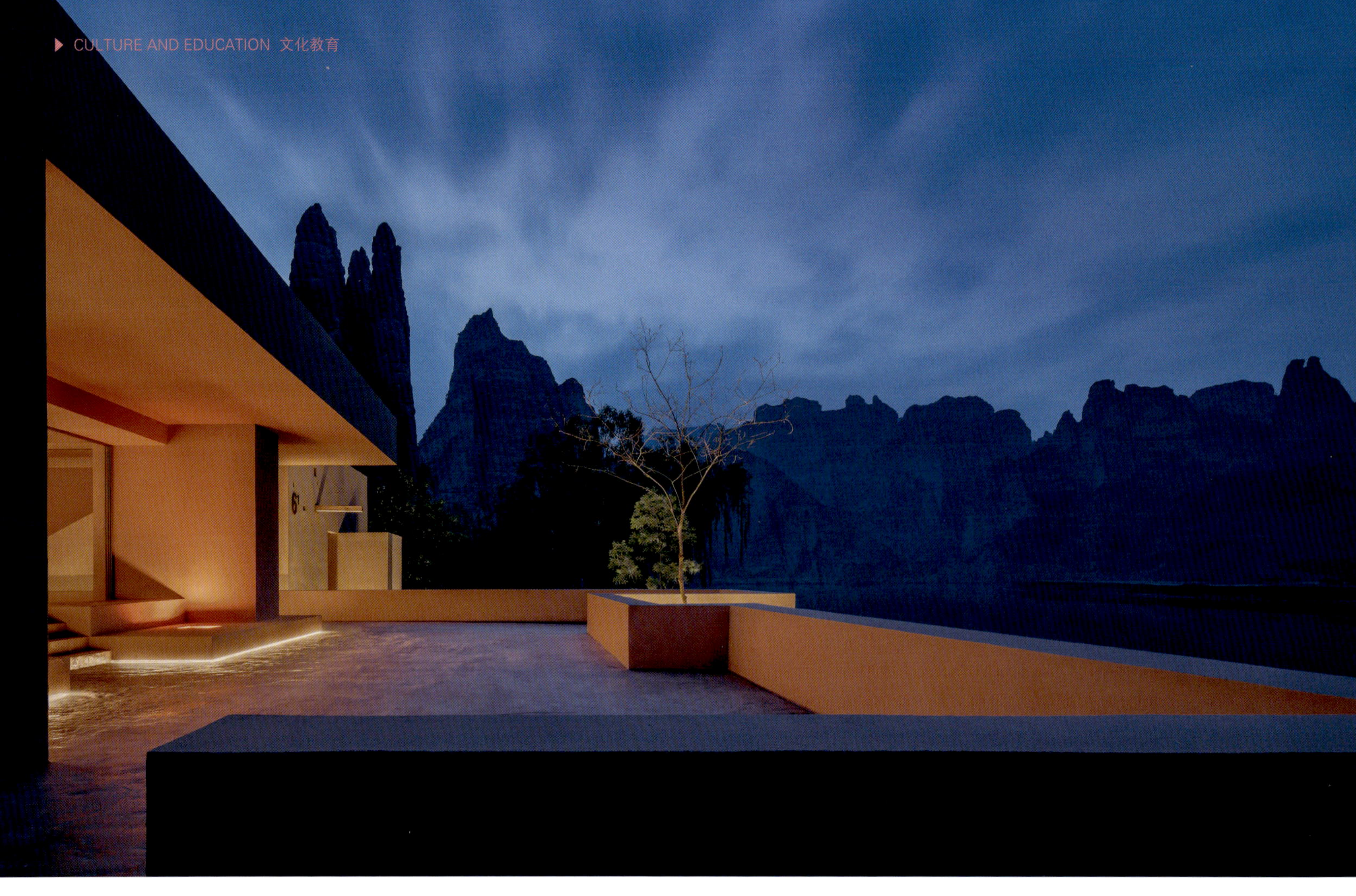

敦煌 • 炳灵秘境 : 炳灵寺石窟游客服务中心

发起单位：红星美凯龙家居集团股份有限公司
指导单位：敦煌研究院
业主单位：甘肃炳灵寺文物保护研究所
统筹单位：红星美凯龙、上海第一财经公益基金会
梦想导师：张清平
实战导师：张灿
设计团队：夏伟、黄诗婧、王恒、袁世贤、郑又维
面　　积：1860 平方米
主要材料：有色混凝土、彩色水洗石、肌理漆、炭烤木、玻璃
坐落地点：甘肃永靖
完工时间：2021 年 5 月
摄影制片：上海第一财经公益基金会
空间拍摄：如你所见 | 王厅

炳灵秘境位于甘肃永靖县炳灵寺文物保护研究所综合楼一楼，这幢建筑的命运与炳灵寺申报世界文化遗产之路密切相关，它建于 2002 年到 2004 年之间，2005 年开始进行内部装修，但恰逢炳灵寺石窟申报世界文化遗产，被认为影响到石窟保护区域的整体环境，险些被拆除。设计团队驻地考察炳灵石窟后，希望可以创造一个朴拙的文化服务空间，用人文美学反哺设计深意，在地性及国际性的传导及输出，用公益设计传承文化。

原建筑内需要有 160 平方米的面积作为未来游客中心内饮水、休憩、购买文创的一个复合空间。设计之初，就需要考虑几个关键性的问题：空间建成后是给谁用？如何用？怎么用？改造后的建筑给环境和文化价值带来了什么样的意义与传承？依循上述问题，设计用一个景观平台，让楼梯连接到游客中心的室内，向外打开游客服务中心，跟景观平台相互呼应在一起。在原有的建筑结构内，改造中使用的材料与原有建筑材质统一，还原整体建筑色彩，与景观平台做一个链接状态。整体空间中没有家具，也没有造型装饰，设计师用减法的方式，探讨人坐、卧、行的三种行为的尺寸关系，把控人体最简单的行为意识，引导人通过行为模式感受在空间中的炳灵文化和历史，以及自然的馈赠。

沿黄河一个小时的泛舟而渡，它从远山峻岭中映入眼帘，慢慢靠近抵岸，沿河岸台阶向上，从景观平台外部进入中心，还原纯粹，体验场域，尽览峻景。加建的景观平台使原建筑外形与室内一体成型，营造原始体验，既能解决空间流线问题，又能达到精神诉求，同时带有炳灵在地的文化气质。景观平台的体量在远处是消隐的、不突出的，浸入其中，又能感受其空间尺度。就像在远处的石窟和山体比较下它是渺小的，但走到近处，会慢慢的感染到它的震撼，这就是文化与空间精神所带来的直观感受。与其说设计师是在设计一个场域，更应该是在设计一种与人、与大地、与历史、与文化、与空间的一种关系。这个关系应当是历史中的刹那间的小歇；是路途的歇息带来的停顿、故事和绵绵的真诚情谊；是一个简单的善意；是微小的空间与片刻的美好时光。设计以平凡、简单、朴实的方式融入原始建筑，传达一种中国的淡而独有的味道，再凝聚成炳灵文化。

空间没有封闭，但也没有空调。夏天借助自然通风，辅以蒲扇微风，不光让视觉游离在空间内外，让人的体感与呼吸也能和自然交互。 冬天利用台阶的地暖、火塘里的炭火，呼吸清新的空气，保持温暖的身体。炳灵石窟，除了洞窟壁画与艺术，也是茶马古道上的文化驿站。设计将基本的奉茶之道展现给客人：煮茶、敬奉、饮茶小点，片刻歇息之间奉茶和自然文化结合起来。文创产品与古朴、原汁原味的设计有着密不可分的关系，在一定的“情境”里，文创产品可以达成设计与商业并行，实现超高附加值。手中的蒲扇、坐下的毛毯、墙上的壁画、台上的灯盏、于质感的拓片和印品，更多的文创在炳灵延展。

设计团队打造了一个集精神文化于一体，使人和自然能够互相融入的一个关于“聚”和“静”的环境。“聚”指的是人与人、文化与文化消除隔阂，形与魂的聚拢；“静”指的是现实和梦。在此之间，空间别无都市杂物的一种纯粹，不需要点缀，不需要修饰，用最原始、最质朴的材料，塑造了一个最自然的炳灵秘境。

一草一木，春荣秋枯，席地而坐，蒲扇风起，静也是敬，风也是奉，敬畏自然，奉有茶具，风风相融，人人聚拢。

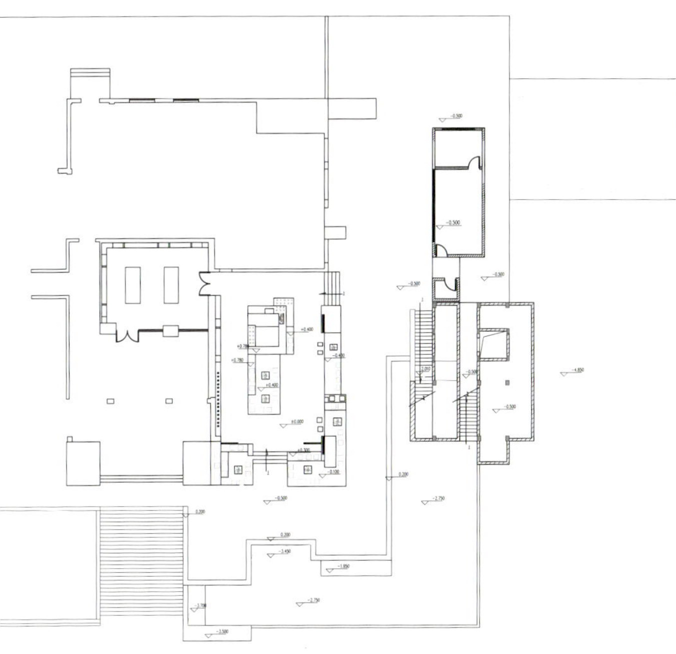

平面图

1. 景观平台
2. 空间没有封闭
3. 台阶里的地暖

1. 远处的群山
2. 建筑外形与室内一体成型
3. 景观平台的尺度
4. 室内没有家具
5. 纯粹的场域体验

1 / 2	3	4 / 5

1. 建筑体外观
2. 俯瞰中心
3. 仿佛与自然融为了一体
4. 原始的混凝土
5. 空间可以借助自然通风

183

噫吁唏艺术馆

设计单位：北京集美组装饰工程有限公司
设　　计：梁建国
面　　积：419 平方米
坐落地点：北京

在乱花渐入的望京，艺术馆噫吁唏似乎隐藏着另一个世界。“曾经我们想舍弃的过去，恰是走向明天的希望”，历史沉淀在不同作品中表达着不同的韵味，但在噫吁唏，这一切都被颠覆了。艺术的底色是时间，历史不仅仅表现在过去时，很大程度上它以进行时的姿态存在。

在噫吁唏中引入时间概念，推开色彩幻象的门，是一片纯粹与从容，仿佛隔绝了外面的繁华大千。一幅《葛稚川移居图》，道尽了晋代隐士葛洪携家隐居修道的情景，画面环境幽深，人物神情祥和，历史瞬间变成了空间故事，画作也顺势成为精神地图，指引着空间动线。整体空间开合有序，前厅简练净空，于高处开窗便于光线的自然渗透，两侧墙体所展出的珍贵陶瓷及字画，增添了游走时的仪式感。

慢煮光阴一盏茶，内设多处“点茶”空间，讲述不同的故事，将那些只能在诗词中呈现的风华带进现实。“老房子”便是其一，不同于砖瓦质地，此处的老屋顶以金属示人，雕塑感十足，又有简约的红色座椅、古色古香的茶桌与之搭配，碰撞也和谐，更添时尚意味。古建结构是筋骨，是生动的精神注脚。另有梁架、雀替上的雕刻艺术，以浮雕、圆雕、透雕的手法，沉迹斑斑，苍厚古朴，使空间得到更强大的背景加持。

噫吁唏将文化基因解码为“体验”，所以取“三生、四季、五感”为主题，讲述与世外桃源有关的故事。三生：佛教语，代表空间中的过去、现在与未来。四季：影像，春夏秋冬，四季轮回，沐浴生命往复的诗性美。五感：形、声、闻、味、触，五感通达，清风、溪水、山石、日出暮落。

在噫吁唏艺术馆，古建、家具、安放的器物、艺术文玩，相互沉默，君子如珩，恰如其分。只需要静下来慢下来，去看，去听，去发现，去感悟。艺术之艺术，词藻之神采，文学之光华皆寓于纯朴之中。

1 | 2 / 3

1. 开合有序的空间
2. 古朴的艺术廊
3. 墙上是珍贵的字画

1. 色彩幻想的门
2. 艺术前厅
3. 茶室讲述世外桃源的故事

1
2
3

1. 四季茶室
2. 多功能厅
3. 简练净空的前厅

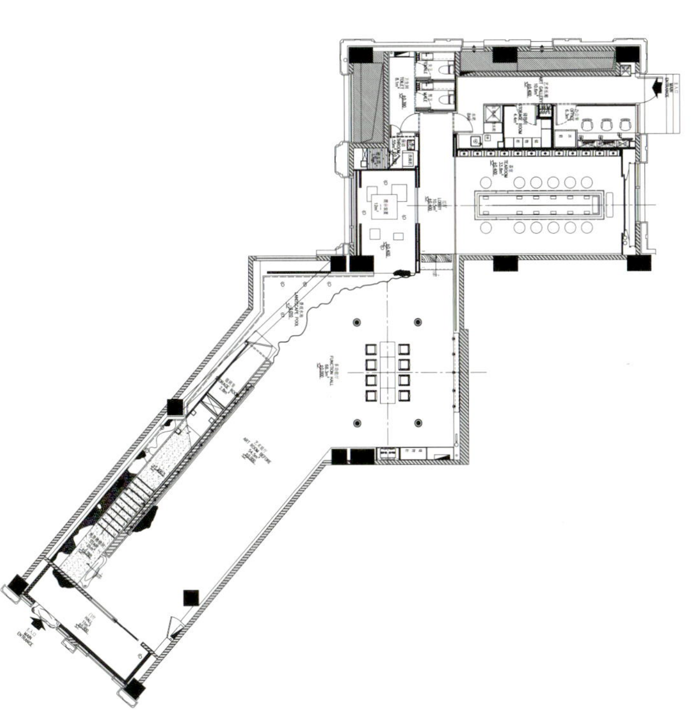

1F 平面图

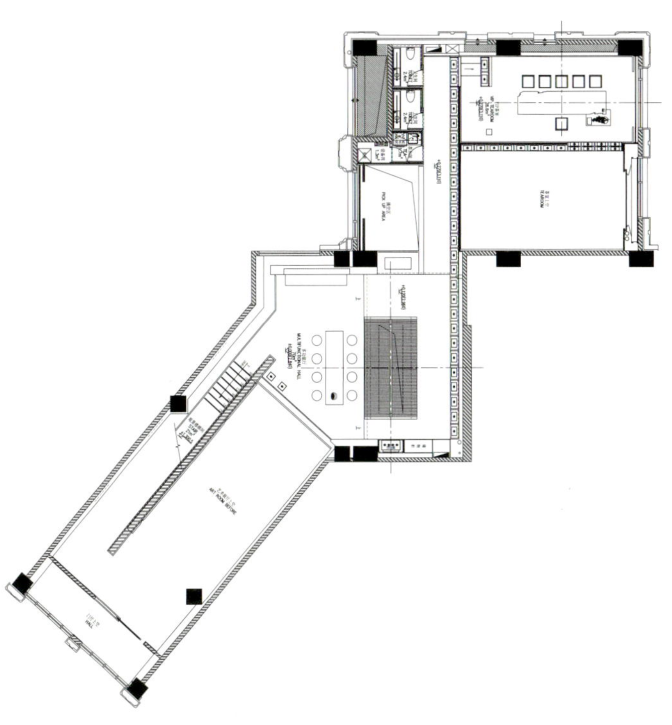

2F 平面图

1. 酒红色穿孔铝板形成洞口
2. 活色生香的圆弧形长桌
3. 红色的书店外观

二酉书店

设计单位：Wutopia Lab
设　　计：俞挺
参与设计：濮圣睿、杨思齐、郭宇辰、詹李迪
照明设计：张宸露
面　　积：452 平方米
主要材料：穿孔铝板、石英石
坐落地点：上海
完工时间：2021 年 4 月
摄　　影：CreatAR Image

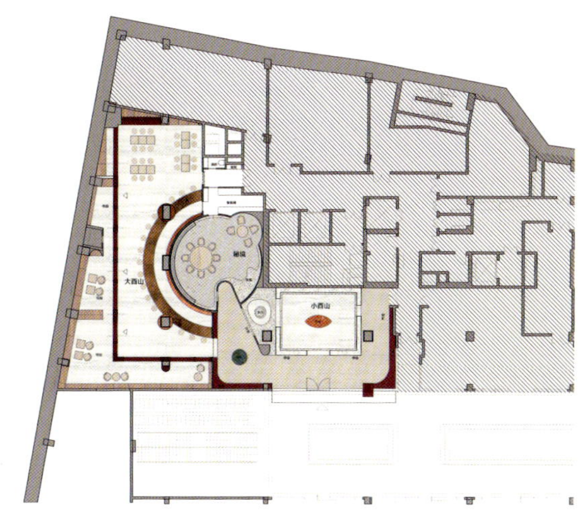

平面图

二酉书店得名于大酉山和小酉山，大小酉山是学者为避免秦始皇焚书而保存典籍的地点，日后为中国文化传续的象征。二酉是设计的线索，设计师决定将其抽象并象征加以空间化后植入书店。设计于是变得简单直接，读者进门时会看到一座白色的山，这是白色人造石制作的书架。光线从石壁里面透出来又像一座灯山，它就是二酉书店的小酉山，看得见的小酉山是新书精品书的推荐区。

大酉山并没有鲜明的外观视觉形象，读者需要穿过书架和隔墙来到书店的主要空间，其实是来到了大酉山的内部。大酉山因为其大而看不见，正所谓不识真面目，只缘在山中。彼此联系贯穿的山洞抽象成我们习惯的空间体验，而非真实地模拟。连续不断的酒红色穿孔铝板形成的洞口，以及书架形成的各种可以坐下来的角落和空间，其实就是大酉山里环环相扣的山洞，读者在山洞中发现等待揭晓的秘籍。对洞穴的类型提炼，帮助建筑师利用书架、隔断、商品、书本摆设而形成了丰富的空间体验，做到了处处有惊喜，步步有景。

步步有景是中国传统园林设计的基本手法，读者会明白，在店外看到透明玻璃后闪闪发光的白山时建筑师所隐藏的开门见山的小心思，会明白在小酉山边上的水井隐喻的滴泉，以及恍然的稀薄的禅意，这决定了它是一间真正意义的现代中国书店。两山之间的圆形空间就是秘境，属于书店主人的世界，它像一个壶，其中自有天地，山石、翠松、书和酒，这是上海浮华闹市中的洞天福地。大酉山的主空间分成两个区，一是层层叠叠由角落组成的阅览区，二是活色生香的圆弧形长桌所主导的生活区，在如画卷徐徐展开的桌面上可以有咖啡、茶、酒，可以进行阅读、香道、花道，集中体现了所设想的复合业态。除了可以展览和路演，还有无处不在的鲜花点缀，所谓仙山，才能四季花开不败，唯有知识，才能流传百世。

设计师认为书店应该不仅吸引爱书的人更应该接纳那些原本不爱读书的人，书店应是一个微型的文化综合体，是互联网背景下具有客户高黏性的社交文化场所。通过书店这个微小的精心塑造过的世界，使得读者有了一个更短的捷径，更快更直接地深入理解广袤的世界和人。

1 | 3
2 |

1. 月洞
2. 岛台
3. 步步有景的空间体验

MONET

1. 主楼梯及图书区
2. 楼梯局部

朵云书院 · 戏剧店

设计单位：吕永中设计事务所
设　　计：吕永中
参与设计：高强国、席佳
面　　积：1437 平方米
主要材料：烧结砖、U 形玻璃、金属穿孔板、铝合金、水泥、老木头、丝绒、皮革
坐落地点：上海
摄　　影：吴永长、席佳

朵云书院·戏剧店坐落在上海长乐路街区，以"垂直领域书店"的概念，容纳文学、音乐、电影、动漫等泛戏剧艺术领域，餐饮、展览与讲座等功能，使老街区焕发新的文化生命力。原建筑为 20 世纪的上海文谊俱乐部，如何在严格保护中重新焕发生命，设计团队作了系统性的考量，以统一的设计思路贯穿。

"戏剧"主题并不意味着呈现具象的戏剧，生活每天都在发生戏剧性变化，戏剧指向新的可能。翻开一本戏剧的书，如同拉开一场戏剧的帷幕。外立面结合"舞台"及"书架"，建筑框架如神秘的帷幕，黄色烧结砖色彩如阳光，冷与暖、封闭与开放的对比，形成落差与情感节奏。

拱门连廊实现外立面露台与街道的空间场景延伸，书店外人行道仅 3 米宽，门口到地面落差有 1.7 米。入口楼梯作出退让，留出与人行道共享的灰空间，梯级修改得更为缓和，减低落差的视觉压迫，标识露出吸引人们进入。原建筑层高偏低，梁柱拥挤，错综复杂的构造物天然具有戏剧性，形成层次丰富的幽默体验。书店内各区域按需求进行布局梳理，每一个空间营造抽象而感性的"戏剧性沉浸"，进行多维的连接与切换。营造"记忆片段的时空游走"：钢结构主楼梯围绕柱体盘旋，如烟囱爬梯；图书区以黑色调纱帘书架、老木板地面等构成，可能是《福尔摩斯》中的火车站；咖啡厅顶拱纵横、镜面打破空间局限，如超现实"盗梦空间"；地下层保留一根粗厚的无梁柱，以蓝光与玻璃罩起，将餐厅化为秘境。

打破封闭，参考苏州园林的"漏、透"，以门廊、窗洞、露台进行"剧透"，塑造悬疑，保留大量想象空间，以碎片化形式填充在空间场景内，将情节的塑造交给读者。柜架道具与导视系统有更多的视觉元素导入，同时符合书店的本质：阅读、选购。书本以正面角度呈现装帧设计，灯光调暗打在阅读高度，老木头地板提供色调及声音上的沉稳。书店像"面具之下的故事"，融合"书本"及"面具"，"眼睛"闪烁水蓝与玫红，是具上海性格的"魅影"。

设计师关心的是建造出来之后真实发生的场景，观察是否创造出设想中交流的场景，书店能让戏剧爱好者聚集在一起，让戏剧气息以一种生活的方式散发。

空间构成关系

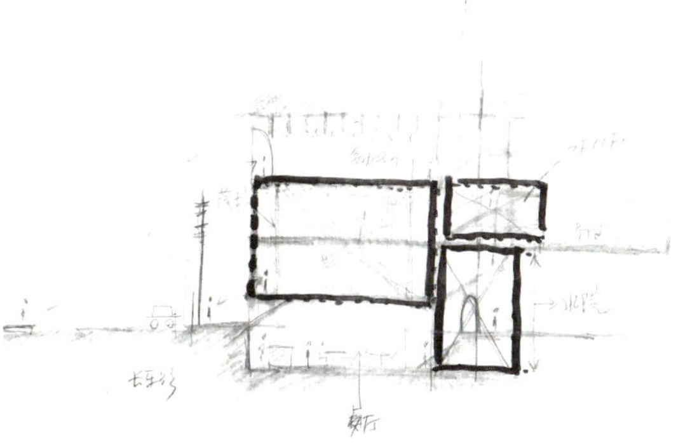

室内外光线及视觉关系

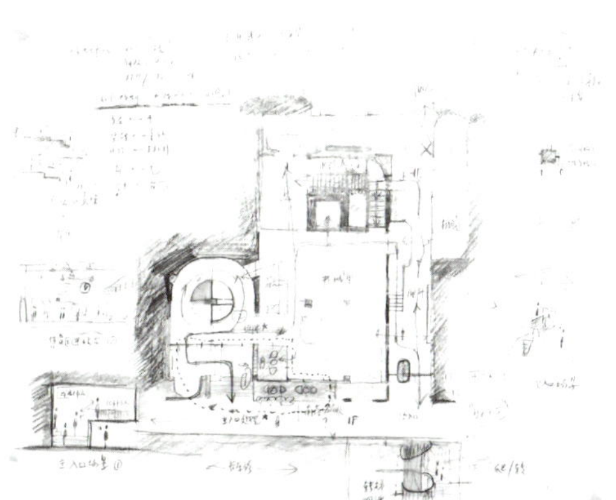

1F 空间关系

1 | 2

1. 顶拱纵横的咖啡厅
2. 似车厢的图书区

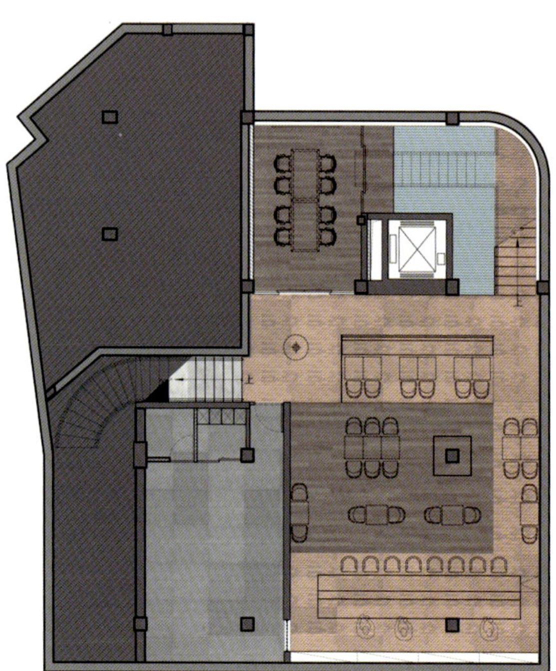

B1 平面图

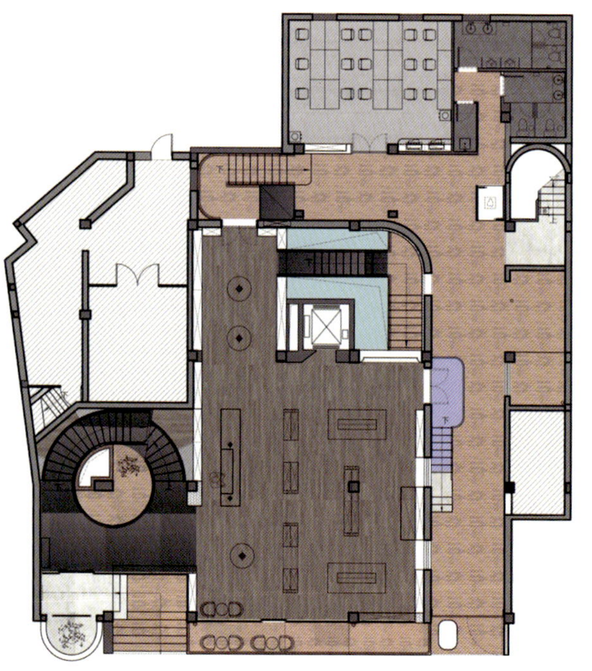

1F 平面图

POWER
SPLIT
Fantastic Architecture
Creative Stained Glass
SCORM

岛式书架"小火车"效果图

拾云山房

设计单位：尌林建筑设计事务所
设　　计：陈林
参与设计：刘东英、杨世强、简雪莲
面　　积：156 平方米
主要材料：进口松木、阳光板、水磨石
坐落地点：浙江金华
摄　　影：赵奕龙、陈林

拾云山房位于浙江省金华武义县一处山林古村中，村子保留了完整的夯土民居面貌，村中建筑依山势高差而建，群山环绕，几棵繁茂的古树已上百年。书屋坐落于村口广场不远处，旁边是保留完好的夯土三合院民居。建造书屋，是为了给古村提供一个阅读的空间，让人静心，能在建筑中感受自由和快乐。把书屋的一部分空间留给村民是设计初始就有的想法，在首层做一个架空的半室外开放空间，十根结构柱架空，实体空间设定在二层，两个空间通过一部室外楼梯连接。首层局部设置了小水吧，其他空间完全开放，村民们可在此喝茶聊天，小孩们也可玩耍打闹。

书屋用地处于一个三角地带，南侧是村落的步行干道，北侧有一堵三米高的石坎墙，设计时抬高实体空间，让首层与道路之间形成空间的退让，行人可随时到此休息。二层则和儿童戏玩区在同一层面上，既便于儿童看书玩耍，又方便父母阅读的同时能关注到孩子。无论是站在场地属性的角度还是对乡村生活理解的角度，我们都希望建筑与村民、与乡村环境保持友好的状态。

天井作为空间核心尺度怡人，在某个特定的时间：阳光洒进形成一道光影，雨水落入产生一点涟漪，空气流进感受一缕微风。书屋二层设计了两圈回字形书架，围绕天井和阅读空间形成一个回廊，一米左右的宽度尺度舒服，由首层结构架空悬挑而出，游走其中产生类似园林的体验。回字形书架上根据模数尺寸打开了很多洞口，高低错落大小不一，视线穿透，空间的边界便消隐了。透过窗口可以看到窗台上看书的人，还能看到远处的山林和大树，层层递进的透视感产生空间与人、与环境的交流和对话。

实验性是我们坚持的建筑设计研究方法，在书屋设计中做了两个实验，一是形态类型上的实验，二是材料运用上的实验。形态类型上，把实体空间部分抬高，延续当地民居的双坡屋顶形式和坡度，以及传统的屋面瓦水做法和小青瓦铺设；并在屋脊上做了 6.5 度小偏转，使屋顶形态发生了微妙的变化，屋顶的檐口一高一低。材料运用上，书架选择 3 厘米厚的松木板模数化布置，竖挡和屋顶的结构梁用材一一对应，形成整体的语言逻辑体系；外立面上采用乡村较少见的阳光板，半透明的状态形成舒适的阅读环境和若隐若现的朦胧美。

乡村对于很多建筑师来说是一个陌生的领域，我们抱着探索和融合的心态，以建筑师的身份尝试介入，设计的灵感不只来自直觉判断，更需根植于乡村本身，让在地性与创造性相结合。其实乡村没有标准，没有固定法则，没有唯一性，好坏只能让乡村自身来判断。

1. 外景
2. 书架所对应的屋顶结构关系
3. 温暖的阅读空间

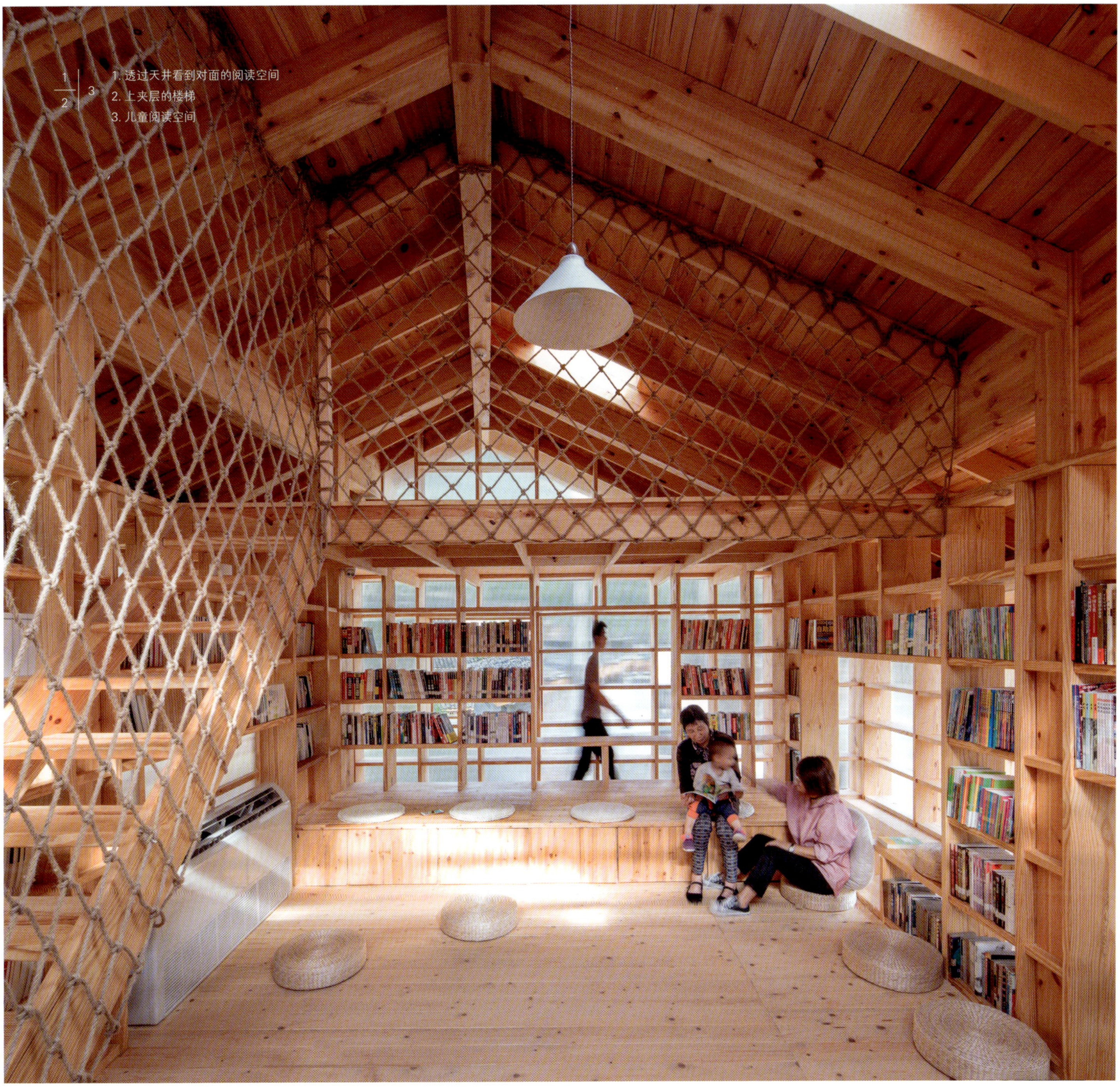

1 | 2 | 3

1. 透过天井看到对面的阅读空间
2. 上夹层的楼梯
3. 儿童阅读空间

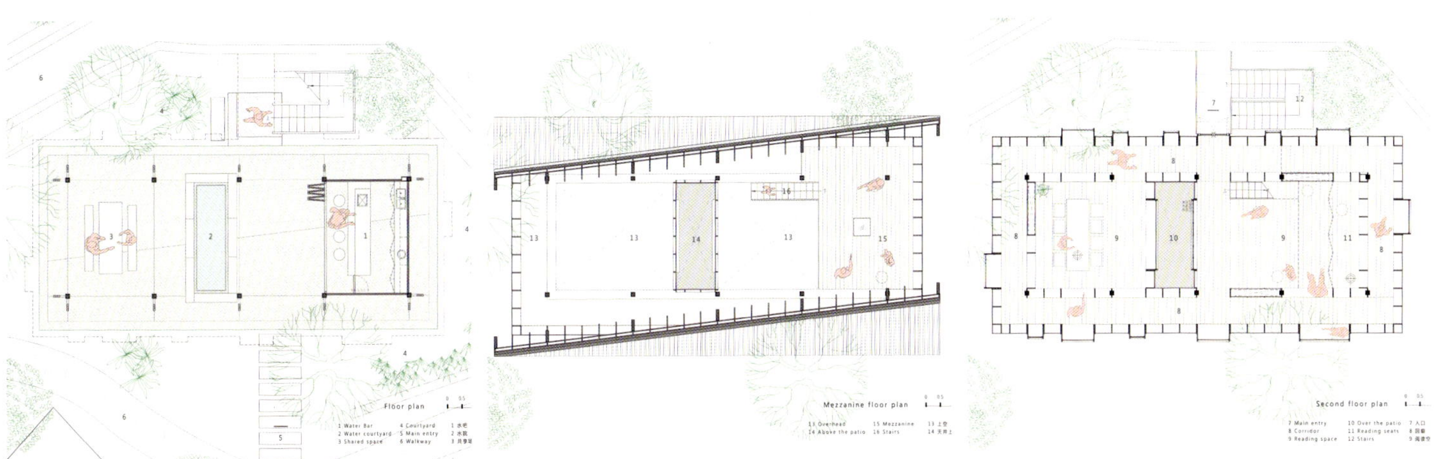

1F 平面图

夹层平面图

2F 平面图

1 | 2 1. 雨水可落入天井
2. 回廊

建筑模型图

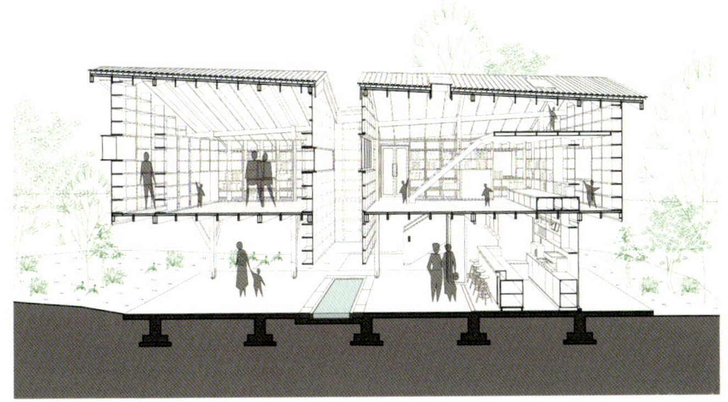

剖面图

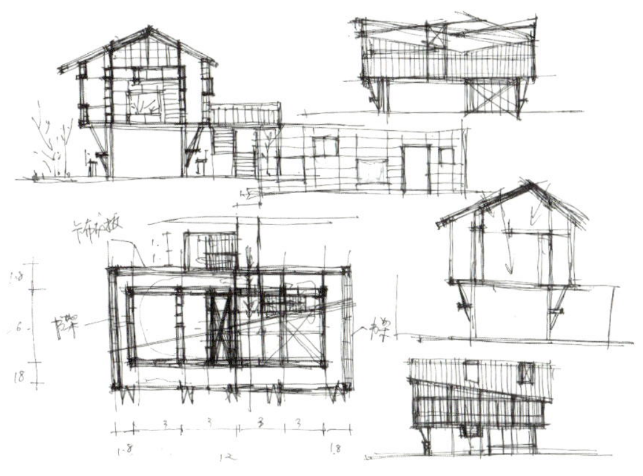

设计草图

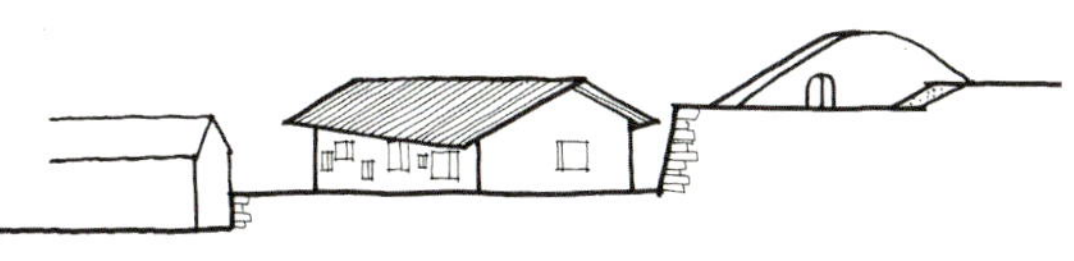

置入双坡顶木屋

提升木屋，流出活动空间，产生视线交流

置入天井，汇集雨水，感受自然

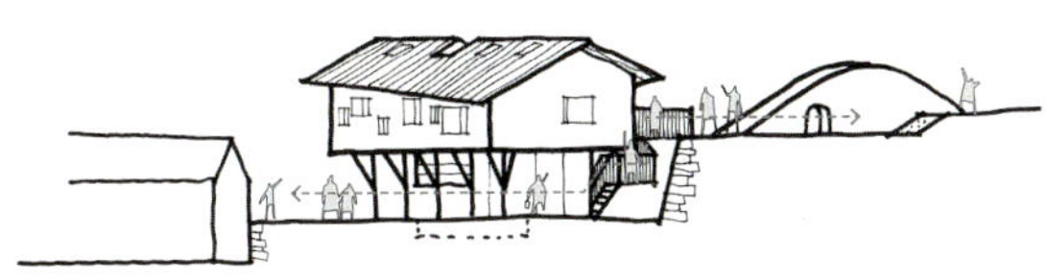

置入楼梯，联系高差

分析图

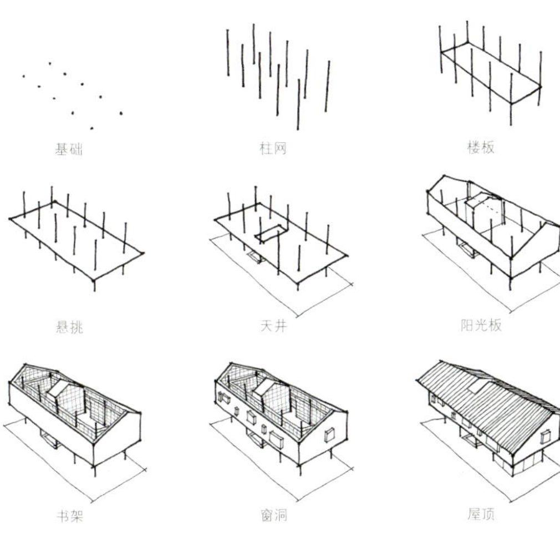

建筑演变图

梅兰小型交响乐录音棚

设计单位：东仓建设
设　　计：余霖
参与设计：刘焕辉
软装设计：桉和韦森
面　　积：800 平方米
坐落地点：广东广州
摄　　影：吴鉴泉

梅兰音乐工作室及小型交响乐录音棚，位于广州大剧院内。由于场地的声效专业综合要求，墙地面均选用特殊材质用以强化隔音，控制声波弹性，防潮防静电。而空间的错落不规则面则通过设计手法组织及材料密度的搭配来避免空间内驻波对录音的干扰，在最大净化音效的前提下，设计的目的在于打破传统录音棚单调形象，同时表现更本能的场所精神面貌。

混沌：混沌之中才见本能，场所的质感建立与使用群体之间有绝对的关联。甚至某种角度来看，之所以在古典音乐演奏场所这样的精密度极高的使用场景下，混沌中的本能甚至成为一种具备一定攻击性和受到质疑的暴力性的观念表达。

破坏：桉和韦森的原创高定线产品 6 度椅实验版，在打样过程中截取家具的未完成片段并对表面进行破坏性处理。这象征着在创作过程中对作品的质疑与破坏冲动，它往往能够令作者更本质和归零地看待任何创作的起点和导向。

无序：随机建立的形式被精密的逻辑组织后出现了有序的实用性。也就是，被准确体验的无序本质上仍然无法脱离秩序的梳理。从音乐创作与空间创作上皆是如此，在建立秩序与破坏秩序之间，几乎是一种创作的本能与技法的对弈与拉锯。

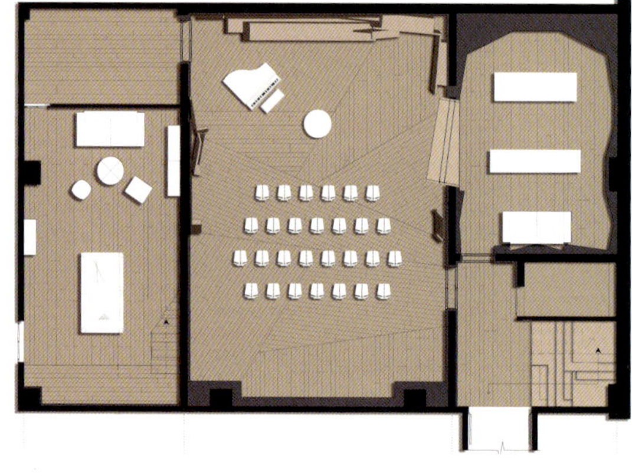

1F 平面图

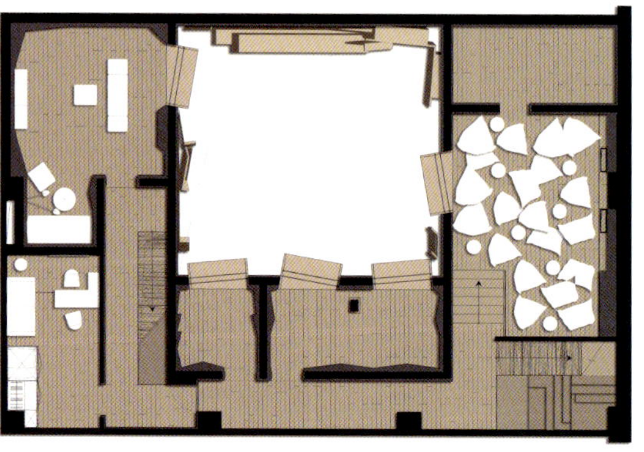

2F 平面图

1. 错落不规则的面板
2. 设计打破了传统录音棚的单调形象

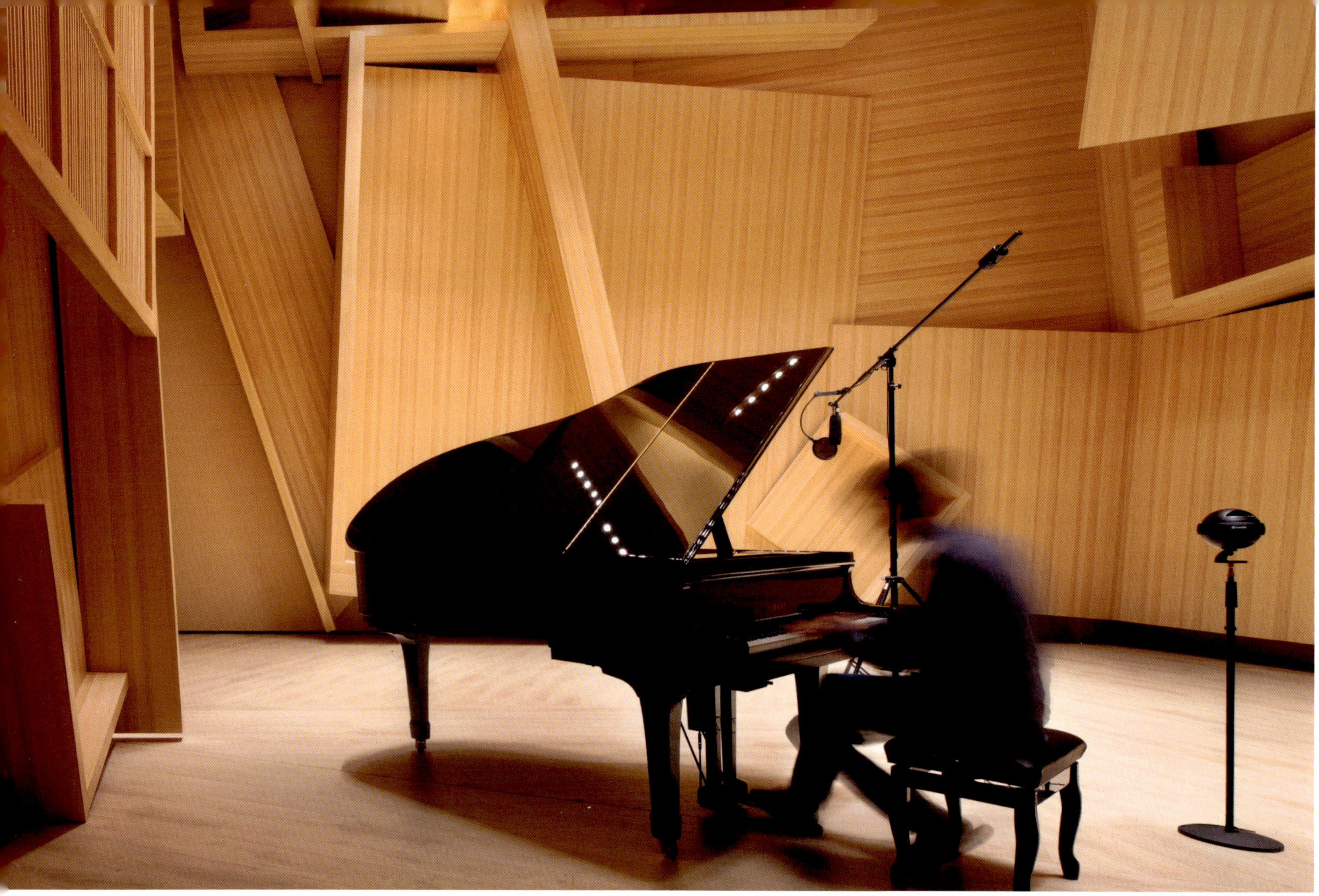

1 | 2 | 3

1. 通过材料密度的搭配来避免对录音的干扰
2. 空间暴力性的观念表达
3. 使用原创高定的实验板

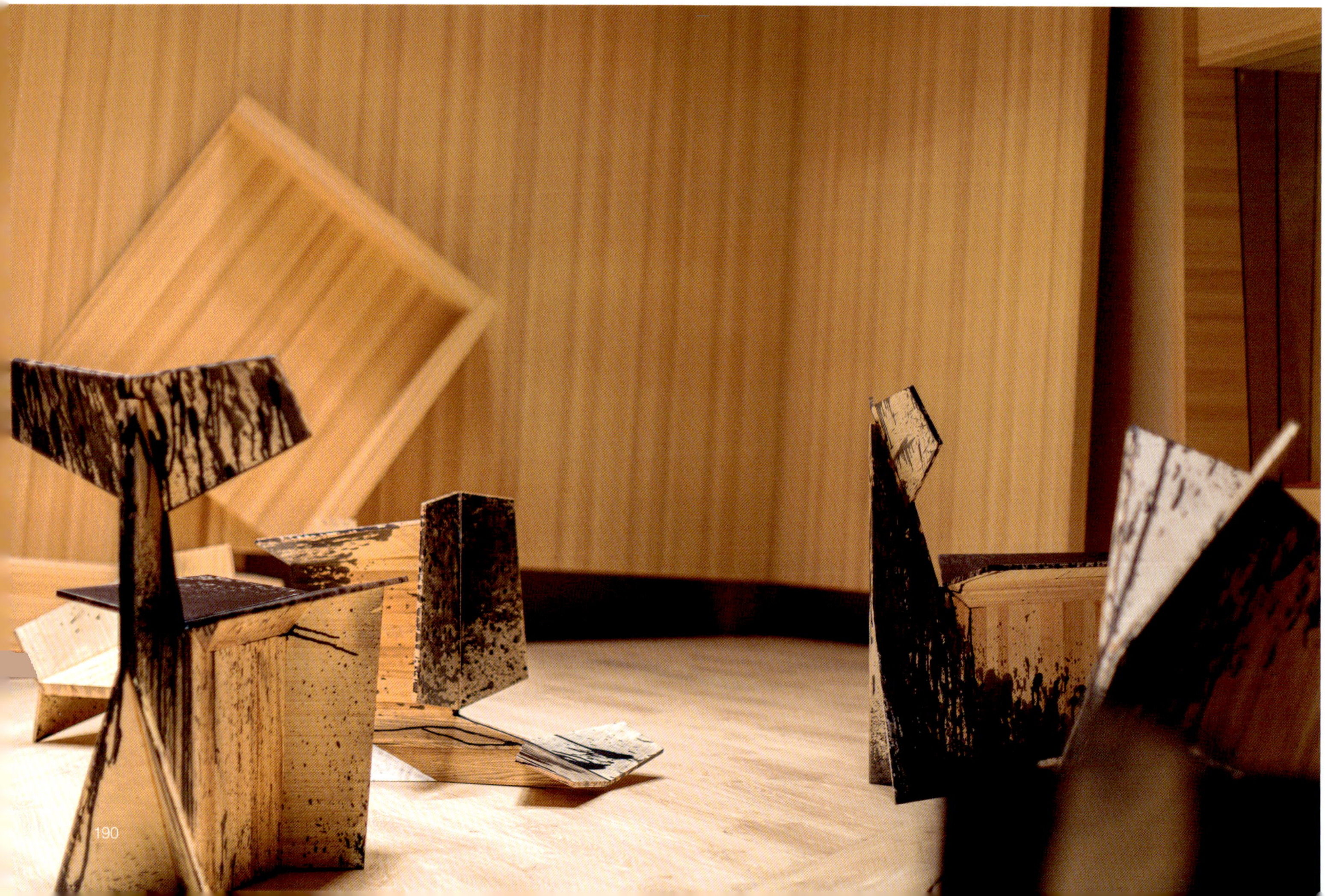

石斛酒博物馆

设计单位：杭州慢珊瑚文旅规划设计有限公司
设　　计：徐晶磊
面　　积：2800 平方米
坐落地点：浙江温州
完工时间：2020 年 7 月
摄　　影：瀚默视觉

项目位于浙江省乐清市下山头村的铁定溜溜园区内，酒，酉也，粮之米曲，酉泽久而味美也。酒是文化的物质载体，文化是酒的内在魂魄。石斛酒博物馆意在向众人展现精湛的酿酒工艺及匠人精神，而石斛酒的酿造得益于当地生产的优质石斛以及创新的酿造手法。

酒博物馆共有两层，一层空间中高低交错的弧形墙体切割出空间，划分出不同的功能区，推进了空间的进退关系，引导人们的行为动线。大面积的水泥漆饰面，给予了空间纯粹高级的质感。少量的砖瓦砌墙穿插其中，形成不一样的材质肌理碰撞，堆叠起了建筑本体的力度。

在不同区域中，建筑顶面设计了圆形的玻璃天窗，将室外光线引入室内，划分了空间的光线区域。光影效果随着时间变化，在纵横交错的建筑空间里折射出内部与外部的重叠，从而形成不同的三维感官。地下层作为石斛酒储藏空间以及展示空间，合适的储酒条件，将现酿石斛酒整齐排列在酒架上，占据了整个地下层，颇为壮观。空间中弥漫着阵阵酒香，顾客亦可以现场品尝。

石斛酒博物馆展现了体块内细腻的酒魂，超越外在和时间的美，不虚张声势，却历久弥坚。

1. 高低错落的弧形墙体分割出空间

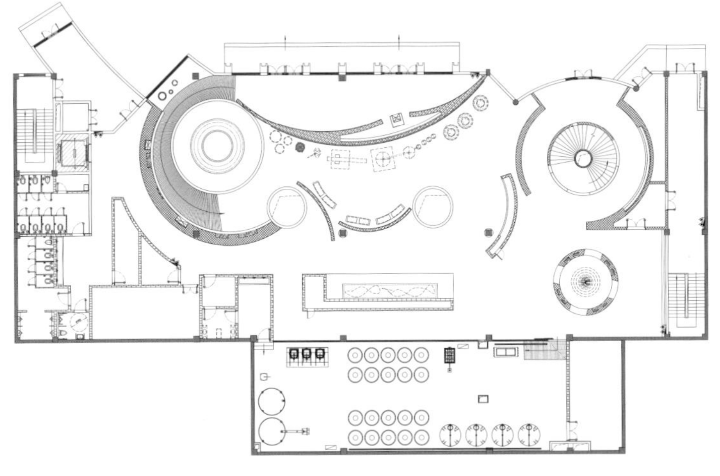

1F 平面图

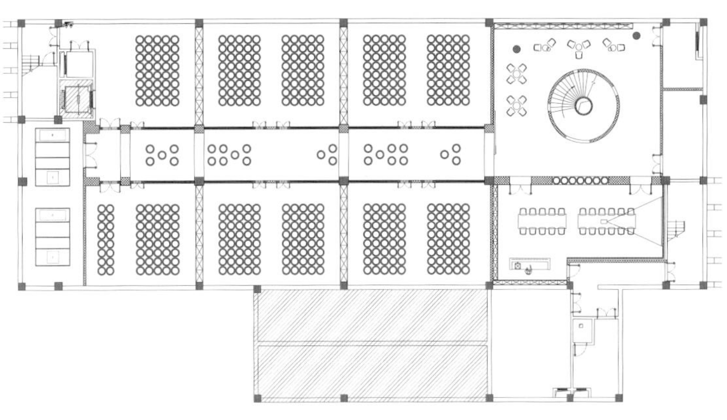

B1 平面图

1 | 3 | 4
2 | 5

1. 壮观的地下酒窖
2. 砖瓦砌墙穿插其中
3. 展示空间
4. 光影效果
5. 纵横交错的建筑空间

1. 浑厚的外观
2. 入口处

西安华侨城 OCAT 望周暨文化中心

设计单位：于强室内设计师事务所
设　　计：于强
建筑景观：澳大利亚 IAPA 设计顾问有限公司
面　　积：2875 平方米
坐落地点：陕西西安
摄　　影：郑焰、李乾钊

千年之后，灿烂的岁月在旧地重现，阅经历史，且歌且行。"望周"之名取自《诗经》"行归于周，万民所望"，是西安千年岁月相伴、人文共生的守望，也是百姓生生不息、世代绵延的美好寄托。隐于古都的华侨城·西咸沣东文化中心——望周暨 OCAT 美术馆，是华侨城集团打造的文旅融合示范项目，毗邻著名的镐京遗址，致力于呈现推介中国当代艺术。

于新旧共存、多元兼容的立意之上，设计师从新现代主义的视角，诠释艺术符号的时代性，溯源并拓新，使这个文化空间从外在到内核都鲜活起来，作为承载历史的碑石，填充文明的注脚，艺术的容器而存在着。

拾级而上，视线顺着坡地延伸的角度寻找入口的方向，衬托出极简的外观视像。在建筑的美学基底上将艺术纹理的昭示性融入空间之中，更像是对周时文化印记的再一次溯源，指引着光线恰到好处的渗透。项目一层为多功能厅，二层为以 OCAT 西安馆为主体的展览空间。室内设计借由与景观的光影互动而切入，通过三个自然庭院的串联、组合，巧借建筑顶部线形天井的光，展厅内外部庭院相互借景，艺术成为自然的画框，自然成为艺术的点缀。

在设计师的笔下，美术馆好比一个艺术容器，装载了关于文明、美学、未来的暗喻。城市是新旧共存的混合体，构件的轮廓、内外的罅隙、景观的礼序，设计师将各类人文风光引入空间，呈现多重意韵，开合有序，简练净空。室内外关系通过光与影的时间性推移而建立，极简的外观立面随着光线推演成为天空、植物等一切动态事物的自然承影面，在漂浮的艺术、纯粹的诗性之中，空间里每天都在上演不同的故事，意境绵延。

设计师从在地自然中取材，以具有陕北地貌特征的夯砌出巨大宽厚的石墙岩壁。透过其脉络与纹理，设计之笔对空间的刻画犹如在砂石上篆刻，呈现一种压倒性的气势，浑厚壮美的结构之美贯穿于馆中，自然的纹理在哪里都好像能划出一个结界，构筑展厅内游人的思考、冥想、动静与平衡。纯白的背景、恰到好处的打光，可以适应内展陈的艺术品，艺术映衬空间，空间承载艺术。细细的枝干微微蔓延，赋予小小的静谧空间灵动轻盈的生命力。

从立体的结构上，从变幻的光影里，从虚实相生的哲学中，以纯粹的留白与觉醒的美学，诠释一个安静而有力量的文明场域。当一束光缓缓浸入，将照映出一个持续生长的艺术容器，一个根植于文明秩序的现代美术馆。

华侨城·西咸沣东文化中心
形象先导区
OCT·XIXIAN FENGDONG CULTURAL CENTER
IMAGE PIONEER AREA

1. 贵宾室和书吧
2. 展厅内恰到好处的打光
3. 内外互相借景
4. 安静而有力量的空间
5. 静谧留白的空间

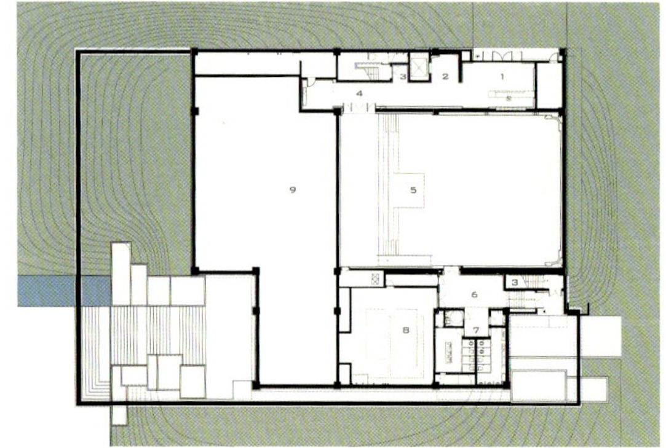

平面图 1

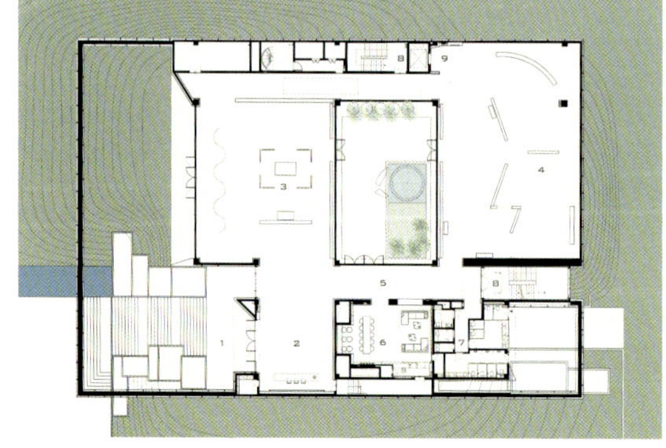

平面图 2

分析图

广州圣果幼儿园

设计单位：迪卡幼儿园设计中心
设　　计：王俊宝
参与设计：傅会明、田佳宾、欧吉勇、旷文胜、谭慧敏
面　　积：7300 平方米
主要材料：木材、混凝土、玻璃
坐落地点：广东广州
完工时间：2020 年 9 月
摄　　影：侯博文

圣果（誉山国际）幼儿园是迪卡幼儿园设计中心打造的又一重磅城市地标作品，以“蒲公英”为设计理念，采用“圆”的元素，针对学龄前孩子的身心发展规律，融合现代化教育设施与生态式的自然环境，为孩子创造出了一个释放天性、寻找独特自我的成长环境。蒲公英落地生根适应性极强，一旦成熟时会放开种子任它飞翔，这也正是圣果幼儿园教育理念的真实写照。

创作的过程妙不言说，不断从最细小的事物中挖掘出强大的力量，建筑辅助教育，通过建筑营造真正的教育环境。基于区域性考量，以钢筋混泥土作为主体结构，辅以钢结构框架为建筑外观带来灵动曲线。设内外环双走廊，加上主体立面玻璃幕墙，引入更多的日照，也满足良好的通风防潮和隔热防晒要求，更可应对季候性台风的侵袭。内环与外环的连环开放打破了空间的固定关系，将不同属性的功能空间联系起来，孩子们汇聚在此体会颜色的美感，世界皆是一片海洋蔚蓝，曲线与直线相融，动静区相辅相成，空间的不确定性或许会成为空间记忆和成长的一部分。

阳光用强烈的色彩点燃了空间，空间强调透明感和视线渗透，大面积玻璃毫无保留地将自然的光与能量流泻进来。在动线设计上打破了传统幼儿园一廊多课室的设计，在主课室区域穿插功能性教育公共空间，赋予孩子更多灵动的活动空间，满足其探索欲和社交需求。结构可以创造光与影，太阳的光辉从一个个圆孔中透进，近看每个孔都是一个放大镜，放大无数的灵魂与自由。随着空间的逐渐缩进，孩子们自身便幻化成为丈量、探究、阅读和去体验空间的关键因素，孩子、建筑、周围环境之间的关系便由此建立。在多样化的儿童娱乐设施设计时，创造出符合童趣且具备益智功能的儿童水系装置，大型装置类玩具也打破了玩具只能在手中把玩的刻板印象，孩子们与装置互动，尺度与节制触发更多对建筑环境空间的想象，这些也都将化为无可替代的成长养分。

一个好的幼儿园，建筑空间要让孩子感受到每年每季每日时光的不同，空间是建筑最基本的组成部分，甚至可以看到孩子在大空间和小空间里的表现是不同的。校园里的每个元素都触动着莫测的灵感，我们常观事物之微小，我们常观事物之庞大，幼儿园的灵魂和文化是可以让它有活力且持续发展的一个重要因素。

剖面分析 1

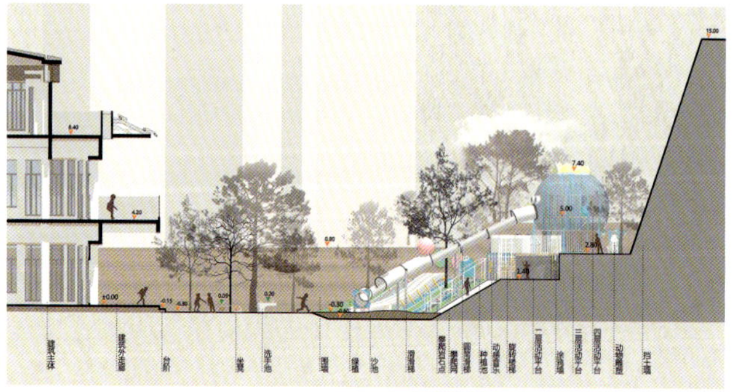

剖面分析 2

1 | 2

1. 建筑夜景
2. 玻璃幕墙引入更多日照

1 | 2 | 3/4

1. 内外环双走廊
2. 曲线与直线相融
3. 孩子与建筑的关系
4. 孩子有更多灵活的空间

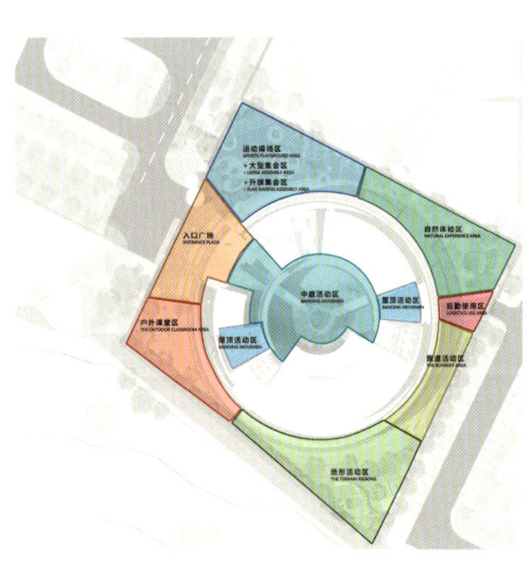

功能分析

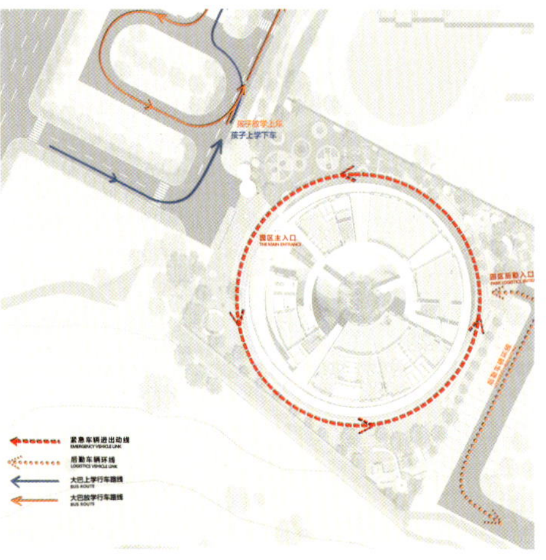

交通流线分析

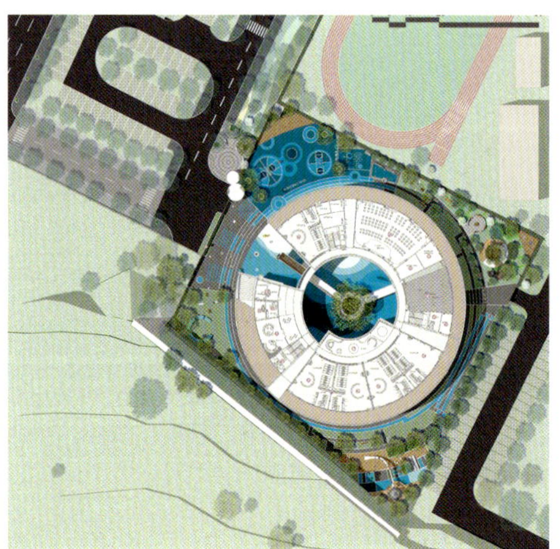

平面图

1	3
2	4

1. 地面如蔚蓝色海洋
2. 建筑充满灵动与活力
3. 大型装置类玩具
4. 丰富的色彩

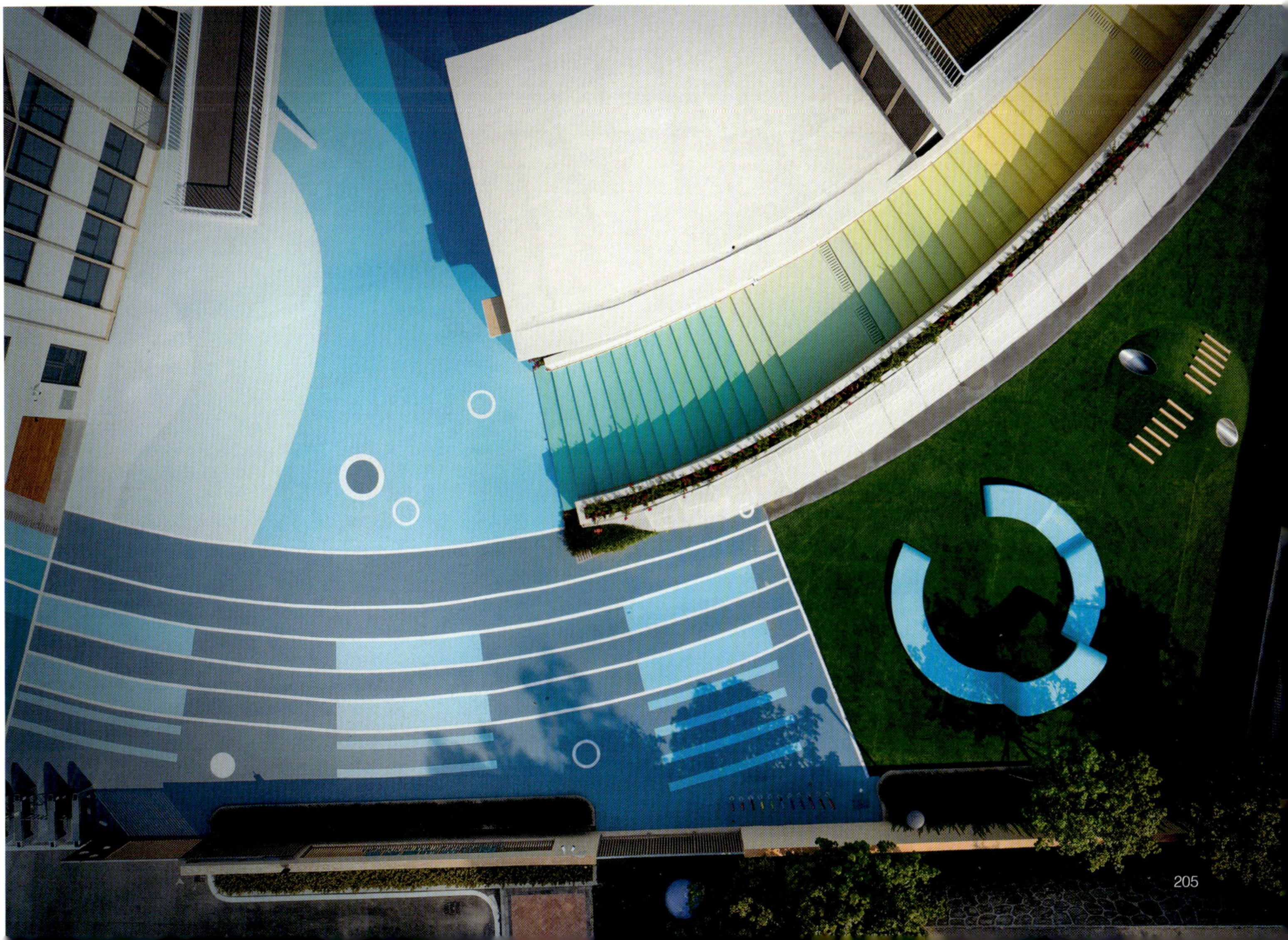

时代云来

设计单位：东仓建设
设　　计：余霖
参与设计：刘焕辉、王舒洁
软装设计：梭和韦森
面　　积：2700 平方米
坐落地点：广东中山
摄　　影：吴鉴泉

三溪村始于清代，坐落于五桂山北麓山间谷地，依山傍水，为中山主城区内保留较为完整的原生态传统村落之一。有诗留："群山环绕处中间，形势蜿蜒带一弯。一望清溪六七里，烟村排列两三横。"这是时代中国的又一臻贵社区力作：时代云来。社区傍于三溪村东，占地约 4 万平方米，建筑面积约 9.6 万平方米，开放式顶层社交会所定名"云来"，由东仓建设担纲全案创作。

设计师倾向于通过一次整体化的项目机会来尝试演绎关于当代乡土表征的寻获及抽象化。"从来没有什么叫作乡土，它不过是某种记忆表征，产生于一系列的关系交织：历史和地理的机制，生产与再生产的关系，政府的操作与实践，人群交互流动的媒介和形式等，我们定义了一种非稳定的东西。"余霖说。在此意义上，乡土其实是一种想象的共同体。作为简洁的几何形式的建筑物，建筑关系可视作两条长方体的交叠组合，交叠区域形成加强了空间维度的联系，形成动线上的分流与管理。外立面为无序错拼的陶砖，配以柔砂镀铬镜面，让"物性自显"。建筑与景观融贯统一，西面入口采用 L 型路径，在特定的视域中可以观看不同的侧面，封闭与开放、露天与地下、偶然与限定、不朽与日常、时间与物质，场感的不同解释凝结知觉的丰富体验。环绕式步道贯穿园区公共路径与会所路径，通过情绪动线的缓释与引导令使用者存在、时空的动态体验。横向重组的空间构成逻辑使建筑展开面最大程度的接受黄金日照时间，光影成为一种即时现场层叠于人工化的建筑秩序之上。

强调地域性，选用极似土壤感的手工陶条作为村落的记忆载体，独特的色泽斑驳与自然共生。材料的选择逻辑来自乡土符号，更内部的缘由来自于一座永久建筑需要具备的呼吸感和变化性状。设计师耗费近一年的时间与供应商协作研发充分还原土壤感的陶条材料，除保持烧制陶制品的高耐候性高透水性外，其斑驳的色差感需要长时间的使用，并充分受到空气、紫外线及雨水的影响而发生变化。它基本应用于两种不同成本模型的安装技术，槽式干挂及穿孔金属龙骨结合半砌筑。通过手工陶条，作为建筑表皮整体化的应用素材，诠释及验证材料的广域度。

公共功能空间的家具主要款型来自梭和韦森的高定线产品"多足虫"系列，弧边设计降低多人流动线空间的碰撞风险，多足虫腿部结构则满足不同长度与高度的应用演化。台面为 5 毫米厚实心铝板，在日久使用中将产生的细腻划痕也是设计的一部分。健身房设备来自意大利一流健身设备泰诺健的产品顶配。设计师将会所的华彩功能点私厨"洞"藏匿于泳池底侧，它隐蔽且私密，若非造价限制，人们将可以在那里观望池底的各色风姿动态。

十八人环形中餐台的铜质台面在适当的照明环境下如月色溢辉，餐椅是一款基于材料学形成溶胶硬性驳接的 PVC 透明板式座椅，匹配有贴身舒适的人体工学角度设计。中轴吊灯选配自建筑师 Peter Zumthor 为意大利顶极灯具品牌 Viabizzuno 的创作，拥有无与伦比的空间凝聚力。

这城市中没有一座德尔法那样的神庙，然而，它依然是一个关于"我"的隐喻，是物理心理的同时沉默或点燃。

1. 会所外景
2. 建筑与景观融为一体
3. 外立面是拼接的陶砖

平面图

1、2. 健身房的产品顶配设备
3. 私厨藏匿于泳池底侧
4、5. 泳池水造成的风姿动态

1. 开放的视觉体验
2. 光影重叠于人工建筑上
3、4. 高定产品“多足虫”系列

SKY BAR 天空吧

1 | 2 / 3

1. 建筑可最大限度接受日光照射

2、3. 表皮的陶条材料来自乡土符号

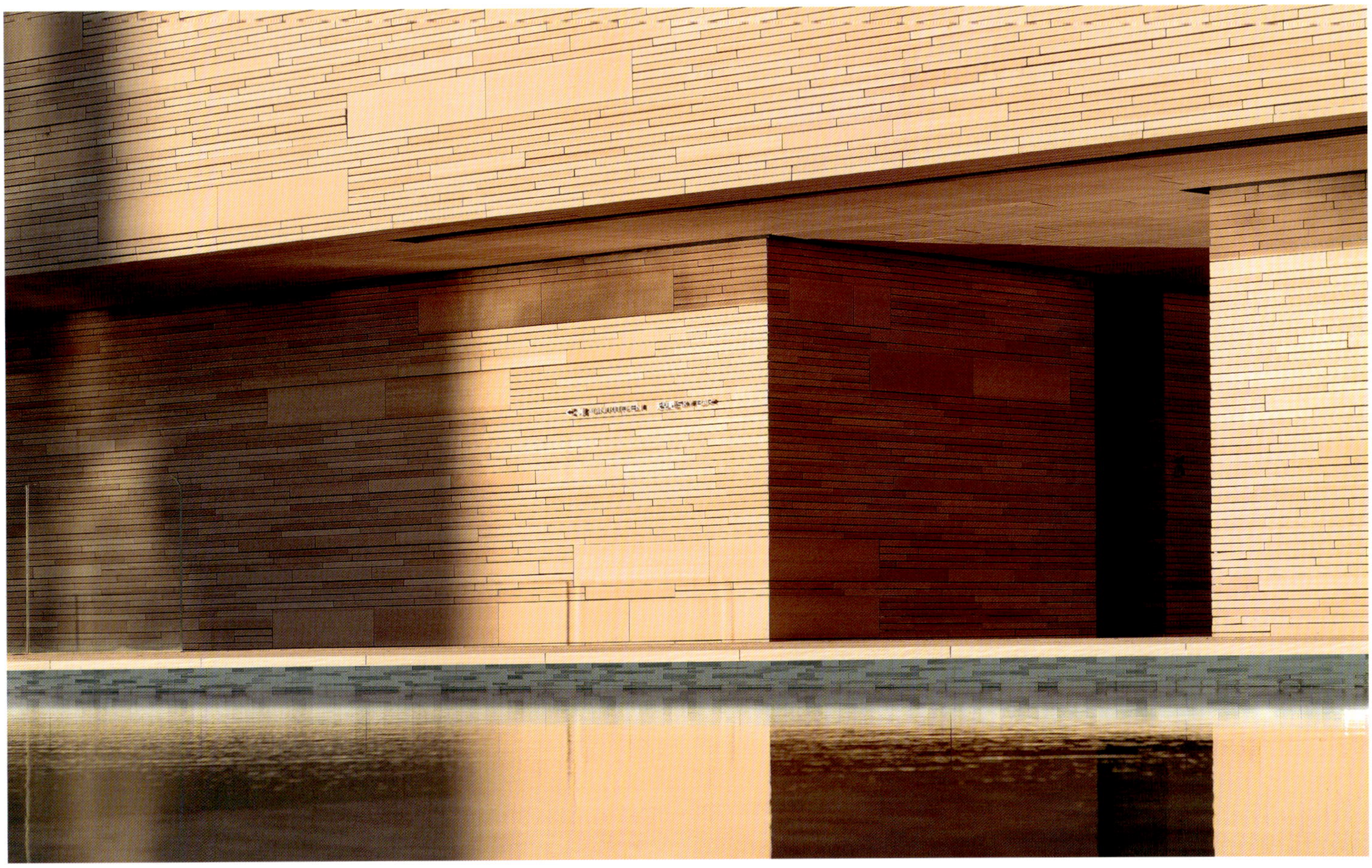

光合院

设计单位：光合机构、典尚设计
设　　计：陈耀光
面　　积：1800 平方米
主要材料：现浇清水混凝土、预制水泥板、钢筋、水泥、原木、玻璃、涂料、巴厘岛原木和旧家具、江南园林古董石雕、不锈钢、亚克力
坐落地点：浙江杭州
摄　　影：ManoloYllera、朱海、刘钢强、朱迪

光合院是光合机构起源地，是陈耀光个人设计理想和生活美学的呈现，是其三十年设计理念和设计实践的高度凝练，是具有教科书价值的设计美学样本。光合院历经十余年的设计构思，五年的实地驻场设计，集中体现了设计师的“生命痕迹”“诗表达”“成长预谋”三大设计美学理念。

从千岛湖的岛屿到凤凰山的南宋院子，再到光合院，这是陈耀光江南园林院落空间理想的延续和发展。30 多年的收藏进入了 20 多年构思的光合院新空间，设计师在这里重构生活场景的新美学。以空间建筑师对待空间的态度和以艺术家的个人情绪表达方式来考虑设计。力求让设计符号消失，让空间精神永存，让艺术传递生活。

怀着对自然的敬意，对人与环境关系的深度思考，消解一切设计符号，摒弃不必要的装饰，规避了豪宅惯用的大理石、花岗岩等材料，摆脱了当下最炫科技的绑架，否决了刻意布置与过分雕琢、对称与平均，做了很多非主流的探索和设计。白墙、混凝土、木作，天然的材质直接暴露空间的本质，但这并不意味着投入会减少，现浇的混凝土墙面是与艺术家的合作，以欧松板为模型来进行多材质的互相穿插咬合，最后竟呈现出风入竹林的纹理效果。

清水混凝土上的裂痕、虫噬、线条的蜿蜒不确定、工人施工时留下的笔刷，都有意保留下来。完美有缺，是面对设计和生活的诚实，只有完美有缺的态度，才有完美无缺的人生。 营造了一个无边水池，映下夕阳之美。而在院里唯一的仪式性场景院子的东南角，用石头和两根柱子垒起一个视觉中心平台，令人不由得收整心情，期待它即将上演的情节。作为院里的最高点，它朴素又强烈，给整个院子挑出了一个空间和精神上的轮廓。

设计是一种预谋，风不会老，光不会旧，声音不会打折，想象力是最鲜活的，光点燃的不仅是方向，更是想象。设计让艺术生活成为日常。

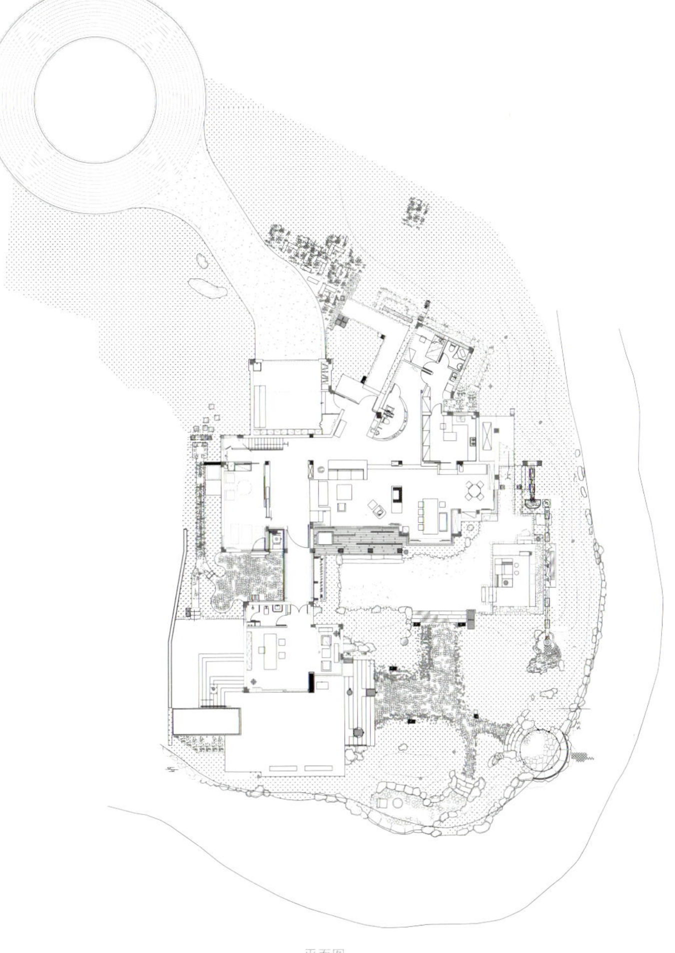

平面图

1 | 2

1. 天然材质暴露空间本质
2. 庭院美景

1. 空间轮廓
2. 现浇的混凝土墙面
3. 室内外融为一体
4. 空间的穿插咬合
5. 院落之美

沈阳朴拙苑私人会所

设计单位：LANHOME STUDIO
设　　计：王晶
参与设计：杨怡宁、徐美玲
面　　积：1300 平方米
主要材料：石墨、水泥墙
坐落地点：辽宁沈阳
完工时间：2020 年 12 月
摄　　影：叶松

1 | 2
1. 沉稳素雅的空间
2. 天然材质和精选家居组合在空间里

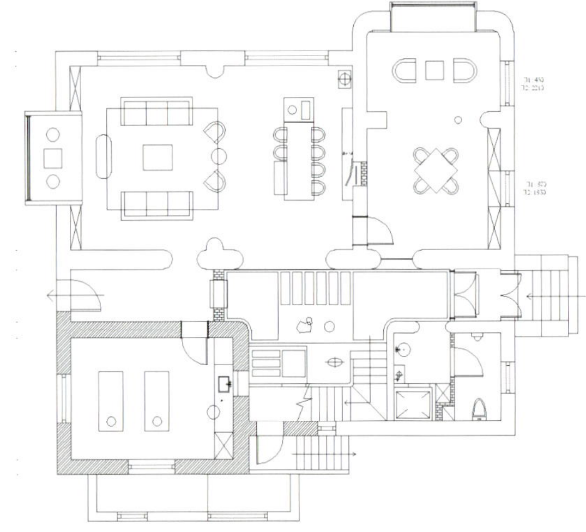

大套 1F 平面图

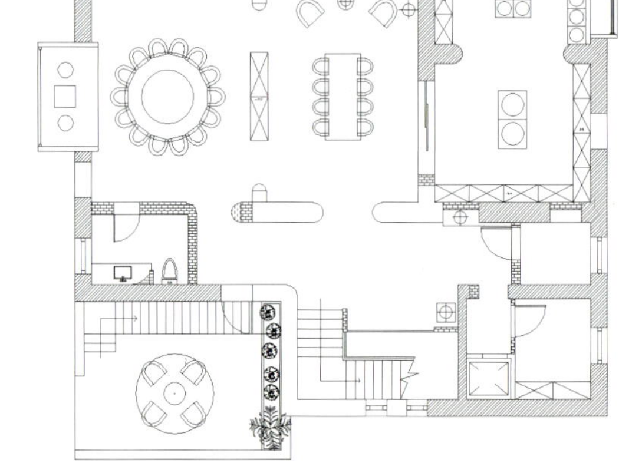

大套 2F 平面图

老城区的一街一路、一草一木，甚至一人一物都是时代的叙述者。这座双面临街的革命故居，由一扇古朴的大门开启年代的错乱感。当历史的红色记忆与现代的灰调美学相互交融，极简的生活艺术就是碰撞的产物。

设计师以木质桌椅和落地玻璃窗，打造出沉稳而富有韵律的立面效果。原始的天然材质与精选的家具集成在有限的空间里，组成了素雅低调的搭配。光线流转，配以带有粗糙纹理的陶瓷器具，仿佛在向所有宾客描述一种“有瑕之美”。

书画作为一种灵魂的陪伴，风雅到极致；唯有书画，能沉淀浮华，凝神静气。设计师将书画意境与空间艺术完美融合，让朴拙苑成为一个心灵安顿之所，包容生活的一切棱角。

原木风格的卧室以灰色为主色调，没有喧宾夺主的夸张陈设，去除一切冗杂的装饰，这就是对生活作出的最好诠释。

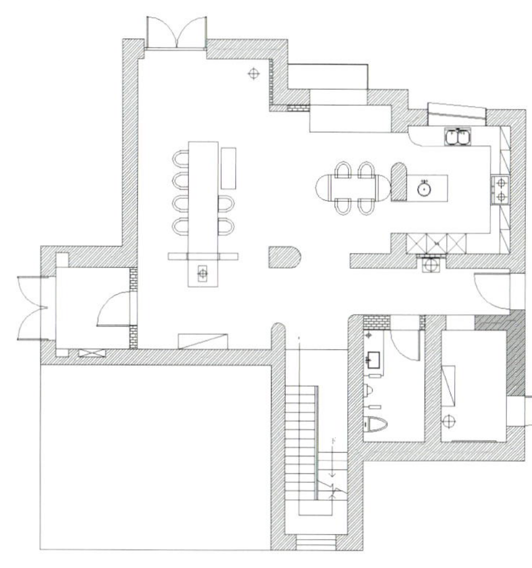

小套 1F 平面图

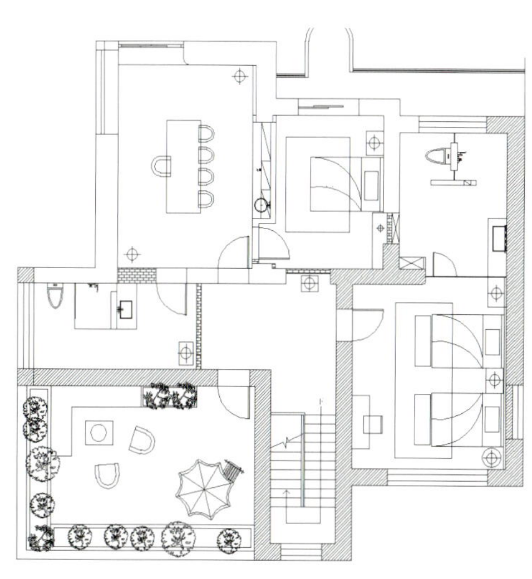

小套 2F 平面图

1. 客厅过道
2. 独具匠心的墙面设计
3. 风雅的书画
4. 休息区顶面和沙发造型相呼应
5. 小套卧室

台州岭上会·隐世 SPA

设计单位：宁波市高得装饰设计公司
设　　计：范江
参与设计：丁伟哲、陈旭
面　　积：540 平方米
主要材料：机刨面温岭石、木饰面成品板、1.2 毫米拉丝镀铜不锈钢、不锈钢格栅网、墙布
坐落地点：浙江台州
摄　　影：朴言

岭上会·隐世 SPA 地处繁华，而内部需要幽静安逸的环境，受东方朔《诫子诗》的启发，设计师以"依隐于世，优哉游哉"为主题，贴切地反映出这种内外反差。北宋李成所画的《晴峦萧寺图》，寺塔般的楼阁矗于山上，奇峰与祥云，瀑布飞泻，草木烟林，是隐士向往的理想居。由这张图进行幻化，画面在空间里渐渐变为立体，充斥着实像与虚像，现实与向往的生活在同一时空交叠。

会所外立面是设计师题写的"隐世"，字体篆意隶写，质朴厚润，两边不锈钢镀铜格栅内装灯光，可看作左右灯笼。一层三面围墙直通顶部，秀气的假山绿植莹然，上方悬浮着亭台楼阁，远望有着山水图的意境。墙上开了许多铜制的窥视孔，似星光点点，通过透视成为场景构成的焦点，很是奇妙。

走到二层，抬头看到顶部的镜面反射着参差有致的楼阁，空间仿佛延伸了许多。二层空间原有柱子多，将主通道安排在中间，通道一边是贵宾休息区，踏着抬高的汀步石再上一格，高低错落的设计其实是为了解决排水难题。

大厅中黑鹅卵石上的两块山石间探出一棵寓意事事如意的红柿子树，被悬空的围合式金属网帘笼罩着，给以灰色、古铜色为主色调的空间平添了一抹欣然的艳泽。收银台背景是一个如满月的圆显示屏，滴墨如雾般渗化，如烟般消散。走道设计成现代石板桥，两边立柱贴毛石，宛如凹凸不平的山体，桥下汩汩流水。SPA 区有十一间尊席，直纹玻璃隔断、深色墙纸、云水纹地毯，强调舒适与清静。

空间逐一递进弥漫着从"现"世到"隐"世的气象。设计师为空间创作了一幅水墨画《莫待无花空折枝》，用斗笔在六尺宣纸上写生，黑白画面中花已落尽，徒留一枝繁叶，喻意是珍惜当下，及时享乐，优哉游哉，不负人生。

1 | 2 / 3

1. 贵宾休息区
2. 走道的现代石板桥
3. 走道端头的树景

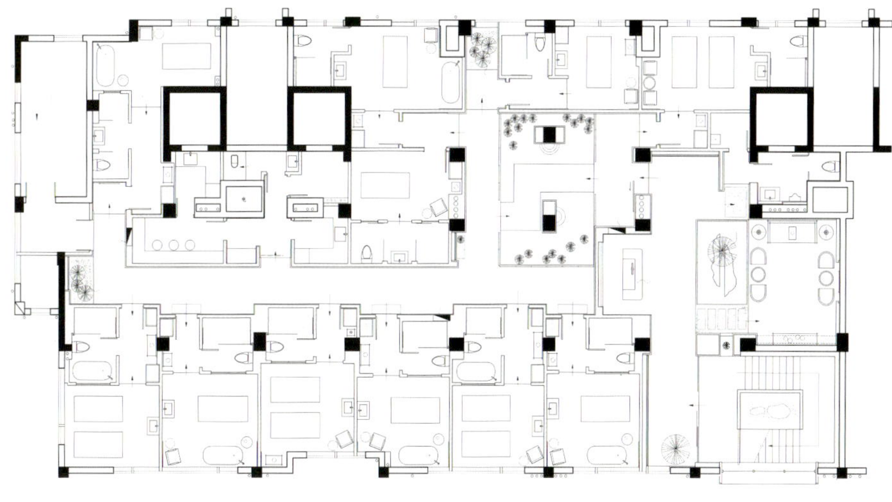

平面图

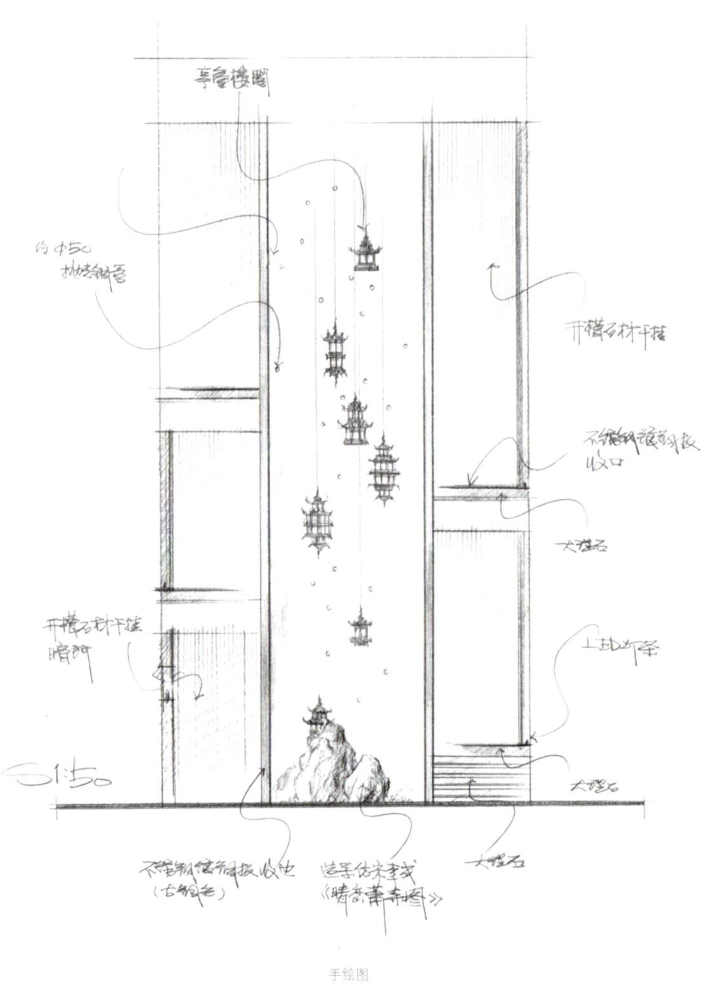

手绘图

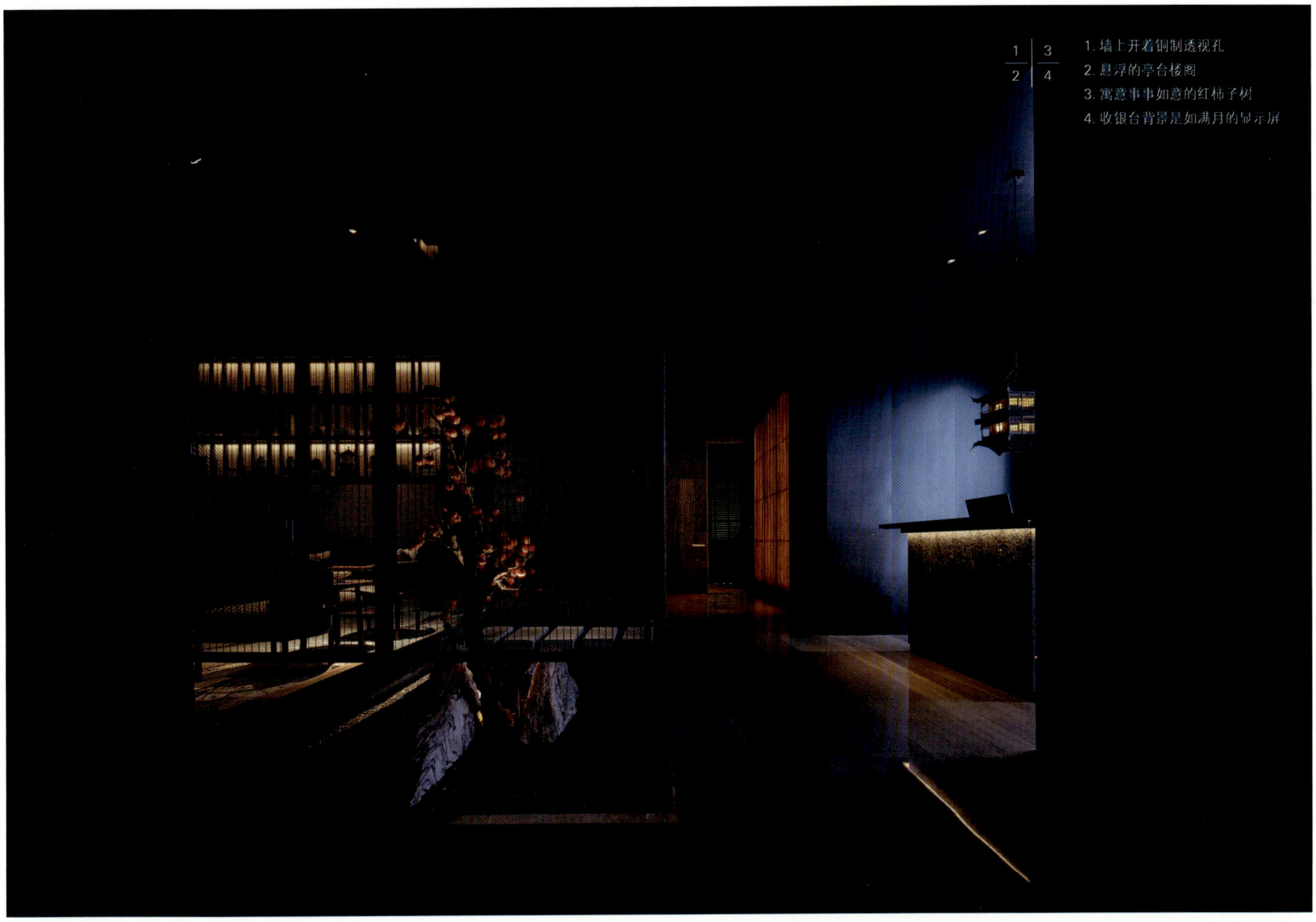

1 | 3
2 | 4

1. 墙上开着铜制透视孔
2. 悬浮的亭台楼阁
3. 寓意事事如意的红柿子树
4. 收银台背景是如满月的显示屏

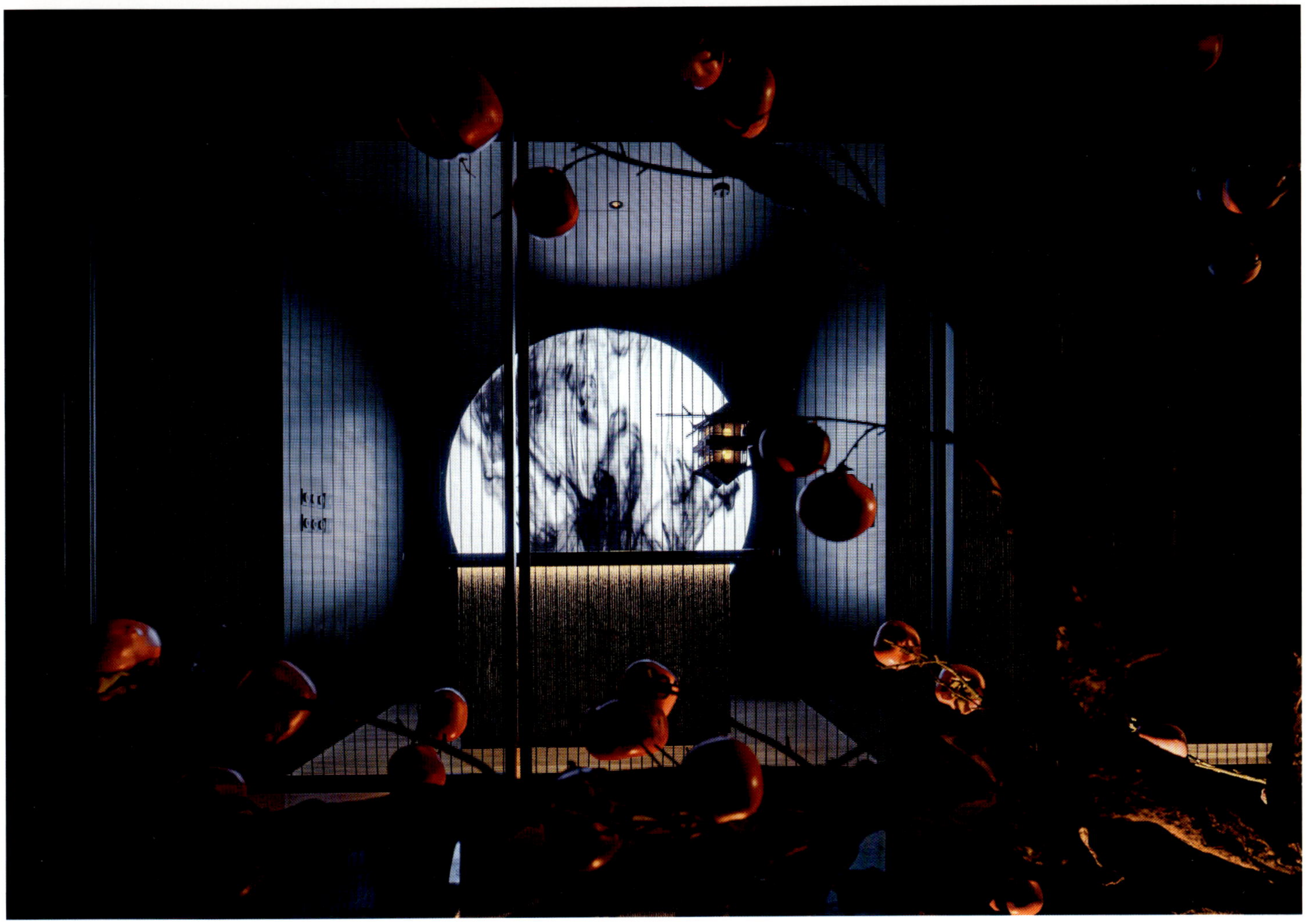

吴会所

设计单位：艾克建筑设计
设　　计：谢培河
面　　积：600 平方米
主要材料：泡沫铝、摩根智能、金属网、岩板、意大利手工漆、定制木地板、石客照明
坐落地点：广东汕头
完工时间：2020 年 7 月
摄　　影：欧阳云

1. 会所入口
2. 多角平面挑战建筑价值观
3. 手工漆的材料表现创作

吴，就像一个婴儿进入新的界面，一切充满未知与惊喜，这是一个触碰得到的未来。吴，是一个窗口，透过吴可遥望天际，进入吴于现代桃源。“山有小口，仿佛若有光，复行十步，阔然开朗”。吴会所坐落于广东汕头，定位多元的新潮菜私密会所，由餐厅、茶室、雪茄房、威士忌吧、影音房构成，空间中所发生的事件才是空间存在的价值。

光，在空间中被充当传达物理现象的一种介质，在设计思考中，艾克建筑认为光本身就是一个显性的物质，应该作为看得见的主体来传达人的精神世界，神秘、安静、虚幻的情绪因光而涌现。对手工漆的材料表现形式进行实验性创作，一种材料用不同的色彩与肌理来表现，并将幽默、神秘及梦想等元素融入空间的建造体系中。

吴让我们进入了二次元的精神世界，像极了电影的虚拟世界，是超现实、夸张、抽象的，有叙事性，可以通过空间来串联起一系列的事件，这是一个有趣的戏剧化场景。多角平面、倾斜的结构、失去重心的形式以及多种物质手段运用到空间中，挑战人们既定的建筑价值观和被捆缚的想象力。空间构成理念是一个被折断掏空的雕塑体，让现实变得虚幻，而这种夸张的表达方式离不开艺术的张力，有时还会使人迷惑、混乱、向往。

当电梯门打开的一瞬间，仿佛要通往另一个时空，金属不锈钢装饰墙面、黑色石板、2.5 米 X5.2 米超大规格的人脸识别系统智能玻璃门、暗黑系的空间让人充满了想要探索的欲望。进入空间主体，不规则造型雕塑般的空间以一种肯定的态度呈现出来，5.2 米高的细长通道贯穿各个功能空间，错落的造型营造出漂浮的状态，甚至还让人感觉到危险与不真实感。

暴露的雪茄房以金属帘为介质，若隐若现，营造高冷的空间性格，而小尺度的营造目的是制造人与人的紧密性。影音房有策略性的将空间压低，将人的情绪带到中心的位置，仿佛一个小舞台让好友之间互动交流。威士忌吧连接影音房与户外阳台，通过镜面不锈钢营造一个对称式的空间，泡沫铝延伸后的视觉冲击力带来了前所未有的惊喜。茶室内黑色孔状的艺术漆与烟熏木地板配合日落时蓝色的天光，构成了一个静谧的洽谈空间。包间以一种不规则的空间形态出现，顶部飞碟造型装置增加趣味的同时也是解决餐台照明的手段。

吴是在用西方的设计秩序来建构东方的空间情绪与哲学。曲径通幽，以小见大，张扬且含蓄，一场东西方美学的哲学碰撞。

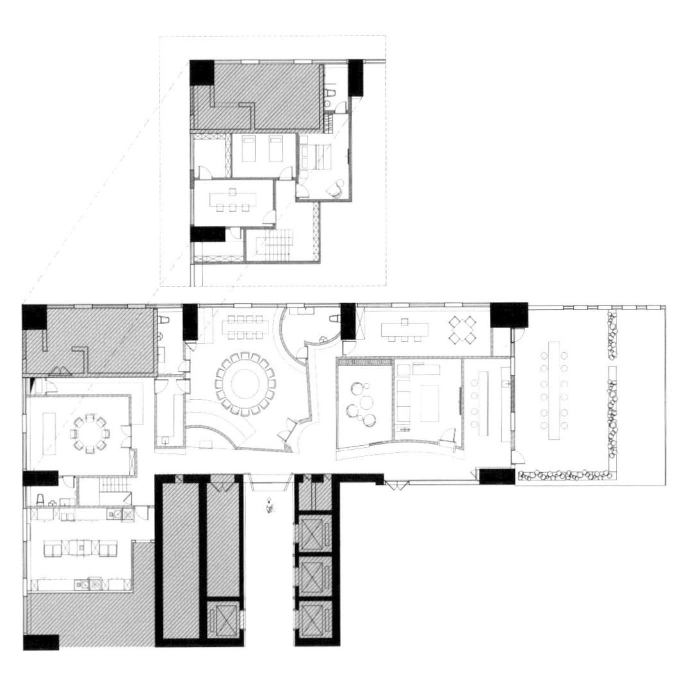

平面图

1 | 2 | 4
3 | 5

1. 茶室
2. 包间
3. 顶部的飞碟造型
4. 对称式的威士忌吧
5. 小尺度的雪茄房

美贺酒庄

设计单位：继景室内设计（上海）有限公司
设　　计：柴润知、张齐、林利达、宋万洋、李佳星、汪吟萱、王龙文、黄大康、范继景
软装设计：李菊、范继景
结构设计：浙江华洲国际设计有限公司
面　　积：1600 平方米
坐落地点：宁夏银川
摄　　影：苏圣亮

一直觉得作为设计师最大的幸福是，可以通过做不同的项目来体验不同地方的文化，拓展生活边界。一年前幸运接到酒庄改造的项目，对酿酒并不了解的我又有了一次旅行的机会。

原酒庄建设好只运营了两年，很多地方看起来还很新，外观像古堡，空间也是欧式的样子。需要在现有的条件下进行局部的改造来满足客人参观时的接待需要，局部改造相对来说有局限性，既要兼顾原有的东西，又要完整地呈现。出于成本的考量业主也不想全部拆掉重来，设计中最难处理的是新旧衔接的问题。

贺兰山是宁夏与内蒙古阿拉善盟的分界线，从南至北绵延约两百千米，山势雄伟如群马奔腾。一山之隔两重天，一边是广袤苍茫的戈壁荒漠，孤寂荒凉；一边是被誉为塞北江南的宁夏平原，热闹富庶。贺兰山挡住了腾格里沙漠滚滚的黄沙，柔和了凛冽的北风，特殊的地理位置和自然气候为葡萄生长提供了优越的条件，年日照时间接近三千小时，土壤由灰钙土、风沙土和灌淤土组成，使得葡萄品质极佳，具有高糖适酸和幽雅的香气。

酒庄位于贺兰山南段以东，远看建筑以山为背景，孤独而渺小，封闭厚实的外墙与贺兰山对峙，像是人工与自然的较量。我们希望通过改造来化解冲突，使彼此和谐相处。贺兰山气候变化多端，时刻都在上演着不同的变化，太阳升起来，山从土红色变为灰褐色，太阳落山后，山又从灰褐色变为淡蓝色，原生的自然地貌景观具有独特性和唯一性。通过改造建筑立面开口，让室内和贺兰山发生联系，与自然互动，在二楼的品鉴区朝贺兰山方向开口，延伸出一个玻璃挑台，让酿造本身与在地性发生联系。新的开口改变了人的行为，引导人自然地走到大玻璃下，3 米 ×3 米高的超级取景框把贺兰山重新聚焦，那一刻自然仿佛被重新定义。

改造后的酒庄有五个房间，没有多余的装饰，简洁温馨，因朝向的不同而景致各异。客人可以走进葡萄园，体验农忙季节采摘葡萄时丰收的喜悦；走近贺兰山，感受自然的雄伟壮观。连接客房的公共区域有一超大的露台，其实是酿酒车间的屋顶，屋顶有很多车间设备，我们用镜面装置遮住了设备，光的反射把贺兰山、葡萄园、天空完美融合在了一起。

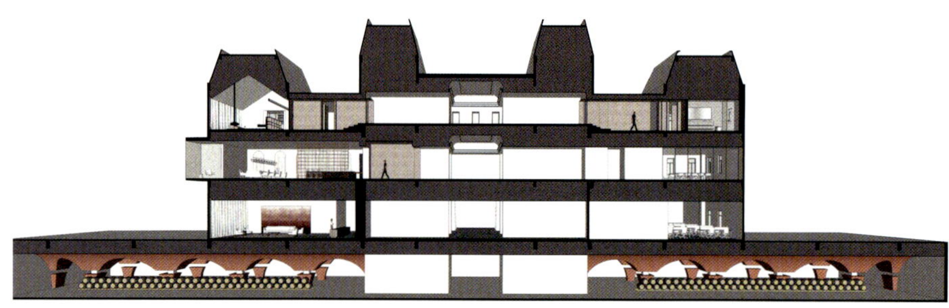

立面图

1. 大面积玻璃重新聚焦了贺兰山
2. 空间整体
3. 品鉴区一角

1	3
2	4

1. 不同材质和色彩区隔出不同空间
2. 灯光打造出温暖的区域
3、4. 酒庄不同风格的卧室

思域·18 号小院

设计单位：袭园（南京）建筑空间设计工程有限公司
设　　计：李静敏
参与设计：金圣伟、袁天楠、李娜
软装设计：袁天楠
面　　积：室内 60 平方米、景观 136 平方米
主要材料：烧杉板、硅藻泥、老榆木、火烧石岩板、微水泥、清水混凝土
坐落地点：江苏南京
完工时间：2020 年 12 月
摄　　影：黄秉文、王海华

1. 池畔的院落
2. 空间一角
3. 茶室墙面开了两处"雪见障子"

思域 18 号小院是藏身在南京科技文化园区中的艺术空间，也是复合式的生活美学会所。透砌式的圆弧形外墙回归最原始的堆砌石头的方式， 取代无机质的玻璃， 抽掉部分的石砖创造规律性的开口， 打造出透气感的同时，保留了自然素材的生命力。

宽敞的前院由石板小径、浅水池、平台构成，池畔边砌了一道杉木纹清水模矮墙，为空间入口增添了一丝隐密性。 平台上仅有简单的桌椅与树木，没有高耸的围墙， 虔诚地借来随着四季更迭的风景。从石板道往平台看去，每个窗框线条与屋檐都是框架式的， 每一块踏片、形状、线条都是经过缜密的计算后呈现。 将线条秩序化的同时， 也将情感包容进每一条秩序及逻辑规则中。

室内玄关选用与石板小径相同的石材，让视觉得以延伸，塑造出内外玄关。门坎处特意选择了不同材质的石块装饰细节， 用作区隔内外分野的结界 。踏进屋内，架高的茶室映入眼帘，茶室空间分别在两侧墙面上开了两处"雪见障子"，极简的框架纳进了后庭院的满园春色。 日式传统风格的"箱阶段"，不仅是茶室通往阁楼的楼梯，也是兼具收纳空间的箱柜。主空间利用深色的自然建材打造出沉稳质感的调性，墙体的木头原色呼应着屋檐木梁，穿插线条干净利落的家饰，使整体视觉完整和谐。四面对开的玻璃拉门让大量的光线洒落进来，映出时间光影每时每刻不同的样子。其中一扇玻璃窗，利用桌子的拼接打破了室内外的界线， 模糊了分界感，创造新的视觉动线。

此处空间你觉得它是什么，它就是什么。空间不是他人帮自己界定，而是需要亲身去体验、思考与建筑的关系。 心有所想， 方有所念， 当空间承接意念后，将会幻化成你需要的和你认为的，即为所见，即为所有。

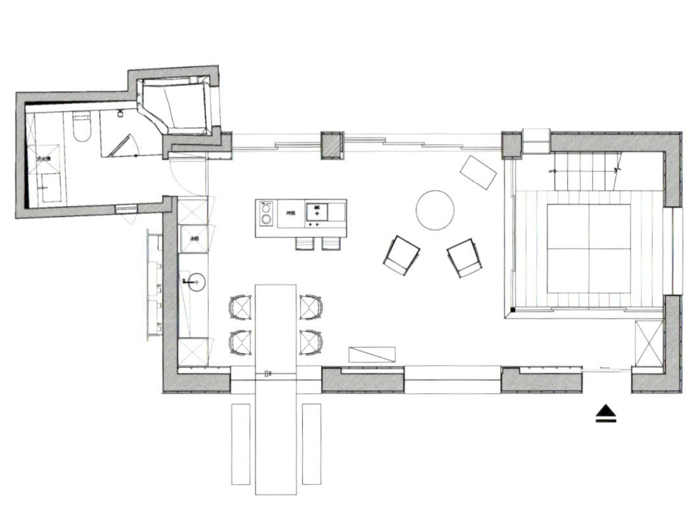

平面图

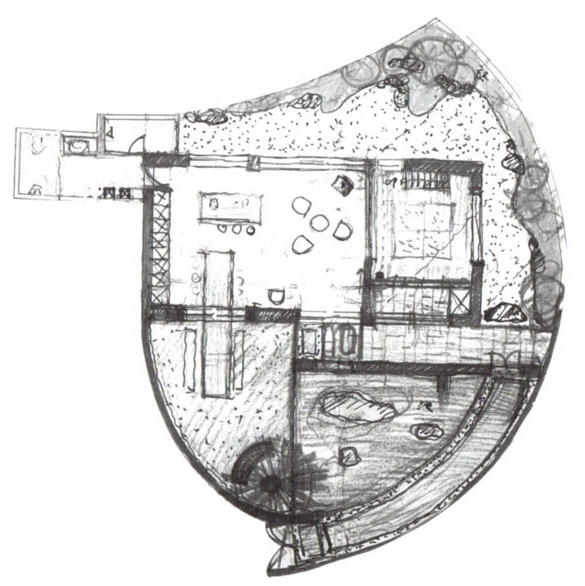

手绘图

1	3
2	4

1. 日式风格的箱阶段
2. 沉稳质感的深色空间
3. 窗框线条与屋檐都是框架式的
4. 入口玄关处

上海力波 1987 项目

1 | 2
1. 微地形设计
2. 千回百转的山水叙事

设计单位：无间设计
设计总监：吴滨
设计团队：洪奕敏、秦嘉、关柳霞
业主单位：力波酿酒（上海）有限公司
面　　积：1077 平方米
完工时间：2020 年 12 月
摄　　影：如你所见 | 王厅

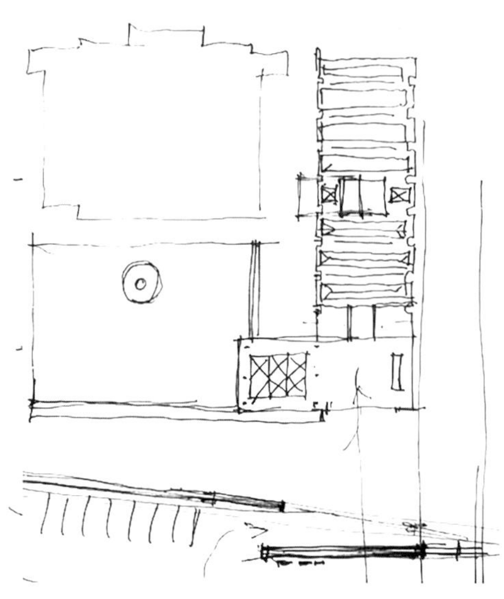

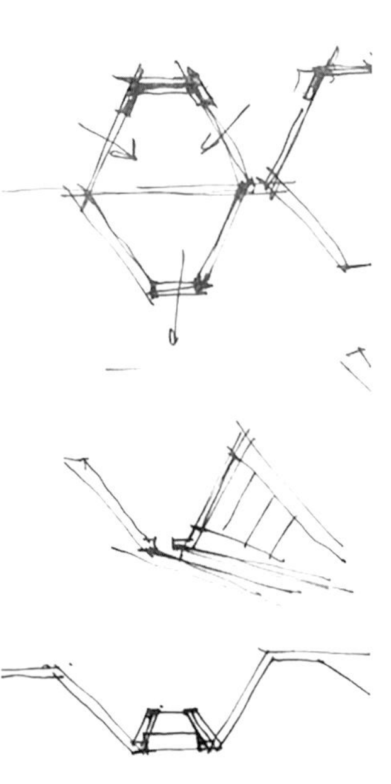

手绘稿

可居、可游！

“我将我的交叉小径的花园，遗留给各种不同的（并非全部的）未来。”博尔赫斯《交叉小径的花园》中一句点题的话，流连于时代遗存间，设计无异于叙事，其生命力在于“可能性”。当吴滨遇上力波啤酒厂，一个以《喜欢上海的理由》风靡上海的记忆符号、历史注脚时，他的设计就像是“交叉小径”，同时通达摩登东方与工业遗存：抛弃具象，以纯粹的语言赋予空间生命力与当代感；不止步于回应厂区记忆，以深厚的文化眺望一种无界的未来生活场。

这个旨在服务办公及文创场所的售楼处，位于上海的中环与外环间，庭院串联两个建筑。入口挨着街道，周边临着居民区和旧厂房，略显杂乱的场地中淌过一条河，滋养了整个设计的诗意起点。进入作为序厅的艺术长廊，访客的视觉被刻意压暗：静谧的黑色空间，两侧边界由古铜色金属网界定。几何状“山形”雕塑仿佛一半隐于水下、一半浮于水面，致敬艺术家野口勇，在技与艺的将触未触间，心境开始“经过设计”。

穿过自然的庭院，进入主体空间。视觉完成由暗转明的过渡后，不再用色彩或是强烈的明度对比来明确界定空间，而是借视觉的错落赋予空间不断被阅读的潜力。设计师希望让人能够充分感知到空间的尺度、高度和纵深。利用高层高的特点，空间自进门即有一根大弧线贯穿，其纵深感由此得到表达。弧形楼梯支撑着悬挑盒子，高低错落和由明渐暗的转换将影音室与其余空间划分。微地形的地面高差和高低起伏的片墙界定出前场和后场的关系，若是特定的功能空间需有门相界，便让门消隐于片墙。所有空间的地面均采用统一的材质，这更强化了它的整体性、开放性和流动性。空间的界定存在一种似是而非、似离而合的朦胧感，这正是东方迥异于西方的美学表达。

在影音区与沙盘区的微地形设计上，设计团队运用中国绘画中散点透视的概念，从观者的移动视点出发，规划其在不同立足点的感受，达成高远、深远、平远的各异景色。前场给人廓落、空灵之感，不同高低开合弧形片墙的穿插关系，加强了空间的雕塑感，置身在此会从中找到某些隔世的呼应。自艺术长廊开始，便在室内掇山理水：主体空间中辟出水池，与前厅“意向中的水”遥相呼应；弧墙没有触到顶，如山水画中留白的“山”，在平面切出“间”，有水系注入弧线与直线勾勒的微妙空间中，亦或是穿“山”而过。

在整体抽象的语境下，家具、雕塑或画作又对山水增几许略显具象的描摹；千回百转的山水叙事与行游动线相互交织、相向而行，消解了空间的边界。洽谈区的山形超尺度沙发矗立在其中，既是家具又是建筑中的建筑，意象山峦，似是画意中隔岸相望。家具选型极力贴近地面，空间纵向尺度被拉开、放大，高低之间产生的空间体验任凭思绪发散。顶部折转的语言，形成迂回连续的气韵，切割的手法让整个顶部呈现立体状态。朝向工业遗存的两侧玻璃被覆以亚克力板，寻常时分如水雾朦胧，隔开室内与室外。若有强光照耀，室外的金属桁架便显现其轮廓，与洽谈区水吧台具有线条感、几何感的巨形置物架相互对话。山水与工业、东方与当代在时序变化间形成动态的平衡和有限的冲突，似离而合。“俗则屏之，嘉则收之”的园林营造之道在此得到呈现，设计从观者的移动视点出发，规划其在不同立足点的感受，达成高远、深远、平远的各异景色。譬如置身悬挑的地台回望树林掩映的洽谈空间如同身处园林的假山远眺景色，即为空间“高远”的表达。

VIP 室将人引入另一当代的静谧空间。在自开合至隐秘的变化层次间，弧面墙体与弧形天花承担方向的指引。服帖于地面的开口如同园林的漏窗，形成与洽谈区的对景关系。VIP 室画作表述的是抽象山水，而它运用的材料却是金属；雕塑台作品，像是一座工业遗迹，与山水遥望；回到艺术长廊，它的“山”似由几何砌体堆叠而成；主体空间中的片墙也有着硬朗而非柔性的线条。水泥质感的雕塑，仿佛细腻地缝合了原有基地内散落的工业构筑物，又重新生长于现在的时空。用当代艺术的手法来表达“破碎”与“重整”的结果，以生长的形式语言回归了东方最本真的关于“聚”的生活态度。

有租界、弄堂，兼容东西、古今。生活的滋味，交叠文化的活力，复兴后的力波啤酒厂，将会成为“喜欢上海的新理由”。

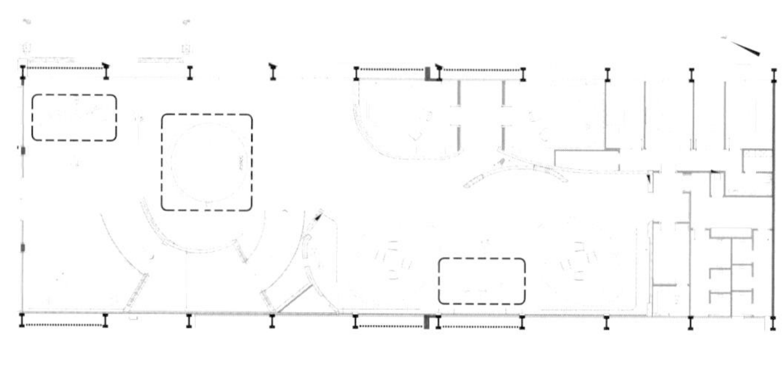

平面图

1	2	4	5
3		6	

1. 场景转换
2. 空间的雕塑感
3. 弧形片墙的穿插
4. 弧形楼梯支撑悬挑盒子
5. 空间结构细节
6. 隐秘的变化层次

1. 迂回连续的气韵
2. 会议室
3. 意象山峦
4. 弧线与直线勾勒的微妙空间

1/2 | 3

1. 刻意压暗的视觉
2. 静谧的黑色空间
3. 技与艺的将触未触间

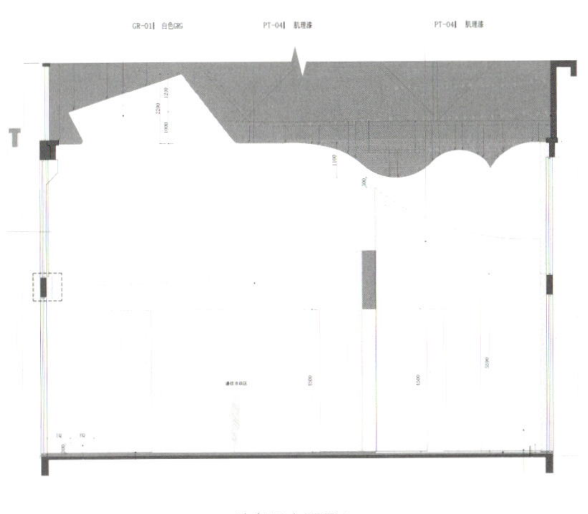

沙盘区立面图 1

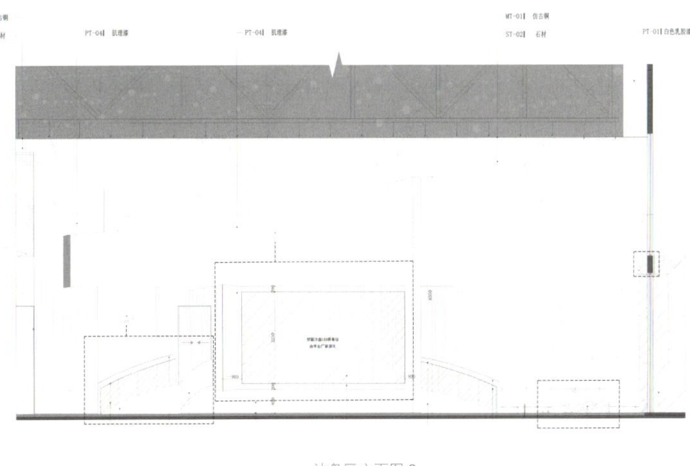

沙盘区立面图 2

中海新芝源境售楼处

设计单位：上海黑泡泡建筑装饰设计工程有限公司
业主单位：宁波中海海棠房地产有限公司
业主团队：方君、金通、王志高、金樑、吕挺
面　　积：950 平方米
坐落地点：浙江宁波
完工时间：2020 年
摄　　影：DC 空间摄影

新芝源境宁波售楼处有着独特的地理位置，也是设计定案的基调。中国人的浪漫主义是写意的江南：黑瓦的线条，留白的山墙，润然的山水。设计以刨屋顶的极简线条绘制出现代的写意江南，从而挽留住城市中的一份浪漫与优雅。

步入接待大厅，屋顶的线条连接着透过木格栅立面的光影，我们仿佛回到了既熟悉又现代的时空。踏着深沉的黑色大理石地面，犹闻水中轻盈的白色山水纱艺，亦幻亦真。渡入洽谈区，迎着端正的金属岛台，品着淡入的茶香，赏着工整的木栅屋脊，亦真亦幻。优雅与浪漫无意间浮动在安静与精致的陈设艺品之中。三江之芯裹着现代写意的空间，渗透出简单且让人回味的风雅内核，唤醒东方人对美的直觉与心中的境界。

新芝源镜中的景，不同于传统的秀与巧的布置，更在意现代工整与传统意境的平衡，有方向感的木格栅排列给人顺势进入空间的自如和光影的有序，现代的屋顶形式让人既熟悉又在意，平静的水面如同画布，纳入现代抽象的雕塑与传统意境的山水纱艺，家具陈列的舒适和品位又抹去了过度复古的刻意。这里，我们体会物与心的结合，象与境的镜像，享受生活的质感与心灵的归宿。

江南忆，早晚复相逢。

1 | 3
2 | 4

1. 刨屋顶的极简线条
2. 黑瓦线条，写意江南
3. 现代化的东方优雅
4. 入口金属岛台

1. 传统意境的山水纱艺
2. 山水细节
3. 象与境的镜像
4. 物与心的结合

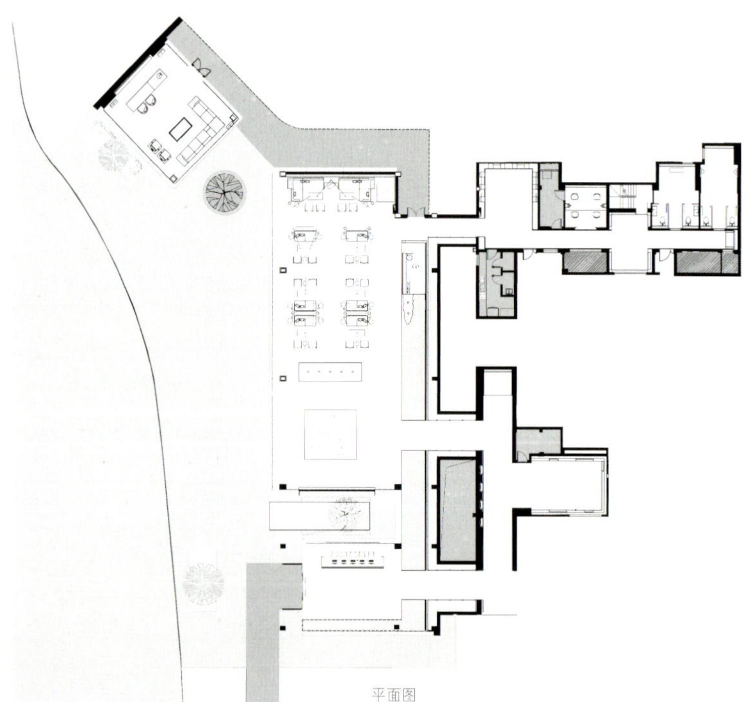

平面图

1 | 3
2 | 4
  | 5

1. 工整的木栅屋脊亦真亦幻
2. 自如的空间与有序的光影
3. 秀与巧的布景
4. 现代抽象的雕塑
5. VIP 接待室

保利滨湖堂悦营销中心

设计单位：P.A.L DESIGN GROUP
设　　计：何宗宪
坐落地点：广州东莞
面　　积：1580 平方米
完工时间：2020 年
摄　　影：张骑麟

1. 静谧清逸的东方林园艺景
2. 诗意轻盈的园林景观
3. 岭南文化的提取
4. 线性的错落与规整交互鸣奏
5. 如水柔美的圆弧

品读岭南的诗逸清雅

“水北有田均夜雨，岭南无地不春风。”背山靠海的南岭，万山重叠，海岸绵长，两千年的沉淀造就其多元而璀璨的独特文化。自然、轻盈、殷实、无争，沿着岭南文脉轴线，飘逸写意的人居序章缓缓展开。岭南建筑作为岭南文化的重要载体，更是岭南文化的精髓，其中广府建筑的代表镬耳屋，因其山墙状似镬耳，故称“镬耳屋”。象征着官帽两耳的独特造型，具“独占鳌头”之意。

项目落位东莞麻涌水乡，毗邻国家 4A 级湿地公园——华阳湖，坐拥一线稀缺湖景资源。设计师有感于项目得天独厚的自然湖观与静谧清逸的东方林园艺景，揉入传统岭南文化，构筑诗意轻盈的健康生态人居。如水柔美的圆弧，如音跃动的韵律，伫立于灵秀的艺术端景，以写意的东方致趣迎客。线性的错落与规整交互鸣奏，映照淡蓝的朗晴之空，轻描笔调空灵的诗语。温润的木质与通透玻璃定调清新，共谱轻盈而淡泊的空间氛围，以梦为马，置身其中，犹如惬意游走于水乡间。线性的秩序赋予室内宁静的雅致，剔透的空间感与绰绰光影，延展无际的舒心与气派。造型吊灯灵动如连绵滴落的水声，萦绕飘盈于空的柔美，刻画多元而细长的人文。

傍山予水，献于岭南。

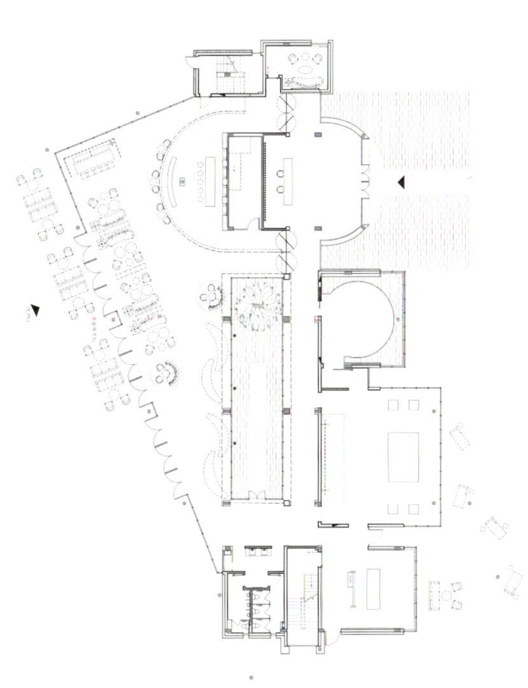

1F 平面图

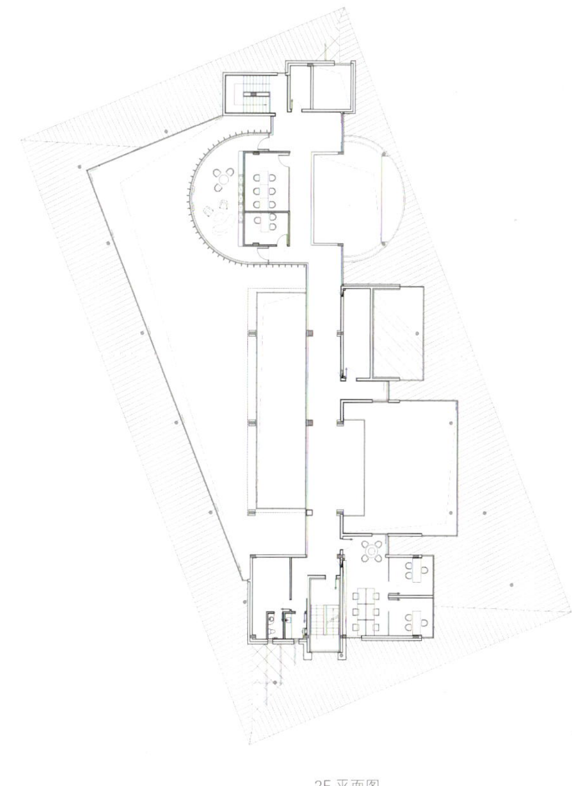

2F 平面图

1. 结构与天光
2. 笔调空灵的诗语
3. 剔透的空间与绰绰光影
4. 温润的木质与通透玻璃定调清新
5. 以梦为马，置身其中
6. 界面相接细节

1 | 4
2|3| 5

1. 多元而细长的人文
2. 连绵滴落的水声
3. 宁静的雅致
4. 空灵的诗语
5.VIP 接待室

保利・首铸天际营销体验中心

设计单位：北京欣邑东方室内设计有限公司
设　　计：邱德光、袁欣
参与设计：刘家麟、杨尹嬴、魏宇、陈惠君、黄伯仰、李英杰、武子浩、姚晴、杜国玲
项目管理：夏梦
艺术合作：郑路、华成、ALTTA 来自星球、缪斯艺术
面　　积：1200 平方米
主要材料：特拉斯黑石材、星白石材、玛瑙白人造石、米白色烤漆、拉丝面镀钛不锈钢本色 、米灰色皮革
坐落地点：广东东莞
完工时间：2020 年 10 月
摄　　影：如你所见 | 王厅

项目设计将人类对“天际”的向往为出发点，建筑、景观与室内均营造星际主题，触达客群内心对未知探索的渴望。通体透明的建筑，让室内空间成为橱窗中的展品，需具备诱惑人心的力量，向每个往来此地的人们昭示一种超越日常的美好。因此，设计以建筑打造的“星空”为起点，融入场地、延续宇宙的线索，共同营造内外一体的“2020 宇宙漫游记”。设计团队以天际的见闻为灵感，将宇宙拆解为飞船、星球、陨石、星轨、流星等元素，用空间与艺术共同组成将元素化为实体，联合艺术家郑路、华成和 ALTTA 编织出完整的体验情境，引导访客完成的“2020 宇宙漫游记”。

在宇宙元素的拥抱下从首层空间开启星际之旅。在入口接待处，设计师以伞拱般的结构，利用白色烤漆板塑形，将双层天花和墙面包裹成一体。艺术家郑路的装置《0000FF》悬于其中，像是太空闪烁蓝色光芒的星球。另一侧是宛如“太空舱”的 VR 影音室，这个内建筑的主体亦是数字艺术的幕布，投影着星际及东莞符号的影像。二层空间被规划为 VIP 室、办公室和展示橱窗。展示空间的背部是蓝色光纤星空灯，其余墙体均为镜面，白色球形灯以北斗七星的形态排布其中，宛如一方宇宙，透过落地窗吸引行人驻足观看。在三层空间的天花处，一条不锈钢板自东向西贯穿了整个空间，镂空处如同星河闪耀。直面电梯的是 36 米面宽的全景玻璃，旁边的水吧台和接待区的家具以及顶部天花皆以半球或半弧形呈现，宛如星球爆炸冲击而成的碎片及痕迹。电梯的一侧是沙盘区，其顶部多彩的透明玻璃多面体艺术装置，折射超现实的光影到空间中，激发人们梦幻般地视觉感知。

设计团队将艺术品与意识形态融入室内，共同创作出一个新的空间艺术作品，让人们沉浸在空间叙事中。设计师同时也是策展人，确定空间中展示艺术品的位置和主题，并邀请艺术家们共同参与创作和展览。

1	3
2	

1. 宛如太空舱的形态
2. 影音室外部细节
3. 透明的建筑让空间成为橱窗中的展品

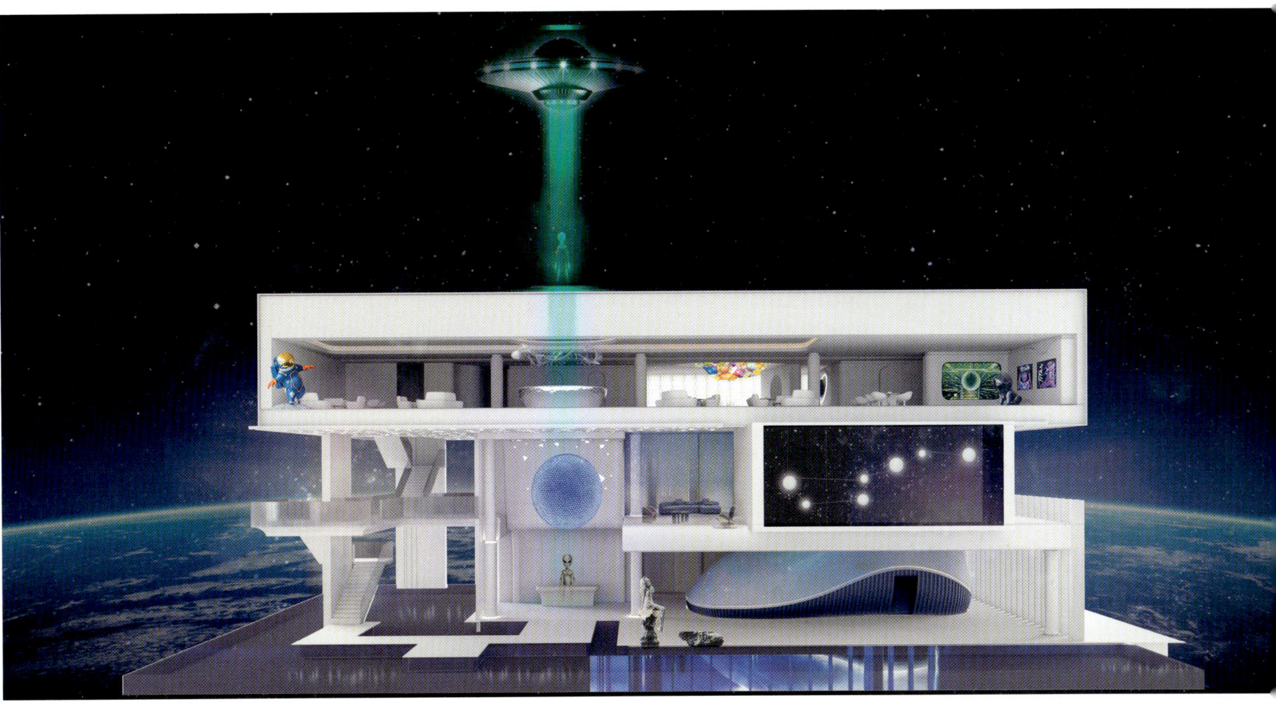

分析图

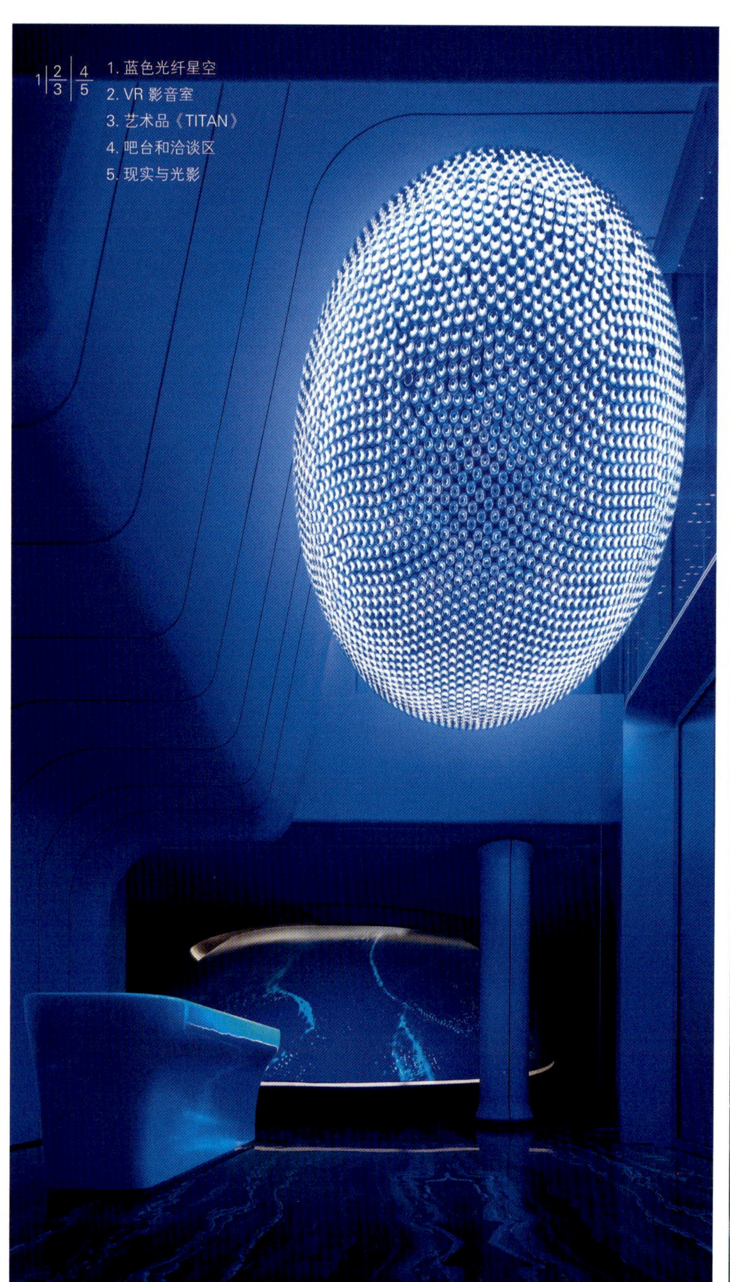

1 | 2/3 | 4/5

1. 蓝色光纤星空
2. VR 影音室
3. 艺术品《TITAN》
4. 吧台和洽谈区
5. 现实与光影

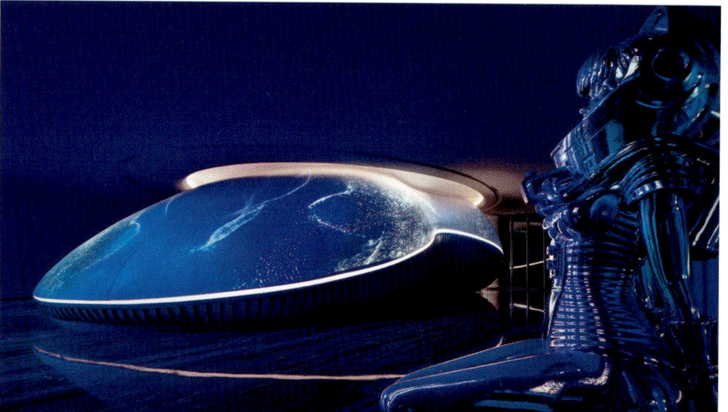

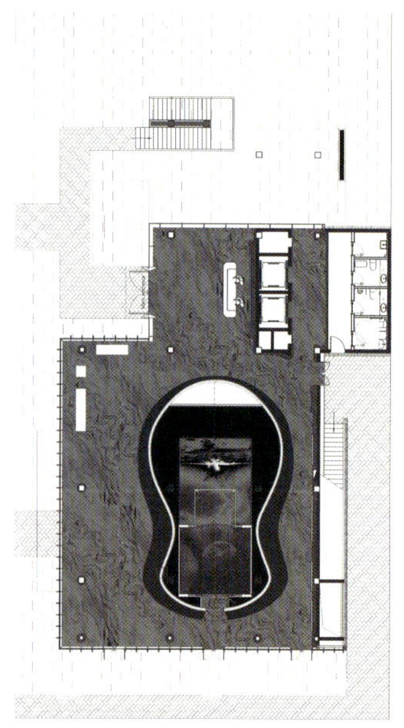

1F 平面图

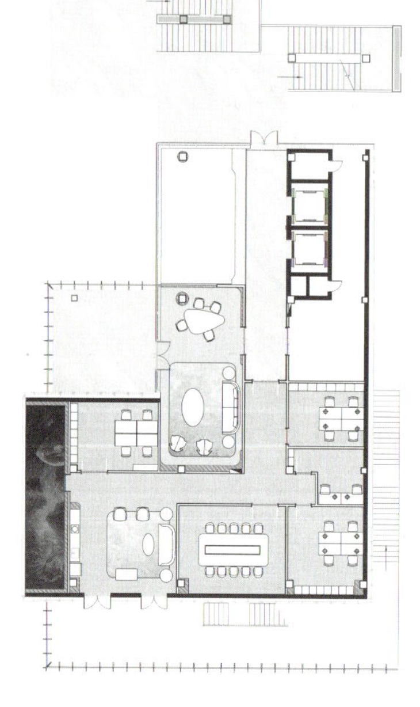

2F 平面图

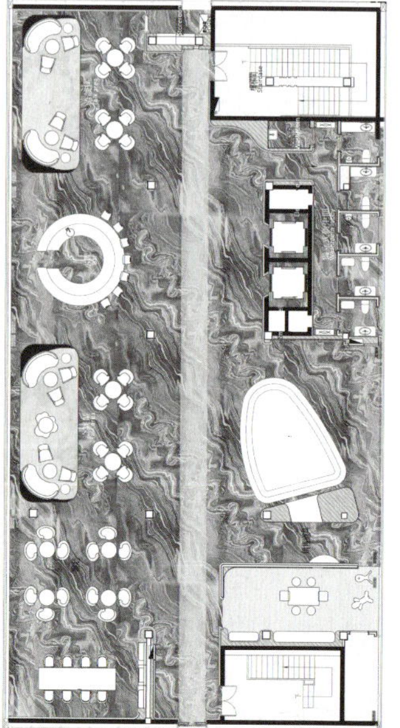

3F 平面图

1 | 2 | 3 / 4 | 5

1. 多彩的沙盘区
2. 多面体艺术装置
3. 星河闪耀
4. 梦幻般地视觉感知
5. 以星球为主题的装饰

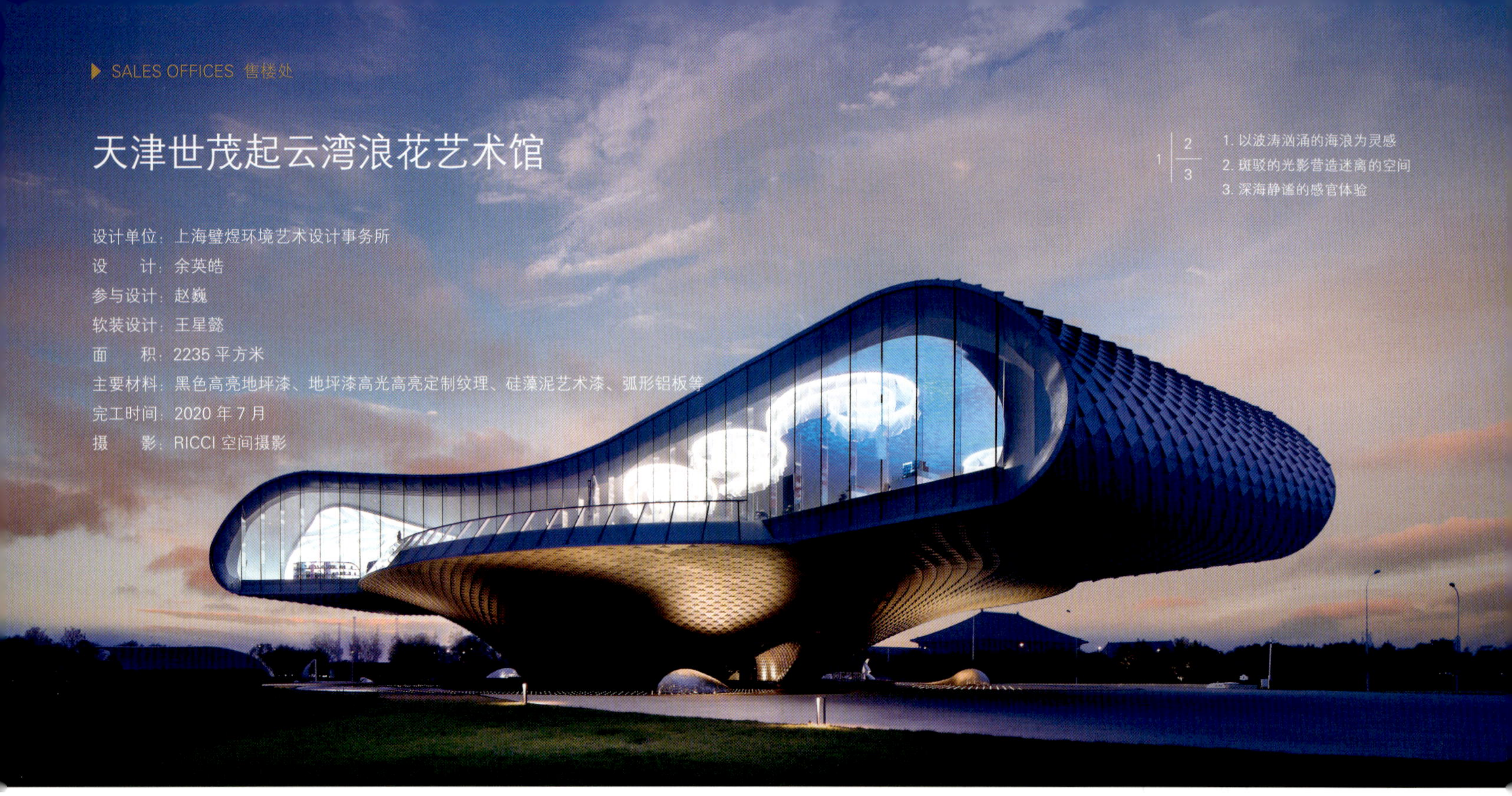

天津世茂起云湾浪花艺术馆

1. 以波涛汹涌的海浪为灵感
2. 斑驳的光影营造迷离的空间
3. 深海静谧的感官体验

设计单位：上海壁煜环境艺术设计事务所
设　　计：余英皓
参与设计：赵巍
软装设计：王星懿
面　　积：2235 平方米
主要材料：黑色高亮地坪漆、地坪漆高光高亮定制纹理、硅藻泥艺术漆、弧形铝板等
完工时间：2020 年 7 月
摄　　影：RICCI 空间摄影

海洋的世界，海的唯美、海的灵动、海的柔软、海的深沉……建筑由波涛汹涌的海浪为灵感，外立面像龙鳞一样排布层层叠加，夜晚灯光异常绚丽。室内纵向由深海到浅滩再到陆地，通过层层叠进浮出水面的表达方式展现售楼处一层到二层设计语言。由静谧的海底生命起源开始，到安静地浅海，再到美丽的沙滩浪花，层层叠进，设计师通过不同的表达手法及设计语言营造海底迷人意境。从深海到浅滩再到陆地是生命的演变过程，也是项目地块想表达的设计理念，一切从海洋出发，回归最开始的地方。神奇美妙的海底生物，贝壳的彩色光晕，清澈的蓝色海水，日光下的闪闪光斑，都是设计的灵感溯源，将用现代材质手法表达海洋水元素的固态、液态、气态三种形态。

固态：静谧的海底神秘又美丽，安静地将访问者拉回生命起源的空间维度。售楼处首层采用创新室内水幕形式围合中心核心空间。一层地面采用深色艺术地坪漆的形式营造空间艺术感。水幕及不锈钢结合的设计手法，从视觉到触觉营造深海静谧的感官体验。软装则把礁石变化为接待台，吊灯化为水幕和阳光，单椅选择几何切面的形式，率性的表达最原始不经雕琢的美。利用现代的手法营造马里亚纳海沟的自然形态，透明树脂水晶层层叠加，优美的曲线弧度，如日光照射海底的光斑一般摇曳，渴望一眼望穿海底。

液态：蔚蓝的海洋柔软的细沙，阳光洒下斑驳的光影营造迷离的空间，浅滩光影和浪花。夹层装置提取海洋的气泡元素：神秘的海洋、汹涌的海浪、最美的瞬间……利用现在装置艺术捕捉海浪汹涌奔腾的瞬间，无数玻璃气泡由点成面，奔腾的造型生动呈现，代表了奔腾不息的企业精神。

气态：海是人类生命的摇篮，见过海洋的人都会被海的美所折服。无论是风平浪静时，海的柔情；抑或是惊涛骇浪时，海的激昂。甚至在夜晚，黑暗也无法掩盖海洋的美丽，而更显出一番深邃的意境。静谧的海俯瞰如洋流一般流动曲美的走向，万物生生不息的在此交融，流动的走向柔美贯穿洽谈空间，如鱼儿又如海浪拍起的浪花一样的尾鳍造型装置，让洽谈空间更加灵动柔美、生机盎然。

延续建筑的设计语言，书吧区以及整个硬装色调延续炫彩的元素，营造绚丽的海底效果。售楼处中央采用核心筒的设计，像气旋像漩涡，地面艺术地坪漆漩涡状力量感的把售楼处三个空间贯穿起来，吊顶采用玻璃天井的设计，引入室外的阳光感受气象雨露。沙盘区吊顶利用艺术玻璃与顶部灯带进行设计叠加处理，形成似深海鱼鳍的游动瞬间。沙盘后方 LED 屏幕采用创新弧形设计，P2 高清像素使得该屏幕在未来呈现出类似裸眼 3D 的展示效果。

深度洽谈区域同样将提取海浪及生物尾鳍游动瞬间的唯美感觉，定格为吊顶装置。将建筑柔美的曲线引入室内，沙发及单椅的选型都将是流动而柔美的，营造海底漫游的氛围。书吧区由海底生物蝠鲼（有平安福分之意）海底游过的瞬间作为硬装吊顶的灵感溯源，仿佛我们在巨大的海洋生物游动的俯瞰下看书交谈，沉浸在海洋的世界中，亲近自然被海洋包围的感觉。顶部创新设置彩色透光膜同铝板相结合的特殊吊顶形式。利用顶部灯光投射到彩色透光膜的效果，完整展现了丰富的室内阅读空间。Verhoeven Twins 设计的气泡装置，凝聚一起，阳光下折射斑斓色彩，捕捉气泡凝聚的瞬间，飘动的轻盈质感灵动的造型，侧面传递出海底生机盎然的景象，让空间更加生动有趣灵动。

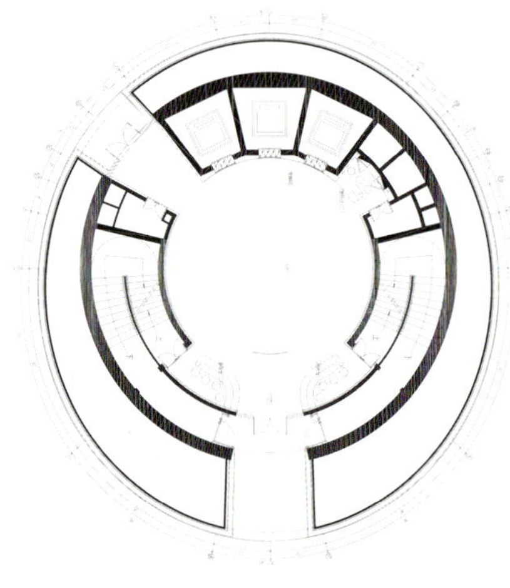

1F 平面图

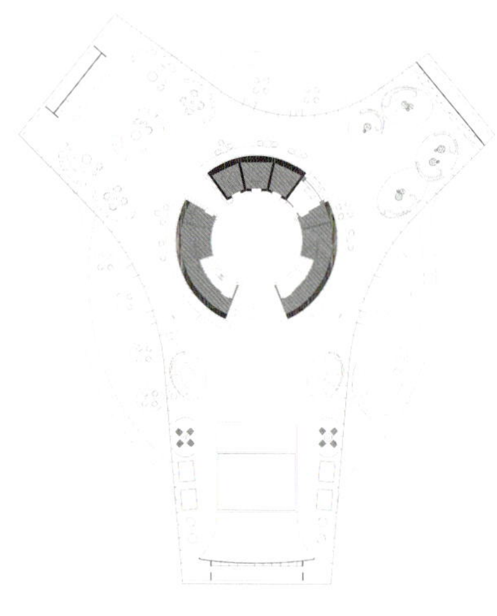

2F 平面图

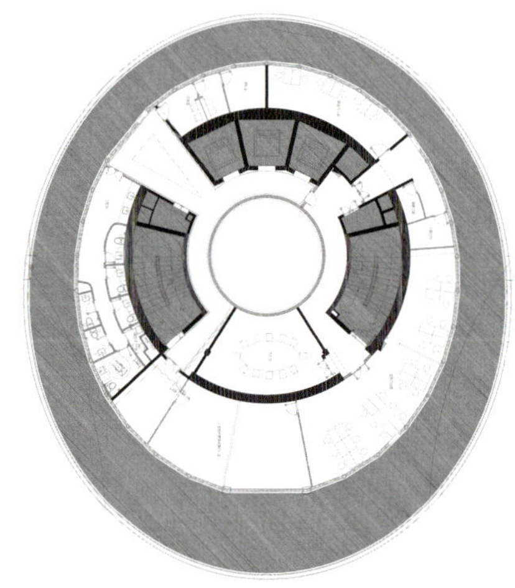

夹层平面图

1. 原始不经雕琢的美
2. 海浪汹涌奔腾的瞬间
3. 感受气象雨露
4. 海底漫游的浪漫体验
5. 绚丽的海底世界
6. 类似裸眼 3D 的展示效果

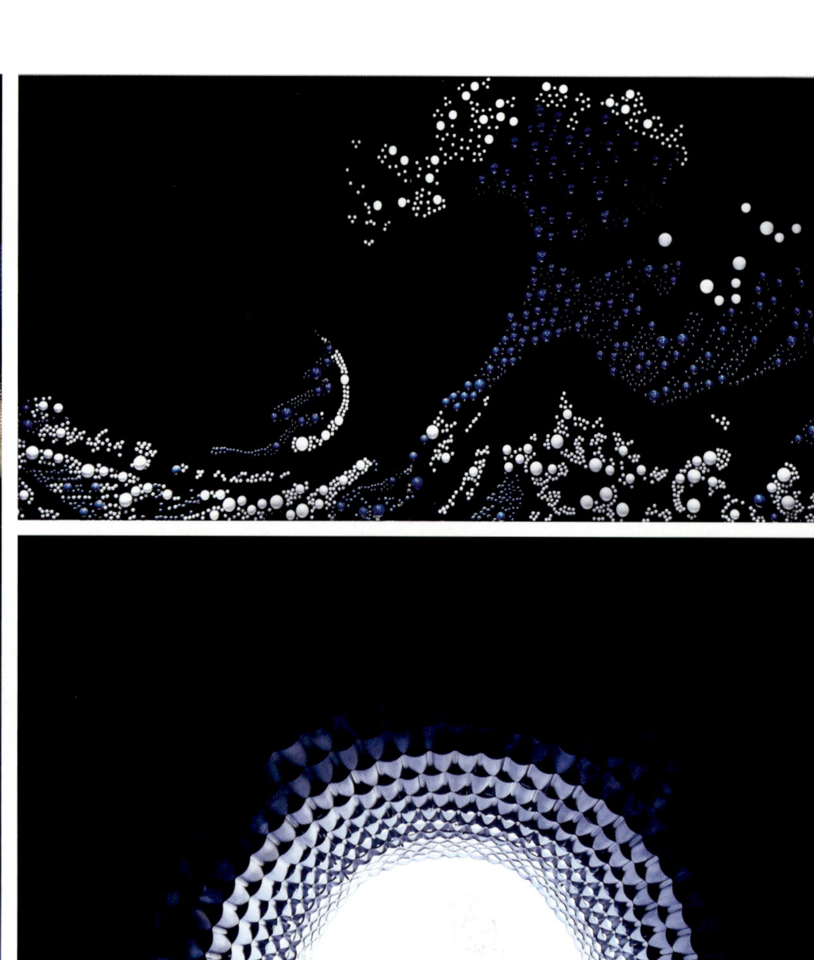

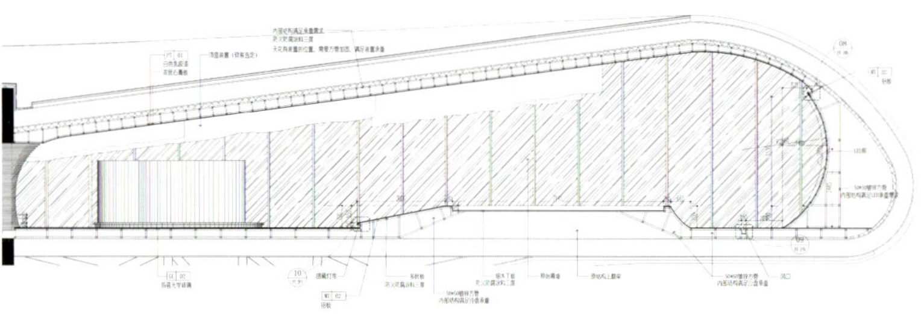

洽谈区剖面大样图

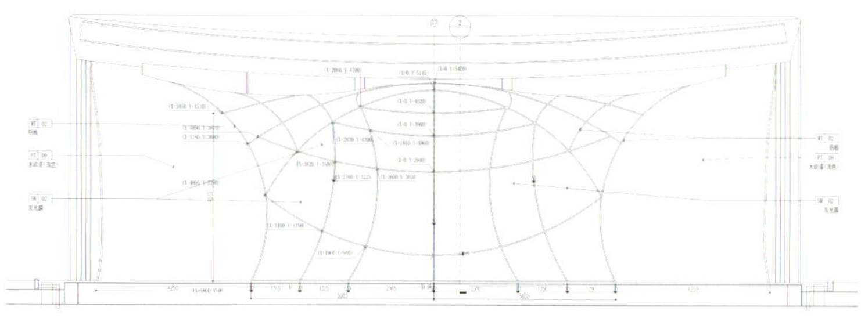

书吧区立面大样图

1	3	4
2	5	

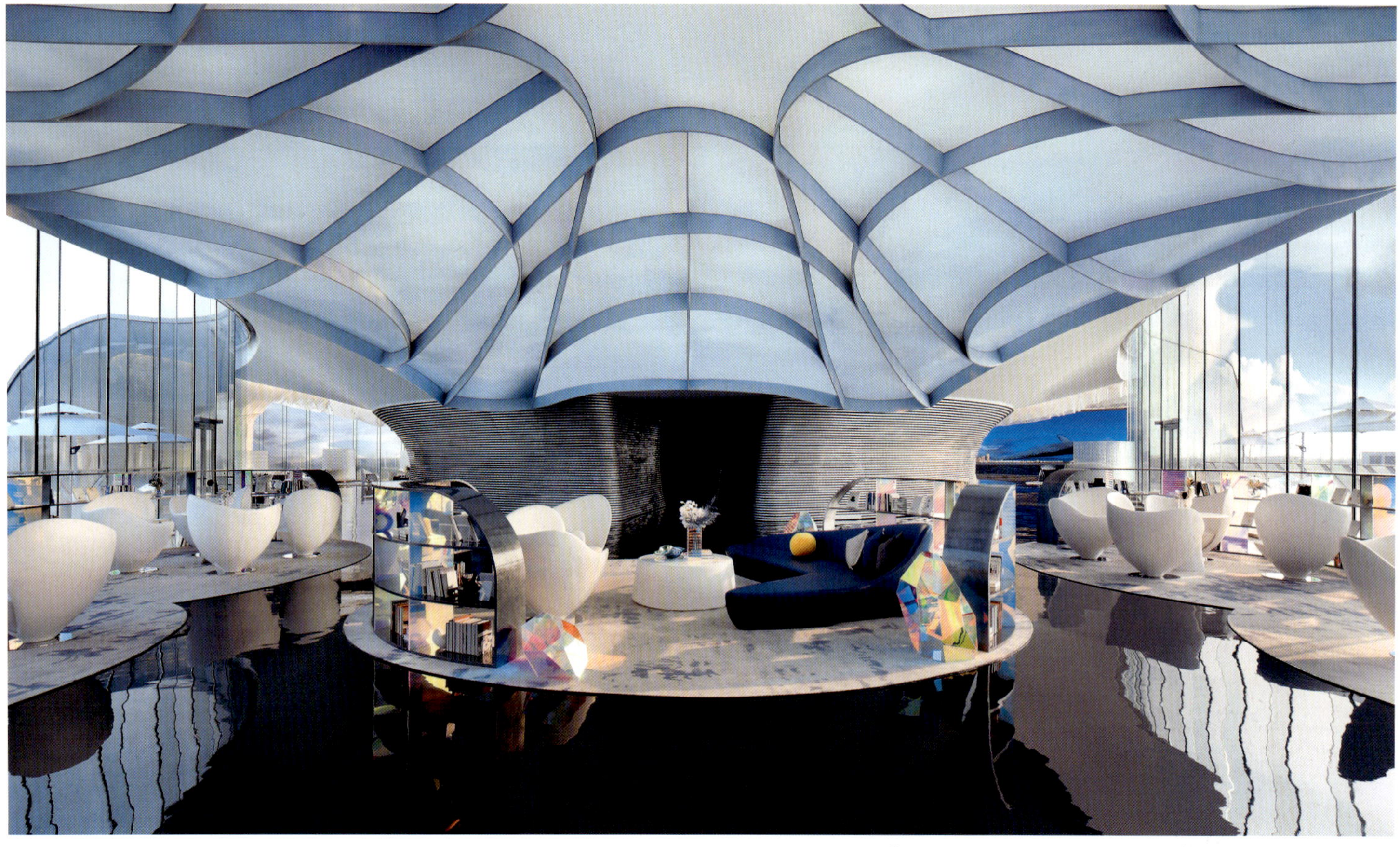

1. 丰富的室内阅读空间
2. 深海鱼鳍的游动瞬间
3. 流动而柔美的曲线
4. 阳光下折射斑斓色彩
5. 沉浸海洋的世界

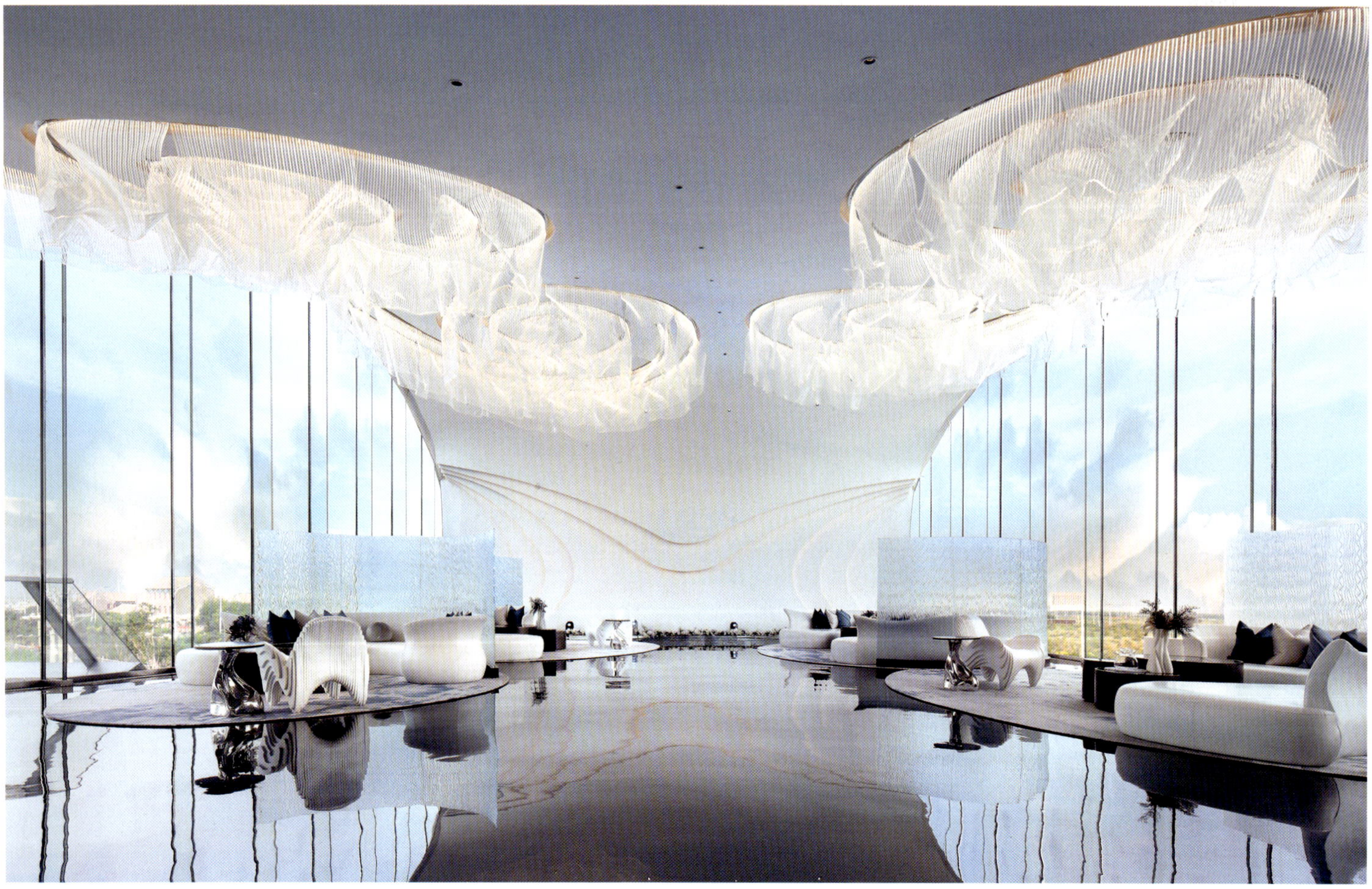

宁波绿城凤起潮鸣售楼部

设计单位：东仓建设
设　　计：梁永钊
参与设计：唐嘉颖、陈嘉谊、古坤辉
软装设计：A&V 桉和韦森
项目地点：浙江宁波
项目面积：900 平方米
业主单位：绿城中国
完工时间：2020 年 4 月
传媒管理：李锌苒
摄　　影：吴清山

Nothing · 无界之镜

凤起潮鸣生活馆坐落在宁波东部新城 CBD 核心，未来将作为顶级豪宅的复合型社区生活馆运营，契合宁波这座城市的国际视野审美、城市精神及生活美学，并激活社区的社会互动。

光与影的时空错觉，源自我们对浩瀚宇宙的渴望。从进入空间的此刻，将与整个世界联结。本案的出发点是定义空间的“几何身份”，以幻想为线索，结合艺术与科技，展现一系列宇宙循环往复的光效应视觉幻术。探索观者对于感官刺激和空间转换的视觉与心理反应变化，借此探讨当代人们对所处空间及自我识别的感知。设计师构思一个以光为模数化系统的沉浸氛围，通过延伸空间的立体视觉感，挑战真实与虚构、现实与幻想之间的感官认知。光作为连接现实与虚幻的媒介，完美地将倒映的成像与真实光影进行围合，虚实互换，营造出艺术无限延展的维度，足以让访客翱翔其中。

在访客眼里，某个空间可能并非真实存在，采用视觉路径调动感官的策略，强化居民内心感受而非眼前所见的东西。考虑到时间和生命两者的循环，将月球的底部地面设置一个薄水面的斜坡，并配置水循环的系统，创作出动态的涟漪“平面”。光转瞬即逝，而梦定格于心中。缓缓上升的旋转楼梯将一、二层与入口连接，丰富入口体验且为室内空间提供驻足点，引人注目。使空间融入邻里的一种表现，吸引着人们走近展厅。楼梯材质色调呼应绿城品牌的主题色一“绿”，设计强化了视觉效果和材料本身的氛围，同时优化层高限制下的空间使用率和空间体验，从而避免垂直空间的单调性。

项目通过有效地利用固有的柱体结构，使每两个柱体建构为圆拱形并内置灯带。洽谈区提供了宽敞的社交与流通的空间，不同部分的联系建立在流线带来的自由度上，并让区域之间有着互通逻辑的流线。空间结构与地面石材的映射图案相辅形成一个个完整的“圆月”，排列出连续性视觉效应且模糊了室内的边界。营造了时空隧道的氛围，带给了观众人与想象对话的室内体验。空间的形式、色调及材料方面，其独特之处在于想象和关联——相同形象的重复，唤醒感官体验，传递着层次丰富的空间纵深感。游走在迷幻的时空隧道内，开启自我探索的旅程，并为整个设计赋予了虚构感。

售楼处的沙盘底座融合悬浮的设计理念，采用透明材质和灯带的结构，呈现出若隐若现的视觉模糊感，优化传统沙盘的通透性。公共空间以多层次的强光、隐秘的光源以及科技感的灯具营造出光感氛围。大小不同的圆给空间带来了视觉上的层次和节奏。城市的高速发展将改善周围的公共领域，表达了特定时代和社会环境的精神风貌。整个方案的设计蕴含复合性、流动性和延展性，诠释出城市中非物质化、透明性和科技智能的构思策略。

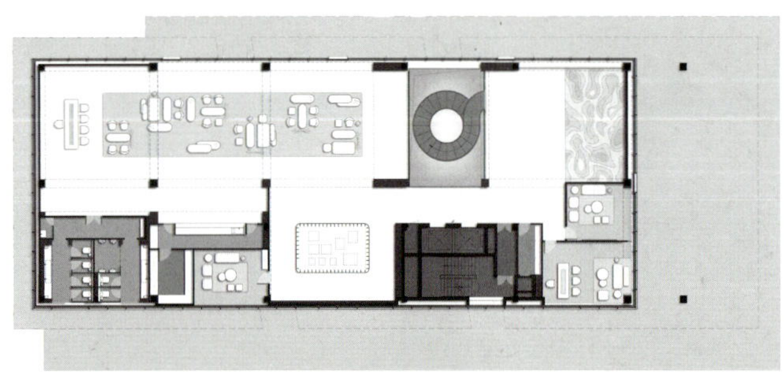
2F 平面图

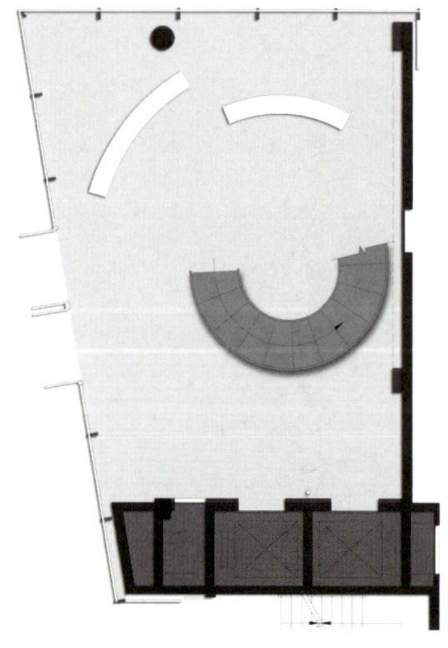
1F 平面图

1. 光与影的时空错觉
2. 动态的涟漪平面
3. 无尽循环
4. 光转瞬即逝

1. 若隐若现的视觉模糊感
2. 营造光感氛围
3. 迷幻的时空隧道
4. 连续性视觉效应
5. 结构与材质的映射

沈阳华润瑞府售楼处

1 | 2

1. 疏影斑驳
2. 未来感的时尚美学空间

设计单位：上海飞视装饰设计工程有限公司
设　　计：张力
参与设计：陈猛、张丹丹、李洁、吴飞、李甜
软装设计：赵静、李粒
主要材料：意大利灰皮革面石材、美国木纹大理石、蓝金沙大理石、定制古铜不锈钢造型板、铝格栅板等
业主单位：华润置地沈阳公司
面　　积：1034 平方米
坐落地点：辽宁沈阳
完工时间：2020 年 4 月
摄　　影：张骑麟

城市宝藏：对永恒美好的向往

本案灵感来源于神话《阿拉丁神灯》：古希腊人相信钻石是陨落在地球上的行星碎片，每片都具有神力，拥有神力者可获得永恒的力量、财富和幸福。钻石是自然界中天然存在的最坚硬的物质，它们可以是透明的，也可以是半透明或不透明，因此光芒与硬朗的线条是空间中一个重要的设计元素。设计从钻石的切割工艺中提取元素，以空间重塑几何想象，用艺术赋予科技灵魂，从解构主义的设计感入手，运用几何形体切割的方式，将光、色、空间及序列感进行交错，打造后现代具有未来感的时尚美学空间。再用矿石元素的艺术品与解构主义的立体空间交相呼应，塑造出一种迷离的时尚感和科技感，置身其中便即刻开启一场探索宝藏的奇幻旅程…

项目建筑本身拥有极具造型感和艺术性外形，设计团队希望这种原始、纯粹的张力从建筑外部延伸到室内空间。以雕塑般的造型及内部丰富的空间和光影，希望带给观者惊艳的背后是独特的空间体验。设计师从时尚秀场中受到启发，撷取“空灵”这一微妙的元素，从中建立新的空间设计。严丝合缝的线条切割与装饰工艺使空间向两侧延伸，在门厅处就变得豁然开朗，制造出别有洞天之感。在某种意义上，它将时间转化为光芒，完全沉浸在线条、角度和明暗的变化中。

用现代的材料与设计手法来演绎空间，各类艺术装饰品在空间中构建了多重视点，直顺与转折、永恒与短暂、光与暗中建立对话，将现实与时尚的元素结合起来，带来愉悦的感官享受。钝角的空间平静自如，由看得见的世界所唤起的感觉，它或许是自身形体的延续，

亦或是探索空间的另一种可能性，使人们以特定的态度或特殊的角度，去重新发现、凝视并感受生活。对空间与空间的过渡，“感觉”是贯穿始终的关键，利用金属透光的效果，摆脱了沉闷感，创造出低调静谧的效果，使光影的玩味与周边环境的融洽与平衡。灯光营造出柔和的感官效果，取纳自然所赋予的安静与宁性，将自然、空间和光影融为一体，整个空间通过格挡与光线的控制，营造出一种幽暗克制的神秘氛围，延展无尽猜想，浅浅而尝、漫漫而走，让宁静的氛围与空间元素产生质的变化。

设计师提取“钻石”“时尚”“秀场”作为贯穿整个空间的元素，空间与空间之间跌宕起伏，互相连接又互不干扰，大小的变化，圆与矩的组合，形成独特的空间感受。塑造了一座当代新时尚静谧感的售楼空间，在环环相扣的氛围中，极富体验的设计，带来纯粹感受。光线从墙面穿孔铝板透出，运用几何线条元素、与山石吊饰造景形成独特韵味，疏影斑驳灵动。摒弃多余的陈设，以极具现代感的艺术装置去迎合空间本身的灵动，搭出极具视觉冲击力的多元层次，完成空间的艺术化表达。木饰面背景墙在空间高度上的延伸，具有穿透性和独立性的立面，这些处理方式令空间充满着不同的视觉趣味。

大美至简，现代主义实用、大气，将美的那部分表达得极致又恰如其分。设计尝试以现代主义的艺术性为突破口，统一空间内外的设计手法，令科技时尚成一个“纯粹”的符号。宇宙之浩在于，星辰大海；宇宙之渺在于，细雨尘埃。用钻石与星光来展现氛围的浩瀚，再现时尚之感，又富有现代之意，置身黑夜，却有星光璀璨，是一分归回本真的柔情。游观与此，或行或坐，繁华炫目，思绪沉浸在字里行间，三两而坐，艺术生活，追寻永恒之美。

1F 平面图

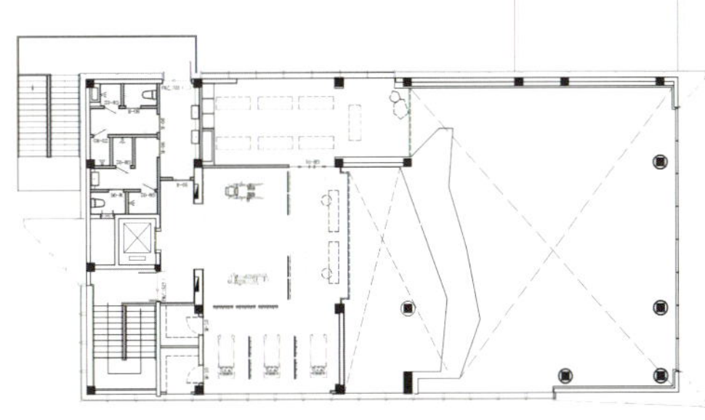

2F 平面图

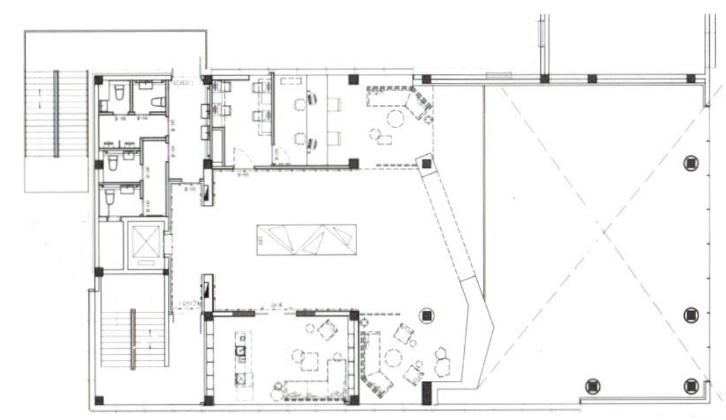

3F 平面图

1	3	4
2	5	

1. 严丝合缝的线条切割与装饰工艺
2. 钝角的空间平静自如
3. 圆与矩的组合
4. 艺术装饰细节
5. 低调静谧的场所

1/2 | 3 | 4

1. 别有洞天的体验
2. 与空灵对话
3. 光、色、空间及序列交错
4. 幽暗克制的神秘氛围

华侨城空港国际小镇

设计单位：WJID 维几设计
设　　计：黄全
面　　积：1691 平方米
主要材料：灰色大理石、白色人造石、古铜喷砂不锈钢、锈钢板、水泥漆、白色烤漆、白色透光亚克力等
坐落地点：安徽合肥
完工时间：2020 年 7 月
摄　　影：郑焰

在未来的城市，我们将如何生活在一起？“我们需要一种新的空间契约。”这是 2021 年威尼斯双年展策展人 Hashim Sarkis 的呼吁，以此邀请建筑师想象人类共同生活的新空间。

疫情的蔓延，促使人们对于居住条件进行重新思考。在城市升级蓄势待发的合肥，正需要一个盛满可能性的地方，探索未来的居住模式。当华侨城与空港国际小镇相遇，力图通过空间打造未来生活场景，在合肥树立理想城市生活的标杆，在此刻中抵达未来。

WJID 从“未来寓所”出发，探索城市模型的迭代进化，用高度概念化的空间，捕捉未来社区与人居关系的缩影。在结构上，设计师保持了一种更为开放的思路，使用简洁的表达，建构了纯净、通透的空间氛围。墙体舒缓的曲线塑造了雕塑般的空间体验，形体在具有仪式感的铺陈中触摸到永恒的高度。建筑主体是一本翻开的书，朝天卷起的曲线屋顶形似书脊，与墙体之间有一个空隙，这使得天光得以进入。自然光的照射从视觉上极大地降低了金属材质的厚实量感，显得轻盈、温和。长窗以及粗糙的墙面，可以将自然光分解柔化成漫射光洒落。光线日日变化、季季更迭，赐千变万化的色彩于我们。太阳的步伐调节着室内的光影氛围，人们可以舒适地体会到自然的节奏，与外界产生连接感。

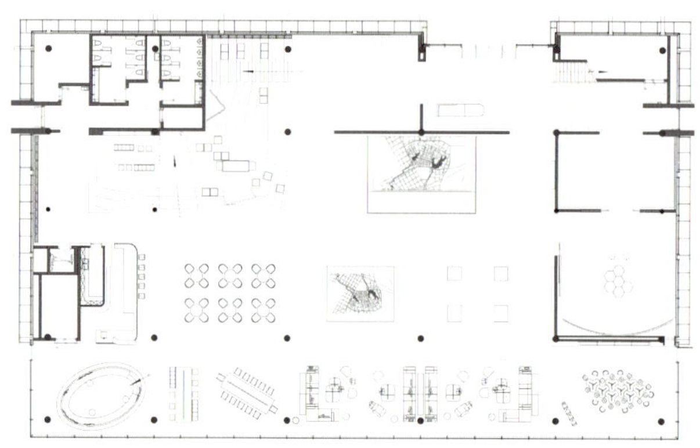

1F 平面图

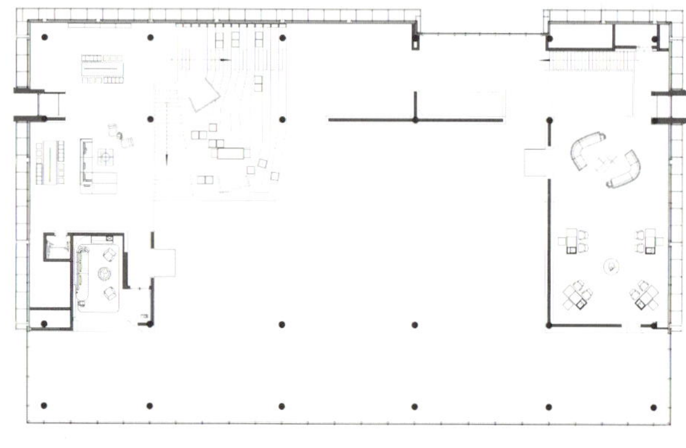

夹层平面图

1 2/3 4

1. 体块的凹凸错落，富有层次与纵深感
2. 分解自然光柔化成漫射光洒落
3. 通过空间打造未来
4. 朝天卷起的曲线屋顶形似书脊

1 | 2 / 3 | 4 | 5

1. 起伏的曲线融合空间线条
2. 想象和描摹着未来城市的模样
3. 阶梯细节
4. 光影进入空间
5. 空灵的气氛

1. 个体的对话媒介与社区的联系纽带
2. 聚集的第三空间
3. 理想空间
4. 通透的室内外空间
5. 下沉式洽谈区
6. 简洁的质感

音乐

重庆实地长寿常春藤售楼处

建筑设计：新加坡 FORMWERKZ
室内设计：新加坡 FORMWERKZ
软装设计：斯库图拉（上海）SCULTURA
业主单位：实地地产 SEEDLAND
面　　积：2000 平方米
坐落地点：重庆
完工时间：2020 年
摄　　影：形在摄影

充满科技与未来感的理想居所

“在不远的未来，没有绿色智能家居系统的住宅会像不能上网的住宅一样不合潮流。”

——比尔·盖茨《未来之路》

提到重庆，每个人第一印象便是它奇特的地形、充满想象力的建筑、交通。这种让人印象的记忆点，便是设计师致力通过设计传达和转变的立足点。超乎想象的复杂路况让置身城市的人们体会到不言而喻的错综感和未来感，设计师决定将售楼处打造为一个倚身重庆，同时充满科技感、未来感的先见之处。

设计是由外向内展开诸如对未来、生命和平衡等语汇的思考，用表象的形态、趋势给人传递无限的想象。未来科技感的营造首选自然是金属材质，售楼处建筑外立面便选取了磨砂不锈钢板，不锈钢的独特质感和反射性质造就了虚实之美，强烈的视觉冲击引人入内探索未来。内部空间以科技智能为导向展开设计。室内模糊边界感，内部空间接连在眼前铺展开，每个空间都有着不同的视角气质，唤起不同的情感。

前厅直接关系到观者对整个空间的初步印象，设计师在此营造了一个艺术感与科技感兼备的空间。顶部运用曲面造型勾勒，立面采用不锈钢板嵌套，模糊的镜面配搭弧形设计，反射效果会随着光线的变幻而不同。

穿越时光隧道，来到智能体验馆。通过高科技赋能生活场景，科技感十足的设计让人有着无限的想象空间。设计师打破传统营销中心的刻板印象，营造出“顿挫韵律”的光影舞动空间，纯净的空间留白传达未来感，空间用大面积白色铺满，设计又巧妙地结合自然光和灯光，让空间充满韵律感与层次感。

未来科技除了理性的基础元素，亦不可脱离艺术精神。规制的圆弧形楼梯从地面一直悬浮到顶面，形成一种向上旋转且颇有节奏的视觉体验，让艺术之美在遐想中流动。空间之中连续而流动的设计审美，使人沉溺于不断的遐想之中。作为空间的导演，设计师通过墙体空间不同的场景组合，以流线型设计手法塑造空间造型，弧形墙面仿佛墙面与顶面形成海流在空间核心中凝聚，整体空间开放且流动，内部体量的扭转和结构衔接，共同塑造出颇具张力的室内空间。

沙盘区的设计也不落窠臼，生动直观的新媒体技术，延续了艺术感与科技感兼具的特征塑造。多功能深谈区以流线型设计再一次营造了空间的连续与场景互动上的协调连贯，180 度的转角设计极大地增加了空间的尺度与自由感。纤细的弧形灯具设计，打破了空间里厚重的体重感。

未来、空间、自然、流动，设计师以此为主题，激起观者的好奇心，一步步引领他们成为设计的猜想者，创造出所有人畅想未来生活情景的载体。

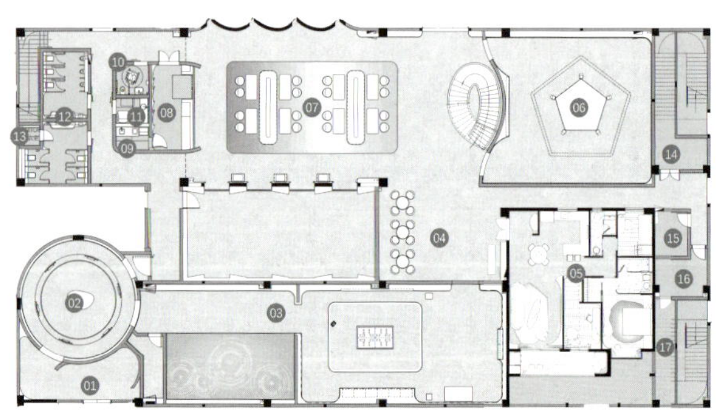

1F 平面图

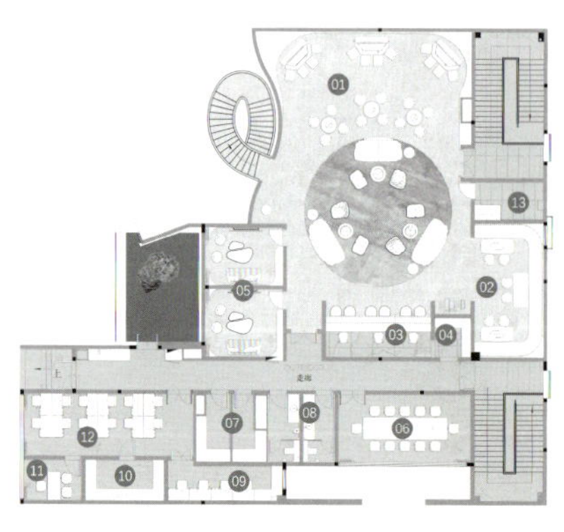

2F 平面图

1. 金属材质营造未来科技感
2. 材料质感和反射造就虚实之美
3. 强烈的视觉冲击
4. 高科技赋能生活场景

1. 自然光和灯光的巧妙结合
2. 纯净的空间留白传达未来感
3. 悬浮的圆弧形楼梯
4. 白色铺满的空间
5. 光影舞动空间

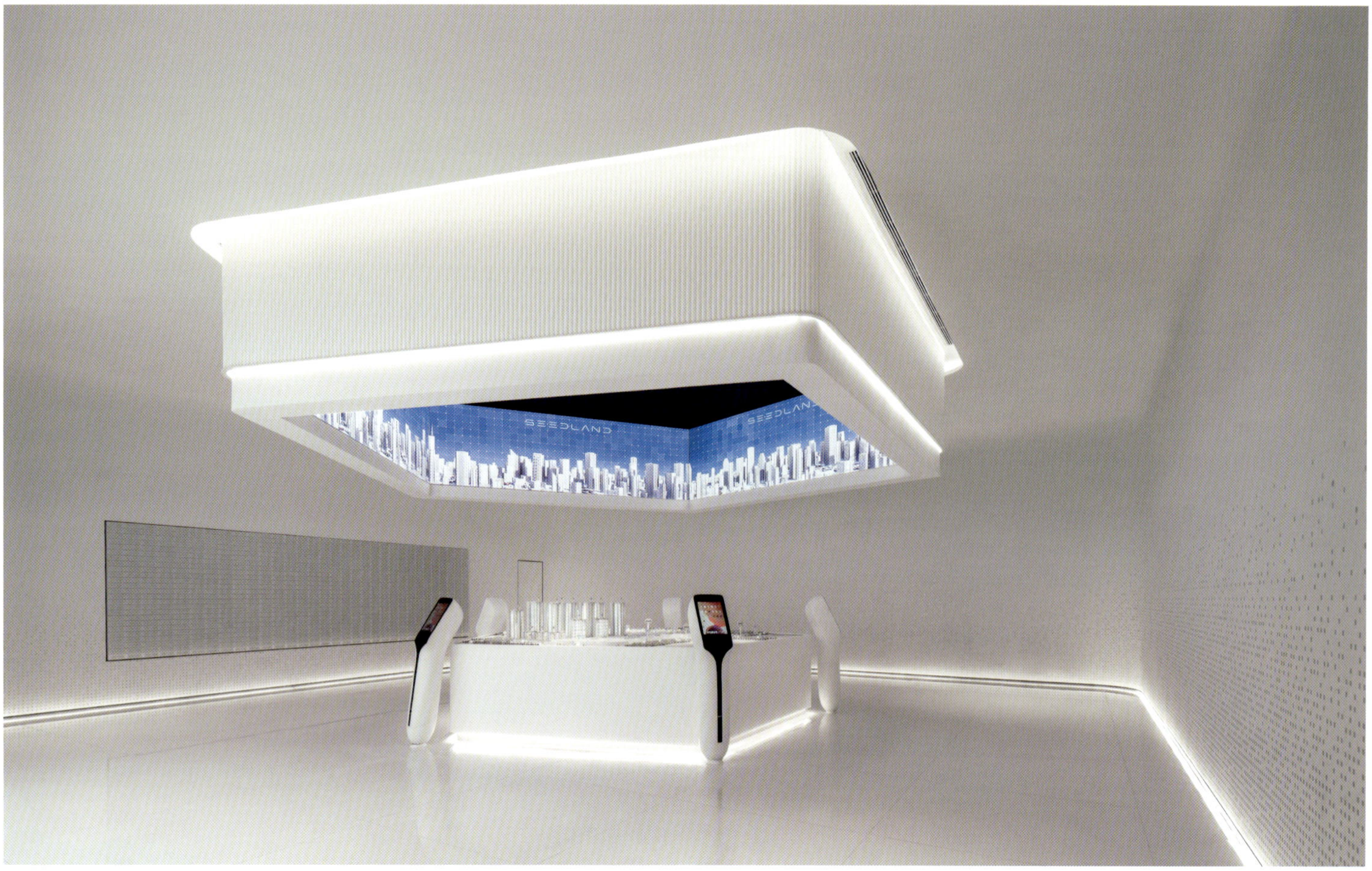

1 | 3
2 | 4 | 5

1. 生动直观的新媒体技术
2. 展示与互动
3. 弧线构成的深谈区
4. 顶与底的呼应
5. 墙面与顶面形成海流凝聚

麓悦江城公园会客厅

设计单位：MOD 墨设设计、万华装饰中心
软装设计：万华装饰中心软装团队
软装团队：MOD 墨设设计、旻玥软装、凡德罗软装、仟艺匠软装、诺亚艺术
业主单位：万华投资、两江置业
艺术创作：师进滇、吴宽、宋真、赖佳发、莳廛、李敏
灯光顾问：谱迪设计
项目面积：8000 平方米
坐落地点：重庆
完工时间：2020 年 6 月
摄　　影：如你所见 | 王厅、形在摄影

一座城市有了山水，就赋予了灵气，这灵气蔓延开来，造就了麓悦江城：生态性的、不张扬的；是尊重场地地貌以及在地文化和历史的谦虚建筑。设计汲取山水城市意境与格局，将概念物化为设计元素，从时间、空间、人三线作为空间逻辑，将重庆的坚韧克制与大开大合的气质以不同维度展现，寻觅地域人文、思想乃至那些隐而未现或正在消失的精神属性。将重庆的地貌特征作为设计源头，以一张仿生的表皮串联起空间与功能，从而实现会所无缝衔接、自然过渡的体验，引入“时间与人”作为艺术表现的主题。

整体空间以山城的立体之美为主要概念，山即是城，城即是山。设计作出了退台式叠级的空间处理手法；光线之下，如山田的拂晓般，颇有“水外远山晨雾重”的意境。内表皮立面手法进一步突出“艺之馆”的空间属性，并穿插于各个空间。空间如一张大的表皮，在表皮里延展出楼梯、瞭望台，延伸功能区，如餐厅、书吧以及展示空间等，从设计上回应重庆的地貌文化。拂晓之光，又寓意欣欣向阳的重庆；将自然中的梯田引入大台阶的设计中，丰富地域性的特点。此外，6 米高弧形大楼梯， 丰富的室内空间层次性，满足活动及集会的可能性。

光之崖，为灯光艺术表演的大型装置，位于项目的顶层，设计师运用灯光秀与光线游走浮动概念，营造出灯光破势而出之感。它的强弱变化造就空间不同的节奏、韵律与层次，创造与众不同的艺术感官。雕塑《我》传达平和、永恒、交融的精神气质，没有用具象的形态去“称述”看得见的行为和功能，而是去隐喻，解构生命、时间和本我。《我》期冀以场所的灵魂与空间发生关系，主要表现为“我”与他者的关系，包括我与时间、空间、自己、他人的存在关系。《时间之赏——慢生长的动物》摆放于空间中部地面，立面通过多媒体装置投射摩托影像，影像体量由入口至空间内部逐渐缩小，线条从入口涌向深处，不断汇聚，使静止的空间运动起来，摩托装置与光影艺术相辅相成。

三层的麓客学社，为营造自然光线下阅读的舒适度，顶面天窗与发光膜结合，天花辅以折板造型，丰富视觉感官，设计上以最大程度保证多维度的空间感受。挑空包围式边缘，眺望远方的观景点，加之地面的发光处理，增加光源趣味性，远近之间，颇有睥睨天下之势。负一层弧光厅，为环形下沉式座区，沉浸在视觉与音效的包围中，形成与客户的无边界融合与互动。天花名为“光瀑”，如在时代的迭代进化中所蕴含的文明之光，成为人与空间相互融合的点睛之笔。波浪感木纹元素运用在整个卫生间的隔断墙面，镜面不锈钢圆柱如丛林般穿插其中，木与金属相接，赋予空间超脱的灵动与奇幻，点点光影斑驳，顿生静谧之感。

《龙鳞》灯光矩阵装置以光为肤，匠心汇聚。11 米长的律动装置悬挂于餐厅上方，名为《亘古》，有韵律摆动的“翅膀”仿若带人们穿梭于时空之中。横挑镜面不锈钢天花造型与地面墨玉大理石抛光面，与龙鳞的反射形成视觉的延续，并对餐厅的色彩进行补充，形成向上的视觉聚焦点。凸透镜被用作餐桌之间的隔断，装置悬挂在空中，映射过去、现在、未来，映射万物。在看与被看之间，形成时间与空间的对话。

设计所传达的：泳池即阳光森林。几何序列发光灯膜模拟自然阳光照射入水面，营造阳光树林的视觉感受，如瀑布般倾泻而出的光穿透森林，照射自然万物，又如渗入海底的丝丝光线，进一步呼应自然。健身房利用镜面延伸空间，顶面与隔断的反射，保证了空间的流畅性与趣味性，在无限之中感受每个方向切割的“树荫”。

艺术品是空间的主角，空间退却如背景，又如一张大网，把所有的功能牢牢的串联起来，使这里不仅仅是一个造型丰富的空间，更是对城市文化、艺术的认知表达，一个互动式体验的场景。

1 | 2 / 3

1. 立体之美
2. 山即是城，城即是山
3. 退台式叠级

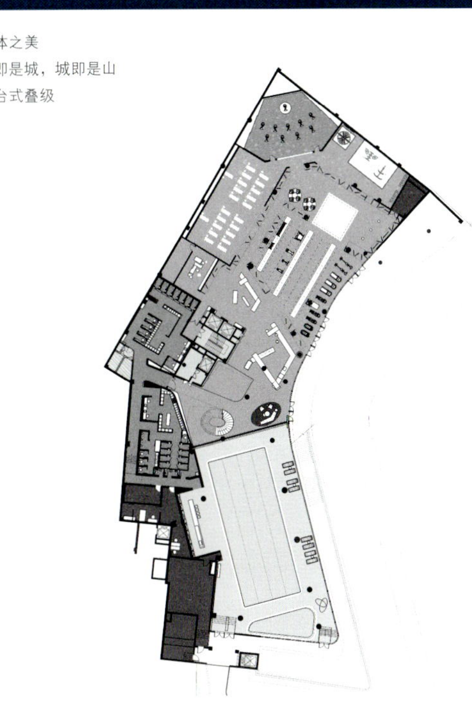

1F 平面图

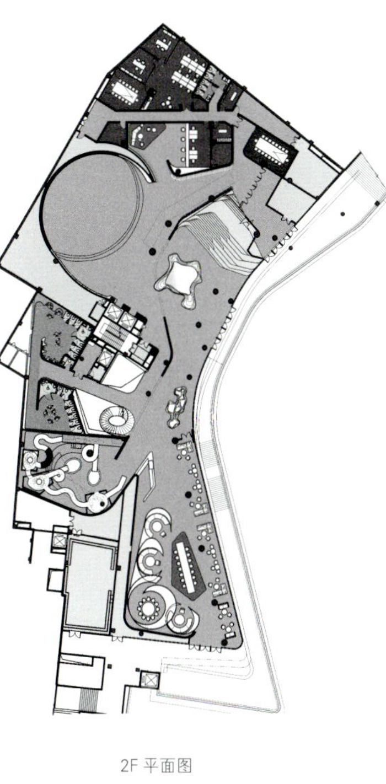

2F 平面图

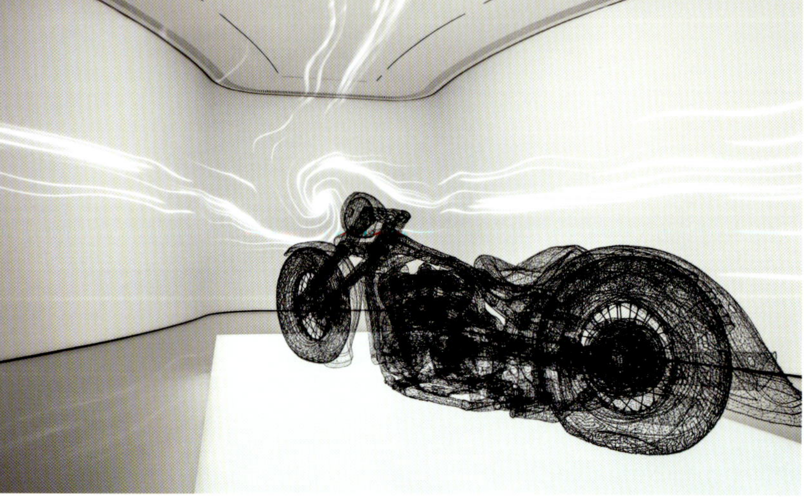

1. 光之崖：游走的光线
2. 人与空间相互融合
3. 眺望远方的观景点
4. 光影艺术与装置艺术
5. 感知空间
6. 强烈的序列与韵律之感

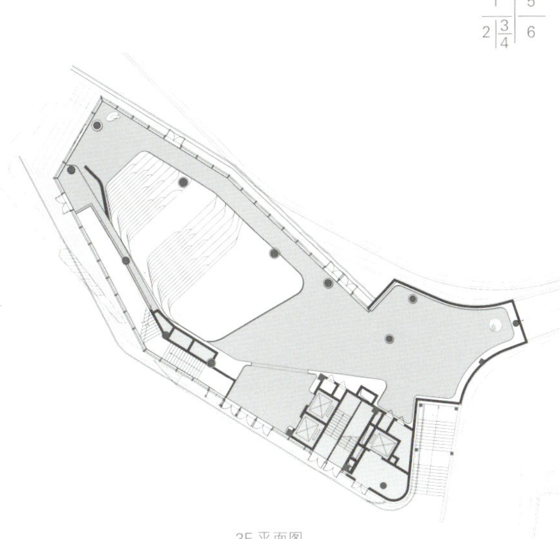

3F 平面图

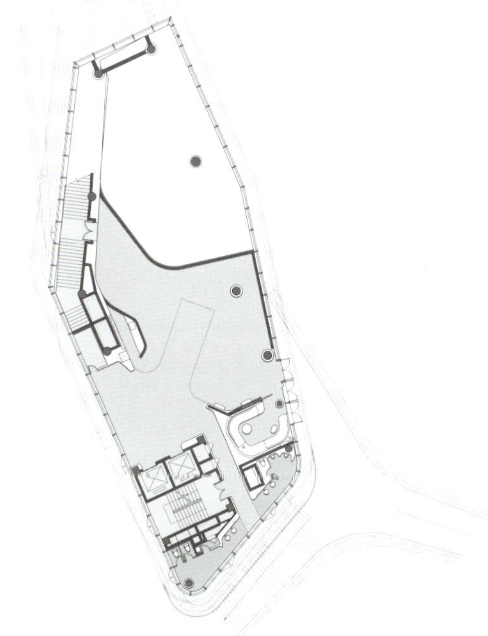

4F 平面图

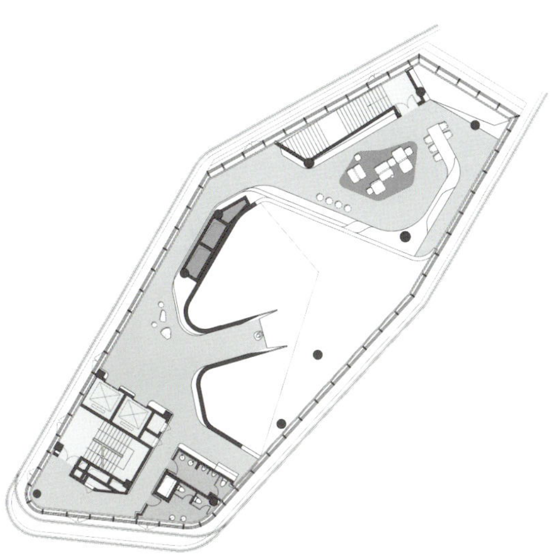

5F 平面图

1	5 6
2 3 4	7

1. 泳池即阳光森林
2. 游走的浮动
3. 展示台细节
4. 解构生命、时间和本我
5. 无所依凭而游于无穷
6. 看与被看之间
7. 时间与空间的对话

西安融创·曲江印现代艺术中心

设计单位：CCD 香港郑中设计事务所
设　　计：郑忠、胡伟坚
面　　积：5500 平方米
主要材料：白洞石大理石、橡木、仿铜面拉丝不锈钢、玻璃、古堡灰大理石
坐落地点：陕西西安
摄　　影：如你所见 | 王厅

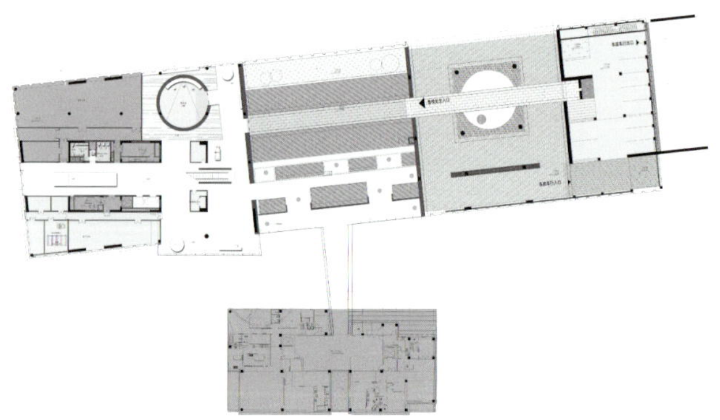

1F 平面图

融创·曲江印现代艺术中心以现代时尚之姿耸立于西安这座气势恢宏的古都中，宛如大长安中的一个现代水晶礼盒，为这片历史悠远、人文深厚的地域带来令人惊喜的时尚气韵，以城市地标封面的雄心壮志再次引领时代风尚。

CCD 联手 GAD 建筑、T.R.O.P 景观等国际团队联合打造，从建筑规划、园林景观、到室内设计、艺术品无一不倾注一线设计团队的心血。项目坐落于曲江中央文化商务区和产业聚集区两大核心板块的交汇地带，地处乐游原高点，与西安植物园一墙之隔，在远处便看到这座充满未来感的艺术水晶盒子漂浮在城市上空。

打破建筑、景观、室内三者的界限，CCD 将建筑、景观延伸至室内，为这个超大体量的空间注入纯粹、注入张力，塑造出富有超强时空感，当代性与艺术性兼容的体验空间，带领观者走向一片想象的绿野。前厅一个超尺寸的不规则球体艺术品——悦圆置身在角落，引人注目，以非对称的姿态带给你远观近看各不同的感受，彰显空间张力。从一楼贯穿至四楼的超长扶手电梯，两侧以超高石墙切断四周视野、切断纷扰，如同进入了时空隧道，聚焦于顶端的那束光。88 秒的穿梭时间，先收后放，激发出强烈的戏剧感。纯粹的玻璃幕墙和核心筒立面围合成气场强大的艺术空间，超大尺度艺术品和艺术旋转楼梯共同构建出应有的艺术姿态。

这个充满想象与诗意的艺术空间，不仅仅是艺术家呈现辉煌的殿堂，还是激发公众和艺术互动交流的场所，一些灵活多变、功能多元、留白的空间激发着公众的想象及艺术的生长。

1 | 2 | 3/4

1. 长安城中的水晶礼盒
2. 吧台区
3. 入口过道
4. 当代性与艺术性的体验

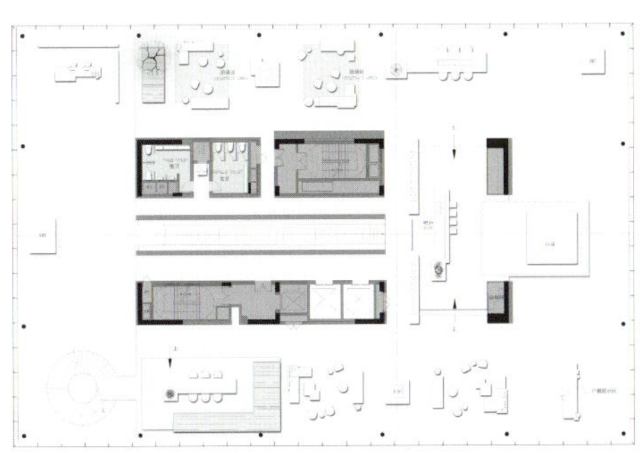

4F 平面图

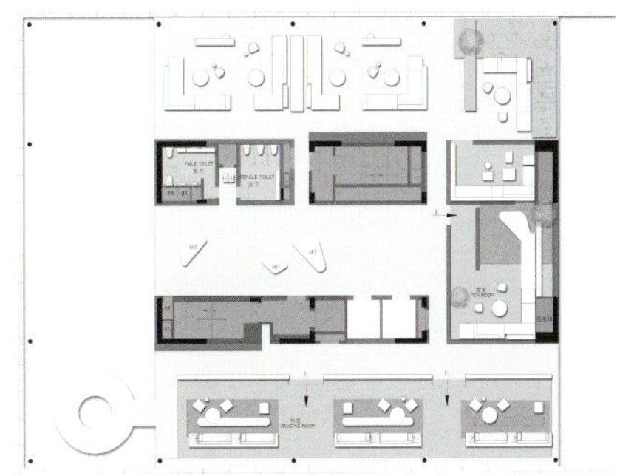

5F 平面图

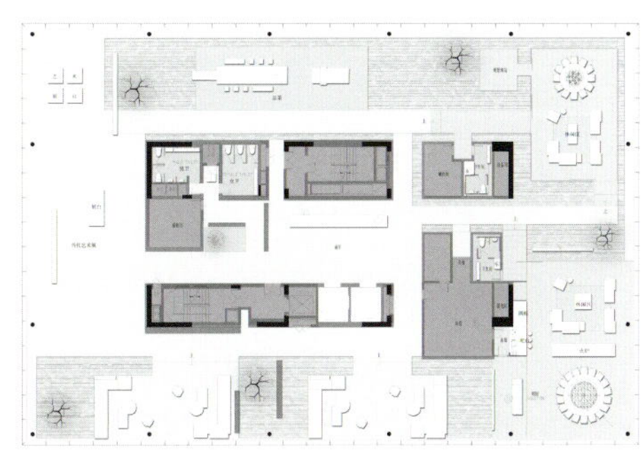

6F 平面图

1 | 2 | 4
3 | 5

1. 88 秒的空间穿梭
2. 超长楼梯
3. 非对称的场所姿态
4. 强大气场的艺术空间
5. 纯粹的玻璃围合区域

烟台大栖地城市展厅

设计单位：木君建筑设计公司 |MDO
设计总监：Justin Bridgland、徐仪君
建筑设计：Justin Bridgland、Carlo Alberto Follo
室内设计：高达、白晓雨、雷梦清、刘雄杰
软装设计：董萌萌、唐艳萍、祖郭翔
业主单位：山东恒堃控股集团
景观设计：HZS 景观设计
结构设计：烟台市建筑设计研究股份有限公司
结构顾问：必思博工程设计咨询（上海）有限公司
项目面积：1800 平方米
坐落地点：山东烟台
完工时间：2020 年
摄　　影：朱海、夏至

1. 环境与建筑相融

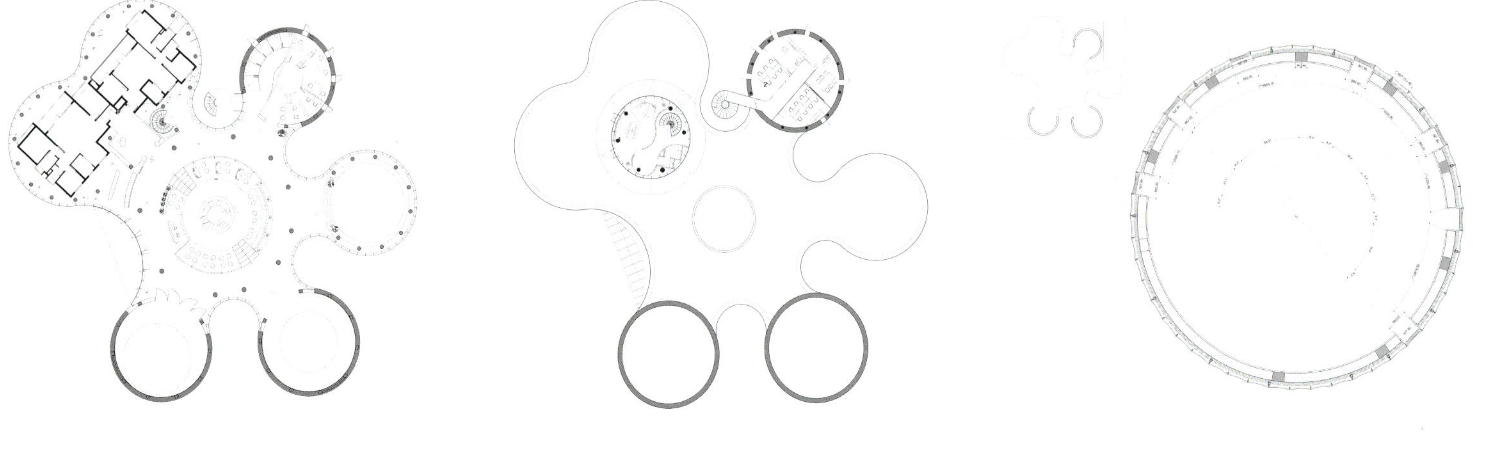

1F 平面图　　2F 平面图　　建筑细节平面图

“雪晶”下的热烈

烟台，位于山东半岛上的一个沿海城市，以其丘陵地形地貌、令人回味无穷的新鲜海味以及冬日的皑皑白雪为之闻名。MDO 木君建筑设计受托在烟台峰山风景区新开发区南部的中轴线一角，为其打造出一个极具辨识度的地标展厅，呈现片区城市生活的未来蓝图。项目周边的城市环境以高耸的办公楼和住宅楼为主，基地后恰有一片矮丘，这些建筑和自然的景观成为一个重要的空间节点，MDO 木君建筑设计设想新建筑是否能与新开发区其他的建筑形成鲜明对比，形成特有的场所记忆。

传统的展览中心一般设计为环绕形动线或强制性单一动线，往往将装饰性的庭院或模型台作为重点放在空间中心位置，整体的流线也是成直线型的，空间连接不紧密。设计团队尝试打破这一传统手法，在整个空间的中心位置创造出一个公共的空间，一个可以让人们交流讨论和互动的地方，希望可以将这个空间设计得更加以人为中心，更加温馨。

在每个外围体量之间，打造了一个户外空间，这使得景观可以融入建筑中，并将景观和日光引入中心空间，直观感受空间与非直观感受空间在这个建筑中融为一体。就如同雪晶结构，其实体与镂空的部分相辅相成才能形成最终这一个完整的图案。同样的在这个建筑中，侧面的景观区，也成为整个展览空间的一部分。其他譬如展览厅、模型厅、接待厅、办公、后勤用房等功能被安排在雪晶状平面的外围区域，与中央空间相连接。这使得所有功能都能够均质的排布在中心空间旁，从而提供更多的沟通渠道。

建筑造型由一系列带凹凸面的柱体与玻璃裙楼组合而成，这些柱体的高度根据内部功能的不同而有所区别。建筑在银色铝板的装饰下，柔和的反射着天空和周围的景观。建筑的形态同样也影响着访问者的参观动线，利用光影的动态关系去赋予空间另一层韵律。参观者进入和离开每个空间的路径，都好似光线在做着忽明忽暗的流动舞蹈，每当人们离开一个空间前往中心区域时，都会拥有全新的视野。玻璃裙楼采用了 6 米高的无框玻璃，使光线和景观得以充分进入室内空间。尽管它看起来是自由形态随意组合的，但其实在外立面的设计上，团队还是规律的使用了同一尺寸和半径的弧形玻璃。

室内的功能被设想为一个系列的组合，每个外部空间被赋予其独特的定义，可根据环境不同来调整并给予别具一格的空间体验。建筑的中心区域部分是社交核心，该空间下沉 1.2 米去强调休闲区与其他功能空间的转换，同时也能提升天花的尺度感。软装遵循硬装的色彩分布逻辑，整个下沉区用纯净的白色系铺展开来，用丰厚的尺度感，呈现空间的舒适度与优越性。顶面与地面，丰富的镜面材质，从各个意想不到的角度，反射出硬装在空间中的色彩变幻，增添一抹秘境般的神秘色彩。阶梯上打造出一个柱子阵列排布的圆形展区，可以通往每个外部空间，且增强了不同功能之间的视觉联系。天花板采用手工打磨的红色艺术漆装饰，指向漂浮在吧台之上的中央天窗。

展厅中最大的柱体空间内是城市展厅，它反映了已开发的城市蓝图。青铜色的方形天花板螺旋式上升到黑暗中，并由镜子反射回来，以营造内部塔楼的错觉，也同样暗喻着上升到未知与未来。在这个“雪晶”最开阔的部分，创造了一个阶梯式的露天剧场。这个空间是为会议、团体活动和孩子们玩耍而打造的，是一个可以适应不同用途的多功能空间。空间呈现圆形作为聚集与开放的象征。它通过其完全透明的外壳向附近的居民发出邀请，邀请当地社区的加入这场聚会。这里后期可能会化身为城市艺术馆，也可能作为峰山公园的一部分，成为公园的会客厅，相信届时这片“小雪晶”将在未来带来更多的可能性。

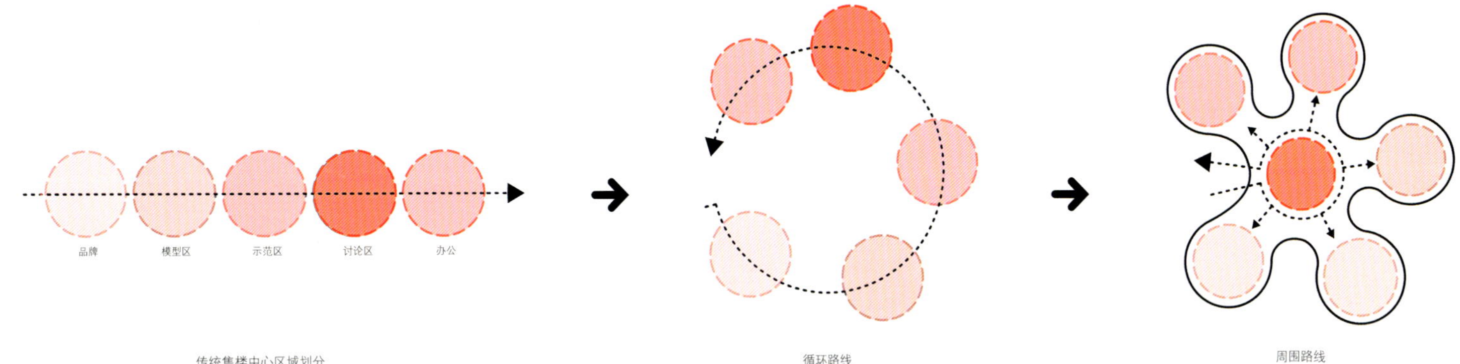

概念图

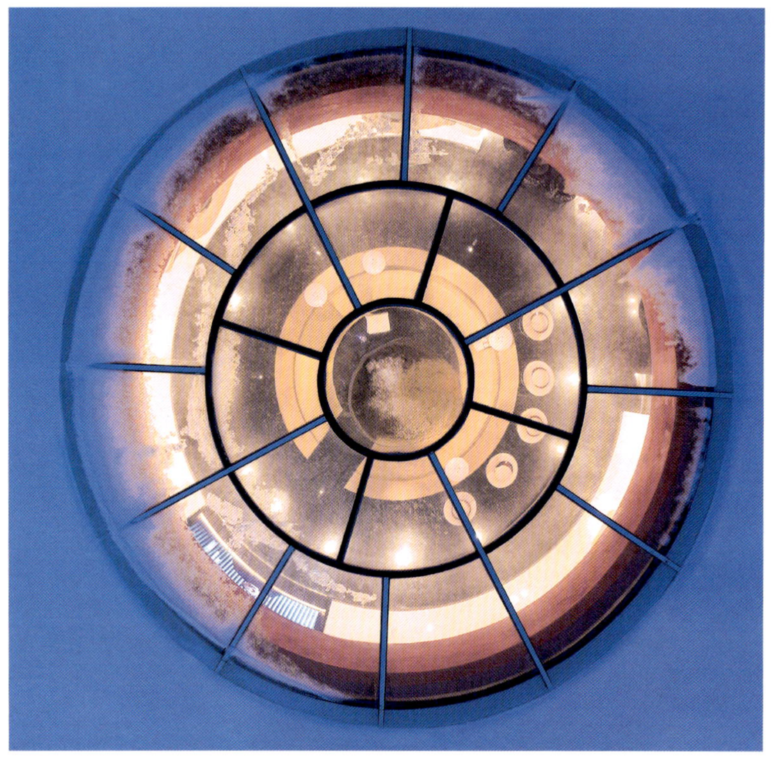

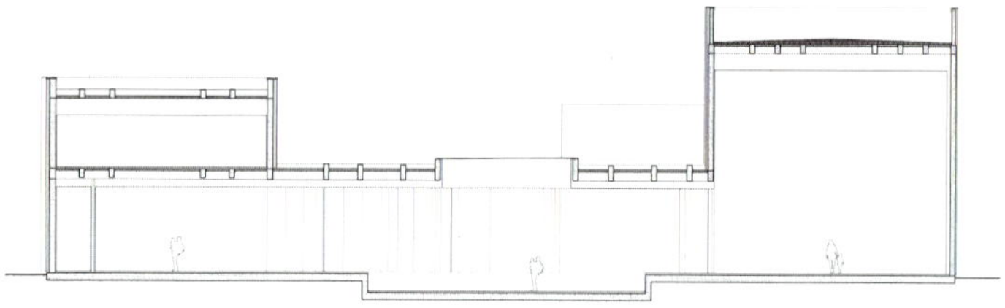

1 | 3
2 | 4 | 5

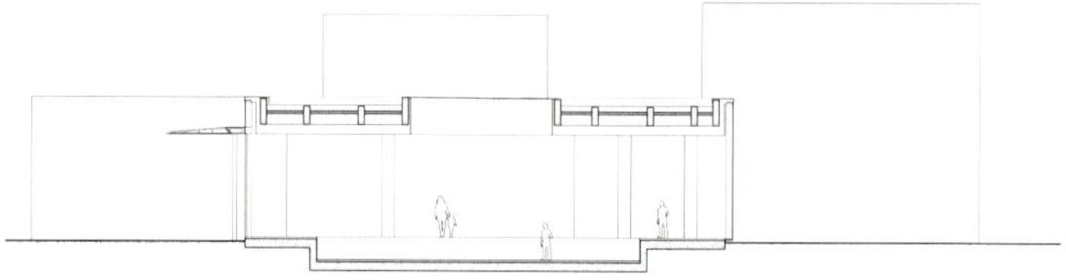

1. 雪晶状的布局
2. 俯视天窗
3. 阶梯式露天剧场
4. 接待台
5. 中央空间和水吧区

剖面图 1

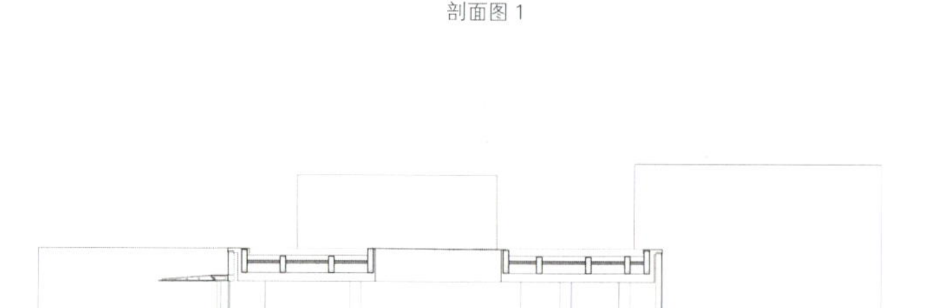

剖面图 2

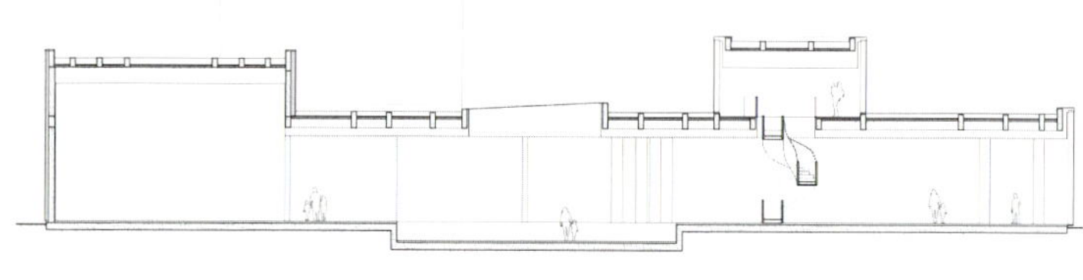

剖面图 3

星樾山畔生活美学馆

设计单位：INNEST 意巢设计
设计团队：巢宇、曾广辉、周春杰、谭婉玲、吴鸿薇、陈丽舒
施工单位：广东绿之洲建筑装饰工程有限公司
装置深化：深圳市前海东杰建筑工业设计有限公司
建筑设计：华阳国际
景观设计：广州城建开发设计院有限公司
开发单位：广州地铁、越秀集团、科学城集团
业主单位：广州市品冠房地产开发有限公司
面　　积：615 平方米
坐落地点：广东广州
完工时间：2020 年 9 月
摄　　影：本末堂、彦铭

自然生长，破茧化蝶

星樾山畔背靠暹岗山，三面环山，坐拥 270° 环幕山景，倡导 TOD 臻品系山居生活美学，野趣、神秘、森系、飘逸，为都市人打造梦境般的城市森林社区。静谧之境，亦是理想之境。所谓乘物游心，在当代语境之下是对一切事物的接纳与再创造，给予观者一种超越地理、自然，甚至文化意义的情感体验。意巢设计托蝶抒怀，融贯自然主义概念，运用浪漫的想象力和现代主义的手笔，实现对现实的超越，萌发对有限生命的无限思考。

静谧生长的万物，在星樾山畔相融相依，TOD 森系生活理念，在纯粹的“圆素”建筑语言下得到演绎。悬臂式的屋顶如同巨大的树冠，时间似乎有一个“箭头”，而空间维度是多向的，打造出如同行走在森境中的体验。白色山墙，打开崭新而神秘的入口，勾勒出一抹纯净的森居谧境，在自然的力量中抚平人们内心的不安。水幕、镜面、古树是外景的主要元素，在圆的包容下，沉浸式的“浮梦之森”跃然成形。

蝴蝶在还未化形之前，沉睡于茧，会经历打破、重生、升华的过程。装置用参数化设计的方法，模拟茧的有机型态，完美结合数字艺术，在自然形态下，浑圆一体，通透晶莹。设计师在形而下的空间融入形而上的思考，接待前厅延续了“圆素”建筑语言，用透明亚克力勾勒山的肌理，呼应自然。在统一的意境里，将玄妙而复杂的生命经验杂糅起来，建筑及空间作为生命的孕育体，做元素的减法，简约线条与错落层次凝固了时间，衍生出艺术。从艺术到现实，从身体到心灵，这里是想象力的生长点和出发点。人行走其间，感应自然的玄妙，仿佛经历一场洗礼，重启了无限的生命力，意识引向深远的未来与远方。

斑斓的色彩、轻盈的形体、挣脱的隐喻、升华的命运……蝴蝶自古便被赋予了美、自由、生命的特殊意蕴。设计师从羽化成蝶的意象中得到灵感，以当代手法演绎，突破了空间的局囿，同时注入流动的自然诗意和空灵的古哲气韵。光影，则是空间思性和诗性的映照。“破茧成蝶”的氛围营造，以恰到好处的对称、恰到好处的薄翼、恰到好处的光影，给人带来视觉上美的极致愉悦。

圆融的建筑立体感，塑造了中心洽谈区的结构，抽象地表达“包罗万象，羽化成蝶”的生命张力。从蝴蝶翅膀元素中展演的弧形屏风，是整个空间的视觉焦点，在黑与白、刚与柔、内与外的界分中，达至均衡之美。设计师擅用圆融的视觉延展，将极致对称的布局顺延至洽谈区，以别具一格的排列方式，与水晶玻璃屏风相互掩映，轻盈透亮的天光落在灰色、红色家具上，成为烘托空间格调的妙笔。沿着空间弧线的灵活布局，令观者可以透过不同的角度，对场域精神产生探索欲和好奇心，在理解艺术的同时，定义内在世界的意义。

“孕育・破茧・成蝶”的生命规律，是设计师的灵感原点。室内结构的布局，融合东方与当代的审美意趣，强调自然、转化、齐物、天人合一。行云流水般的结构塑造，室内空间动线与室外建筑呼应，消弭了内外的边界，暗含着人与自然、人与世界的关系转化。

1. 梦境般的城市森林社区
2. 白色山墙打开神秘入口
3. 透明亚克力勾勒山的肌理

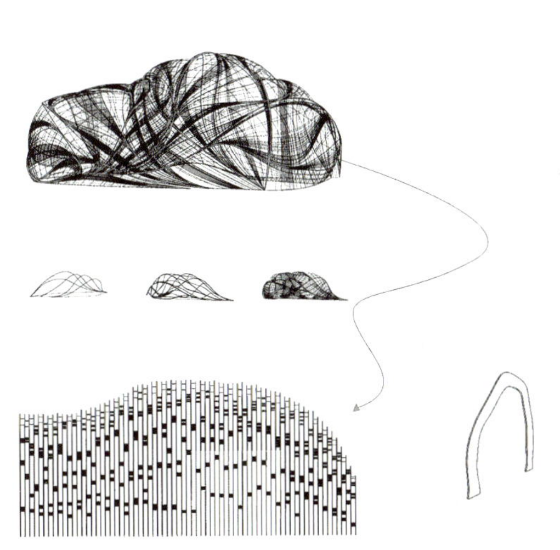

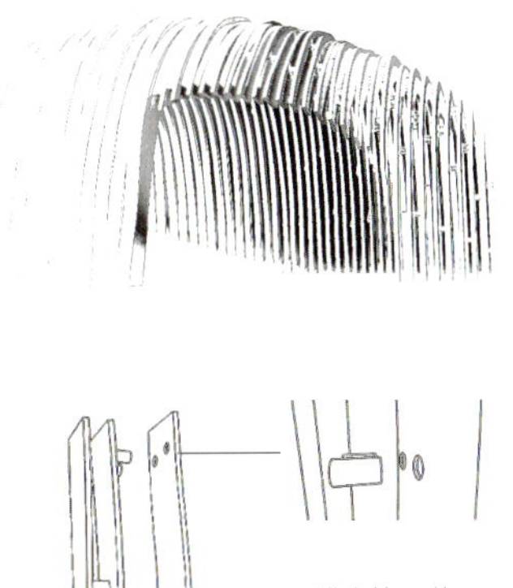

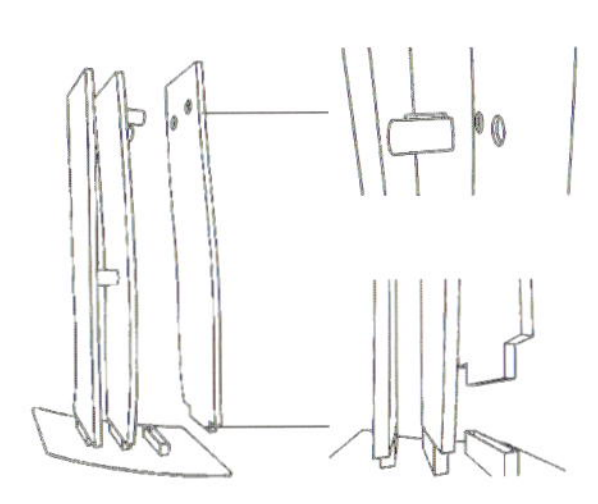

概念图

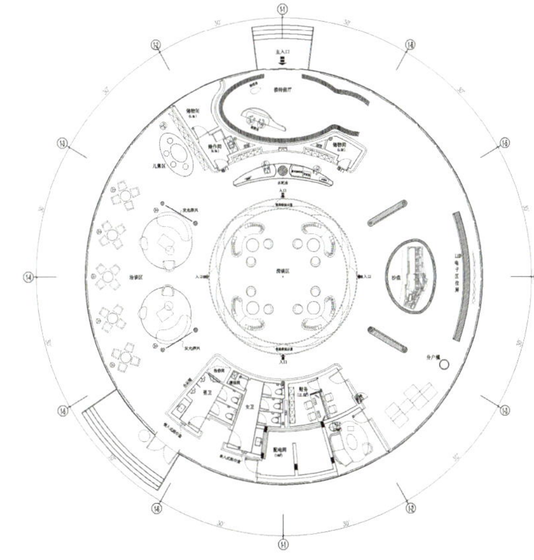

平面图

1	3
2	4

1. 羽化成蝶的意象
2. 消弭内外的边界
3. 展演的弧形屏风
4. 空灵的古哲气韵
5. 气派敞亮的洽谈区

孕育

破茧

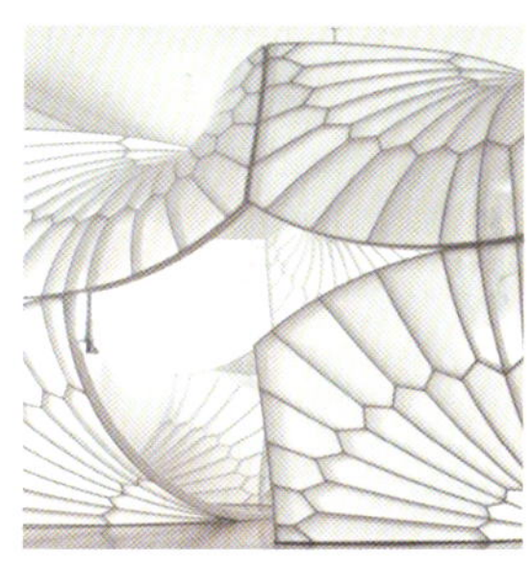

成蝶

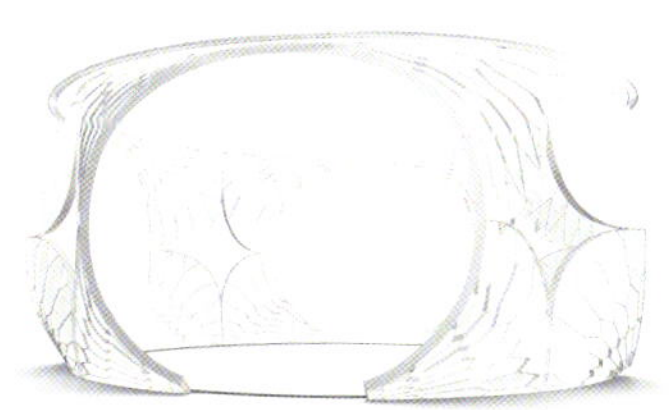

概念图

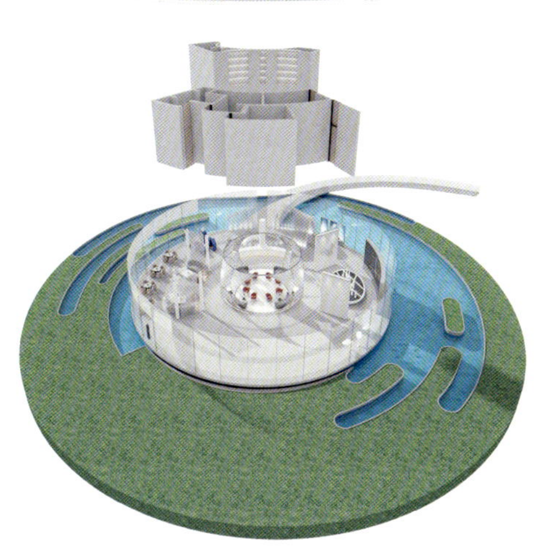

分析图

渭南万科城市会客厅

设计单位：李益中空间设计
设　　计：李益中
参与设计：范宜华、段周尧、叶增辉、杨光中、李静、蒋思敏、陈波、李俊丽、林超、冉艳、孙妮、李剑飞、马明红
业主单位：渭南万科
业主团队：甄巍、李顺恩
面　　积：828 平方米
坐落地点：陕西渭南
完工时间：2020 年 7 月
摄　　影：聿空间摄影

艺术化的表现，塑造精神自由

“设计是创造无限可能，而空间设计的最高境界，是以诗意的表现来实现空间的精神意义。”设计师认为空间设计必须超越纯粹的功能的诉求，走向更诗意的表达，实现空间的精神意义，才能触发人们心灵深处的灵魂共鸣。项目挑战来自于如何在平凡的空间格局里重组重构，创造出新的秩序、序列，实现横向空间的自由流动和纵向空间的精神性。设计中，提炼渭南古筑的檐木结构、当地特色的皮影文化、黑陶油墨等东方工艺为人文元素，以策略性的设计思维解构，以当代的艺术语言重组，点缀于干净利落、极具空间感的室内，实现一场新与旧的张力碰撞。

探入空间，是结构四方的艺术厅，从渭南古筑的檐木结构中摸取灵感，解构元素，保留其最经典的符号，为天花打造层次丰富、光影映衬的艺术光感，形成了一种磅礴的艺术张力。过厅作为核心空间，是人流动线的转换空间，同时，通过空间界面的旋转、收束，创造出向上拔引的空间形态，强有力地将人的视线与想象力引向更高远深隧的世界；而自上而下倾泻的光，刻画出空间的界面形态、明暗转折，并随着时间的流转、光照的变化，产生不同的明暗冷暖的微妙变化，更让空间有了诗意与神性。位于空间正中、凝聚艺术气息的蓝色雕塑《檐合》，出自艺术家张齐努之手，与古建筑屋檐元素形成语言共鸣，一旧一新的文化碰撞，创造丰富的空间审美体验。雕塑和应着空间的形态，又以镜面不锈钢的材质反射着周遭，融汇在环境当中，连结、对比、融合，虚实相生，静谧与光明相互联系交织，艺术与神性的光芒交互辉映。

水吧区的灯具以精致的美感、整齐对称的阵列渲染艺术氛围，靠墙的整排书架除了陈列着数百本书册，还有一些融合着古今文化的元素——古建檐角的挂画、纹理清晰的瓷具、昏黄的纸质壁灯等，令空间夹杂着书香与旧物的人文气息。书吧承载着阅读、交流、休闲的功能，长桌、散座、围合式沙发……设计在此构设了多种就座场景，匹配不同人群的多元需求。家具的款式呈现简单而不失高级的品质感，驼色、白灰、原木与黑色，叠合出不同的色彩层次，尽显典雅。

自由是人的天性，也是现代设计的灵魂。设计的笔墨自由地穿梭于新旧之间，在宴会厅中以一组现代艺术家归荣彪的油画艺术《古影似梦》，呈现渭南的皮影文化。会客区整体以米白为基调，点缀深浅相搭的原木色泽、气质高雅的大理石桌，对称挂墙的书法作品与一旁蓬勃蓊郁的古松，为空间添增文人儒雅的气质，充分塑造了一个具有格调与品质感的会客空间。

空间设计的最高的境界是充分利用空间的语言实现诗意的表达和崇高的神性。创造光影的建构，回溯空间本质的生命力，践行空间的流动与自由理念，探索艺术的表现力，遇见空间的崇高神性……作为一个虔诚的设计者，设计师谨以空间的诗意，献礼美丽的渭南。

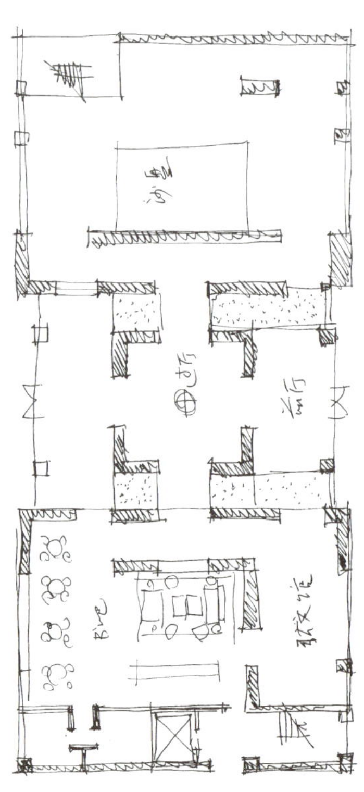

手绘稿

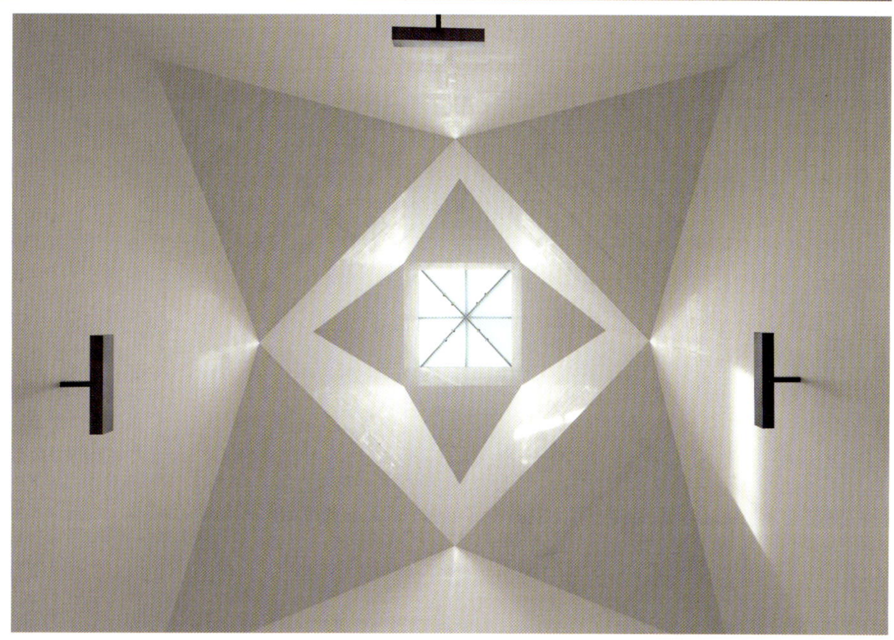

1 | 2 / 3 | 4

1. 光影映衬的艺术光感
2. 光影的建构
3. 蓝色雕塑《檐合》
4. 四方的艺术厅顶面

1	3
2	4 | 5

1. 艺术与神性的光芒交互辉映
2. 动线的转换空间
3. 格调与品质的会客空间
4. 书香与旧物的人文气息
5. 水吧

1F 平面图

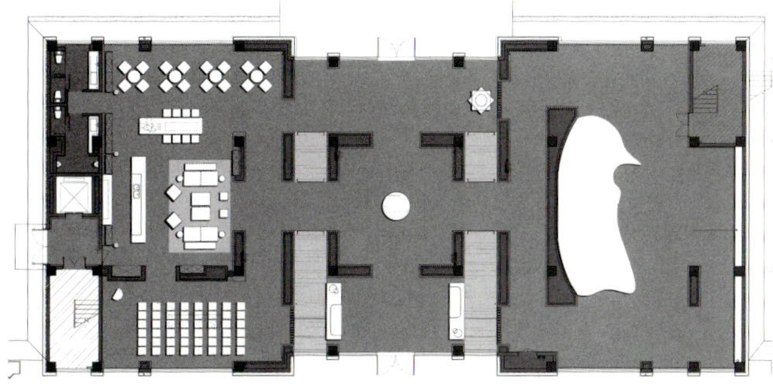

1F 平面图

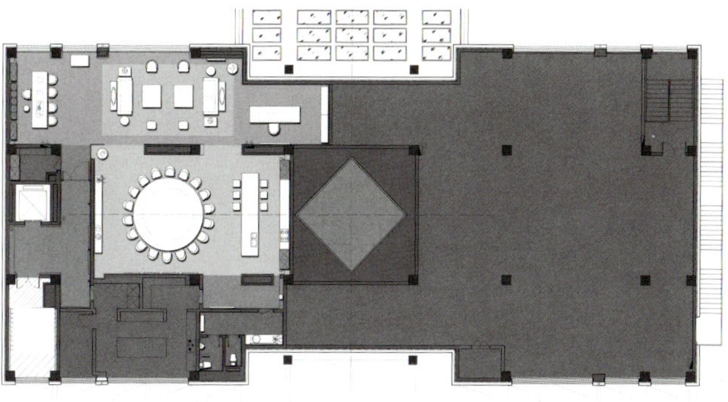

2F 平面图

江艺术馆・品鉴中心

设计单位：上海晰纹与洋建筑设计有限公司
设　　计：郭晰纹
业主单位：广东中天集团
面　　积：1942 平方米
主要材料：水波纹大理石、镜面不锈钢、热熔玉石玻璃、金属
坐落地点：江西南昌
完工时间：2021 年 3 月
摄　　影：黄秉文

江艺术馆・品鉴中心是 XY+Z DESIGN 团队为南昌中天江湾天地商业中心江艺术馆项目量身打造的集艺术品、展示、会所于一体的高端复合功能型品鉴中心，分主展馆及品鉴中心两栋楼组成，一期开放艺术品鉴交流中心，二期整体呈现，兼具项目示范区展示功能。设计以滨江天幕为灵感，采取颠覆设计，将艺术搬进生活，让美学质感借由空间体验渗透至生活中的每一个细节。

空间布局自下而上由公共开放逐渐过渡至高端私密的专属空间：首层艺术展厅，二层楼盘展示销售，三层贵宾接待及体验区。9 米高的“云梯”贯穿三层垂直空间，二层挑高 6 米的沙盘展示区与有如悬浮其上的夹层丰富了整个建筑纵向空间的互动与交流。设计以滨江天幕为灵感，打造串联历史、现在与未来的文化地标，留下让南昌人看得见过去、想得到未来的城市生命脉络。概念上从个性、旅程与记忆三个关键展开并贯穿其中，希望创造一个极具吸引力的空间来满足访者的所有感官，将空间的体验打造成为一个层次丰富、无限回味的旅程。

以金属元素为主的室内景观中置入由镜面包裹的结构，制造并增强了无限延伸的空间感。地面 3D 水纹雕刻黑金沙大理石营造出水波般的流动感，与精细优雅的电镀不锈钢结构相得益彰，成为窗外滨江景色的延伸，弱化了室内与室外的界限。水波之上，镜面不锈钢艺术装置反射上下倒影串联起关于南昌的一个个记忆碎片，六万片记忆融合成一座空域。在光的作用下呈现出波光粼粼的迷人变幻，自然的成为空间的引导者。矩阵式的排列呈现出空间的秩序之美，在若隐若现中将空间划分出相应的功能区。

镜面不锈钢顶面与大幅落地玻璃立面令水平及纵向空间同时得到延伸，不仅在视觉上极大提升了空间的尺度感，同时也促成了空间内外、上下、虚实之间的变换，形成独特的感官体验。临江一侧的生活体验区，大画幅玻璃立面将一线江景尽收眼底，上方艺术装置灵感来自于当地传统民间技艺糖画与南昌这座城市的红色革命基因。镜面瓷砖与水波纹不锈钢模糊了室内外边界，让空间得到无线延伸。“云梯”串联起整个空间的纵向连接，线条简洁流畅，如行云流水为原本方正硬朗的空间注入恰如其分的柔情。设计将珍贵的赣江历史影像微缩刻入悬垂下来的装饰灯，成为赣江记忆的缩影，与今日窗外的赣江实景同时呈现在一个空间里。

深邃的黑色从地面延续到错落有致的立柱及艺术品展示台，精心设计的排列与沙盘建筑模型共同构成空间秩序的仪式感。热熔玉石玻璃背景墙独特的质感肌理如江水般自然流畅，细腻的色彩、独特的工艺，完美契合品牌的美学内涵，成为品位与尊贵的体现，散发出玉石般温润的光彩，令沙盘区成为整个空间的视觉焦点。同层洽谈区延续了低调而尊贵的黑金色调，柔和的灯光，散落的沙发，进口牛皮搭配黄铜，浓缩了生活美学的内涵与品位，低调简约舒适。夹层区域的波浪盒子悬浮在二楼上方，茶色玻璃与建筑形式呼应形成记忆点，形成高低空间之间的互动。低处顶面采用不锈钢镜面，深色主调搭配柔和的灯光，模糊了虚实交汇的界限，不仅在视觉上提升空间的尺度感，令空间更显大气，同时也丰富了空间的感官体验。

整段旅程糅合了诸多的对立元素：围合与开放、明与暗、精细与厚重……从空间的营造到灯光的处理，每一个细节都体现了都会生活进阶的全新诠释——让访者在置身于此的每时每刻都能够感受到神秘和惊喜，激发探索的欲望，怀着热烈和愉悦的心情感受每一寸空间和每一件艺术品。

1 | 2 | 3

1. 云梯串联空间的纵向连接
2. 悬浮的波浪盒子
3. 模糊虚实交汇的界限

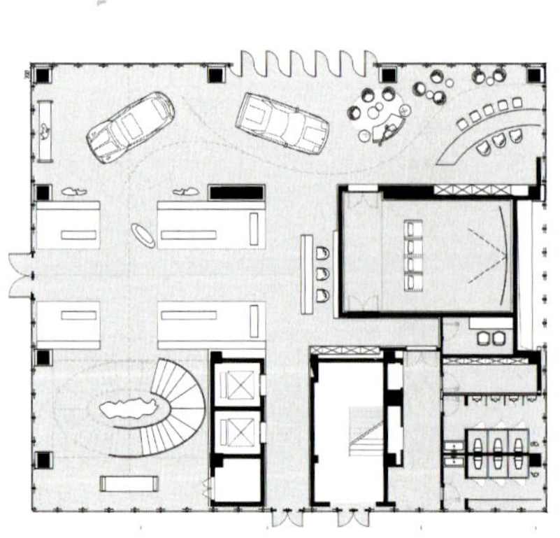

1F 平面图

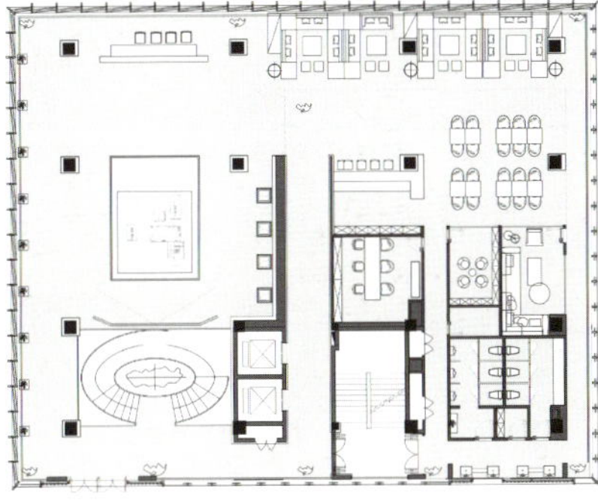

2F 平面图

2F 夹层平面图

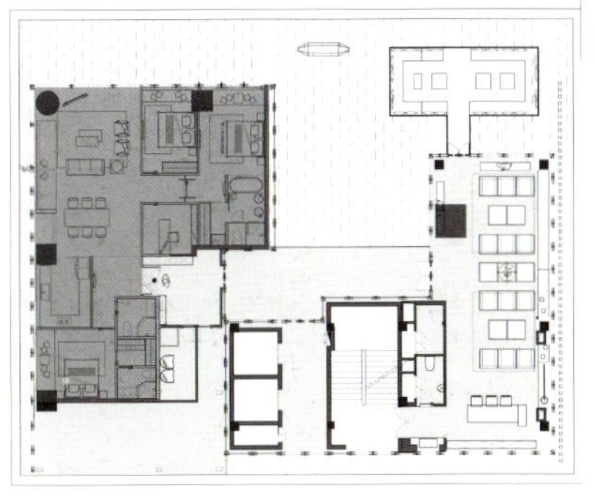

3F 平面图

1. 赣江十景
2. 云梯细节
3. 奔流
4. 玉石般温润的光彩形成视觉焦点
5. 在地化的红色记忆

力高大港・樾澜山

设计单位：布鲁盟设计
设　　计：邦邦、田良伟
参与设计：翁晖杰、周志飞、蔡钰鸿、陈泽燕、吴炜志、赖小曼
业主单位：力高集团
面　　积：178,866 平方米
坐落地点：福建泉州
完工时间：2020 年 10 月
摄　　影：翱翔、景观周摄影 | 蒋镇东

人文与自然的交糅焕新

泉州一切的地缘与人文皆扎根于过往千年的历史之中，成为如今不可磨灭的文化印迹。设计恰根植于此，不单是美学营造，更是精神层面的赋予，以自然与人文的交糅焕新，塑造泉州的文旅名片。建筑观照泉州传统民居的聚落式布局，从坡顶形式撷取抽象的结构灵感与美学意涵，植入当地文脉的同时，于空隙间让出庭院、融入景观，呼应在地自然环境的特质，让人在参差递进的游园层次间，恍若步入东方园林，清幽而雅澹。

内部空间的设计取意海的肌理、山的棱峰，以抽象的形式融入接待台的美学之中，湛蓝与莹白的色调对比，木艺方格与亚克力弧片的几何变奏，空间弥漫着清雅湃然的气息。透明弧片与金属线条的组合，形构起一面镂空状的艺术隔断，在落日夕照下，闪耀着粼粼光泽。此间的楼梯，在衔接空间功能的基础上，实现一种由外及内的美学过渡，蜿蜒的弧线勾勒出结构的层序性，渲染空间艺术格调。

设计植根泉州文脉，以“海上丝绸”作为空间场景的灵感之源，以抽象化的美学创想，在海的底色之上，在网的结构之间，转译为丝丝缕缕、意态轻柔的艺术装置，在空间中形成人文的构图。空间设色以深灰与浅灰的拼接为主要形式，在有序与不规则的叠加中，丝绒单椅、弧形沙发、礁石状茶几、花器与花艺在光影下格调相协，静逸中有雅致。设计师对湛蓝设色的艺术化构想延续至水吧，勾勒出如同岩层的脉络与质感，与疏密有致的木艺背景相映成趣。大理石灯饰、山石小品、奇形器物、禅意花枝的点缀，为空间气质投入更加丰富的美学注脚。将海面的流动形态与丝绸的缎面轮廓，具象化融到一幅墙饰装置里，以交错的层次致意在地人文的深度。造型别致的单椅、通透的白瓷灯饰、墨蓝晕染的地毯、优雅的帝王花……空间中的一切美学，都与自然的况味、文化的蕴涵、生活的意趣相连接。

在美学营造之余，从人们的生活方式和社区需求出发，设计围绕人文的基底，构筑起涵盖茶室、儿童娱乐区、风雅颂书局、健身房、四点半学堂、无人超市等功能区的生活休闲场域。以端雅的笔触，以实木茶桌、薄瓷茶具、榫卯茶柜与锈迹漆器，刻画茶室的清禅之意，空间予人隽美的文化共鸣。经由一个圆拱门进入儿童娱乐区，映入眼帘的是毛茸茸的小木马、活泼可爱的兔子、层次丰富的星空墙饰、不规则形状的椅墩，设计以孩童视角里的趣味界定空间格调，在几何形式与动物元素中启发童梦。

设计简化泉州民居坡屋顶的结构形式，以朴拙温润的木艺形制，围合出公共区与半私密区，着意于描绘一幅静谧而韵深的阅读场景。在学堂的设计中，墨黑、木色、白调成为贯穿空间始末的基调，与抽象水墨画格调一致，当代与传统的碰撞，调动着观者的情绪。同时设计师以两面落地窗借景自然，光影透过百叶窗的间隙，串联起内与外之间的视觉美学互动，闲雅舒然。研究如何满足人们在功能、美学、精神层面上的需求，是设计团队借助色彩、饰物、部品表达空间时所要考量的尺度。在这种设计视角下的无人超市与健身房，均呈现出完整的功用与简约的气质。

坚持不重复、不落窠臼，设计师从过往的经验中挣脱出来，在自然、文脉、生活之间汲取艺术灵感，让设计承载思想的厚度与自由的灵性。

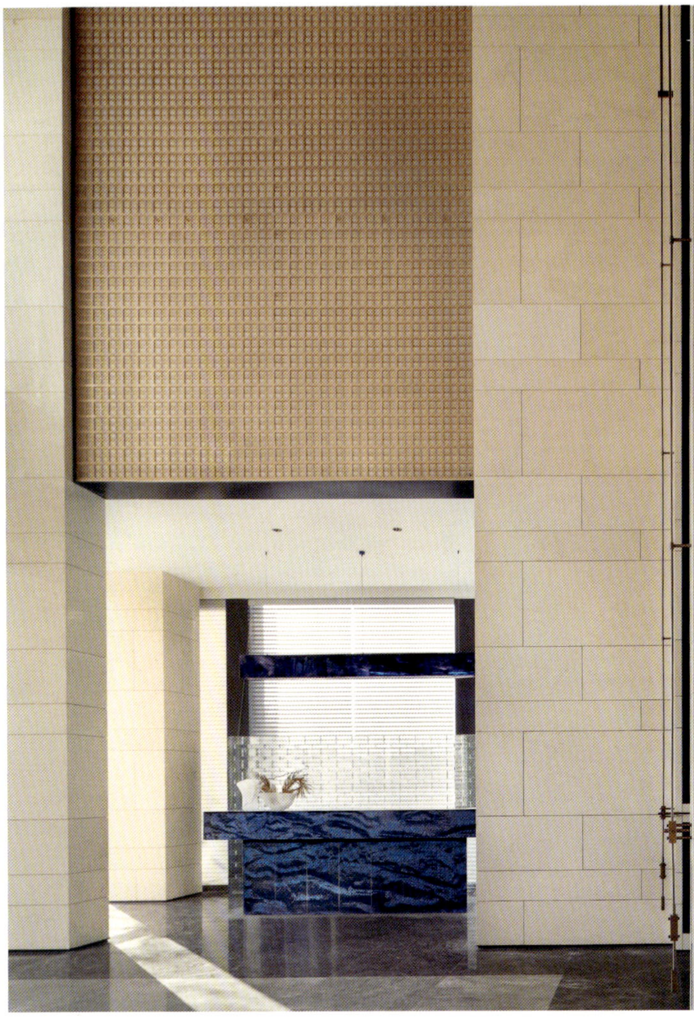

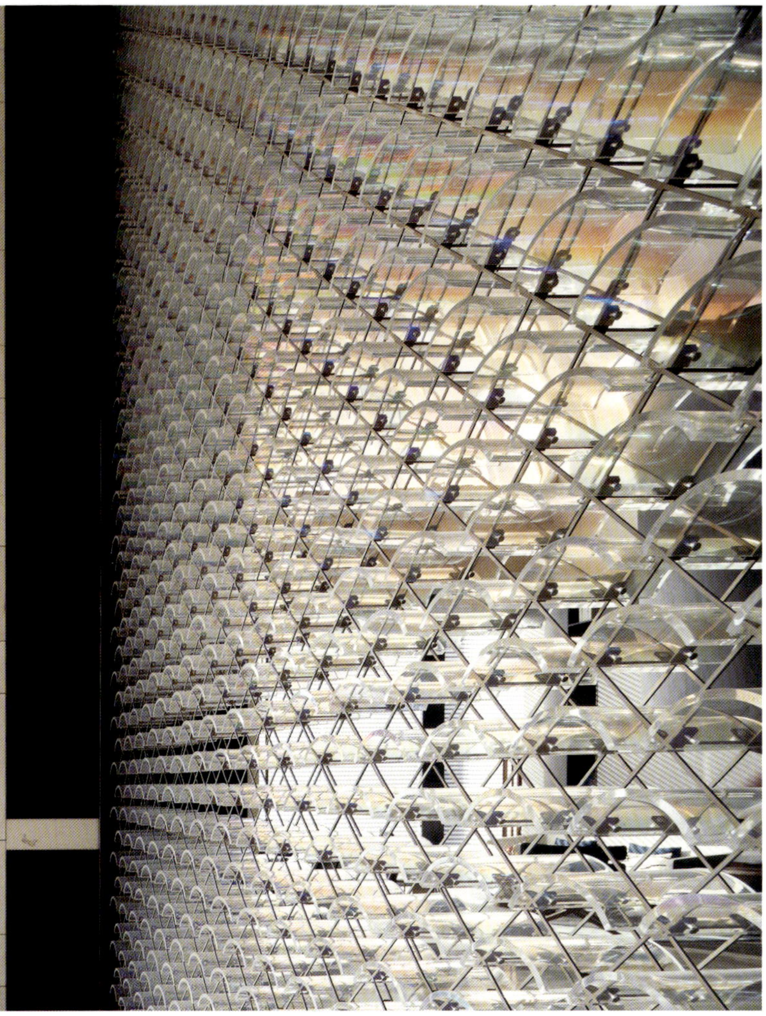

1 | 2/3

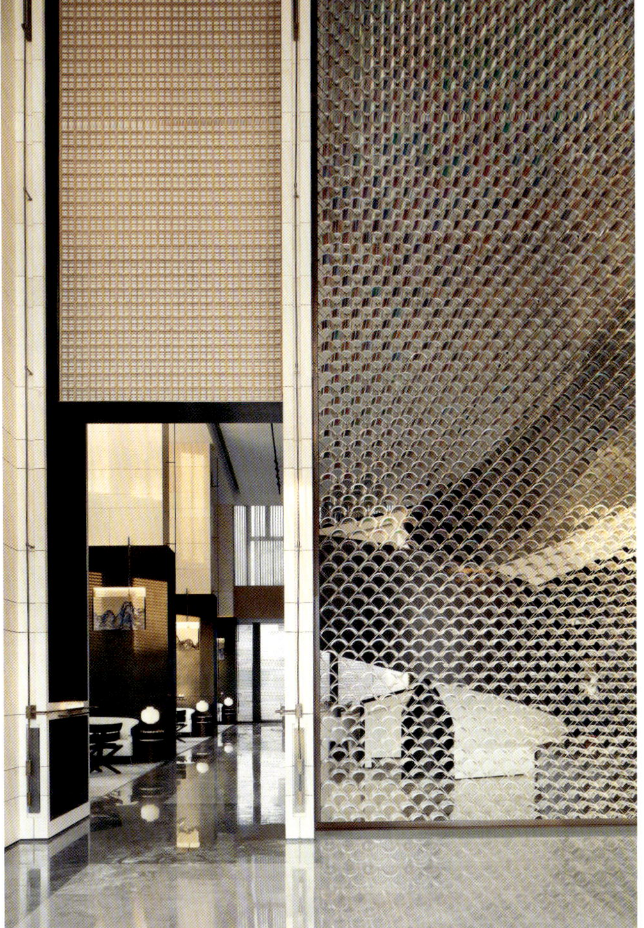

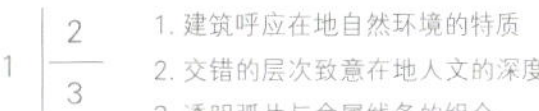

1. 建筑呼应在地自然环境的特质
2. 交错的层次致意在地人文的深度
3. 透明弧片与金属线条的组合

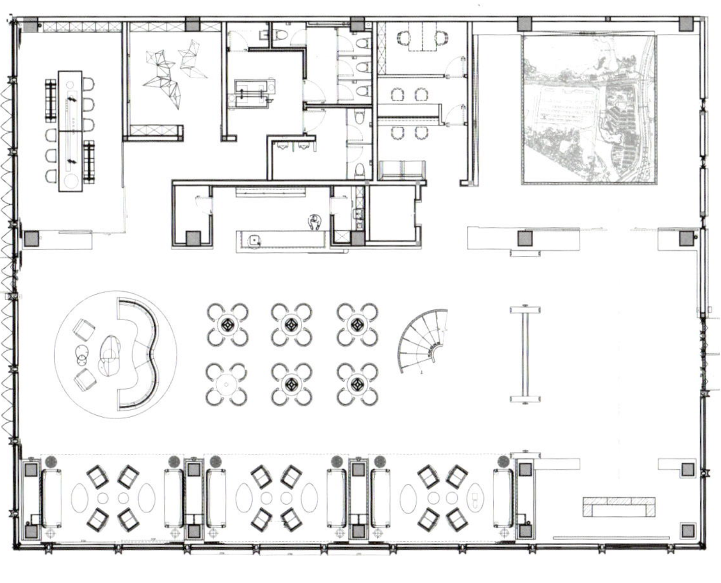

平面图

1. 精神层面的赋予
2. 兼纳美学与功能营造悦享社区
3. 有序与不规则的设计叠加
4. 抽象化的美学创想
5. 陈设与装饰细节
6. 由外及内的美学过渡
7. 精神世界的升华

CCD 香港郑中设计事务所

CCD 由著名设计师 JOE CHENG（郑忠）先生创立，专业为国际品牌酒店提供室内设计及顾问服务，是国际顶级品牌酒店室内设计机构之一。CCD 国际化团队及专业技术令其与时俱进，在行业内始终保持领先地位及前瞻性的创新，是全球华人创意领域最具活力及远见的团队之一。

DAS Lab

设立于上海，属大森设计旗下子品牌，致力在多元业态中探索边缘的、前瞻的创意解决方案，擅长于偏离认知的核心区域，游离于思维的边界，在模糊与不确定中挑剔出作品独特的记忆点。

红星美凯龙家居集团股份有限公司

M 红星·美凯龙 MACALLINE

红星美凯龙一直为实现“打造中华民族的世界商业品牌”的企业愿景而不懈努力。始终坚持以缔造品位艺术、传播居家艺术为目标，以提升中国人的居家品位为己任，对每个家庭的居家环保负责任，致力于追求中国家居业的美学发展，逐步提升中国消费者对于家居品位的认知。

斯库图拉（上海）SCULTURA

斯库图拉（上海）SCULTURA 成立于 2015 年，以国际视野专注软装设计服务，不断以实力赢得众多知名地产及餐饮企业的合作与支持，始终奉行创新至上的价值观，塑造时代品格，构筑有艺术质感的生活。

九度设计

为生活而热爱，为教育而精彩

成立于 2004 年，是一个拥有 80 余人的专业设计团队，集室内设计与软装设计于一体的全案室内设计机构。

蓝眉山度假酒店

蓝眉山度假酒店是普洱蓝眉山文化旅游发展有限公司开发项目之一，以酒店和度假养生别墅为主。度假酒店氛围紧紧与老挝文化密切契合，旨在打造普洱首个对外与养生兼顾的文化、旅游、休闲度假、娱乐聚为一体的养生综合体。

内建筑设计事务所

内建筑 interior architecture studio

以孙云和沈雷为核心的设计团队内建筑设计事务所自成立以来，重新审视建筑与室内设计长期割裂的关系，并以来自舞台设计和建筑设计的不同教育背景以及不同领域的实践经验，让作品呈现出更加丰富多元的创作思维。

诗莉莉酒店集团

诗莉莉 Shilily

诗莉莉酒店集团成立于 2013 年，专注于高端度假酒店及度假村运营，以“IP 赋能打造爆款”为核心理念，设立“爆款研究院”专注于爆款酒店打造。旗下拥有爱的乌托邦、漫戈塔等多个高端品牌，布局当下最热门旅游目的地，分布在中国 20+ 热门旅游城市及度假秘境。

意巢设计

INNEST 意巢设计品牌旨在成为顶尖室内设计师共同工作的平台。承载建筑美学的形式与艺术品位的内容，激发抽离物质之外的潜在体验，渗透游刃自如的生活哲学，做自己的艺术家。

集美组

集美组创立于广州，是一家综合性的设计工程机构，已发展成为集规划设计、建筑设计、景观设计、室内设计、艺术陈设设计、标识导向设计、家具设计制作、工程施工、项目管理于一体的行业翘楚。多年来一直承担中央美术学院、广州美术学院的硕士、本科的教学工作，产学研相结合，为社会培养了大批优秀的设计人才。

白描

集优室内营造创始人，设计总监。

邦邦

18 年间，带领布鲁盟室内设计百位设计师，以设计为信仰，追求自然的艺术智慧与灵感。在实际设计中，始终秉承创新精神，深刻挖掘文化力量，将美学素养和设计意识完美融入，赋予空间人文内涵，传达美好的生活方式，实现当代中国的巅峰设计。

蔡祝源

佛山市博思道设计顾问有限公司创始人和山集联合创始人，设计理念根植于“博无界，思有道”的哲学，寻找差异化设计，采用整体化方法解决设计问题。

曹亮

苏州大斌空间设计设计总监，广州设计周“为中国设计发声”精英人物。

陈连武

城市室内装修设计有限公司设计总监，国际间少数以住宅项目囊括全球四大设计奖的设计师。提倡“后风格主义”主张设计不应该被风格局限，而是挑战自己的创意并颠覆已发展的形式与思维，注重设计概念的整体呈现。

陈林

毕业于中国美术学院建筑系，师从王澍教授，创立尌林建筑事务所。从很小的项目开始做起，关注乡村建构学、类型学，尊重建造的真实性和在地性。研究自然和建筑，人与环境，新与旧的相互关系，也在不断的实践中探索新的建筑学领域。

陈贤栋

毕业于深圳大学环境艺术设计专业，深圳东木筑造设计事务所创办人。

陈耀光

光合机构召集人、光合院主人、典尚设计创始人。毕业于中国美术学院首届环境艺术系，是中国最早一代学院派的室内设计师，作为中国设计界实力派的领军人物，影响了几代青年设计师。

陈诣杰

南京拿云室内有限公司创始人、APDC 亚太设计师联盟资深会员、中国建筑装饰协会会员、《Dlife》杂志特邀编委、南京家居平台特邀编委。

俞树禹

北京青廷装饰设计有限公司联合创始人、设计总监，擅长经典风格建筑装饰、喜好设计背后的文脉哲学。不断突破惯用的设计思维，将建筑结构、空间形态、居住者生活轨迹融为一体，用建筑、艺术化的设计语言创造出别具一格的设计作品。

戴昆

北京居其美业室内设计创始人、建筑师及室内设计师，创基金理事。近年来集中于住宅室内设计领域，倡导实用、美观、经济的设计理念，引领和推动城市居住生活方式变化的潮流。同时投入大量精力于色彩流行趋势和相关产品设计的研究，持续推动室内设计色彩运用的专业普及工作。

党明

红山设计创始人兼首席设计师，曾赴德国杜塞尔多夫专业研修，师从德国设计大师赫尔弗里德・哈根拜格教授，执教于西安科技大学艺术设计学院。融合国际化视野与本土积淀，善于将艺术美学注入室内建筑，创造激发感官体验的城市空间。

邓丽司

C&C 壹挚设计集团创始人、设计总监，中国建筑学会 CIID 室内设计分会会员，中国国际文化交流中心高级认证设计师，广东省陈设艺术协会常务理事，广东省环艺设计协会常务理事，广州美术学院陈设设计教研组特邀导师。

杜柏均

心 + 设计学社会长、上海柏仁装饰工程设计有限公司创始人、中国室内装饰协会理事、中国室内装饰协会设计专业委员会委员、北京清华大学研修讲师。一直秉持着将生活哲学融入个人设计的理念，作品透露着丰富的人文主义精神。

范继景

继景室内设计创始人、高级室内建筑师。设计作品是对当下社会问题作出的回应，是解决过去、现在和未来的连续性问题，用朴素、健康、真实的材料构筑空间。

范江

宁波市高得装饰设计有限公司创始人，对中国意境幽远的文人文化有浓厚兴趣及研究，在各种设计空间中渗透质朴、清澈的气质及浪漫丰富的想象力。

方磊

现代简约设计先行者，都市精英生活方式引导者，壹舍设计创始人。擅长用现代简约的美学精神展开空间多维描述，以克制与平衡的手法、表象和内在的矛盾统一来表现丰富而纯粹的设计本质。

方日新

高级室内建筑师，安徽观正建筑设计创始人兼设计总监。

费崎峰

上海费弗空间设计有限公司设计总监兼创始人，中装协注册高级室内设计师，中装协注册高级软装设计师，认为设计最大的成就感就是把想法变成现实。

冯未墨

法国巴黎 E.S.A 建筑学院建筑学硕士，法国 DESA 建筑师，在上海创建了由 100 多位多元化专业的年轻新锐设计师组成的 MOD 墨设设计团队。2020 中国室内设计十大年度人物，游学法国 10 余年，曾就职于让・努维尔（Ateliers Jean Nouvel）事务所。

谷腾

三谷设计创始人、Or 家居品牌创始人，是首位获得德国 IF 国际设计大奖最高奖—iF Gold Award 的华人设计师。

郭晰纹

XY+Z DESIGN（上海）总设计师、创始人，南京熙文设计设计总监、创始人。全国百名优秀室内建筑师，江苏省室内设计学会第 18 委员会常务理事，中国文化部文化产业创业创意人才库成员。坚持“人文生态、复合自由”的设计手法，主张“不止空间、无限创造”的设计理念。

韩帅

竹间设计、何必在山林联合创始人、设计总监，Co-founder and Artistic Director “吸光度”摇滚乐队主唱。天津美术学院客座教授，中国建筑装饰协会高级室内建筑师，中国国际室内设计联合会杰出中青年室内设计师。

何牧

空间设计师、展示策划与设计师、上海工程技术大学艺术与设计学院教师。堂晤设计联合创始人，毕业于中国美术学院，进修于意大利米兰 NABA-NouvaAccademiadi Belle Arti Milano。擅长于参数化数字设计、艺术装置设计与商业品牌传达之间的融合设计。

何武贤

中国台湾山隐建筑创办人，中国科技大学室内设计系兼任副教授，中国建筑装饰协会中国设计年度人物大会执行委员会委员，中国台湾室内设计专技协会荣誉理事长。

何宗宪

香港大学建筑学院硕士，新加坡国立大学建筑学院学士，P A L Design Group 设计董事。中国室内设计十大年度人物 (CIDA)，香港十大杰出设计师 (CAC)，亚洲创作 VIP (Studio Voice)，美国 Interior Design 杂志中文版 Hall of Fame 名人堂成员，中国美术学院艺术设计研究讲座教授。深信设计的本质是启发人们领悟生活的无限可能。

黄齐正、黄小影

中国柒筑空间设计有限公司创始人、设计总监、创意总监，中国建筑学会室内设计分会（温州）副会长，中国室内装饰协会陈设艺术专业委员会温州陈设委委员。

黄全

中国地产设计领域的领军人物，中国青年设计师领袖。开创设计语汇“海派东方”，运用现代的设计灵感，撇弃拼贴中国传统元素，用独特、现代的设计去传播和发扬中国传统元素。

黄士华

隐上设计品牌创办人、台北隐巷设计创办人、上海“设计99”设计师俱乐部副理事、CCTV2《空间榜样》点评嘉宾，内敛的设计理念源自于长年旅居台北上海两地的生活体悟。

黄伟彪

甘肃御居装饰设计有限公司负责人、兰州城市学院客座教授、西北民族大学美术学院艺术硕士、中国室内装饰协会甘肃分会副会长、中国建筑装饰协会副主任委员、中国民族建筑研究会环境艺术设计专业委员会副主任委员、甘肃省广东商会副会长。

黄志达

建筑、室内及产品设计师，拥有20余年设计经验，主张“设计给生活无限可能”，秉持“以终为始”的理念，用国际化的视野和理性的思维，致力于打造高端品位的建筑空间及产品。出版《安毕恩斯》系列作品集，记录其不同时期设计理念，旨在为青年设计师指引方向。

黄志勇

毕业于中国美术学院，任职于中国美术学院风景建筑设计研究总院至今。致力于研究空间与人的共鸣，敬畏传承、不拘传统，倡导生活至上、生态先行的设计理念。注重当代、人文、艺术的结合，坚定不忘初心，方得始终的思想。

蒋友柏

橙果设计创始人、著名跨界设计师、著名数字互动艺术内容策划人。其设计创意领域带有强烈个性的美学风格，致力于运用新技术和新材质与深厚的中国传统文化艺术完美对接。

焦艳丰

出生于艺术之家，孩童时期受父亲书法艺术的熏陶，青年时期目睹书画名家的创作过程，大学时期进入艺术科班系统学习，打磨沉淀，不断思考艺术与世界的对话方式。毕业后前往北京进入高端设计企业研发中心深度研究设计精髓，几度反思之后获得自己独有的设计洞察。

琚宾

创基金理事、水平线设计品牌创始人。致力于研究中国文化在建筑空间里的运用和创新，以全新的视觉传达解读中国文化元素，在历史的记忆碎片与当下思想的结合中，寻找设计文化的精神诉求。

冷晨辉

茧界设计创始人兼设计总监，青年设计师，中国建筑装饰协会高级室内建筑师。坚持以“小爱为得失，大爱为慈悲”为设计理念，擅长演绎空间故事并将历史文化、民俗风情、当地特色、人文底蕴均等元素融入设计中。

李静敏

中国台湾仆人建筑空间整合 / 袭园（南京）建筑空间设计工程有限公司创始人，把对于大自然的孺慕之情反映在设计观之中。

李益中

中国当代著名室内设计师，空间设计策略专家。善于对场所及空间的综合研判，制定恰当的设计策略，将平凡的空间化腐朽为神奇，并以简炼、艺术的手法创造空间的极致美感。

李想

唯想国际创始人，于英国取得双建筑学学位，以建筑师身份跨界投身室内设计领域，在多元业态中缔造了众多堪称艺术精品的空间典范和不凡的商业传奇，成为行业内美学设计和策略设计的领军性标杆。

利旭恒

古鲁奇建筑咨询公司创始人，出生于中国台湾，伦敦艺术大学荣誉学士。长年致力于餐饮酒店板块的建筑与室内设计工作，擅长将设计与艺术平衡地融合，在多种型态的商业项目中取得卓越成就。

梁飞（左）王星（右）

梁飞，苏州巢羽设计事务所创始合伙人，毕业于南京艺术学院建筑动画专业，中国人民大学在职研究生；
王星，苏州巢羽设计事务所创始合伙人，毕业于苏州职业大学环境艺术系。

梁建国

制造·中创始人、（ADCC）陈设委执行主任，被中国陈设艺术委员会授予 2012 年度陈设中国晶麒麟奖最高荣誉——设计艺术家。

梁景华

美国林肯大学荣誉人文学博士，PAL DESIGN GROUP 创办人及首席设计师。首届深圳市工程勘察设计功勋大师，创基金执行理事长，美国 Interior Design 杂志中文版 Hall of Fame 名人堂成员。致力于追求创新、永恒而简约的设计，擅长融合东西文化，交融设计与艺术并兼具实用性，强调空间需和谐而舒适，透过设计优化空间，提升空间的素质。

梁永钊

中国新生代建筑室内设计师，注册高级室内建筑师，现担任 DOMANI 东仓建设创作总监，致力于研究空间视觉结构以及人物体验心理学，擅长于颠覆常规物理结构体验空间，创造出更高价值的复合体验空间。

梁志天

梁志天设计集团创始人，著名建筑、室内及产品设计师，国际室内建筑师 / 设计师团体联盟（IFI）前任主席、香港设计中心董事会董事、深圳市创想公益基金会创始人之一。出生于中国香港，以“设计拥有打破界限的力量”为理念，善于将丰富的亚洲文化及艺术元素融入其作品中。

林伟而

思联建筑设计有限公司 (CL3) 创办人及董事总经理，毕业于美国康内尔大学建筑系，积极推动本土建筑、文化及艺术的发展。重视文化与艺术，擅长把人文生活的精髓融入现代的设计，创造兼容并蓄的作品。

路明（左）刘飞（右）

ADF 后象设计师事务所合伙人、湖北省摄影家协会会员、湖北省工艺美术协会会员。

刘宏

上海亦鉴建筑设计创始人，倡导没有边界的极少主义设计，以结果为导向，全程把控落地过程及效果，主要服务于高端私人住宅设计领域。

刘猛（左）龚剑（右）

龚剑先生和刘猛先生创立的是合设计工作室立足于中国传统文化的传承和创新，结合西方设计美学，提供更具国际化视野的建筑、室内、整体规划设计以及品牌策划服务。认为研究是设计的一种有力工具，因为每个项目都具备其特有的背景。

刘荣禄

跨界建筑、室内设计师及艺术家。艺术科班出身，求学时期即活跃于中国台湾艺术圈，具备深厚的艺术底蕴，对建筑、室内设计怀抱高度热情，并将其丰厚的艺术经历，结合个人对当代东方文化的体悟，缔造出独特的设计语汇——时尚东方·先锋艺术，致力创造当代艺术与东方人文精神融合的空间，引领未来空间设计美学。

刘赛文

西安九方公设建筑设计咨询有限公司设计总监、中国建筑学会会员、注册高级室内建筑师、西安建筑科技大学艺术学院客座教授。

陆嵘

上海禾易设计设计总监，从事室内设计工作近二十年。通过设计继承中华传统文化，融合当代人文审美需求，探求中华传统工艺与当代建筑空间的融合，从而创造出美轮美奂的室内空间。坚持个人的设计标准，把对生活美好的一面，带到设计领域中，将美融入设计空间，带给人们美的享受。

吕永中

中国建筑学会室内设计分会副理事长、中国陈设艺术专业委员会副主任委员、吕永中设计事务所主持设计师、半木 BANMOO 品牌创始人。毕业于上海同济大学，留校任教逾 20 年，长期致力于建筑室内空间及家具设计。

马海依（左）杜月（右）

马海依，旅居意大利 7 年，米兰理工大学设计学本硕学位，于意大利设计事务所学习交流，张雷联合建筑事务所任事务所助理合伙人兼任室内设计中心主任。
杜月，张雷联合建筑事务所主创设计师及助理合伙人，荣获 AD100-2019 中国最具影响力 100 位建筑、室内设计精英奖。

尼克

尼克设计事务所创始人、北岸建筑装饰有限公司董事长、苏州设计师协会发起人、苏州学院环境艺术设计毕业生导师、注册高级室内建筑师、中国室内装饰协会陈设艺术专业委员会副主任。

彭洋

上海八奢室内设计创始人，意大利米兰理工大学设计管理硕士。有着长达近 20 年的丰富经验，也为了突破设计而只身跑去意大利研学体验，8C 设计是她经验加突破所想搭建的生活蓝图。

彭征

共生形态（C&C DESIGN）创始人、设计总监，高级室内建筑师。广州美术学院艺术设计硕士毕业，现为广州美术学院建筑艺术设计学院客座讲师、实践导师。关注城市化进程中的当代设计，思考和践行“共生”的设计哲学，从事建筑、室内、景观等多领域的设计实践，设计作品具有较强的建筑感和现代简约的风格。

戚山山

STUDIO QI 建筑事务所创始人、主持建筑师，建筑学博士，中国美术学院建筑毕业生导师，AIA 美国建筑师协会会员。哈佛大学四年制建筑学硕士、皮特莱斯基金奖，哥伦比亚大学建筑学最优等学士、最高等学士荣誉、“百年学者”。获得 FEMALE FRONTIER AWARDS 颁发 UNSUNG HERO 特殊荣誉，2020 年度迈向可持续世界杰出女性人物 100。

青山周平

建筑师，B.L.U.E. 建筑设计事务所创始人。出生于日本广岛县，毕业于大阪大学，东京大学硕士学位。

邱德光

邱德光设计事务所主持人暨总设计师，德光居品牌创始人，新装饰主义大师，亚洲设计界领军人物。以其深厚的美学修养及空间思维，将装饰元素结合当代设计，开创了“新装饰主义”NewArt Deco 东方美学风格。坚持“空间艺术化，艺术生活化”，善用艺术品和艺术化的设计装饰语言，实现空间的情感唤起。

任萃

以《圣经·马拉基书》第 3 章 10 节“十一奉献”为概念，创立十分之一设计事业有限公司，在创造高质感空间的同时也奉献公益，期许以无地域限制之世界性精品空间设计，为客户量身定做特有设计空间。

任贤莉

西坡集团－滟阳下设计工作室设计总监，建筑师，室内设计师，软装搭配师，乡村生活美学家。

沈墨

2014 年初创办杭州时上建筑空间设计事务所，始终坚持“异质文化的共生、人与技术的共生、内部与外部的共生、人与自然的共生”的设计发展思想，定位为中国新锐创意设计师，主张共生思想和生态设计系统，意在创造愉悦自在的体验空间。

施少芬

ArtHouse 艺居设计创意总监、米兰理工大学艺术硕士。探索时代、人与空间的变化，倡导以多维的设计视角引导产品配置，用不断打破风格界限、革新空间美学、尊重与缔造空间的专业态度，坚持做对的设计。

孙军

天易居品牌创始人、中国美院建筑设计研究院民宿规划设计院院长，天易居（苏州）规划设计有限公司总规划师，古建筑修复专家、老宅修复专家、亚洲民宿协会会员。从业二十余年，自由设计师，擅长中式风格，对东方设计有着自己深刻的感悟和理解，为中国老宅的保护和发展贡献力量。

孙天文

上海黑泡泡建筑装饰设计工程有限公司总设计师，2010 年世博会上海馆总设计师。上海财经大学特聘教授、江南大学、吉林建筑大学客座教授，东北师范大学美术学院研究生导师。

唐忠汉

远域生活（深圳）设计有限公司、近境制作设计有限公司设计总监。“台式风格”设计的代表人物，中国台湾新生代设计师的领军人物。他致力于追求回归空间本质的优质室内设计，创作来自“人”，从室内建筑理念出发，主题概念与空间陈述为辅佐，讲求非表面铺陈，而是内在美学展演，是突显一种生活态度。

陶磊

TAOA 创始人、主持建筑师，毕业于中央美术学院建筑学院。秉承设计概念应与社会实际问题相统一的设计原则，注重建筑本体语言的独特性以及建筑本土文化性的探索，关注建筑人文价值的体现以及建筑在当今城市中与自然的关系，关注建筑现实的当代性。

王杰

大地装饰公司设计总监、江苏省室内设计学会副理事长、泰州市室内设计学会会长、泰州学院美术学院特聘教授。

王晶

杭州斓后装饰设计有限公司创始人，拥有自己的软装买手店，从业 10 余年，完成从全案设计师到专业软装陈设设计师的优雅转变。

王俊宝

毕业于西安美术学院、进修于德国魏玛包豪斯大学，设计师、画家，迪卡建筑设计有限公司创始人。

王垚

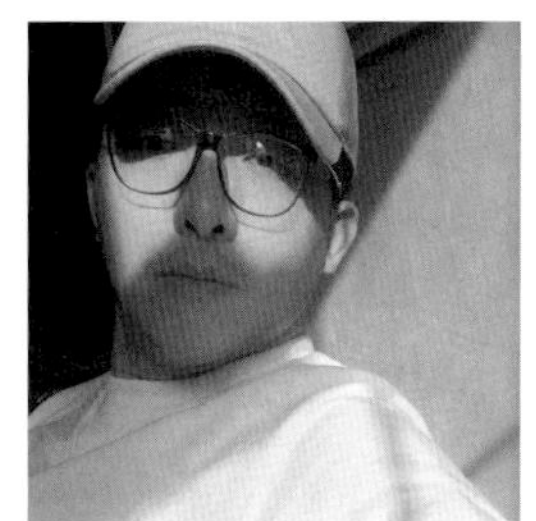

西安易墨室内设计有限责任公司设计总监、陕西省现代建筑设计研究院设计师、西安外事学院环境艺术系讲师、中国土木建筑学会会员、中国建筑学会室内设计分会会员。

文超

创意设计工作者，简璞设计创始人，积累并提炼出了具有简璞内核的“自由实用主义”的设计主张，将人与空间、器物间最真实的诉求关系作为设计思考的根基，以此创作出更加实用有趣的空间与器物作品。

文武

文武空间设计事务所是一家专业从事 1500 平方米以上的别墅设计型公司，创始人文武先生有着星级酒店及高端会所设计经历和建筑学背景，积累了深厚的处理大空间的能力，有着多年从事大型别墅设计的经历。理性的专业素养是骨架，用感性的审美情趣提升空间的品位。

吴滨

1998 年创立 WS 世尊，之后陆续开创 W.DESIGN 无间设计、WS SPACE 无集、未墨、海上等设计和生活方式品牌。幼随张大千关门弟子——伏文彦先生学习中国水墨画，有深厚的传统艺术功底。结合现代主义设计语言与东方美学意识开创“摩登东方”设计理念，在当代空间中表达东方美学意境。

吴岫微（左）梁宁森（右）

吴岫微，MOC DESIGN OFFICE 项目总监；
梁宁森，MOC DESIGN OFFICE 设计总监。
MOC DESIGN OFFICE 是一个独立设计事务所，通过真正的原创性方案来实现设计价值，每个项目的结果都是关于项目本身场域条件和设计策略深度对话的一个回应。

萧爱彬

毕业于四川美术学院版画系，高级建筑室内设计师、萧氏设计创始人，专注于室内外空间构成的协调和项目的完整性。现任四川师范大学视觉艺术学院客座教授、华人设计师高球俱创会主席、《中国室内》杂志编委、CIID 理事。

谢柯

尚壹扬设计创始人，毕业于四川美术学院油画专业。坚持朴素自然的风格，将传统手艺与当代审美结合，作品诠释当代性与在地文化，创造出具有东方人文美学的空间。

谢培河

AD 艾克建筑设计创始人，主张以感性丰富驾驭理性简约，高妙且自然地融合空间功能与个性，其独具先锋性的“极简派艺术”空间设计语言，以融贯东西方的认知在业界得到极高的认可。

谢银秋

设谷空间设计有限公司创始人、世界华人俱乐部艺术设计顾问。多年来一直游学于日美欧多国，坚持“以学习的心态拥抱世界，以玩的心态专注事业”，用空间诠释品牌，用设计赋能商业，兼顾美学思考与人文关怀。

徐晶磊

中国美术学院风景建筑设计研究院建筑集成中心设计总监，国际建筑装饰设计协会认证设计师，2019 年 WAD 世界青年设计师年度人物、杰出设计师。

徐庆良

瑞坤国际一正方良行设计首席设计师、良行 Masanori Art 创始人、和山集联合创始人。以建筑思维来思考室内设计是其一直贯穿作品的理念，并不拘泥于特定风格，更注重将项目背后的蕴意和生活体验共同融入设计，赋予空间想象和思考。

谢英凯

汤物臣·肯文创意集团执行董事、设计总监，法国国立工艺学院（CNAM）工程与设计项目管理硕士。中国建筑学会室内设计分会理事会副理事长、第一批中国建筑学会专家库专家、广州美术学院建筑艺术设计学院客座教授、“七+5”公益设计组织联合创办人、广东省陈设艺术协会设计师分会会长。提出“公共性、开放性、趣味性”的设计理念，强调用设计改善人与人、人与环境、人与社会之间的关系。

杨邦胜

中国最具影响力的室内设计师之一，中国文化个性酒店设计倡导者。坚持“自然造物”的设计哲学，善于挖掘东方美学的独特意境，融历史、文化、艺术于空间之中，执着追求设计的完美境界。

杨东子（左）林倩怡（右）

万社设计联合创始人，致力于地方及全球性设计研究项目，从空间功能出发，通过对材料的研究挑战常规，关注细节与品质，为每个项目打造出独特的视觉效果。

杨基

毕业于鲁迅美术学院，外层空间设计室设计总监，主要从事健身会所空间的设计。

叶建权

大墨空间设计项目总控、方案设计师，CIID 中国建筑学会室内设计分会理事。

于强

中央美术学院建筑环境艺术设计专业硕士，于强室内设计师事务所创始人。2011 年开办展示、销售国际名师设计作品的高端设计产品展示店泡泡艺廊，旨在搭建一个面向国际的设计交流平台。

余霖

DOMANI 东仓建设创始合伙人及创作总监、A&V 枝和韦森创始人及创作总监、中国新生代代表性建筑与室内设计师。致力于建筑与室内的空间体感研究与当代实验性空间设计，善长通过空间的学术性与商业性平衡来实现商业空间的高溢价形象。

余英皓

自幼师从吴野州先生，毕业于上海大学美术学院，海派书画泰斗陈佩秋先生入室弟子。现为中国工艺美术学会会员，上海市美术家协会会员，上海市创意设计工作者协会会员，国际注册艺术品鉴定师高级讲师（ICAAST），民革上海市委文化委员会委员，上海美尚公益基金会理事长等。

俞挺

Wutopia Lab 创始人，Let' s talk 论坛创始人，城市微空间复兴计划联合创始人。清华大学建筑系建筑学学士、同济大学建筑设计与理论博士、教授级高工、国家一级注册建筑师。生活家、建筑师、美食家、专栏作家。

曾建龙

GID 格瑞龙国际设计有限公司创始人、新加坡 FW 国际设计中国区负责人、融舍艺术生活方式品牌创始人、亚太酒店设计协会中国区副秘书长 、首位与意大利顶级品牌 Roberto Cavalli 合作设计的华人设计师 、东方卫视《梦想改造家》节目首位参与设计师。

展小宁

苏州贝瑞空间设计事务所创始人兼设计总监。坚信设计是一种理性的艺术表达，并在此理念框架内，探索建筑、空间、人与自然的关系。

张健

观堂室内设计总监，坚持“每一个项目都是一件作品”的理念，用心投入。设计追求创意与环保，坚持创新，坚持重复再利用，以循环的概念贯穿设计，力求以平实的手法展现空间特点，以细节打动终端。

张力

上海飞视装饰设计工程有限公司创始人、设计总监，中国建筑文化研究会・陈设艺术委员会常务理事，亚太地区最具影响力设计师，国际生态环境设计联盟十佳杰出设计师。以提供创新方案为己任，为每个作品加添前所未有的元素，开启新的可能性，实现开发理念与设计构思独一无二的完美融合。

张祥镐

伊太空间设计事务所设计总监、中国台湾室内设计专技协会 TNAID 副理事长、台南艺术学院建筑艺术研究所建筑艺术硕士。吉林建筑大学艺术设计学院客座教授、云南省室内设计行业协会学术顾问、中国台湾艺术大学视觉传达系教学讲座。

张耀天

宇合光年创始人，毕业于美国韦伯州立大学，擅长运用建筑学、社会学、认知学、心理学等学科的交叉研究，以有趣而具有温度感的形态，构建环境与人心灵和身体的关联，有“二次元筑梦师”之称。

赵睿

纬图设计创始人，在涉及建筑与空间设计的同时不断延伸创作边界，涉足绘画、装置、家具及灯具产品设计。

赵云海

南京重构至无建筑装饰工程有限公司创始人、设计总监。

郑树芬（左）杜恒（右）

郑树芬，郑树芬室内设计（深圳）有限公司创始人、设计总监，“雅奢主张”开创者，主张奢侈以“雅”为度的设计理念，置身于中华民族文化的研究。

杜恒，SCD（香港）郑树芬设计事务所执行董事、创意总监，“雅奢”主张创始人、D.HOUSE 艺术家居品牌创始人。

钟良胜

LICO 力高设计创始人、设计总监，予舍酒店品牌创始人，理想生活创行者，50%DESIGN 理论创研者。ACI 国际注册高级室内设计师，CIID 中国建筑学会室内设计分会注册室内建筑师，中国湛江设计力量（惠州）会长，深圳市室内设计师协会理事。

周博（左）蔡雨洋（右）

浆果设计研究所创始人 / 设计总监，鲁迅美术学院客座讲师。

朱柏仰

英国伦敦 AA 建筑联盟研究所建筑设计硕士，现任台北暄品设计工程顾问主持设计，上海暄谕装饰设计有限公司、太一室内装修设计工程有限公司专案主持人，HBI 设计院院长。

庄子玉

RSAA/BUZZ 建筑事务所主持建筑师，美国哥伦比亚大学建筑与城市设计硕士，师从 Bernard Tschumi 和 Kenneth Frampton。美国建筑师协会（AIA）联合会员，英国皇家建筑师学会（RIBA）特许会员，美国绿建协会认证专家（LEED AP）。

卓稣萍

宁波汉格内建筑设计有限公司创始人、设计总监，T10+设计联盟联合发起人，文化部中国百强青年设计师之一。

Justin Bridgland（左）徐仪君（右）

徐仪君女士（Jaycee Chui）和桥义先生 (Justin Bridgland）于 2014 年在上海创办木君建筑设计（MDO）。MDO 注重空间的感受，探索空间尺度与比例，通过细节、材料与光影的交错关系来营造出一段特别的旅程。同时对设计中的“转换”概念十分重视，从而将空间与情感结合创造不同的体验。